도덕의 탄생

도덕의 탄생

인간 양심의 기원과 진화

크리스토퍼 보엠 지음

김아림 옮김

이 책을 도널드 T. 캠벨에게 바친다.

차례

1장.
다윈 내면의 목소리

타고난 이단아

빅토리아 여왕 시대의 영국은 성경을 문자 그대로 받아들이고자
하는 기독교인에게 더할 나위 없이 좋은 환경이었다. 예컨대
이들은 다음과 같이 생각했다. 신이 겨우 7일 만에 자연을 완전하게
만들었기 때문에 자연은 완벽하다. 대양과 물고기, 포식자와
먹잇감은 딱 맞는 장갑을 낀 손처럼 맞아떨어진다. 그리고 이렇게
완벽하게 조절된 자연 세계는 언제까지고 영원히 같은 모습으로
머무른다. 여호와의 무한정한 능력이 그렇게 만들었기 때문이다.[1]
　　그뿐만 아니라 이들은 구약성경에 등장하는 아담과 이브가
실존인물이라고 보았다. 창조주가 꽤 최근에 만들어 낸 무척
특별한 인물들이라는 것이다. 체계적이고 꼼꼼한 한 성직자는
실제로 성경에 근거해 산수를 한 결과, 신이 아담의 갈비뼈에서
이브를 만든 지 채 6,000년이 되지 않았다고 결론을 내렸다.
신은 이 최초의 인간 커플을 목가적인 에덴동산에 자리 잡게
했다가 이후로 운명의 손아귀에 맡겼다. 하지만 이 이야기를
진화론의 용어로 바꿔 말할 수도 있다. 바로 오류를 저지를 수

있는 인간의 선택과 죄 많은 수치심이 어디서 기원했는지에 대한 이야기다. 우리에게 양심을 선사한 선택과 수치심 두 가지가 언제 나타났는지는 알 수 없다. 바로 어제 생겼을 수도, 어쩌면 그저께 생겼을 수도 있다. 어쨌든 독실한 빅토리아 여왕의 재위 기간 22년 동안에 사람들의 생각은 바뀌기 시작했다. 많은 사람들에게 이 생각의 전환은 돌이킬 수 없는 과정이었다.

1859년에 출간된 찰스 다윈Charles Darwin의 『종의 기원On the Origin of Species』은 영국을 비롯한 여러 나라의 교양 있는 독자들을 그야말로 뒤흔들었다. 마치 불경한 천둥 같았다.[2] 하지만 다윈의 번개가 처음부터 아담과 이브, 언변 좋은 뱀이 등장하는 (전지전능한 여호와의 위대한 업적을 약화시키는 듯한) 신성한 도덕의 탄생 이야기에 직격탄을 날린 것은 아니었다. 그보다 이 새로운 과학 논리는 동식물로 이뤄진 물리 세계에 온전히 자연주의적이며 점진적이고 끊임없이 모습을 바꾸는 변화 과정을 도입했다. 그 결과 서로 아름답게 맞아 떨어지는 생물 종과 환경은 더 이상 신의 업적이 아니게 되었다. 대신에 자연선택이라는 따분한 과정은 동물을 길들여 유전적인 운명을 단기적으로 바꾸는 가축 사육자들과 무척 비슷하게 작동한다.

가축 사육자들은 계획성 있게 의도적으로 작업한다. 마음에 드는 개체는 많이 번식시키고, 쓸모가 적거나 미적으로 보기 흉한 개체는 번식할 기회를 뺏는다. 의사이자 시골의 지주 계급이었던 로버트 다윈Robert Darwin도 가축을 사육했다. 그리고 일단은 성직을 지망하는 듯했던 사려 깊은 그의 아들 찰스는 길들여진 종의 개체들이 여러 측면에서 다양하다는 사실을 알았다. 예컨대 소는 우유를 생산하는 능력이 제각각이고, 개는 물체를 가리키면 물어 오는 습성이라든지 유순함의 정도, 털색이 다양하다.[3] 그리고 청년 찰스는 전문 자연학자 자격으로 몇 년에 걸쳐 세계를 도는 항해에 참여한 끝에, 길들여지지 않은 생물 종 또한 가축과 똑같이 다양하다는 사실을 깨달았다.[4]

다윈이 맡은 공식적인 업무는 여러 대륙을 돌면서 박물관용 표본을 수집하고 동식물 종을 자세하게 기술하는 것이었다. 그리고 우리가 다 알다시피 이 힘든 작업은 대단한 이론을 낳았다. 다윈은 이런 대물림되는 다양성과 변이가 '자연스런' 선택 과정에서 저절로 일어나는 무엇이라고 여겼다. 주변 환경에 적합한 개체는 새끼를 낳고 수를 불려 번영할 수 있지만, 반대는 그렇지 않다. 이 뛰어난 통찰 하나가 자연에 대한 서구의 관념을 뒤바꾸고 우주에 대한 더 커다란 관점으로 이끈 것이다.

그에 따라 자연선택과 가축 사육자들의 선택 사이에는 심오한 차이가 생긴다. 다윈이 봤을 때 변화하는 자연 환경은 일종의 기계적인 분류 작업을 하는 셈이었다.[5] 그리고 전지전능하고 어떤 목적을 가진 신이나 실용을 중시하는 가축 사육자들과는 달리, 자연 환경은 의도라는 것이 전혀 없다. 자연은 자기가 무엇을 하는지 아는 계획적인 주체라기보다는 '눈 먼' 결정권자처럼 행동했다[6]. 그리고 이것은 자연의 완벽함도 사실 하나의 커다란 우연일 뿐이라는 사실을 의미했다. 궁극적인 목적이 없는 무시무시한 세계에서 유령이 어렴풋이 나타났고, 도움을 간구하며 신실하게 기도하는 사람을 감싸고 도우며 위안을 주었던 전지전능한 신은 갑자기 사라졌다.

놀라운 사실은 이후 150년이 지나도 주요 이론이 대체되거나 광범위하게 변형되지 않았다는 점이다. 하지만 기본적으로 자연선택이라는 맹목적이고 기계적인 이론은 과학계에 여전히 강력하게 작동한다.[7] 다윈이 직관적으로 대물림되는

변형이라 여겼던 항목에 '유전자'를 덧붙이면, 자연 환경이
몇몇 변이를 선호하고 선택한다는 아이디어는 19세기 중반에
그랬던 것처럼 21세기 초반에도 잘 적용된다. 생명 현상이 무척
복잡하다는 사실을 감안하면 이 이론적 아이디어가 이렇게나
단순하면서도 설득력이 매우 높다는 것은 놀라운 일이다.

개체 사이의 경쟁이 중요하다

책 제목이 말해 주듯, 『종의 기원』은 종이 어떻게 해서 자연적으로
나타나게 되었는지를 다룬다. 여기에 초자연적인 도움은 끼어들지
않는다. 다윈이 어떤 생각이었는지 분명히 드러내기 위해
가상적인 상황을 하나 상상해 보자. 예컨대 오랜 옛날에는 곰이
원래 북아메리카의 일부 제한된 지역에 균일하게 분포했다고
하자. 그러다가 이 곰 개체군이 인근 지역으로 옮겨가기 시작했고,
유전자 풀이 분리되면서 점차 하위 개체군으로 나뉘기 시작했다.
각기 다른 기후를 헤쳐 나가거나 새로운 식량을 찾아야 했기
때문이다. 그러다가 이 하위 개체군은 더 이상 서로 이종교배할
수도 없는 상황이 되었다. 그 결과 오늘날과 비슷한 상황에
이르렀다. 흑곰, 큰곰(회색곰을 포함해), 북극곰으로 각기 나뉘게 된
것이다.
　　다윈이 실제 세계에서 든 종 분화speciation 사례를 보면, 온갖
종류의 크고 작은 동식물을 아우른다. 하지만 다윈이 유기체를
형성하는 선택압을 흠 잡을 데 없는 논리와 건전한 학설로 다루고
과학적 설명을 하는 과정에는 DNA 분석이 결여되어 있었다.
현대적인 용어로 바꾸면 다윈의 이론은 이 세계가, 그 안에
거주하는 개체군의 유전자 풀이 계속해서 변이가 일어나도록

하는, 잠재적으로 변화 가능한 자연 환경이라고 말하는 셈이었다. 그리고 이 과정이 제대로 작동하려면 두 가지 조건이 기계적으로 필요했다. '대물림되는 변이'와 '개체의 유한한 수명'이 그것이다. 후자가 필요한 이유는 유전자 풀이 세대가 지나면서 변형이 일어나기 때문이었다. 어떤 지역의 개체군이 환경에 가장 적합한 개체를 지향하도록 진화해 가면, 환경에 적합하지 않은 개체는 사라지거나 대체되어야 한다.

그리고 동물의 번식 능력에 대한 특별한 통찰은 다윈이 이론을 만드는 과정을 이끌었다. 다윈은 18세기 영국의 정치 경제학자이자 인구 통계학자인 토머스 로버트 맬서스[Thomas Robert Malthus]의 단순하지만 믿기 힘든 수학에 기초해 자연선택에 대한 이론 전체를 세웠다.[8] 만약 살아 있는 유기체들이 자신의 능력을 최대로 발휘해 번식한다면(매년 새끼를 낳는 개나 고양이를 떠올려 보자), 이론상 몇 세대가 지나지 않아 지구에는 식량이 바닥나는 것은 물론이고 말 그대로 발 디딜 자리가 없어질 것이다. 다윈은 지구가 이렇듯 생명체로 빼곡하게 가득차지 않는 이유에 대해 단순하고 아름다운 해법을 하나 내놓았다. 진화론적 사회학자 허버트 스펜서[Herbert Spencer]가 슬로건으로 내세운 "적자생존"[9]이 그것이었다. 비록 다윈의 이론은 스펜서보다 더 정밀했지만 말이다.

만약 다윈이 기술했던 생물학적 진화의 체계가 위에서부터 인도하지 않는 기계적인 과정이라면, 어떻게든 저절로 '조절'이 이뤄져야 한다. 예를 하나 들자. 만약 어떤 개체군에 개체가 점점 늘어난다면 식량은 점점 줄어들고, 먹이 수집이나 포식에 누가 더 효율적인가에 기초한 간접적인 경쟁이 치열해진다. 그리고 어떤 순간에 이 흐름은 개체군의 성장을 제한하고, 개체군의 크기는 안정되며 평형 상태에 머무를 것이다. 다시 말하면 개체군이 기하급수적으로 무한정하게 성장한다는 맬서스의 문제점을 다윈의 이론이 해결한 셈이다.

다윈의 새로운 아이디어는 「창세기」에 서술된 것처럼 사물을 직접 조종하는 신의 능력뿐만 아니라 창조의 연대표에도 도전을 제기했다. 다윈은 생물학적 진화가 무척 점진적으로 일어난다고 여겼고, 그 과정에서 지질학 같은 다른 학문 분야의 도움을 얻을 수 있었다. 그에 따라 스코틀랜드 출신 변호사이자 지질학자인 찰스 라이엘Charles Lyell 같은 자연주의자들은 지질학적 구조가 바람이나 물의 작용에 의해 시간이 지날수록 변화한다는 가설을 세웠다.[10] 그리고 종교에 대한 회의주의자들은 이런 과정이 벌어지려면 수천 년이 아닌 수백만 년은 걸린다는 사실을 이해하기에 이르렀다. 다윈은 이런 지질학적인 증거와 함께 자신이 탐사 여행 과정에서 살핀 다양한 풍경이 결코 정적으로 가만히 머무르지 않는다는 사실을 깨달았고, 이것은 자연선택과 종의 기원이 환경에 의해 역동적이지만 점진적인 영향을 받는다는 또 다른 필수적인 요소를 제공했다.

즉 짧은 시간에 걸쳐 영구적인 창조가 이뤄진다는 성경의 이야기는 여러 영역에 의해 토대가 흔들렸으며, 다윈은 그 모든 영역을 한데 통합해 무척 논리적이고 우아하게 기술된 자연선택 이론을 만들었다. 하지만 다윈의 새로운 이론은 종교 근본주의자들의 굳건한 믿음에 대해 무례하게 도전을 제기한 셈이었고, 그래서 근본주의자들 가운데 상당수는 이 '진화론'을 개인적으로 비난했다. 마치 오늘날 진화론자들이 발표하는 이론적 시나리오를 조목조목 비판하려 애쓰는 반과학주의 종교 신자들과 비슷했다. 이들은 종종 이전까지는 설명되지 않았던 몇몇 예외적인 사례가 널리 잘 받아들여지는 이론 전체를 '논박'한다고 간주하곤 했다. 나 같은 과학자가 보기에 이 논리는 자포자기 한 채 발악하는 것처럼 보이지만, 이런 사람들은 결코 믿음을 잃지 않는다. 게다가 이들의 이야기를 귀담아 들으려는 사람이 꽤 많다.

인간의 도덕성은 어떻게 진화했을까?

다윈은 걱정 많은 성격이어서 처음부터 세상에서 가장 논쟁적인 저작을 쓰겠다고 마음먹은 것은 아니었다. 인류 전체를 대상으로 자신의 새로운 이론을 적용할 생각도 없었다. 하지만 1871년에 출간한 『인간의 유래The Descent of Man』에서 다윈은 그야말로 인상적인 시나리오를 제안했다. 다윈은 유인원에서 시작하는 진화적인 순서라는 맥락에서 인류의 기원을 되짚을 수 있다고 여겼을 뿐 아니라, 특정 영역에서는 중요한 환경적인 세부사항을 제공하고 그럴 듯한 선택 메커니즘을 구체적으로 드러내기까지 했다. 인류의 물리적인 진화라는 측면에서(특히 지나치게 큰 두뇌와 직립보행이라는 예에서) 다윈의 가설은 대담했고, 당시 과학적인 정보가 부족했다는 사실을 감안하면 날카롭고 선견지명이 있었다. 이때 다윈이 그린 기본적인 윤곽은 오늘날까지도 유효하다.

다윈의 또 다른 대담한 가설 가운데 하나는 도덕적 행동과 인간 '양심'의 기원으로 이어진다. 바로 이 책의 주제다. 스스로 의식을 갖는 양심에 대한 다윈의 처방은 특히 도발적이었는데, 그 이유는 그가 자연주의적인 접근을 영혼 가까이 접근시켰기 때문이었다. 이전만 해도 영혼이란 전적으로 교회의 소관이었고 더 정확히는 신의 영역이었다. 그렇다고 다윈이 인류가 어떻게 영혼을 갖게 되었는지를 논한 것은 아니었다. 사실 영혼이라는 단어는

『인간의 유래』의 길고 자세한 색인에 단 한 번도 등장하지 않는다. 하지만 다윈은 확실히 자신의 양심과 도덕적인 감각이 인간의 커다란 두뇌와 직립보행, 그리고 문화를 일구는 일반적인 능력과 마찬가지로 "자연적으로 선택되었다"고 여겼다.

하지만 똑똑하고 세심한 과학자였음에도 다윈은 양심의 기원에 대한 그럴 듯한 과학적인 사례 같은 데이터가 없었다. 그럼에도 다윈은 최선을 다했고, 당시 상황에서는 그 정도로도 효과가 꽤 좋았다. 1871년에 '공감'에 대한 본능에 대해 다윈이 기술한 다음 구절은, 오늘날까지도 도덕의 기원에 흥미를 가진 제시카 플랙Jessica Flack 같은 진화 생물학자라든지 프란스 드 발Frans de Waal 같은 영장류학자가 인용할 정도다.[11] "두드러진 사회적 본능과 어버이로서의 감정, 무리에 대한 소속감을 가진 동물이라면, 인간만큼 또는 인간에 가깝게 지력을 발달시킨 순간 도덕적인 감각 또는 양심을 갖게 될 수밖에 없다."[12]

자기 성찰적인 찰스 다윈이 양심의 작동 방식에 대해 점차 설득력을 더하면 더할수록, 다윈 자신의 초자아는 확실히 강하고 활발해졌다. 다윈에 따르면 이 너그러운 "내적인 목소리"는 사회적으로 우리가 동료 인간들과 충돌을 빚는 존재이기도 했다. 그래서 다윈은 그 진화적인 기원에 대해 몹시 알고 싶어 했다. 하지만 다윈이 독자들에게 말할 수 있는 것은 양심을 얻으면 그에 따라 도덕성에 대한 감각을 가지는 것이 사실상 불가피하다는 점뿐이었다. 어떤 종이 인간과 비슷한 수준으로 충분히 똑똑해지고 사회적으로 공감 능력을 갖게 되었다면 말이다.

하지만 불행히도 이것은 인간의 양심이 지성과 공감 능력의 부산물이자 부작용으로 진화에 의해 나타났을 뿐이라는 점을 말해 준다. 이것은 우리가 현재의 지식을 광범위하게 개선할 수 있다는

입장이고, 우리는 앞으로의 장에서 특별한 가설들을 통해 양심이
어떻게 진화했고 그 이유가 무엇이었는지에 대해 설명할 것이다.

인간은 왜 너그러운가?

여기에 더해 다윈은 다음과 같은 또 하나의 심오한 질문에 대해
대답하고자 했다. 인간이 가진 너그러움의 정도가 자연선택 이론이
가진 확실히 '이기적인' 원리들을 거스르는 것처럼 보이는 이유는
무엇인가? 이 수수께끼는 원래 1970년대에 도널드 캠벨Donald T.
Campbell 같은 사회심리학자와 리처드 알렉산더Richard D. Alexander,
에드워드 윌슨Edward O. Wilson 같은 생물학자들에 의해 현대적인
용어로 다시 정의되면서 영향력을 얻었다.[13] 그리고 이후로 30년이
넘게 지나 오늘날에 이르면서, 여러 분야의 학자들이 힘을 모아 이
'이타주의의 역설'을 해결하고자 애썼다. 하지만 이들은 부분적인
성공을 거뒀을 뿐이었다. 나는 이 질문에 대한 과학적으로 만족할
만한 답을 얻는 데 이 책이 조금이라도 도움이 되기를 바란다.

　　이타주의 문제에는 꽤 흥미로운 역사적 배경이 얽혀 있다.
자연선택 이론에 대한 다윈의 '이기적'인 이론에 따르면 우리가
앞에서 살폈다시피 개체들은 높은 적응도를 얻기 위해 간접적으로
경쟁한다. 그리고 더욱 활력이 넘치거나 식량이나 짝짓기 상대를
얻는 데 더 적합한 개체는 자신의 종 내부에서 앞서나가 대물림의
미래를 결정짓는다. 이것은 다음과 같이 단순하게 설명될 수
있다. 자기 집단이나 지역, 또는 더 넓은 개체군 안에서 유리한
조건을 가진 개체들은 다른 개체에 비해 살아남아 자손을 남길
확률이 높다. 하지만 다윈은 이러한 이점이 가족 간의 연결에 의해
도움을 받아 더 향상될 수 있다는 사실을 깨달았다. 가까운 친척은

자연스럽게 서로를 도와 동일한 유전적 특징을 공유하려 하기
때문이다. 다윈이 이 두 번째 아이디어를 깊이 있게 전개하지는
않았지만, 나중에 무척이나 중요하다는 점이 드러났다.

이 점은 1세기가 지나 저명한 개체군 유전학자 윌리엄
해밀턴William Hamilton에 의해 수학적인 모형으로 정리되었다.
해밀턴은 이기적으로 서로 경쟁하는 개체들은 후손들에게 도움이
된다면 합리적으로 개인적 희생을 할 수 있다는 사실을 보여
주었다.[14] 왜냐하면 평균적으로 어떤 개체는 유전자의 50퍼센트를
자손과 공유하므로, 자손에 대한 투자는 그 개체가 가진 유전자를
번성시키는 데 도움이 되기 때문이다. 똑같은 50퍼센트 규칙이
형제자매나 부모에게도 적용된다. 그리고 (자기 자신과 유전자가
25퍼센트 닮아 있는) 손자나 사촌에게 너그럽게 대하는 것 역시
합리적이다. 도움을 주는 비용이 지나치게 높지 않고, 얻을 수
있는 이득이 중대하다면 말이다. '혈연선택kin selection'이라 알려진
이 강력한 이론은 혈연관계의 정도가 더 미약한 경우에도 적용될
수 있다. 개체가 지불해야 할 비용이 그렇게 대단하지 않고 이득이
충분히 크다면 말이다.

하지만 다윈은 오늘날의 학자들을 당혹스럽게 만드는
심화된 문제를 하나 발견했다.[15] 실생활에서 사람들은 단순히
자신과 가깝거나 먼 친족만 돕지는 않는다. 사람들은 자신과 친족
관계가 아닌 사람들에게도 도움을 준다. 생물학적인 관점에서
보면 서로 유전자를 공유하지 않기 때문에 그런 이타적인 도움은
자신의 적응도를 희생시킬 뿐이지만 말이다. 다시 말하면 이런
친족 관계가 아닌 수혜자들이 어떻게든 똑같은 정도로 보답하거나
아니면 다른 종류의 '보상'이 존재해야만, 이런 행동을 하는
개체들은 자기 자신의 적응도를 낮추고 상대방의 적응도를 높이려

할 것이다. 간단하게 말해 진화적인 관점에서 교훈은 명확하다. 이론적으로 이타적인 너그러움은 가족 안에서만 존재해야 하는데, 이타주의를 꺼리는 친족주의자들이 이타주의자들보다 뛰어난 성과를 보일 것이라는 이유에서다.

현대 생물학자인 조지 윌리엄스George Williams 역시 또 다른 중대한 문제를 발견했다. 가족 외부를 향해 이타적인 너그러움이 가능하도록 하는 돌연변이 유전자들은 그렇게 오래 머무르지 않는다는 것이다.[16] 무임승차하는 유전자들은 그 유전자를 가진 개체에게 다음과 같은 기회주의적인 메시지를 보낸다. '이타주의자들로부터 얻을 것은 얻고 주지는 말아라.' 그러면 이타주의를 지키는 '패배자들'의 유전자를 대체하면서 자신의 빈도수를 높일 수 있다는 것이다. 이처럼 우리 인류가 지닌 놀라운 이타주의적 너그러움에 대해서는 셀 수도 없이 많은 진화생물학자, 행동학자, 인류학자, 사회학자, 철학자들이 머리를 긁적이며 곤혹스러워하고 있다. 수많은 진화심리학자를 비롯해 적잖은 규모의 진화경제학자들은 말할 것도 없다. 이들 모두는 이타주의라는 기초적인 진화론의 수수께끼를 비롯해 이와 관련된 '무임승차자' 문제와 계속 씨름하는 중이다. 이 문제들은 거의 40년 동안 앞서 언급한 여러 학문 분야의 주된 관심사였다. 이 책에서도 이타성의 진화에 대해서는 기껏해야 부분적으로만 해명할 수 있을 뿐이다.[17]

가족을 넘어 이어지는 이타성의 수수께끼

하지만 불행히도 진화생물학이라는 분야에서 '이타주의'는 전문적인 용어가 되었다. 거의 반세기에 걸쳐 치열한 논쟁을 치렀음에도 이 용어는 여전히 완전히 일관적으로 쓰이지는 못하고 있다.[18] 예컨대 이 용어는 때로는 친족을 포함한 누구에게든 유전적으로 너그럽게 행동하는 것을 뜻하기도 하고, 때로는 혈연이 전혀 없는 사람들에게 너그럽게 행동하는 것을 뜻하기도 한다. 이 책에서는 후자의 의미에 초점을 맞추려 한다. 다시 말해 '이타주의'를 '가족 아닌 대상에게 미치는 너그러움'이라는 의미로 사용하고, 친족들에게 비용을 지불하며 도움을 주는 것은 '족벌주의nepotism'라고 부를 것이다. 이타주의적인 자선 행위는 친족 관계가 아닌 개인에게 베푸는 너그러움일 수도 있고, 스스로의 이득을 희생해 공동체 전체에 이익을 주는 개인적 공헌일 수도 있다. 따라서 이타주의와 사람들이 협동을 할 가능성은 서로 밀접하게 얽혀 있다. 이타주의적으로 너그러운 개인들은 비친족을 포함한 집단과 훌륭하게 협동하기 때문이다.

다시 말해 생물학적인 용어의 이타주의는, 사람들이 상대적인 적응도를 낮추면서까지 자기가 받는 것보다 더 많이 주려는 행동적인 경향을 가리킨다.[19] 유전적으로 밑바탕에 깔린 선택에 대한 설명이 아직 완전하지 않다 해도, 구체적인 행동은 충분히 명확하게 드러난다. 사람들은 자기 이름을 밝히지 않고 기꺼이 헌혈을 하거나 가난한 나라의 굶주리는 아이들을 돕기 위해 지갑을 열고, 지구 반대편에서 자연재해를 맞은 다른 나라 사람들에게 도움의 손길을 건넨다. 이 모든 사례는 상당히 놀랄 만하다. 그리고 그에 따라 이타주의의 수수께끼가 발생한다.

어째서 어떤 맥락에서는 자기중심적이고 족벌주의적인 종의
구성원들이, 친척도 아닌 알지도 못하는 구성원에게 호의를
베푸는가?

타고난 이타성을 증폭시키는 '황금률'

이처럼 상식적으로 생각하면 우리가 가족 외부의 누군가를
대상으로 베푸는 이타주의는 중요한 의미가 있다. 하지만 사실
이타주의가 이기주의라든지 족벌주의를 향한 우리의 강력한
경향성에 비하면 무시할 정도라는 점은 분명하다. 또한 이타주의를
이끄는 유전적인 경향성이 우리의 행동을 결정하지 않는다는
점도 확실하다. 하지만 이 경향성은 문제가 되는 행동들을 미리
준비해 우리가 보다 쉽게 배우도록 한다.[20] 즉 우리는 유전자와
문화의 상호작용을 고려해야 하고, 우리가 행동하는 방식에
대한 사회적 환경의 영향력을 과소평가하지 말아야 한다.[21]
예컨대 '남에게 바라는 만큼 너도 해 주어라'(황금률)라는 관념을
적극적으로 설파하면, 가족 외부의 사람에게 베푸는 데 대한
우리의 상대적으로 미약한 천성이 무척 강화될 수 있다. 그러면
집단 내부가 더욱 잘 굴러갈 것이다.[22] 나는 7장, 그리고 12장에서
이 책의 끝까지 이 영역에 대한 내 연구 결과를 풀어놓을 것이다.
        개인들이 평등주의적인 유목생활을 하고 무리지어 사냥을
하는 과정에서 이타성이 요구되었다면, 이들은 자기 자신과 가족이
언제나 가장 먼저라는 사실을 인식했을 테고 집단 전체에 엄격하게
공헌하도록 특별한 '설득'이 필요했을 것이다. 요컨대 집단의
구성원들은 만약 집단이 협력하는 이득을 보다 잘 거두기 위해서는
자기들만의 '황금률'을 솜씨 있게 적용해야 한다는 사실을 이해할

것이다. 인간 본성 안에서 최선의 효과를 가져오기 위해 설계된
세련된 유형의 사회적 압력 말이다.[23]

　　이때 우리는 고전적인 수렵 채집자 집단에 대해 다음 세
가지 사항을 염두에 둬야 한다. 첫째, 이 무리는 친족과 비친족이
섞인 가족들을 포함한다.[24] 둘째, 이들은 정확하고 즉각적인
보답을 기대하지 않는 방식으로 특정 활동에 대해 협력할 것이라
예측된다.[25] 그리고 셋째, 이들은 집단 안에서 이타성을 더 넓히도록
활발하게 설득을 벌인다. 이런 작업이 필요한 이유는 인간이라는
종에서 이기주의나 족벌주의로 이끄는 경향성이 무척 강하기
때문이다.

　　내 연구에 따르면[26] 이런 제한 요소 때문에 집단 수준으로
이동하는 문화에서는 가족 외부로 펼쳐지는 이타주의가
보편적으로 두드러졌다. 이런 생활방식은 4만 5,000년 전부터
현대인의 유전자와 기본적으로 비슷한 유전자를 갖도록 진화한
선사시대 식량 채집자들의 생활방식과 비슷하다. 그렇기에 이런
제한 요소는 꽤 오래된 것처럼 보인다. 사람들은 이런 사회적
압력의 대상이 될 때 자기가 어떤 행동을 하는지 확실히 안다.
그리고 인류학자로서 나는 이렇게 사회적으로 솜씨 좋은 수렵
채집자들의 일상적인 직관에 완전히 동의한다. 나 역시 우리가
가족 아닌 누군가를 돕는 행동을 하려는 경향성이 상대적으로
미약하다는 점이, 인류의 협력 행동에서 중요한 기초라고 믿는다.
그리고 어린이의 친사회적 사회화 또는 이타성을 갖고 행동하라는
어른들의 사회적인 압력, 협력을 저해하고 갈등을 일으키는
이기적인 악당이나 사기꾼을 좌절시키거나 제거하라는 요청에
의해 이런 경향성은 강화될 것이다.

　　물론 인류학적으로 알려진 바에 따르면 족장 국가나

초기 국가 같은 여러 사회 유형에서 비슷한 친사회적 경향성은 더 커다란 공동체적 협력으로 이어진다. 그리고 오늘날에도 히틀러 시대의 적수였던 무자비한 나치 독일과 영국이 그랬듯, 응집력 있는 협력은 적어도 개미 둑에서 벌어지는 '진사회성' 협력과 마찬가지로 개체의 자아가 완전히 사라진 듯한 상태로 나아간다. 하지만 이런 곤충의 사례에서는 협동을 하는 개체들이 서로 유전적으로 가까운 친척이고, 그에 따라 겉으로는 '자아가 없이' 집단의 이익에 헌신하는 것처럼 보여도 사실은 혈연선택에 의한 족벌주의에 집단선택을 결합해 설명할 수 있다.[27] 친족을 넘어서 비친족으로 나아가는 인간의 이런 유전적으로 '무모한' 이타성은 진화론의 커다란 수수께끼로 이어진다. 기회주의적인 무임승차자들이 가족을 넘어 이타성을 보이는 사람들보다 앞서 나가는 상황에서, 이런 이타성을 향한 자연적인 성향이 어떻게 자리 잡을 수 있었는가?

집단선택이 답일까?

다윈은 이 문제를 무척 명확하게 파악하고 있었다. 비록 1930년대에 모습을 드러낸 현대적이고 세련된 집단유전학 모형에 대해서는 전혀 알지 못했지만 말이다. 집단유전학은 해밀턴과 윌리엄스의 이론 같은 체계적인 이론을 낳았으며, 결국에는 우리가 지금까지 논의했던 이타주의의 역설을 인간에 대한 사회생물학을 통해 전면적으로 재정의한 에드워드 윌슨의 이론으로 나아갔다. 하지만 그로부터 1세기 전에 다윈은 조국을 위해 기꺼이 자신를 전쟁통에 내던지려 했던 애국자 청년들의 행동과 '개인주의적인' 자신의 새로운 이론을 어떻게 조화시킬지에 대해 고민했다. 이 청년들은 자신의 목숨뿐만 아니라 미래 후손들의 목숨마저(이타적인 경향성을 대물림해 전할) 희생시킨 셈이었다. 위대한 자연주의자 다윈은 당혹스러웠다.

다윈은 무임승차를 하는 겁쟁이들이라면 이와 같은 위험을 피할 테고, 겁쟁이들의 후손이 보다 많이 살아남을 테니 그에 따라 이기적인 경향성이 대물림될 것이라 예측했다. 요컨대 다윈의 이론에 따르면 이타적으로 자기를 희생하는 애국주의는 수적으로 쇠퇴하는 반면 뒤로 물러서서 안전하게 스스로를 지키는 성향은 번성해야 한다. 그리고 그 말은 장기적으로 보아 집단을 위해 개인의 이익을 희생하려는 경향은 자연선택에 의해 자동적으로 억압된다는 뜻이다. 하지만 문제가 있었다. 그럼에도 현실에서 젊은이들은 전쟁에 자진해 나서며 상당수는 열성적으로 임한다는 점이었다.

다윈은 이 수수께끼에 대한 한 가지 가능한 해법을 제안했다. 다음은 여기에 대한 『인간의 유래』에서 온 유명하고 자주 인용되는, 하지만 조금은 난해한 구절이다.

비록 도덕성의 기준이 높다고 해도 같은 부족 안에서 개인과 그 자손들에게는 여기에 대한 이득이 아주 적거나 없다는 사실을 잊어서는 안 된다. 하지만 그럼에도 도덕성의 기준이 진전하고 도덕성을 잘 타고난 사람의 수가 늘어나면, 다른 부족에 비해 그 부족의 이득이 확실히 커질 것이다. 그리고 애국주의, 충직함, 순종, 용기, 공감의 능력이 높은 사람들을 다수 포함한 부족이라면, 분명히 언제나 서로를 도우며 스스로를 희생해 공익을 높이려 할 테고 다른 부족에 비해 승승장구할 것이다. 그리고 이 과정이 곧 자연선택일

것이다.[28]

　　하지만 이 훌륭한 추론은 여전히 인간의 사회적 진화를 연구하는 수많은 학자들을 괴롭히는 중이다. 집단선택 이론은 오랫동안 대다수의 생물학자들에 의해 일축되었지만 최근에는 다수준 선택 이론으로 모습을 바꿔 등장했다.[29] 에드워드 윌슨이 그동안 순진한 집단선택론자들에 대한 공격을 주도했지만, 요즘에는 족벌주의든 이타주의든 훌륭한 협력자를 더 많이 가진 집단이 그렇지 않은 집단에 비해 번식에서 더 유리하다는 설명이 지배적이다. 하지만 이런 수준의 설명이 이 책의 뒷부분에서 두드러지지는 않을 텐데, 그 이유는 그런 설명이 집단 '내부에서' 개체들 사이의 선택에서 벌어지는 집단적인 징벌과 무임승차자에 대한 억압을 강조하기 때문이다.

세계 최초의 비교문화 연구

내가 자신 있게 말할 수 있는 바는, 다윈이 자연사의 맥락에서 양심과 도덕성 문제에 대한 설명을 굉장히 필요로 했다는 점이다. 이런 설명이 시간이 지나면서 발달하는 인간의 능력이 얼마나 인상적인지를 분명하게 드러내기 때문이다. 다윈이 그렇게 하기 위해서는 어떤 환경 조건이 우세한지, 어떤 선택 메커니즘이 도덕의 기원에 대한 진화의 역사에 공헌하는지를 구체적으로 보여야 했다. 하지만 다윈은 이 목표를 달성하지는 못했는데, 그 이유는 통찰이나 야망이 부족해서가 아니라 당시에는 영장류학, 고인류학, 문화인류학, 심리학에 대한 데이터가 부족했고 인지 신경과학으로 두뇌 기능을 설명할 수도 없었기 때문이었다. 이런

분야들은 전부 다윈 시대 이후 막 생겨나거나 급속히 성장하기
시작했다. 그 결과 오늘날 그 모든 과학적 정보들을 한데 끼워 맞춰
그럴 듯한 진화론적 시나리오를 만들어낼 수 있었다.

  다윈이 성급하게 과학적 결론으로 나아가지는 않았지만,
우리는 어째서 그가 양심의 기원에 대한 세부사항을 추측하지
않았는지에 대한 이유가 궁금할 수 있다. 아마도 몇 가지 대답이
있을 것이다. 첫째, 당시의 고고학적인 기록은 말도 안 되게
불충분해서, 화석으로 남은 뼛조각 몇 개와 선사 인류가 남긴
석기 몇 개가 남았을 뿐이었다. 둘째, 옳고 그름에 대한 두뇌의
기능이라든지 아프리카 유인원(우리의 먼 조상에 대한 잠재적인
'대역'인)이 동물원 밖에서 어떻게 행동하는지에 대해서는 알려진
바가 거의 없었다. 셋째, 과학적인 민족지학은 당시에 초창기여서
사회적인 행동의 보편성을(우리의 생물학적 본성과 이어질 수 있는)
체계적으로 살피기에는 역부족이었다.

  하지만 여기서 다윈이 마지막 문제에 대해 했던 일은 꽤
인상적이었다. 전 세계 식민지 총독과 선교사들에게 편지를 써서
아시아, 아프리카 등지의 원주민들이 과연 부끄러움에 얼굴을
붉히는지를 묻는, 최초의 체계적인 비교문화 연구를 했던 것이다.[30]
사회적인 이유로 낯빛을 바꾸는 것은 인간 종의 특징이었기 때문에
다윈은 그 현상에 도덕적인 기초가 있는지에 흥미가 있었다.
얼굴을 붉히는 현상이 단지 지역 문화에서 몇몇 집단을 그렇게
이끈 결과인지, 아니면 강한 유전적 요소가 있는지를 궁금하게
여긴 것이다. 이러한 광범위한 인류학적인 연구 프로젝트를 펼친
결과, 다윈은 전 세계 모든 지역의 원주민들이 부끄러우면 얼굴을
붉힌다는 사실을 알아냈다. 그리고 이 사실을 기초로 다윈은
우리의 양심과 도덕적 감각의 중요한 측면에 대한 추정을 할

수 있었다. 수치심에 대한 인간의 반응은 분명 선천적인 기초를 가진다는 것이다.

이 연구 프로젝트는 오늘날까지도 인간 본성에 대한 획기적인 사건으로 남아 있다. 이 프로젝트가 더욱 일반적으로 제안하는 바는 양심과 도덕성은 생물학적인 의미에서 '진화'되어 오늘날에 이르렀다는 것이다. 이런 연구 방향으로 계속 나아가다 보면 인간의 양심은 단지 진화적인 부산물에 지나지 않는다는 사실을 보일 수 있다. 다윈도 그렇게 암시하려 했을 것이다. 하지만 다른 방식의 설명도 가능하다. 양심이 플라이스토세의 환경에서 인류가 대응해야 했던 특정 목적 때문에 진화했다고 간주하는 것이다. 더 구체적으로 말하면 집단적인 징벌을 활용해 사회적인 최저 생활수준을 증진시키고 더욱 평등한 사회를 만들고자 했던 목적이 양심을 이끌어 냈다.

사회선택은 '의도적인' 자연선택이다

인류의 사회적인 선호도가 유전적인 결과에 영향을 주는 방식은 여러 가지가 있다.[31] 하나는 개인들이 결혼 반려자라든가 협동 작업의 동업자로 좋은 평판을 쌓고 그에 따라 적응도를 높이는 것이다. 다른 하나는 집단 전체가 자신들의 적응도를 해치는 사회적인 일탈자들을 심하게 나무라는 것이다.[32] 내가 가진 일반적인 진화론적인 가설은 도덕성이 양심과 함께 시작하며, 양심은 체계적으로 발달하되 처음에는 집단에 의한 '도덕적이지 않은' 사회적인 통제로 시작한다. 잘 무장한 사냥꾼들로 이뤄진 성난 무리가 '일탈자' 개인을 징벌하거나 이타성을 증진하는 방향으로 훈계를 하는 식인데, 이런 징벌은 '사회적 선택'이라고 불릴 수 있다. 집단 구성원들이나 집단 전체에 대한 사회적인 선호가 유전자 풀에 체계적인 영향을 끼치기 때문이다.[33]

일탈자에 대해 징벌이 벌어지는 이유는 일단 사람들이 개인적으로 위협을 느끼거나 사회적인 '포식자'로부터 재산을 빼앗기기 때문이다. 또한 동시에 더 큰 의미에서, 사회적으로 파괴적인 악행을 저지르는 사람들은 협동을 통해 집단의 번성을 꾀하는 능력을 확실히 감소시킨다. 따라서 이런 가혹한 사회적 선택은 적어도 즉각 작동하는 '목적'을 포함하는데, 큰 두뇌를 가진 인류가 활발하고 통찰력 있게 긍정적인 사회적 목표를 찾고 갈등에서 생겨나는 사회적인 재난을 피하려 한다는 의미에서다. 그리고 비록 의도하지는 않았다 해도 유전적인 결과물이 사회적인 포식을 줄이고, 협동을 늘리는 방향으로 나아간다는 사실은 결코 놀랍지 않다. 따라서 일상적으로 벌어지는 집단의 징벌은 사회적 삶의 질을 즉각 높일 수 있다. 유전자형 역시 세대를 거듭하면서 서서히 비슷한 방향으로 바뀔 것이다.

즉 집단 구성원들의 가혹한 징벌은 집단의 삶에 영향을 미칠 뿐만 아니라, 유전자 풀을 비슷한 방향으로 모양 지운다. 이 점은 이 책의 주요 주제 가운데 하나다. 따라서 우리는 만약 한정된 몇몇 의도적인 요소가 실제로 이론상 '맹목적으로' 작동하는 생물학적인 진화 과정으로 몰래 기어드는지의 여부를 물어야 한다. 바꿔 말하면 우리는 사회적 선택을 '낮은 단계의 목적론'이라 여길 수 있는가? 몇몇 의도적인 입력 값이 자연선택의 과정에 영향을 줄 수 있다는 의미에서 말이다.[34] 이런 이론은 현대 다윈주의 생물학의 가장 기초적인 전제 가운데 하나를 변형시킨다. 자연선택은 자기 자신을 조직화하는데 그것은 겉보기에 '문제를 해결하기' 위해서인 듯하며 기본적으로 맹목적인 과정이라는 전제다.[35]

생물학자 에른스트 마이어Ernst Mayr의 말에 따르면 다윈주의 선택은
목적론적이라기보다는 "합목적적teleonomic"이다.[36]

마이어는 자연선택을 기초적이고 전반적인 과정으로
여긴다. 물론 전혀 모호하지 않고 잠재력이 있는 '의도적인' 선택도
있다. 가축 사육가와 현대의 유전공학자들이다. 그리고 우리는
여기에 불명예스러운 우생학 운동의 참가자들도 포함시켜야 한다.
나치 독일에서는 이들이 무엇을 이루려 했는지 확실히 정확히
알았을 것이다. 이 세 가지는 의식적으로 유전자 풀에 손을 대고자
했고 자기가 무엇을 하고 있는지 어느 정도는 통찰을 갖고 있었다.

반면에 선사시대의 수렵 채집자들은 적극적인 행위자가
아니며 여기에는 합리적인 이유가 있다. 그럼에도 나는 여기서
이들의 사회적인 의도가 '자기도 모르게' 유전자 풀에 영향을
끼쳤다고 제안한다. 예측 가능하고 무척 중요한 방식으로, 그리고
적어도 그들이 영위하는 삶의 질을 개선하려는 즉각적이고 정교한
목적에 따르는 방식으로 말이다. 나는 선사시대부터 이런 방식이
인류의 사회적 선택 과정에 특별한 '초점'을 제공했다고 믿는다.
행위자들이 가진 무척 일관적이고 실용적인 목적에서 파생된
초점이다. 그러면 사람들이 더욱 이타적으로 행동하도록 설득할 수
있을 뿐 아니라 무임승차자들을 도중에 단념시킬 수 있다. 그러면
우리의 일상이 직접 영향을 받을 뿐 아니라, 장기적으로는 유전자
풀에도 영향을 미칠 것이다.

다윈을 활용하는 '새로운' 방식

나는 오랜 기간에 걸친 진화 과정을 분석하는 다윈의 방식이
강력한 설명력을 지닌다고 생각한다. 그 안에 풍부한 자연주의적인

세부사항이 포함된다면 특히 더 그렇다. 하지만 이런 전체론적인 자연사적 접근은 다소 구식으로 보이는 면이 있다. 오늘날에는 진화론 연구가 대개 단편적으로 이뤄지며 제한된 문제를 한 번에 하나씩 공격할 뿐이기 때문이다. 그리고 행동에 대한 모델링과 유전자 풀에 미치는 행동의 효과는 '설계' 또는 '적응'이라는 용어로 논리적으로만 이뤄진다. 또한 굉장히 자주 무시되었던 문제가 하나 있다. 실제 다윈주의적인 분석은 역사적인 차원에 초점을 맞춘다는 점이다.

나는 수만 년에 걸친 사회적 선택의 효과를 살피는 과정에서, 오늘날의 기준에 따라 새로운 진화론적 시나리오를 개발할 예정이다. 내가 주장하려는 바에 따르면 선사시대의 인류는 사회적인 통제를 강력하게 활용하기 시작했고, 개인들은 반사회적인 경향을 보다 잘 억제하게 되었다. 그럴 수 있었던 이유는 무서운 징벌이 존재했고 개인이 집단의 규칙을 흡수해 내면화했기 때문인데, 그로써 적응도는 더 높아졌다. 규칙을 내면화하는 법을 배우면서 인류는 양심을 얻었는데, 이 과정은 앞서 언급했던 애초의 가혹한 사회적인 선택에 연원한다. 이 선택은 무임승차자들을 강하게 억제하는 효과도 가져왔다. 여기에 따라 새로 생겨난 무임승차자에 대한 도덕주의적인 억압은 우리가 이타성을 가족의 테두리 밖으로 연장시키는 놀라운 능력을 진화시키는 데 도움을 주었다.

앞으로 여러 장에 걸쳐 우리는 이런 도덕의 기원에 대한 진화적인 배경을 살필 예정이다. 그 배경 가운데는 인류 외의 다른 동물들이 과연 도덕성을 발전시키는 여정에 있었는지에 대한 현실적인 논의와 더불어, 인류의 먼 조상이(물론 다윈이 논의했던 것처럼 이 조상은 유인원들이다) 지녔던 사회적 행동에 대한 자세한 기술이 포함된다. 또 4장에서 우리는 지금으로부터 약 4만 5,000년 전 최초의 '현대적인' 인류가 보였던 행동을 재구성할 예정이다. 이들 초기 인류는 기본적으로 생물학적인 의미에서 도덕이 진화하는 종점에 있기 때문이다. 오늘날 우리가 아무리 도시에 거주하면서 도덕에 대한 책을 읽고 쓴다 해도, 우리가 실제로 지닌 도덕성은 이들 초기 인류가 지닌 도덕성에서 살짝 연장된 결과물일 뿐이다.

그리고 6장부터는 다윈주의 생물학의 진화론적인 분석을 본격적으로 다룰 예정이다. 처음에는 자연 속 에덴동산에서 나타난 도덕의 기원에 초점을 맞추고, 특히 양심에 초점을 맞춘다. 그리고 가혹한 사회적인 환경이 어떤 방식으로 스스로 의식을 지닌 특별한 행위자를 탄생시켰는지 다룰 것이다.[37] 이 발전 과정은 심오한 의미에서 우리 종에게 선사시대뿐만 아니라 오늘날까지도 적응적인 중요성을 지닌다. 선사시대에는 인류가 커다란 동물을 사냥하고 유용한 여러 일들을 하도록 했고, 그 결과 오늘날까지 도덕성이 남았으며 사람들은 거기서 계속 이득을 보고 있다.

만약 현대 사회에 양심이라든지 옳고 그름에 대한 감각이 없었다면, 오늘날처럼 익명의 거대한 도시 환경은 상상하기 힘들 것이다. 사회뿐만 아니라 개인을 상대로 한 범죄가 벌어져도 감지하기가 무척 힘들기 때문이다. 이런 상황에서 대부분의 사람들이 강력하고 활발하게 작동하는 양심을 갖고 있다는 점은 우리 모두에게 이득이 된다. 적어도 악행을 저지를 잠재력이 있는 사람들 역시 스스로 지닌 양심의 목소리에서 자유롭지 못할 것이다. 비록 환경적으로 이들이 사회적인 포식자처럼 행동한다 해도 말이다.

일찍이 이런 도덕주의적인 양심은 문화적으로 현대적인

수렵 채집자들이 자신의 친밀한 무리에서 사회적으로 자신의 방향을 찾도록 도왔다. 이런 무리에서는 경찰이나 형사도 필요가 없는데, 사회적인 일탈자들이 수다스러운 주변 사람들에 의해 이미 색출되고 통제당하기 때문이다. 이런 무리에서는 사람들이 양심을 잘 발달시켰다는 사실이 사회적인 삶의 수준을 높인다. 그 이유는 양심이라는 내부의 목소리가 개인들이 지닌 반사회적인 일탈적 성향을 늦추고, 집단 내부의 갈등을 완화하며 협동이 보다 잘 이뤄지도록 돕기 때문이다.

나는 앞으로 다윈의 역사적인 분석을 현대식으로 모방해 신선하면서도 그럴 듯한 결과물을 얻고자 한다. 그리고 일단 양심의 기원에 대한 중요한 질문에 대한 답을 찾기만 하면, 우리는 인류가 어떻게 해서 놀랄 만큼의(몇몇 사람에게는 도저히 설명할 수 없는) 사회성과 공감적 이타성을 가졌는지에 대해 훨씬 더 나은 위치에서 설명할 수 있을 것이다. 인류가 지금 같은 방식으로 기꺼이 협동을 하는 이유에 대해서도 역시 그렇다. 앞으로 살피겠지만, 만약 우리가 옳고 그름에 대한 원시적인 감각을 선사하는 양심을 갖지 못했다면, 인류는 결코 지금처럼 인상적인 '공감' 능력을 진화시키지 못했을 것이다. 또 오늘날 우리가 아는 바와 같이 인류의 사회적인 삶을 풍부하게 채워 주는, 가족 외부로 뻗어 나가는 이타성이라는 특징도 존재하지 않았을 것이다.[38]

2장.
도덕적으로 생활하기

수치심과 죄책감, 무엇이 더 보편적인가?

바람직한 삶을 일궈내는 방법은 두 가지가 있다. 하나는 사악한 사람을 벌주는 것이고, 다른 하나는 도덕적인 행동을 적극적으로 칭찬하는 것이다. 진화론을 바탕으로 한 나의 이론에 따르면 이러한 일탈적인 행동에 대한 징벌은 오래전부터 이뤄졌다. 따라서 우리는 이 책의 여러 장에 걸쳐 죄와 벌, 그리고 그 깊은 진화적인 배경에 대해 다룰 예정이다. 그리고 7장에서는 사회적인 상호작용의 긍정적인 측면을 다룰 것이다. 여기에는 그 대상이 가족 구성원이 아니라든지 반드시 보답을 받을 전망이 없다고 해도, 타인에게 이타적으로 행동하라거나 도움을 주는 행동이 포함된다.

　　논의를 시작하기 전에, 먼저 옳고 그름의 감각을 구성하는 인간의 감정에 대해 살펴보자.[1] 먼저 진화론적인 관점은 포괄적이어야 하며, 그러기 위해서는 자민족 중심주의를 피해야 한다는 점을 명심해야 한다. 예컨대 미국인들은 종종 '죄책감'에 대해 언급하곤 한다. 세계 곳곳의 기독교인과 유대인들도

마찬가지다. 반면에 불교나 힌두교, 유교, 이슬람교를 믿는
사람들은 그렇게 죄책감을 운운하지 않는다. 비록 단어 자체가
정의하기 쉽지 않고 정의도 다양할 수 있지만, 대부분의 사람들은
'죄책감'이 과거의 악행이나 죄악에 대한 부정적인 느낌과
경험에 대해 개인이 마음속 깊이 집중해 얻은 결과라고 여긴다.
반면에 '수치심'은 과거의 악행이 타인에게 알려지게 되거나
세상에 더 널리 알려진다는 더 많은 의미를 지닌다. 죄책감이나
수치심은 후회나 부끄러움처럼 좀 더 겉보기로 드러나는
감정을 이끌기도 하는데, 이런 경우는 '체면'을 중시하는 아시아
사람이나 '명예 문화'가 두드러지는 중동(서아시아) 사람들에게
더 눈에 띄는 듯하다. 하지만 에덴동산 이야기를 보면 기독교인과
유대교인에게도 수치심이 중요하다는 사실을 알 수 있다. 예컨대
중동 지역에 기반을 둔 구약 성경은 사람들에게 사타구니를 가리는
무화과 잎이 부끄럽다는 사실을 훈련시켰다.

　　이제 나는 현재나 과거의 도덕적으로 부끄러운 행동에서
오는 불편하고 고통스런 느낌에 대해 말할 때 '죄책감'보다는
'수치심'이라는 단어를 선택해 사용하려 한다. 혼란을 피하고, 내가
가진 서구적인 관점을 전면에 내세우지 않기 위해서다. 하지만
내가 이렇게 간소하게 정리한 이유가 단지 죄책감의 지배를 당하는
유대-기독교도 유럽인과 아메리카인에 비해 아시아와 중동
사람들이 수적으로 많기 때문만은 아니다. 그보다는 인류학적으로
설득력이 있는 다음과 같은 여러 이유 때문이다.

　　첫째, '죄책감'이라든지 그와 비슷한 도덕적인 단어들이 수렵
채집자와 부족민을 포함한 여러 언어에 등장하지는 않는다. 하지만
'부끄러움에 대한 단어'는 어떤 언어에든 등장하고[2], 이 단어들은
사람들의 마음에 꽤 두드러지는 듯하다. 더구나 수치스러운 느낌은

인간의 보편적인 생리적 반응과 직접 연결된다. 즉 이 수치심은 얼굴 붉힘이라는 도덕적인 반응에 의해 촉발되지만, 우리가 아는 한 죄책감은 이런 물리적인 상관물을 갖지 않는다. 실제로 다윈은 수치심과 얼굴 붉힘이 연결되어 있고 이것이 중요하다고 보았는데 이 생각은 옳았다. 우리가 인간의 양심에 대한 진화론적인 기초를 다루려 할 때, 수치심은 핵심적이고 보편적인 개념이 될 것이다.

길들여진 개는 수치심을 갖는가?

다윈은 도덕적인 행동에 대해 탐구하는 과정에서 인간 아닌 다른 동물들 역시 옳고 그름에 대한 감각이 있는지에 대해서도 기꺼이 고려했다.[3] 그리고 나 역시 이 문제에 대해 충분히 고민한 끝에, 다음과 같은 개인적인 결론에 다다랐다. 비록 침팬지를 비롯해 길들여진 개들이 규칙을 잘 배우기는 하지만, 덕과 악덕을 도덕적으로 구별하고 그 결과를 토대로 규칙을 내면화하는 종은 인간이 유일하다는 것이다. 만약 그런 능력을 지닌 다른 동물이 있다면, 아프리카 유인원처럼 사회성이 무척 높거나 늑대 또는 돌고래처럼 사회적으로 민감한 육식동물일 확률이 높다.

　하지만 내 생각에 애완동물, 특히 개를 기르는 사람이라면 상당수가 여기에 동의하지 않을 것이다. 많은 사람들은 "이런 짓을 하다니 부끄러운 줄 알아!"라고 말하면 애완동물이 도덕적으로 꾸중 듣는 기분을 느끼리라 생각한다. "정말 착한 개구나!"라는 말을 들었을 때 자랑스럽고 우쭐해하는 듯 보이는 것과 마찬가지로 말이다. 나 역시 (족벌주의에 기꺼이 기대) 이런 의인화에 기초한 반응을 해 왔지만 확실히 이런 반응이 과학적이지는 않다.

　다윈이 개에 초점을 맞춘 이유는 인간과 잘 맞는 편이기도 하고, 개 주인들의 경험담이 많기 때문에 인간과 가깝게 행동하는 애완동물에 대한 이야기를 쉽게 접할 수 있기 때문이었다. 실제로 다윈은 개들의 공감, 충직성, 자기를 희생하며 주인을 보호하려는 성향과 함께, 죄책감이나 수치심의 존재를 드러내는 개인적인 일화를 포함한 많은 이야기를 수집했다. 하지만 이렇게 열린 마음으로 사례를 수집하기는 했어도 다윈이 성급하게 결론을 내리지는 않았다.

개인적으로 내가 충직한 개의 주인들에게 꼭 전하고 싶은 애석한 점은 이들이 자신들의 책임이 개에게 죄책감을 일으킨다고 여긴다는 점이다. 이것은 주인들이 자신의 도덕주의적인 인간적 반응을 비도덕적인 개들에게 투사하기 때문일 가능성이 높다. 공감 능력이 있는 개라면 자기에 대한 반감에 불편함을 느끼거나, 규칙을 어겨 받는 처벌에 대해 순종적으로 두려워할 것이다. 어쩌면 이런 감정을 개들이 몸짓 언어로 드러낼 수도 있지만, 나는 인간과 비슷한 이런 수치스러운 감정은 이 상황에서 중요하지 않다는 점을 상당히 확신한다. 여기서 수치심이라고 얘기한 것은 심각하고 중요한 규칙을 위반하는, 강하고 도덕주의적인 감정적 동일시가 존재하기 때문이다.

사람들이 이처럼 개들의 수치심과 죄책감에 대해 사람과 비슷하다고 너그럽게 해석하는 것은 그렇게 놀라운 일이 아니다. 그 이유는 바로 우리 인류가 적어도 1만 5,000년 동안 우리 자신과 비슷한 감정을 가진 개들을 육종해 왔기 때문이다. 오늘날은 이 작업이 꽤 체계적으로 이뤄지고 있지만, 먼 과거에는 단순히 최고의 애완동물이 될 것이라 여겨지는 개들을 선호했고, 이 과정이 여러 세대에 걸쳐 이뤄지면서 길들여진 개들의 '기본적인 개성'은 변형되었다.[4]

나는 열성적으로 개를 좋아하는 사람의 입장에서, 일단 인류가 진정으로 길들인 개들은 다정하고 충직하며 공감 능력이 있고 주인의 인정을 갈구한다고 말하고 싶다. 그리고 주인이 곤경에 빠지면 스스로를 희생해서라도 주인을 보호한다고 여기고 싶다. 물론 제대로 훈련을 받기만 하면 개들은 인간과 마찬가지로 규칙을 잘 지키며, 이런 유사성을 생각하면 개들이 인간과 마찬가지로 부끄러움을 느끼리라 기대하는 것도 자연스럽다. 하지만 개들은 도덕적이지 않다. 그 이유는 규칙을 내면화해 생겨난 양심과 수치심의 감각이 없는 것처럼 보이기 때문이다. 나는 내가 가진 회의주의가 견해의 차이라는 사실을 인식하고 있으며, 사람은 개의 머릿속에 결코 들어갈 수 없다는 사실을 안다. 하지만 이런 냉철한 관점을 뒷받침하는 듯 보이는 근거가 적어도 몇 가지는 존재한다.

　　예컨대 여러분이 집에 도착했을 때 개가 바닥을 엉망으로 만들어 놓았지만 그래도 고개를 숙이고 귀를 뒤로 접은 채 꼬리는 다리 사이로 숨긴 모습을 보이면 그래도 개가 양심이 있는 것처럼 보인다. 이처럼 개가 잘못을 했을 때 인간 같은 행동을 보이기 때문에 여기에 대해 벌을 주는 것도 논리적으로 보인다. 인간과 마찬가지로 개가 과거의 부끄러운 잘못을 인식하고 미래에는 그러지 않겠다고 여겼다는 것인데, 수치심이라는 기분은 즐겁지 않아 마땅히 피해야 하기 때문이다. 그리고 지나간 행동을 벌주고 신문지를 돌돌 말아 혼을 내면 친애하는 주인이 그 행동을 싫어한다는 증거이기 때문에 개가 기억할 것이라 여겨진다. 이런 방식으로 개는 인간의 규칙을 배울 수 있는데, 그 이유는 우리가 오랜 세대에 걸쳐 유순한 개체들을 선호해 오면서 이 방식에 민감하도록 개를 육종했기 때문이다.

하지만 이렇듯 인간과 마찬가지로 어떤 행동을 저지른 '사후에' 벌을 내리면 행동이 긍정적으로 바뀔 것이라는 생각은 꽤나 잘못되었다. 전문적인 개 훈련가라면 개가 일탈적인 행동을 하자마자 벌을 주어야 한다고 충고할 것이다. 적어도 개가 환영받지 못할 행동을 저지르고 0.6초 안에는 혼내야 한다고 말이다.[5] 그러지 않으면 개는 친밀하게 애착을 느끼는 사람인 여러분이 마땅한 이유도 없이 자기에게 적대감을 드러내거나 상처를 준다고 여겨 혼란을 느낄 것이다. 반면에 사람이라면 자기가 지금 벌을 받는 이유가 바로 이전에 규칙을 어겼기 때문이라는 사실을 완벽하게 이해할 것이다. 5장에서 살필 예정이지만 아프리카 유인원도 마찬가지다. 하지만 개는 그렇게 하지 못하며, 이런 점에서 보면 개는 현재만을 산다고 볼 수 있다.

하지만 열성적인 개 주인이라면, 그럼에도 개들은 수치심을 느낀다고 주장할지도 모른다. 개들의 눈과 몸짓 언어를 보면 확실하다는 것이다. 나 자신도 이런 주장이 틀렸다는 사실을 증명할 수는 없다. 다만 객관적으로 지적할 수 있는 사실이 있다면, 개들은 우리가 사후에 벌을 받았을 때의 반응을 보이지도 않고 수치심에 얼굴을 붉히지도 않는다는 점이다. 다시 말해 개들은 수천 세대에 걸쳐 인간과 가까운 행동을 보이도록 선택되었음에도, 행동이 벌어진 이후의 처벌이나 비난에 대해서는 인간과는 상당히 다른 파장을 지닌 채로 남았다.

'힘 가진 자가 옳다'라는 말은 모든 개와 늑대의 조상에게 널리 적용된다. 이들 동물의 무리에서 우두머리 동물은 자신의 규칙을 부하들에게 강요한다. 그리고 만약 어떤 부하가 우두머리 몰래 규칙을 깼다 해도, 몸짓 언어 속에 '수치심'이라든지 '후회'는 전혀 드러나지 않는다. 부하가 이런 몸짓을 보이는 것은 확실히 우두머리를 달래기 위해서일 테지만, '도덕적으로' 부끄러운 감정과는 전혀 관계가 없다. 단순히 스스로를 보호하기 위해 벌이는 조작일 뿐이고, 이런 행동은 인간에게서도 발견된다. 다만 차이가 있다면 인간은 도덕적이라는 점이다.

개의 마음이 유전적으로 설정되어 있다는 점은 개가 오직 즉각적인 방식으로만 처벌에 반응하도록 해 준다. 그리고 아직 발견되지 않은 몇몇 이유로, 두뇌의 특정한 배선이 인간으로 하여금 집에서 기르는 개의 특징을 자기중심적으로 변형시켜 사람과 거의 비슷한 순종적인 반려로 만들지 못하도록 했다. 어떻게 그럴 수 있었을까? 한 가지 큰 힌트는 개의 전전두피질이(사회적인 결정을 하도록 돕고 자기 통제를 가능하게 하는) 인간에 비해 훨씬 작다는 점이다. 아무리 개를 사육하는 우리 인간이 개들을 친사회적으로 기르려 해도, 어쩌면 개에게는 가능성 자체가 없는지도 모른다.

도덕적으로 손상된 마음

우리가 두뇌를 비롯해 두뇌와 도덕이 어떻게 연결되어 있는지에 대해 알고 있는 흥미로운 사실 가운데 일부는, 사실 극소수 인간 집단의 행동과 태도를 통해 얻었다. 바로 무척 '비도덕적인' 사람들이었다. 상당수는 애초에 그렇게 태어나며 몇몇에게 흥미롭고 인상적인 효과를 일으키는 두뇌의 트라우마 때문에 이런 사람들이 나타난다. 만약 인생 초기에 이마 바로 뒤에 자리한 전전두피질이 이상 없이 건강했던 '정상적인' 아이들이 물리적으로 이 부위를 다치면, 규칙을 이해하고 준수하거나 권위에 복종하는 능력을 키우지 못할 수 있다. 이 아이들은 옳고 그름에 대한 감각이

손상되었기 때문에 사회생활을 성공적으로 꾸려 가기가 어렵거나
아예 불가능할 수도 있다.

신경심리학자 안토니오 다마지오Antonio Damasio는 여기에
대해 여러 개의 사례를 보고했다. 예컨대 18개월 된 한 여자아이는
자동차에 머리를 부딪쳤지만 며칠이 지나도 겉으로는 별다른
부작용을 보이지 않았다.[6] 그러다가 3살이 되어 아이가 유난히
부모의 말을 듣지 않는다는 사실이 밝혀지면서 행동적인 문제가
드러났다. (도덕적으로든 다른 측면으로든 이 아이의 부모는 전혀
문제없는 정상적인 사람들이었다.) 나중에 아이는 규칙을 지키며
하나의 직업을 진득하게 따르지 못하는 충동적인 좀도둑이 되었다.
그리고 안됐지만 자기 아이에게조차 공감을 하지 못했으며 옳고
그름을 구별하지 못하는 것처럼 보였다. 이 여성은 자기 자신의
충동을 평가하거나 통제하지 못했던 터라 제대로 사회화를 하지
못했고, 결국 인생은 엉망진창이 되었다.

이 여성과 마찬가지로 전전두피질에 손상을 입은,
심리학에서 유명한 인물이 있다. 19세기 후반에 살았던 피니어스
게이지Phineas Gage라는 철도 노동자다. 게이지는 원래 책임감이 있고
사람들과 잘 지내는 성격이었는데 사고가 나는 바람에 쇠못이
눈구멍을 통과해 머리 앞쪽으로 뚫고 나갔고, 전전두피질을
다쳤다. 비록 사고를 당한 직후에 자리에서 일어나 생각하고 말을
할 수 있었지만 게이지의 성격은 영구적으로 바뀌어 버렸다.
붙임성 있던 성격은 사라지고 충동적이며 짜증 많고 외설적이며
어울리기 힘든 사람이 되어 버렸던 것이다. 결국 불행히도
게이지는 더 이상 규칙적으로 출근하는 직업을 갖지 못했고
서커스에서 여흥을 돋우는 괴물로 전락했다.[7]

또 다른 효과적인 사례가 있다. 행복한 결혼 생활을 이어가던

한 40대 학교 교사가 인터넷으로 아동포르노를 보다가 들켜서
아내를 아연실색하게 만들고, 이어 11살짜리 소녀에게 추파를 던진
경우다. 이렇게 스스로를 통제하지 못하고 충동적인 행동을 한
결과 이 교사는 이혼을 당했고 구속될 위기에 놓였다. 하지만 결국
이 불쌍한 교사는 양성 종양 하나가 전전두피질을 억누르고 있다는
진단을 받았고, 이 종양을 제거하자 정상으로 돌아왔다. 종양과
이상 행동의 인과관계는 무척 선명했다.[8] 뒤에 종양이 다시 생기자
다시 일탈적인 행동에 빠져들었기 때문이었다. 미래의 계획을
세우는 두뇌 영역인 전전두피질은 사회적인 결과를 평가하고
반사회적인 충동을 통제하도록 돕는다. 이런 기능은 인류의 양심을
정의하기에 이르며, 집단 내부에서 말썽을 일으키지 않도록
개인적인 적응도를 높인다.

사이코패스의 뇌

그렇다면 세상에는 태어날 때부터 두뇌가 '손상된' 사람도
존재할 것이다. 예컨대 심리학자인 로버트 헤어Robert Hare는 평생
범죄자들을 연구해 '사이코패스'에 대한 객관적인 평가 기준을
세웠다. 헤어가 만든 사이코패스 감별 테스트(헤어는 교활한
사이코패스들이 꿰뚫어보지 못하는 테스트를 최초로 개발했다)의 목표
가운데 하나는 교도소에 수감된 죄수 가운데 사이코패스를
가려내 거리에 나오지 못하게 막는 것이었다.[9] 헤어의 가정에
따르면 사이코패스는 보통의 '도덕적인 감정'에 기초한 양심을
발달시키지 못하는 기질을 대물림 받았고, 그 결과 옳고 그름을
가리거나 타인에 대한 공감 능력을 잃은 특이한 사람들이다. 이
사이코패스 가운데는 미꾸라지처럼 정체를 들키지 않고 경찰에도

잡히지 않는 수치심을 모르는 위험한 연쇄살인범들도 있다. 하지만 대부분은 겉으로는 말솜씨가 좋고 꽤 매력적으로 보여도 실제로는 자기중심적이고 공감 능력이 결여된 사기꾼들이다. 이들은 아무렇지도 않게 거짓말을 하며 부끄러움이나 후회는 조금도 없이 계획적으로 타인에게 해를 끼치고 그들을 착취한다.

사이코패스가 살인을 하든, 잘 속는 사람들을 이용해 사기 같은 화이트컬러 범죄를 저지르든, 이들은 다들 정상적인 도덕적 지침이 없으며 자기를 철썩 같이 믿는 불쌍한 사람들에게 안길 손해에 대해서는 조금도 신경 쓰지 않는다. 이들은 정상적인 양심이 결여되어 있기 때문에 타인과 감정적으로 연결되지 못하고, 거리낌 없이 거짓말을 해서 이기적으로 타인을 착취한다. 그리고 자기가 속이거나 살해하는 대상에 대해 전혀 공감하지 못한다. 사이코패스는 여성보다는 남성이 더 많으며 일반적으로 감정의 깊이가 얕고, 도덕 규칙을 내면화한 수준은 아이들 정도에 그친다. 사이코패스의 기질은 인생 초기에 드러나는데 중요한 점은 이들에게 도덕 규칙을 습득하는 능력이 감정적으로 불완전하다는 사실이다.

다만 여기서 강조할 점은 전형적인 사이코패스들이 사람들의 생각처럼 연쇄 살인범이라기보다는 자기의 먹잇감에게 공감하지 않는 사기꾼이라는 사실이다. 보통 이들은 지적이고 자기중심적이며, 심지어 거짓말이 훤히 드러나는 경우라 해도 당당하게 설득력 있는 표정을 짓는 데 능하다. 그렇기 때문에 은퇴자들에게 가짜 주식을 팔거나, 아내에게 정체를 숨기고 언젠가는 개선될 것이라 바라게 하는 폭력 남편이 되기에 완벽한 후보다. 게다가 만약 살인에서 매력을 느끼기만 하면 자비 없이 살해해 버린다. 사이코패스의 명예의 전당에는 미국 캘리포니아주에서 자비 없이 희생자들을 고문해서 죽여 '힐사이드의 교살자들'이라는 별명을 얻은 서로 사촌 사이인 두 명의 범인을 포함해, 유명한 살인자인 존 웨인 게이시^{John Wayne Gacy}나 제프리 다머^{Jeffrey Dahmer}가 포함된다. 우리가 들어봤을 법한 영화「양들의 침묵」의 주인공도 여기에 낀다. 하지만 대부분의 사이코패스들은 발각되지 않은 채 범죄를 가능하게 하는 익명성의 망토를 두르고 오늘날 도시 속에서 잘 살아간다. 이들은 양심이 활발하게 기능하지 않고 신이 내리는 벌을 겁내지 않기 때문에, 경찰 정도만 따돌리면 될 뿐이다.

사이코패스들은 자기 자신을 숨기고 가장하는 데 달인이고, 비록 스스로는 감정의 황무지 안에서 살지만 사람의 도덕적인 감정이 어떻게 작동하는지는 이해한다. 그리고 흥미롭게도 이런 특징 때문에 이들은 타인의 감정을 조작하는 데도 전문가이다. 그에 따라 범행을 하고 붙잡혔다가도 한 번만 더 기회를 주면 마음을 고쳐먹고 사회에 공헌하겠다고 가석방 심의위원회를 잘 설득하는 경우가 많다. 하지만 기억해야 할 점은 사이코패스들은 처음부터 그렇게 태어났고, 보통의 긍정적인 감정과 연결된다든지 '규칙'에 대한 감각을 개발시키지 못했다는 점이다. 헤어의 저서 제목이 『양심 없는^{Without Conscience}』(국내에서는『진단명 사이코패스』라는 제목으로 번역되었다.-역주)인 이유도 이것이다. 헤어에 따르면 우리가 사이코패스에 대해 기대할 수 있는 최선은 오래전부터 그랬듯이 그들의 반사회적인 성향이 저절로 수그러들기를 바라는 것이다. 아니면 가석방 심의위원회가 이들을 주의해야 할 것이다.

전형적인 사이코패스는 전전두피질에 트라우마를 겪은 적이 없으며, 따라서 자연적으로 양심이 없도록 타고난 셈이다. 또 이들은 지능이 평균 이상인 경향이 있기 때문에, 일부는 사회적인 규칙을 대단히 잘 습득하고 그에 따라 보통 사람 같은 감정을 가진 것처럼 능숙하게 가장할 수 있다. 더구나 이들은 보통 사람들의 신뢰를 얻어 착취하고 이용하는 데도 꽤 솜씨가 좋다. 예컨대 한 연쇄 살인범은 '자기 다리가 부러졌다'는 말로 도움을 구하며 선의를 가진 불행한 젊은 여자들을 자기 차로 끌어들였다. 하지만 상당수의 부주의한 사이코패스들은 무모하게 스릴을 추구하는 경향이 있어서, 상대적으로 쉽게 검거되는 잡범으로 삶의 대부분을 교도소에서 보낸다.

전체 인구 수백 명 가운데 한 명 이상이 이런 사이코패스라는 점은 무척 중요하다. 이들은 후회나 수치심 같은 감정을 느끼지 않을 뿐만 아니라, 종종 자신의 충동적인 착취 방식에 대해 자부심까지 느낀다. 이런 개인들은 어떤 사회나 계급이든 갑자기 나타나며, 헤어의 사이코패스 식별 테스트에 따르면 이들의 특징은 무척 근본적이기 때문에 정신과적인 치료는 거의 효과가 없다. 그리고 이들은 다음과 같은 두 가지 이유에서 결코 완전히 도덕적일 수 없다. 첫째, 이들은 외부를 향한 감정적인 연결고리가 없으며, 그래서 사회의 규칙을 내면화할 수가 없다. 둘째, 이들은 타인에 대한 공감 능력이 결여되었다.

보통 사람들은 어떻게 집단의 관습과 연결되는가

지금으로부터 50여 년 전에 사회학자 탈코트 파슨스Talcott Parsons는 문화와 심리학을 포함한 다양한 관점을 통해 인간의 사회적인 행동을 분석하려 했다. 그리고 이 과정에서 파슨스는 가치와 규칙들의 '내면화'에 대해 설득력 있게 묘사했다.[10] 파슨스는 이 개념을 통해 집단이 사회적인 가치를 '남에게 바라는 만큼 너도 해 주어라' 같은 행동 규칙으로 번역하면, 개인들은 이런 규칙에 감정적으로 연결되어 그것을 따르면 기분이 좋아지고 어기면 기분이 불편해진다고 주장했다. 예컨대 '남의 물건을 훔치면 안 된다' 같은 규칙이 내면화되면, 그 행동을 저질러도 보통의 사람이라면 그 이후에 진정으로 후회하는 경우, 자기 자신에 대해 부끄럽게 여기며 사회적으로 고통을 받는다. 하지만 사이코패스는 그렇지 않다.

파슨스의 통찰을 사이코패스 문제에 더 적용해 보자. 사이코패스 같은 포식자들은 보통 사람처럼 사회의 가치와 규칙을 내면화할 수 없으며, 그 결과 자기 자신에 대해 판단을 내리는 도덕적인 감정인, 적극적인 '내적인 목소리'가 결여된다. 이 점에 대해서는 다윈 자신도 무척 설득력 있게 이야기한 바 있다.[11] 반면에 나머지 보통 사람들은 정체성의 중요한 일부가 스스로 따르는 규칙에 이어져 있고, 자존감 역시 그에 따라 줄어들거나 커진다. 도덕을 지닌 보통의 인간이라면 문화를 비롯해, 생산적인 사회적 삶을 영위하는 데 필요한 특정한 규칙들과 자기 자신을 강하게 동일시한다. 권력이나 '사물', 성, 지위를 향한 자신의 욕구를 추구하자면 이런 규칙을 간단하게 어겨야만 하는 경우라도 마찬가지다. 반면에 사이코패스들은 애초에 그런 규칙과 동질감을 느끼지 않는다.

그렇다면 이런 병적인 증상이 어떻게 진화했던 걸까? 수백 명 가운데 한 명쯤 존재할 뿐인 형질이 어떻게 해서 오늘날 심각할 정도로 타인에게 위해를 끼치는 사이코패스라는 포식자가 되었을까? 다시 말해 이렇듯 사회적으로 뒤틀린 사람들의 유전자가 어떻게 해서 살아남아 인류의 유전자 풀 안에서 이상 없이 존재할 수 있었을까? 심각한 일탈적인 유형이라면 그만큼 심한 처벌을 받았을 것이기에 해당 개체의 적응도에 부정적인 영향을 끼쳤을 텐데 말이다. 이 질문에 대답을 하기 위해서, 우리는 이 문제를 진화론의 용어로 바꿔야 한다. 즉 인류가 수렵 채집을 했던 과거에 사이코패스 형질을 가진 개인들은 어떤 이득이 있었을까?

　　선사시대에도 사이코패스 가운데 일부는 분명 처형의 대상이었겠지만, 어쩌면 적응도의 측면에서 얼마간의 이점도 있었을 것이다. 예를 들어 이런 개체들은 다른 사람을 지배하려는 경향과 함께 상당히 이기적인 성격을 가졌기 때문에 초기 인류의 공동체에 나타났던 엄격한 위계 구조에 꽤 잘 적응했을 것이다. 이런 위계적인 사회는 집단 수준에서 체계적으로 처벌이 이뤄지는 평등주의적인 생활방식보다 앞서서 나타났다. 하지만 이런 비위계적인 선사시대의 무리 사회가 아무리 도덕적으로 평등주의적이라 해도, 상당히 '이기적'으로 행동한다면 적응도 측면에서 대가가 따른다. 그리고 만약 심하게 반사회적이라면 커다란 골칫거리가 될 것이다. 앞으로 살피겠지만 자제력의 측면에서 그렇다.

　　어쩌면 이 과정에 특정한 유전자가 관여할 가능성도 높다. 하지만 그 사실을 어떻게 증명할 수 있을까? 앞에서 등장한 로버트 헤어와 마찬가지로, 헤어를 스승으로 삼았던 심리학자 켄트 키엘Kent Kiehl은 교도소의 죄수들을 대상으로 연구했다. 키엘은 혁신가여서 이동식 MRI 기기를 교도소 뜰 안으로 들여와 중죄인들의 뇌를 스캔했다. 뉴멕시코 대학교 마음 연구소의 연구교수였던 키엘은 어떤 범죄자가 사이코패스고 어떤 범죄자가 정상인지를 확실하게 구별하기 위해 헤어의 형식적인 평가 기준을 활용했다. 그리고 도덕성에 '감정적으로 연결'되었는지의 여부를

두고 두 부류를 구별한 다음 서로 비교했다.[12]

　　살인범은 희생자에 대해 공감에 기초한 도덕적인 감정을
갖고 나중에 후회를 하는지 여부에 따라 두 범주 가운데 하나에
들어간다. 이때 전형적인 사이코패스 살인범은 살인을 저지르는
동안이나 그 이후에 마음이 흔들리지 않는다. 반면에 순간 욱하는
화를 참지 못하고 사람을 죽인 도덕적으로 정상적인 범죄자는
자기가 저지른 돌이킬 수 없는 상처와 피해에 대해 깊이 혼란을
느낀다. 이런 점을 보면 보통의 범죄자의 머릿속에 든 도덕적
기질은 여느 사람과 다를 바가 없으며 자기 행동에 대한 회한도
평생 이어질 수 있다. 키엘은 두 범주의 범죄자에 대해 대규모로
뇌 스캔을 한 결과 사이코패스의 부변연계(뇌의 아래쪽에 자리한)에
분명한 이상이 있다는 점을 알아냈다. 이 부위는 사람들이 다양한
사회적 상황에서 벌이는 행동과 감정을 연관 짓는 꽤 오래된
뇌의 일부다. 그리고 이 결과는 양심의 정상적인 기능인 '규칙의
내면화'라는 문제로 우리를 다시 되돌려 놓는다.

가장 적응된 양심은 유연하다

우리는 양심을 가진다는 것에 대해 다양한 방식으로 이야기할
수 있다. 예를 들어 지그문트 프로이트Sigmund Freud는 우리 자신과
통제되지 않는 리비도 사이에 존재하는 메커니즘인 초자아에
대해 이야기했다.[13] 그리고 경제학자 로버트 프랭크Robert Frank는
이것이 감정뿐만 아니라 양심도 개체에게 적응적이라는 의미라고
주장했다.[14] 좀 더 일반적으로 얘기하자면, 양심을 가진다는
것은 단순히 내적으로 반사회적인 행동을 제한한다는 뜻에
그치지 않는다. 그보다는 사회의 규칙에 따라 스스로의 자존감을

끌어낸다는 뜻이다. 하지만 진화론적인 의미에서 양심은 이보다 더욱 폭넓게 정의될 수 있다.

수십 년 전에 생물학자 리처드 D. 알렉산더(Richard D. Alexander)는 『다윈주의와 인간사Darwinism and Human Affairs』라는 제목의 저서에서 진화론적인 의미의 양심은 반사회적인 행동에 대한 억제제 이상이라고 주장했다. 그보다는 "우리가 불가피한 위험에 놓이지 않은 채 어디까지 자기 자신의 이익을 추구할 수 있는지 말해 주는 작은 목소리"[15]라는 것이다. 즉 양심은 친사회적인 행동을 극대화하고 일탈을 최소화하는 '순수한' 도덕적인 힘이며 마키아벨리적으로 위험을 계산하는 역할을 한다. 만약 우리가 양심과 그 진화 과정에 관심이 있다면, 우리는 양심이 스스로의 적응도에 어떤 역할을 하는지를 냉정하게 따져 봐야 한다. 그런 점에서 알렉산더의 현실적인 정의는 다윈보다 조금 더 낫다. 물론 다윈은 양심이 부도덕을 저지르고도 잘 빠져나가도록 계획하는 수단이라기보다는 부도덕을 억제하는 수단으로 여겼다. 만약 우리가 스스로에게 정직하다면 단순한 자기성찰 만으로 두 가지가 전부 가능하다.

이 맥락에서 우리는 보통의 인간 존재를 집단의 규칙과 묶어주는 데 감정이 얼마나 강력한지를 물을 수 있다. 내면화를 한다고 해서 시민들이 대안에 대해 생각하지도 않은 채 사회의 규칙에 깊게 관여하고 자동적으로 그것을 따른다는 뜻은 아니다. 전혀 그렇지 않다. 사회적으로 승인되지 않은 대안이 상당한 만족을 불러일으키는 경우라면 특히 그렇다. 우리가 개인적인 경험을 통해 다들 알 듯, 우리의 행동을 방향 지우며 일반적으로 적응도에 도움을 주는 이기적인 필요와 욕구는 여러 사회적인 유혹을 일으킨다. 그리고 그 유혹은 도덕적인 질책을 비롯해 개인적인 재앙을 몰고 올 수 있다. 잘 내면화된 도덕적인 가치와 규칙들은 우리가 동료 앞에서 어떤 행동을 어느 정도 골라서 드러낼 수 있도록 속도를 늦춘다. 그 결과 우리가 지닌 이기적인 행동들 대부분은 그렇게 반사회적이거나 타인을 착취하지 않게 되고, 우리는 적응도에 궁극적으로 손상을 입은 채 발견되거나 심한 벌을 받기 쉽다.

따라서 우리의 양심은 우리를 종종 이중적인 순응주의자로 만든다. 매력적이지만 사회적으로 승인받지 못하는 행동으로 드러나기 때문이다. 예를 들어 사람들이 익명으로 돌아다니는 도시 환경에서 지폐가 한가득 든 종이 봉지를 발견했는데 주변 사람 아무도 눈치 채지 못했다고 상상해 보자. 나는 학계에서 전문가로 일하던 초반에는 소득이 낮았기 때문에 가끔 이렇게 뜻밖의 횡재를 하게 되면 어떻게 반응할지 상상하곤 했다. 그 돈이 범죄자가 실수로 놓고 갔다거나 가난하고 별난 사람의 노후 대비 저축금일지라도 유혹을 받을까? 우리가 앞으로 살피겠지만 순수하게 가설적인 이런 도덕적 딜레마는 우리 두뇌의 도덕적인 기능을 과학적으로 조사하는 데 쓰일 수 있다. 이런 가설은 극북 지역에 살던 수렵 채집자들 사이에서 아이들이 그들 문화의 도덕적인 규칙을 어떻게 배우는지에 대해서도 영향을 끼칠 수 있다.

물론 가끔 우리는 인생의 예측 가능한 유혹에 단순히 굴복하기도 한다. 비록 처벌의 두려움과 결합한, 곧 닥칠 수치심에 사로잡히기는 하지만 말이다. 우리의 양심은 단지 주어진 대안이 도덕적이거나 비도덕적이라고 식별하는 데 그치지 않고, 우리가 그 대안에 대해 무엇을 할 것인지 결정하도록 돕는다. 그리고 이런 맥락에서 양심은 진화적인 의미를 띤다. 우리가 큰 사회적인 위험을 감수하지 않은 채 경쟁적으로 몇몇 절차를 생략할 수 있다면 그렇다. 이런 방식으로 우리의 적응도는 더 나아질 수 있다.

따라서 규칙에 대한 내면화 자체는 사람들을 사회적으로 완벽하게 만들지 않는다. 사실 그것과 거리가 한참 멀다. 하지만 아무리 알렉산더가 말한 기회주의적인 진화론적 의미의 양심이라 해도 인지적인 신호등이 될 수 있다. 우리가 길을 잃고 사회적인 평판에 손상을 입어도, 동시에 감정적인 억제제가 있어 우리가 지나치게 헤매 재앙에 빠지지 않게 막아 준다. 즉 내면화된 양심은 우리가 사회적으로 심각한 곤란에 빠지지 않게 방지하는 데 유용하며, 현대 사회에서는 양심 덕분에 우리는 교도소에 가지 않는다. 교도소에 갇히기라도 하면 번식상의 성공률이 상당히 줄어들 것이다. 동시에 양심은 우리가 자기 자신을 계속해서 존중하도록 돕는다. 기본적으로 우리는 타인을 판단하는 데 사용하는 집단적인 도덕 잣대로 스스로를 판단한다.

이전의 논의에서 비추어 보면, 두뇌의 몇몇 영역들은 인간에게만 독특하게 존재하는 이 인상적인 도덕적 능력을 주도록 진화한 게 확실해 보인다. 옳고 그름에 대한 감각과 부끄러움에 얼굴을 붉히는 능력, 그리고 고도의 공감 능력 덕분에 우리는 스스로의 행동이 타인의 삶에 부정적인 영향을 끼칠 수도 있다는 사실을 고려하는 도덕적인 존재가 된다. 타인을 도우면서 만족을 얻기도 한다. 또한 우리는 스스로 속한 집단이 현재나 과거에 벌어진(먼 과거를 포함한) 잘못된 행동에 대해 처벌할 수 있다는 사실을 이해한다. 그리고 양심은 우리가 일반적인 의미에서 사회적인 명성을 의식하도록 돕는다. 그럼에도 양심은 마키아벨리적인 기능이 있어서 우리가 유연하게 도덕을 갖추고 훌륭한 평판을 얻는 동시에, 심각하지 않고 사려 깊은 방식으로 이득을 얻도록 한다.

　　　그렇다면 어떻게 해야 생산적이고 쓸모 있는 양심을 설계할 수 있을까? 첫째, 다윈주의적으로 개체 사이의 경쟁이 벌어지는 상황이라면 양심의 힘이 지나치게 약해서는 안 된다. 자칫 개인적인 재난을 이끌 수 있기 때문이다. 하지만 그렇다고 양심이 지나치게 강하다면 규칙을 내면화하는 과정이 지나치게 경직될 것이다. 여기에 대해서는 나중에 더 논의할 테지만, 효과적인 진화론적 양심은 우리 자신을 사회적으로 표출하도록 해 준다. 그 과정에서 우리 자신을 곤경에서 구하는 동시에 인생에서 더 성공하도록 돕는다. 예컨대 사람들에게 양심이 있다고 해서 소득세를 걷을 때 정부가 사람들을 믿어 주지는 않는다. 하지만 적어도 양심 덕분에 대다수의 사람들이 은행을 턴다거나 노골적이고 대담한 간통을 저지르지는 않을 것이라 기대할 수 있다(유명 정치인이 아니라면).

양심과 공감 능력

다윈 이후로 사람들은 양심과 공감 능력을 거의 동시에 이야기해 왔다. 하지만 타인을 염려하는 것과 내적인 목소리를 듣는 일이 전혀 동일하지는 않다. 예컨대 우리가 타인을 해치지 않는 이유는 단순히 붙잡혀서 벌 받기가 싫기 때문일 수 있다. 물론 우리는 희생자 될 사람을 불쌍히 여겨 행동을 자제하기도 한다. 심지어 가끔은 우리가 희생자를 싫어할 만한 그럴듯한 이유가 있더라도 말이다. 이렇듯 행동을 멈출 수 있는 이유는 타인을 해치는 것이 나쁘다는 사회적인 규범을 내면화했기 때문이다.

　　　이런 심리적인 힘들 사이의 상호작용은 복잡할 수 있고,

모순을 낳는 경우도 많다. 소설가 윌리엄 포크너^{William Faulkner}의 비교적 과소평가된 작품인 『우화^{Fable}』에서 1차 세계대전 당시 벌어진 프랑스의 폭동에서 참호 양측의 병사들은 무의미한 살인을 멈추려고 애쓴다.[16] 이 행동은 부분적으로 자기 보호의 일환이었지만 동시에 적을 비인간적으로 대하지 않으려는 양심의 문제기도 했다. 이 소설은 예수와 비슷한 인물이 주인공이며 자기 보호와 공감, 도덕성 같은 주제가 결합되어 나타난다. 보통 문학 작품에서 전쟁터의 최전방을 묘사할 때 군인은 '외부자'로 다뤄지기 때문에 도덕성과 공감 능력 문제는 유예되는 경우가 많다. 하지만 포크너의 잘 짜인 이야기 속에서는 적절한 환경에서 양심과 타인에 대한 동정이 집단 내부뿐만이 아니라 외부의 구성원에게도 강하게 잘 적용된다.

사람들이 자기 집단 내부의 타인과만 상호작용할 때 인간 양심의 이런 측면은 더 잘 두드러진다.[17] 옳고 그름에 대한 개념은 우리의 삶에 단순히 영향을 미친다기보다는 우리의 삶을 상당히 좌지우지하며, 우리가 내면화한 관습 가운데 상당수는 타인을 돕고자 하는 느낌을 통해 구체화된다. 예를 들어 세상에는 타인에게 해를 끼치지 말라는 도덕 규칙뿐만 아니라, 가까운 친족이 아니라도 타인을 돕도록 촉구하는 규칙들이 존재한다. 수치심을 포함해 공감 능력에 기초한 양심을 가지면, 우리가 살아가는 친사회적인 공동체에 잘 적응할 수 있다는 점은 확실하다. 그러면 우리 자신과 타인에게 이득을 안기는 협력의 연결망에도 잘 어울릴 수 있다. 이런 느낌을 갖는 데 따르는 유일한 문제가 있다면, 타인이 우리에게 도움을 받은 대가로 보상을 할 것이라는 가망이 없어도 그 사람을 돕게 된다는 점이다. 이 점은 7장에서 우리가 숙고할 주된 이론적 난점이기도 하다. 역시 그 답은 '사회적 선택'이겠지만 말이다.

무리 안에서 수다스러운 사람들

개인들이 내면화하는 규칙들은, 현재 진행 중인 사안에 대해
도덕적인 기준으로 이것저것 수다를 떨며 생기는 문화적인
산물이다. 이것은 도덕적 관례가 생겨나고 그 자리에 머무르며
지속적으로 갈고 닦이는 방식이다. 확실히 수다와 험담은
오랜 옛날부터 수렵 채집자 사이에서 보편적이었다.[18] 그리고
오늘날까지도 전국적인 미디어에서 가십을 다루는 칼럼이라든지
텔레비전의 예능 쇼, 일일 드라마 속에 건재하다. 일터의 동료나
이웃 사이에서도 우리는 계속해서 다른 사람의 행동거지에 대해
남몰래(그리고 무척 즐겁게) 쑥덕댄다. 수천, 수만 년 전 수렵 채집을
하며 살던 소규모 공동체에서 그랬듯이 말이다.

　　서로 신뢰하는 무리에서 이뤄지는 이런 '잡담'은
동료를 평가할 뿐만 아니라 사회생활에서 무엇이 유용하고 또
파괴적인지를 직관적으로 숙고하게 한다. 그뿐만 아니라 집단의
구성원들로 하여금 서로에게 해야 하거나 하면 안 되는 도덕적인
합의를 이루게 한다. 그렇다면 가십은 사람들이 즉각적으로 집단의
관습을 통해 사회적인 통제에 이르며 협력 정신과 너그러움을
기르도록 적극적으로 설득하는 효과가 있는 셈이다. 문화
인류학자라면 이 언어적인 기술에 대해 다들 능숙하게 논하기
마련이다. 그러니 이 가십이라는 주제에 대해서는 9장에서 더욱
자세히 풀어볼 예정이다.

　　오늘날 인류는 종족이나 유목 무리뿐만 아니라 국가나
도시라는 형태로도 집단을 이루고 있다. 하지만 다들 도덕적
관례는 갖추고 있다. 그리고 심지어 특정 유형의 도덕적인 믿음이
문화에 따라 상당히(때로는 극적으로) 차이가 난다 해도, 모든 인간

집단은 다음과 같은 행위에 눈살을 찌푸리며 죄가 있다고 여겨 처벌을 한다. 살인, 권력 남용, 집단의 협력에 해를 끼치는 속임수, 중대한 거짓말, 절도, 사회적으로 물의를 일으키는 성적인 행동 등이 그렇다. 행동에 대한 기본적인 규칙은 인간에게 보편적으로 나타나는 것처럼 보인다. 어떤 경우에도 이런 규칙은 무척 널리 퍼져 있어서, 우리는 다음과 같은 진화론적인 추정을 할 수 있다. 사회적인 관행은 후기 플라이스토세에 살던 인간의 생활환경에서 흔했던 사회적인 긴급 상황에 잘 부합했다고 말이다. 앞으로 보여 주겠지만, 이런 상황은 많은 점에서 오늘날 우리가 부딪치는 긴급 상황과도 그렇게 다르지 않다.

　　우리를 도덕적인 존재로 적응하도록 만드는 데 '생물학'과 '문화'가 함께 작동했다는 사실은 확실하다. 예를 들어 우리는 어린 시절 도덕 규칙을 배우는 데 문화적인 감각을 사용하는데, 이것은 나중에 뇌 속에 배선되는 발생학적인 '창문'에 기초한다. 그리고 우리가 어린 시절 초기 사회화 과정에서 내면화했던 타인을 도우라는 동일한 규칙이 나중에 성인이 되면 더 강화된다. 바로 이 책에서 계속 다루는 친사회적인 '설득' 과정에 의해서인데, 이것은 기본적으로 타인을 도와 사회적으로 쓸모 있는 삶을 살라고 집단 구성원을 장려한다. 그리고 두드러지는 점은 가족 구성원만큼이나 가족이 아닌 집단 사이에서도 평가가 너그럽다는 것이다. 유목 생활을 하는 현대의 수렵 채집민들은 상당히 평등주의적인데, 이들은 품행이 겸손하며 자기들이 바라는 특정 물자들에 대해 공격적으로 지배권을 행사하기를 꺼린다.[19] 동시에 집단의 다른 구성원들을 신뢰해 존중하고 협동하며, '사업 거래'에서 공정하게 행동하고 전반적으로 친사회적이다.

　　언어는 이런 설득과 격려를 하는 데 사용되기도 하지만,

또한 적대적이고 날카롭게 사실을 지적하는 조언이나 일탈자에
대한 조롱의 형태로 비판을 일으키기도 한다. 게다가 언어를
기반으로 한 사회적인 통제의 강한 형태가 존재한다. 집단
수준으로 수치심을 준다든지 집단에서 축출하거나 배제해서
일탈자가 정상적인 의사소통을 하지 못하도록 무리에서 내보내는
것이다. 이렇게 집단에서 추방되는 상황은 집단의 합의를 통해
이뤄지는 고통스러운 수단이다. 전 세계에 걸쳐 소규모 무리를
지으며 이동하는 수렵 채집자들은 전부 이런 행동을 보인다. 한
자리에 정착한 규모가 큰 '부족'이든, 마을이나 작은 도시에 살든,
무척 큰 대도시에 살든 다른 인간 집단에서도 아주 비슷한 현상이
나타난다.

일탈 행동이 타인의 목숨을 심각하게 위협하거나 정말로
혐오감을 자아내는 극단적인 사례에서, 수렵 채집자들은 몰래
논의해 합의를 거쳐 사형을 집행한다. 이런 끔찍한 형벌은
오늘날까지도 퍼져 있고, (그런 처벌을 반대하는 운동이 일어나기 전인)
수천 년 전만 해도 전 세계적으로 일반적인 규범이었을 것이다.
실제로 지금으로부터 1만 5,000년 전인 플라이스토세에 사람들은
여기저기를 이동하면서 채집으로 생계를 이었고, 사형은 개인을
사회적으로 격리시키는 극단적이지만 실용적인 수단으로서
보편적으로 꽤 널리 퍼져 있었던 게 확실하다.

오만한 사기꾼에 대한 피그미 족의 야유

음부티 피그미 족은 수렵 채집 사회의 도덕적인 생활에 대한
그리고 언어의 역할에 대한 선명한 사례를 제공한다. 이들
종족은 식민지 시대에 콩고라 불렸던 곳에 사는데 나는 한때

이 지역을 멀찍이서 조심스레 지켜본 적이 있다. 1980년대
초반에는 6년에 걸쳐 제인 구달^{Jane Goodall} 박사와 함께 탄자니아의
곰베 국립공원에서 야생 침팬지들을 연구하러 매년 탐사
여행을 떠나기도 했다. 우리는 바닷가의 고립된 연구용 숙소에
머물렀는데, 이곳에서는 드넓은 탕카니카 호수 건너편으로 바로
40마일 너머에 자이르의 언덕이 보였다.

폭풍우가 사납게 들이닥칠 때만 빼면 이 넓은 내륙 수로는
가로질러 건너기가 수월했고, 밤에는 가끔씩 멀리 떨어진 언덕에서
몇 시간에 걸쳐 밝은 오렌지색 불꽃이 보였다. 이것은 자이르
정부에 저항하는 반군이 자기들에게 협조하지 않는 마을 농가들을
공격하는 중이라는 사실을 한 눈에 보여 줬다. 몇 년 전에는
이 반군 세력 가운데 40명이 모터보트를 타고 호수를 건너와
현장에서 작업하던 제인의 학생 4명을 납치한 일도 있어 마을이
불타는 모습은 확실히 불안감을 안겼다. 내가 들은 바에 따르면
이 스탠퍼드 대학교 학생들 가운데 한 학생의 아버지가 결국 50만
달러의 몸값을 지불했다고 하지만, 나 같은 경우는 혹시 운이
나빠서 납치되더라도 몸값을 낼 만 한 후원자가 없었다.

음부티 피그미 족은 이 멀리 떨어진 산등성이 안쪽에
사는데, 이곳의 숲은 아주 울창해서 솜씨 좋은 사냥꾼들이 충분한
고기를 얻어 반투 족 농부들이 기르는 곡물과 필요한 만큼 교환할
정도였다.[20] 이런 흔치 않은 경제적인 공생 외에도 이 채집자들은
다른 활발한 수렵-채집자들과 무척 비슷한 모습으로 생활하는데,
예컨대 한 지역에서 최대 열 가족으로 이뤄진 소규모의
평등주의적인 무리를 이루며 야영을 하다가 다른 지역으로 옮겨가
사냥을 한다. 음부티 족은 우리가 아는 방식의 형식적인 종교를
가지지 않았지만 자기들만의 의식을 통해 '숲'을 숭배하고 달랜다.

이들 종족의 관점으로 보면 숲은 관대하게 자기들에게 베푸는 존재이기 때문이다. 음부티 족은 수다스럽고 지적인 사람들이며, 자신들의 도덕적인 감각이 자극을 받으면 전혀 억눌림 없이 스스로를 표현한다.

인류학자 콜린 턴불Colin Turnbull은 이들과 함께 생활하면서 이 종족의 생활방식에 대해 여러 권의 책을 저술했다. 훌륭한 저술가였던 턴불은 소규모 도덕 공동체들의 사회생활에 수반되는 미묘한 뉘앙스에 대단히 민감했다. 내가 침팬지 아닌 인간을 연구할 때도 그렇지만, 턴불은 토착 언어에 어느 정도 유창해지는 일이 중요하다고 여겼다. 그리고 모든 문화 인류학자들과 마찬가지로 특별한 사회적인 이해관계가 부각되었을 때 상황을 기록했으며 제대로 기록했는지 확실히 하고자 나중에 독립적인 몇몇 토착 정보원들의 이야기와 비교 확인했다.

내가 여기서 기술하려는 이야기는 (종종 턴불 본인과 피그미 부족의 말을 활용한) 수렵 생활의 몇몇 핵심적인 도덕적 가치를 반영한다. 이것들은 고기를 구하고 나누는 과정에서 나타나는 정치적인 평등주의, 협동을 포함한다. 이 두 가지의 관행은 앞으로 의식의 진화에 대한 선사시대의 분석에서 핵심적인 역할을 할 것이다. 그것이 오늘날 이동하며 살아가는 모든 채집자들의 사회적인 삶에서 중심된 역할을 하듯이 말이다.

여기에는 이들 부족에게 수치스러운 사례도 있다. 세푸라는 이름의 나이 들고 오만한 사냥꾼이 있었는데, 그는 음부티 족 무리에서 논란에 휩싸인 구성원이었다. 세푸가 속한 대가족은 다른 사람들의 가족만큼 무리에 통합되지 않았는데 이들의 일부는 서로 가까운 친척이었지만 대부분은 그렇지 않았다. 이러한 혼합 방식은 채집자 무리의 전형적인 특징이었으며 이들은 곧 해밀턴의 혈연선택 이론에서 예측하듯 자기들의 친척을 더 선호하는 경향을 보였다. 하지만 그럼에도 상당수의 맥락에서 이 무리의 모든 구성원들은 서로를 거의 '가족'처럼 취급했다.

큰 사냥감을 해체할 때 특히 이런 설명이 성립한다. 커다란 사냥감은 지방 함량이 무척 많고 전체적으로 영양가가 높아서 구성원들이 좋아하는 음식이다. 전 세계적으로 여기저기 돌아다니는 이동성 사냥 채집자들은 도덕적인 규칙을 통한 사회적인 통제를 활용한다. 성공적인 사냥꾼이 덩치 큰 포유동물을 잡아도 그 사냥꾼이 지나치게 자만하지 않도록 억제하는 것이다. 그러려면 사냥꾼의 가족이나 친척이 큰 고기 덩이를 가져가지 못하도록 단호하게 막을 뿐 아니라, 동료 평등주의자들로부터 고기를 분배하는 데 입김을 행사하지 못하도록 금지해야 한다. 이 사냥꾼이 자신의 위치를 활용해 정치적이거나 사회적인 이점을 얻지나 않을까 하는 두려움 때문이다. 대신 무리 구성원들은 규칙에 따라 어떤 중립적인 인물이 고기를 공평하게 나눌 것이라 여긴다.[21] 물론 이런 규칙은 도덕적이고 고결한 동시에 한 사람의 사냥 결과물을 무리 전체에게 나눠야 한다는 점에서 의무를 동반한다. 또한 같은 이유에서 고기를 자기 소유로 하는 일은 위험할 만큼의 일탈이며 무리의 체계를 몰래 배신하는 완전히 수치스런 행동이다. 세푸가 한 행동이 정확히 이것이었다.

작은 무리의 채집자들은 대개 덩치 큰 사냥감을 잡기 위해 발사하는 무기를 활용한다. 하지만 음부티 족은 가끔 무리 전체가 협력해 그물로 사냥을 한다. 남자들 각각은 무척 긴 그물을 가졌는데 이런 그물을 최대 열 개 남짓 배열해 반원형의 덫을 만든다. 그 길이가 무척 길어 여성과 어린이들이 덤불 언저리를 두들기며 다가가 숲에 사는 영양 같은 동물들을 놀라게 해 덫

안쪽으로 몰아갈 수 있을 정도다. 그러고 나면 남자들이 먹잇감을 덫에 걸려들게 하고 가족들을 위해 그 동물의 고기를 얻는다.

이러한 사냥과 분배에 대한 변형적인 방식을 택하는 데 공평한 고기 분배자가 미리 필요하지는 않다. 사냥감이 중간이나 작은 크기이고 그물이 무척 길어 참가자들 모두가 거의 같은 양의 고기를 얻을 수 있기 때문이다. 하지만 이것은 아무도 속임수를 부리지 않았을 때만 참이다. 문제의 그물사냥에서 이기적인 세푸는 자신의 의무를 다하지 않기로 몰래 결심했다. 도망친 동물들이 무작위하게 다른 그물로 달려들어 그 그물 소유자들의 창에 찔렸을 때 세푸는 자신의 행운을 한껏 활용하기로 했다. 아무도 보지 않는다고 여겨질 때 울창한 숲속에서 세푸는 자기 그물을 다른 그물보다 앞에 오도록 다시 배치했고, 그러자 동물들은 세푸의 덫으로 달려들었다. 이런 시도는 꽤 성공적이었지만 결국에는 운이 다해 발각되고 말았다.[22]

콜린 턴불은 이 사냥에 대해 계속 연구했지만 세푸의 죄에 대해서는 알아채지 못했다. 마치 자신의 비겁한 행위가 목격되지 않았으리라 여겼던 세푸 자신과 마찬가지였다. 대부분의 가족들이 캠프로 돌아올 때 턴불은 이들 사이에 무척 어두운 기운을 감지했고 이들 여성과 남성들이 다들 아직 도착하지 않은 세푸를 두런두런 욕하는 소리를 들었다. 당장 턴불에게 어떤 일이 일어났는지 얘기하는 사람은 없었다. 하지만 마침내 한 성인 남성 켄지가 사람들 앞에서 이렇게 말했다. "세푸는 쓰잘데기 없는 늙은 바보야. 아니, 짐승이나 다름없어. 우리는 지금껏 오랫동안 세푸를 사람으로 대접했는데 이제는 짐승으로 취급해야 해. 짐승!"

이 진술은 잠잠하던 침묵을 깼다. 그리고 이런 일이 조금씩 쌓이면서 진지한 험담이 시작되었고 사람들 사이의 의견 일치가

이뤄졌다. 켄지가 장황하게 비난한 결과 다들 차분해지고 세푸를
조금 덜 나무라기 시작했지만 그래도 온갖 비난이 이어졌다.
세푸가 자기 캠프를 따로 짓고 계속 그렇게 할 것이라고 말했던
일, 친척들을 학대했던 일, 전반적인 부정직함, 캠프의 지저분함,
심지어는 개인적인 습관까지 비난의 대상이 되었다.

　　바로 그때 세푸가 사냥에서 돌아왔다. 오두막에 멈춰 선
세푸를 본 켄지는 그에게 짐승이라 외쳤다. 그러자 세푸는 넓은
캠프 주변을 거닐면서 이 상황을 견디려 애썼다.

　　　　세푸는 너무 빨리 걷지도, 일부러 꾸물거리지도 않으려
　　　　하면서 어색하게 들어왔다. 그는 뛰어난 배우였던 터라
　　　　이것은 놀라운 일이었다. 그가 쿠마몰리모에 들어설 때
　　　　사람들은 다들 뭔가에 몰두해 있었다. 예컨대 불이나
　　　　나무 꼭대기를 응시하거나 플랜틴 바나나를 굽고 담배를
　　　　피우거나 화살대를 깎았다. 오직 에키안가와 마냐리보만이
　　　　뭔가 말하고 싶어 안달했지만 그래도 아무 말도 없었다.
　　　　세푸가 사람들 안으로 걸어와도 아무도 입을 떼지 않았다.
　　　　이윽고 세푸는 한 어린아이가 앉아 있는 의자로 다가갔다.
　　　　이럴 때 보통은 누군가 의자를 권하기 마련이었지만
　　　　지금은 감히 의자를 요구하지 못했다. 어린아이는
　　　　아무렇지도 않다는 듯 의자에 계속 앉은 채였다. 그러자
　　　　세푸는 아마보수가 앉아 있는 또 다른 의자로 갔다. 하지만
　　　　아마보수에게도 무시를 당하자 몸을 심하게 떨었다. 그때
　　　　이런 말이 들렸다. "짐승이 땅에 드러누워 있군."

　　　　이후 세푸는 그가 그동안 베풀었던 것보다 무리의

구성원들에게 도움을 많이 받았다는 말을 들었고 스스로 변명하려 했다. 그때 또 다른 성인 남성이었던 에키안가가 무리 사람들이 지금 어떤 일이 벌어지는지 안다고 확실한 어투로 말했다. "에키안가는 풀쩍 박차고 일어나 불길을 가로질러 털이 부숭부숭한 주먹을 휘둘렀다. 그러고는 세푸더러 짐승답게 자기 창에 찔려 죽으라고 말했다. 다른 이의 고기를 훔치는 건 짐승이나 할 짓이라는 것이었다. 그러자 무리 사람들이 전부 분노의 함성을 질렀고 세푸는 울음을 터뜨렸다."

　　이 행동은 상당히 강한 부끄러움을 동반했고, 턴불은 세푸의 일탈이 보기 드문 일이라는 점을 확실히 했다. "나는 이런 일을 처음 접했고 이것은 확실히 심한 공격이었다. 이렇게 소규모의 긴밀한 사냥 무리에서는 협동하지 않으면 개인이 생존할 수 없다. 그리고 매일 잡은 사냥감을 모두가 나눠 받으려면 상호 의무라는 정교한 체계가 필요하다. 가끔은 다른 사람보다 많이 가져가는 사람도 생기지만 아무도 빈손으로 돌아가지는 않는다. 사냥감의 배분을 두고 상당한 다툼이 일어나기는 해도 그 정도는 예측된 일이고 자기 몫이 아닌 것을 가져가려는 사람은 없다."

　　하지만 세푸가 취했던 행동은 자신의 일탈 행위를 거짓말로 변명한 다음 이기적인 허풍을 덧붙이는 것이었다. 헤어와 키엘의 기술에 따르면 이것은 거의 과대망상에 가까운 빠르고 대담한 사이코패스의 거짓말이었다.

　　세푸는 힘없는 말투로 자기가 다른 이들과 연락이 끊어져 기다리는 중이었다고 얘기했다. 그때서야 그 자리에서 그물을 설치했다는 것이었다. 하지만 아무도 그 말을 믿지 않자 세푸는 어쨌든 자기가 그물에서 좋은 자리를 얻을 가치가 있다고 생각했다며 덧붙였다. 자기는 이 무리의 우두머리이자 가장 중요한 사람이라는 말이었다. 그러자 마냐리보는 에티안가를 세게 잡아당겨 앉혔고 자기도 앉으면서 더 얘기를 할 필요도 없다고 말했다. 세푸는 우두머리고 음부티 족은 우두머리가 여럿이 아니었다. 그리고 세푸는 자기가 대장인 무리를 이끌고 있으니 다른 데서 대장 노릇을 하며 사냥을 하도록 하자는 것이었다. 그렇게 마냐리보는 '내게 담배를 건네 달라'는 말과 함께 설득력 있는 연설을 마쳤다. 세푸는 자기가 체면을 잃고 패배했다는 사실을 알았다.

세푸는 계속해서 자기가 결백하다고 항변하며 무리를 떠날 수도 있었다. 하지만 실제로 그렇게 하지는 않았는데, 턴불은 세푸가 어떤 생각인지 정확히 알았다.

네다섯 가족으로 이뤄진 세푸의 무리는 효율적으로 사냥하기에는 너무 작았다. 세푸는 사람들에게 거듭해서 충분히 사과했다. 자기 그물이 다른 사람들 그물 앞에 설치되었는지 결코 몰랐으며 나중에는 어쨌든 고기를 전부 넘겼으리라는 것이었다. 그 결과 상황은 진정되었고 뒤이어 세푸는 무리 구성원 대부분과 함께 자신의 캠프로 돌아가면서 부인에게 사냥감을 사람들에게 건네라고 무뚝뚝하게 지시했다. 아내는 거절할 기회가 없었고 손은 이미 바구니로 뻗어 있었으며 이미 만일의 사태를 대비해 지붕을 이루는 잎 아래 거주자들을 숨겨 두었다. 심지어 요리를 하는 솥도 비어 있었다. 그때 다른 오두막들은

다들 수색이 이뤄지고 고기를 전부 가져간 채였다. 세푸의
가족은 큰 소리로 항의했고 세푸는 울음을 터뜨리려 했지만
이번에는 어쩔 수 없는 상황이었으며 다들 그를 비웃었다.
세푸는 배를 붙잡고 자기가 굶어 죽을 거라고 말했다. 형제가
음식을 모조리 빼앗고 존중받지 못해 죽을 거라는 얘기였다.

이 연극은 완전히 무시되었다. 하지만 턴불은 세푸의 변명과
고기를 양보했던 행동이 사람들을 달래기 위한 배경이었음을
확실히 했다. 몇 시간 지나지 않아 세푸는 저녁 노래 모임에
합류했으며 세푸와 그의 가족은 더 이상 사회적으로 뒤떨어진
일탈자가 아니라 다시 집단에 받아들여졌다. 물론 화해는 모두를
위한 것이었고 무리에서 사냥꾼들이 계속 일해 소중한 고기를 먹기
위해서였다.

나와 마찬가지로 작은 도덕 공동체의 처벌적 힘에 대한
유명한 프랑스의 사회학자 에밀 뒤르켐^{Emile Durkheim}의 저서를
읽었던 턴불은 이 집단적 제재를 다음과 같이 깔끔하게 간추렸다.

세푸는 피그미 족의 관점에서 가장 지독하며 거의 일어나지
않는 범죄를 저질렀다. 그럼에도 이 경우는 확실한 사법
체계가 발동되지 않고도 단순하고 효율적으로 정리되었다.
세푸가 처벌을 받지 않았다고는 말할 수 없는 것이, 몇
시간에 걸쳐 아무도 그에게 말을 걸지 않았던 만큼 그는
독방 감금에 해당하는 벌을 받은 셈이기 때문이었다. 무리의
훌륭한 사냥꾼들뿐만 아니라 어린애들에게도 의자를 양보
받지 못했다. 그리고 여자와 아이들에게 비웃음을 당하고
동료 남성들에게 무시당했던 경험은 결코 쉽게 잊히지 못할

터였다. 형식적인 법이 집행되지 않았어도 그동안 자기 자리를 굳건하게 유지했던 세푸는 더 이상 그러지 못하게 되었다.

　　이것은 수치와 축출에 대한 위협을 통해 구성원을 교정하려는 사회적인 통제다. 이로써 이 집단은 일탈자의 행동을 수정해 비행을 저지른 구성원의 생산력을 잃지 않아도 된다. 관습에 대한 위반은 심각했고 마냐리보는 한 가지를 분명히 했다. 만약 세푸가 정말로 집단의 규칙을 지키는 다른 평등주의적인 구성원들처럼 좋은 사람이라면 얼마 남지 않은 친척과 친구를 데리고 다른 곳으로 떠나 '우두머리' 역할을 하다가 굶주릴 것이라는 점이었다. 그에 따라 이 위반 사항에 대해 변명하는 과정에서 세푸는 평등주의적인 동료들 위에 군림하려 했던 또 다른 위반을 저질렀다. 하지만 두 가지 죄에 대해 세푸는 울면서 고분고분하게 사과한 끝에 용서를 받았다.

　　이 모든 사실은 세부사항까지 무척 명확하다. 턴불이 이례적으로 자세하게 기술했기 때문이었다. 이제껏 세푸의 삶은 결코 위험에 당면한 적이 없었고 무리에서 쫓겨날 뻔한 이 경험은 주목할 만한 일이었다. 작은 도덕 공동체 구성원이 동료들의 분노를 두려워하는 데는 합리적인 이유가 있다. 만약 자기가 저지른 범죄가 엄청나고, 말이나 사회적인 압력으로 위반자를 갱생하기가 충분치 않다면 물리적, 언어적 제재는 훨씬 더 과감해질 수 있다. 비록 일부 수렵-채집자들은 이렇게 하지 않았지만 음부티 족은 몰래 숨어든 도둑을 이런 방식으로 잡았다. 소규모 집단은 일탈자가 충분히 엄청난 위협을 일으켰을 때는 사형을 내릴 수 있다. 하지만 단지 무리에 추방되는 것만으로도 심각한 위험이 된다면, 이런 위협에 당면해 세푸는 방어적인 오만한 태도를 버리고 자신의 수치스런 행동을 마지못해서라도 사과하며 고분고분하게 다시 그 집단의 구성원이 되려 할 것이다.

항상 존재하는 조롱이라는 위협

일탈자에게 적극적으로 수치를 주는 일이 얼마나 가치가 있는지는 더 논의해 볼 만하다. 일단 거만하게 행동한 누군가에게 수치를 주고자 조롱을 했다면 무리 구성원 가운데 그런 거만한 경향을 가진 사람들은 거의 자동적으로 같은 입장에 서기 쉽다. 비슷한 굴욕을 피하기 위해서다. 여기에는 거의 공포 이상의 감정이 작용한다. 자기 권력 강화를 비난하는 평등주의적인 집단의 관습을 내면화한 잠재적인 일탈자들은 자라면서 개인적으로 수치심을 경험하며 여기에 대한 공포는 어른일 때 조롱을 받거나 부끄러움의 대상이 된다. 이들 역시 언어를 갖기 때문에 이때 도덕적인 교훈을 배우는 것은 간접적이다. 나중에 세푸 이야기를 전해 들은 음부티 족 사람들은 그가 자기 그물을 다른 사람들 그물 앞으로 옮겼던 일에 대해 다시 생각해 볼 것이다.

아무리 경미한 형태의 조롱이라도 무척 효과적이라는 점은 !쿵 족 부시맨이 어떻게 알파 수컷의 성향을 지속시키는지에 대한 인류학자 리처드 리의 생생한(종종 인용되는) 기술에 잘 나타난다('쿵' 앞에 붙는 느낌표는 이들 언어의 일부인 혀 차는 소리다). 음부티 족과는 달리 칼라하리 사막에 사는 이 부시맨들은 4만 5,000년 전 우리 유전자에서 진화한 일반적인 종족들과는 구별되며 이곳저곳 이동하는 사냥꾼들이다. 이들은 경제적으로 독립해 있으며 언어를 능숙하게 구사했다. !쿵 족은 사냥꾼 하나가

탐험에서 돌아오면 나머지는 캠프에서 좋아하는 음식인 고기를
먹고 싶어 했고 사냥꾼이 무엇을 잡아 왔는지 기대했다. 하지만
이때 자기 실력을 뽐내기라도 하면 조롱의 대상이 되기 때문에
사냥꾼은 실제와 달리 사냥감의 크기와 품질을 줄여 말했다. 자기
의견을 잘 말하는 가우고라는 이름의 부시맨은 리에게 이렇게
말했다. "누가 사냥을 했다고 해 봐요. 사냥꾼은 집에 돌아와 '내가
덤불에서 큰 사냥감을 잡아 죽였어'라고 허풍선이처럼 말해선
안 돼요. 일단 조용히 앉고 다른 사람이 불가에 다가와 '오늘은
어땠어?'라고 묻기를 기다려야죠. 그러면 이렇게 조용히 대답해야
합니다. '아, 오늘은 사냥이 잘 되지 않았어. 이 조그만 사냥감
말고는 아무것도 잡지 못했다네.' 그러면 나는 빙그레 웃죠. 이
사람은 사실 큰 사냥감을 잡아 왔거든요."[23]

　　　그리고 유명한 치유자인 토마조는 이렇게 말한다. "어떤
젊은이가 사냥감을 많이 잡으면 스스로 대단하다거나 우두머리
감이라고 생각하게 되죠. 그리고 무리의 나머지 사람들이 자기
신하이거나 자기보다 열등하다고 여깁니다. 우리는 그런 상황을
받아들일 수 없어요. 우리는 자만하고 뽐내는 사람을 거부해요.
언젠가는 그의 자부심이 스스로를 죽일 테죠. 그래서 우리는 그가
잡아 온 사냥감이 가치가 없다고 얘기합니다. 이런 식으로 그
사냥꾼의 마음을 진정시키고 순하게 만들어요."[24]

　　　즉 아무리 성공을 거둔 사냥꾼의 가슴에 자부심이 조용히
흘러넘친다 해도 말할 때는 겸손해야 한다. 그러면 언제든 그를
조롱할 준비가 된 평등주의적인 동료들이 스스로 작아지려는
사냥꾼의 노력을 알아보고 제대로 된 사냥꾼이자 수치심을 갖춘
동료로 인정할 것이다.

　　　이처럼 말로 사냥꾼들의 콧대를 꺾는 것이 다가 아니다.

부시맨들은 자기가 사냥한 먹잇감을 공평하게 배분받지 못하는 경우가 많다. 동물의 사체를 캠프에 끌고 오면 관습에 따라 누군가 책임을 지고 무리 안의 가까운 친족 구성원들에게 고기를 배분한다. 그러면 그들이 다시 자기의 가까운 친척과 주변 사람들에게 고기를 내준다. 하지만 이렇게 하면 사냥꾼이 자기가 죽인 사냥감을 빼앗기게 된다. 사냥감은 권력을 좌우하는 티켓이 될 수도 있다. 부시맨들은 다들 이런 상황을 충분히 이해한다.

세푸는 사이코패스였을까?

사하라이남 아프리카에서 벌어지는 일에 대한 두 가지 아름답고 자세한 민족지적 기술은 한 집단이 실용적인 목적에서 개인을 도덕적으로 조종하는 방식을 보여 준다. 이 실용적인 목적은 일탈자 후보와 그 가족을 제외한 모든 사람들을 위해 복무한다. 피그미 족의 사례에서 우리는 도덕에 기초한 분노가 어떤 집단에 전염병처럼 퍼져 거의 모든 구성원이 감정적으로 영향을 받을 수 있다는 사실을 알 수 있다(아무리 몇몇 일부가 그 과정을 이끌었다 해도). 또 범인의 가까운 친척은 한 발짝 물러나 중립을 유지한다는 사실도 알 수 있다. 예컨대 세푸의 대가족 구성원들은 세푸를 말로 공격하거나 창피를 주지 않았다.

　　하지만 아무리 적극적으로 비난하거나 조롱하고 창피를 주지 않았다 해도 추방에 대한 위협은 세푸를 향해 있었고 이들은 세푸를 변호하려 하지 않았다. 적극적으로 방어했다면 아마 집단 내부에 갈등이 생겼을 테고 양측은 도덕적으로 스스로를 정당화하려 애썼을 것이다. 그 대신 실제로는 집단과 그 사회적인 기능의 이름으로 도덕적인 제재가 일어났다. 그리고 이 가족은

확실히 그릇된 행동을 한 세푸라는 지도자를 지지하기보다는
방관하는 쪽을 택했다.

세푸는 스스로를 방어하려 했지만 사냥감을 두고 속이려
했던 행동이 무리 구성원들에게 얼마나 혐오스러운지를 스스로
알고 있었다. 그에 따라 세푸는 이런 행동을 비난하려는 집단의
가치를 상당 부분 내면화했을 것이다. 그가 완전히 사이코패스가
아니라면 말이다. 자기가 대단한 우두머리라서 규칙을 따를 필요가
없다는 세푸의 주장은 피그미 족 동료들에게 굉장히 불쾌하게
들렸다. 성인 사냥꾼들로 구성되어 본질적으로 평등이 강조되는
이동성 채집 집단이라면 다들 그랬을 것이다. 세푸의 말은 마치
범죄를 저지르고 교도소에 갇힌 미국 사이코패스들의 과장된
언사와 비슷했다. 그리고 추론 끝에 세푸는 자기가 위협받는
상황이라는 사실을 알았고 만약 실제로 그런 경우라면 대가족을
데리고 무리에서 떨어져 나올 수 있었다.

누군가는 세푸가 사이코패스 비슷한 존재가 아닐지 의문을
품을 것이다. 오늘날의 연구에 따르면 누가 사이코패스인지에
대해서는 정량적으로 수치화할 수 있다. 하지만 하레 족이나
키엘 족처럼 음부터 피그미 족에 대한 연구가 부족하기 때문에
여기에 대해 조사하기란 무척 어렵다. 더구나 가끔은 거만하거나
자기 행동을 쉽게 방어하고 정당화했지만 세푸는 정상적인 도덕
감정 역시 지닌 것처럼 보였다. 비록 그 감정의 표현이 속임수와
결부되었더라도 말이다.

만약 사이코패스의 징후가 여러 문화권에서 동일하다면(그럴
가능성이 무척 높다) 세푸는 이 선천적인 기반을 가진 도덕적 병증을
조금이라도 가졌을지 모른다. 그렇지만 이것은 순전한 추측에
불과하다. 그러니 세푸가 이후에 보여준 후회스런 감정은 깊을

수도, 얕을 수도 있고 어쩌면 아예 존재하지 않을 수도 있다. 켄트 키엘 박사가 중앙아프리카의 숲에 MRI 기기를 가져가 조사하기 전까지는 결코 알 수 없는 일이다.

이동성 수렵 채집자들 무리의 사회적 통제

이제 수렵 채집자들의 무리 안에서 일어나는 사회적 통제가 어떤 특성을 갖는지 좀 더 폭넓은 관점에서 살펴보자. 그러기 위해서는 아프리카 부족 사회에서 벗어나 인류학적으로 연구되었던 여러 이동성 집단의 문화에 대해 알아봐야 한다. 예컨대 곡물을 교환하는 피그미 족보다는 부시맨에 가까운 이런 집단들은 플라이스토세 후기에 살았던 독립적인 이동성 무리와 직접 비교해 볼 만하다. 지금으로부터 1만 년 전, 홀로세가 시작되기 전 단계인 플라이스토세 후기에는 정치적으로 평등주의적인 수렵 채집자들이 주로 살았다. 어쩌면 그들만 독점적으로 살았을지도 모른다. 이때 20~30명, 어쩌면 40명에 이르는 소규모 무리 안에서 생활하는 개인은 결코 앞선 세푸의 사례처럼 무리의 미움을 사고 싶지 않았을 것이다.

집단의 도덕적인 분노는 여러 형태를 띠는데, 오늘날의 채집자 무리에서는 어떤 대륙에 사는지와 상관없이 대부분 비슷하다. 이들의 반응은 가벼운 힐책에서 시작해 날카로운 비판, 외면, 조롱, 창피 주기, 완전한 추방에 이른다. 그리고 맨 마지막에는 사형이라는 무서운 형벌이 있다. (집단 안에서 개인의 목숨이 존엄하다는 사실을 도덕적으로 강하게 인정하는) 수렵 채집자들은 이 형벌을 드물지만 최후의 수단으로 단호하게 활용한다. 우리는 4장에서 이런 무서운 공동체의 반응을 이끌어내는 것이 어떤 범죄들인지 곧 살필 것이다.

　　　이미 앞에서 보편적으로 비난과 처벌을 받는 금지된
행동이 무엇인지 몇 가지만 간단히 알아본 적이 있었다. 하지만
이때 집단 반응의 실제 강도는 문화마다 다양하다. 예컨대
근친상간은 보편적으로 비난받지만 몇몇 집단의 문화에서는
그렇게 심하게 처벌되지 않는다. 어떤 무리에서는 힐책당하거나
한동안 추방되겠지만, 또 어떤 무리에서는 그 행동이 괴물처럼
혐오스럽다거나 사회생활이나 다른 구성원들의 삶을 위협한다는
이유에서 사형 선고가 내려진다.[25] 또 세푸처럼 심각하게 고기를
가로챘을 경우에도 역시 다른 모든 이의 복지를 위협한다는
이유에서 거칠게 다뤄졌고 몇몇 무리에서는 사형을 내리기도 했다.
이와 비슷하게 만약 누군가 동료들을 제압하려 하거나, 샤머니즘이
우세한 문화에서 한 개인이 자기만 생각해서 악의적으로
초자연적인 힘을 남용하면 그 일탈자는 심하게 비난받았다. 무리의
다른 구성원들이 밤에 그를 버려두고 떠나기도 했다. 이들의
지배력이 위태로운 상황에서는 아예 살해당할 수도 있었다.

　　　사실 이렇듯 오만한 사람들이 지속적으로 동료들을
위협하거나 폭군처럼 굴려고 시도하고 실제로 그런다면 죽임을
당할 가능성이 꽤 높다. 실제로 평등주의자들 앞에서 무리의 다른
사냥꾼들에게 심각한 결례를 저지르거나 이들의 소중한 권리를
짓밟으면 커다란 분노와 반감을 사며 진정한 도덕적 격노로
이어진다. 그렇기는 해도 채집자들은 대개 자기 집단의 구성원을
죽이는 것을 별로 좋아하지 않아 일탈자들을 처형하거나 추방하는
것보다는 교화시키려 애쓴다.[26] 그 이유는 이들이 일탈자들을 동료
인간으로 느끼기 때문이기도 하고 동시에 자기 무리에 사냥꾼의
숫자가 가능한 많아야 한다는 사실을 아는 실용적인 성격이기도

하기 때문이다. 다만 이들은 세푸의 사례에서처럼 화를 내기도
하고 가끔은 일탈을 저지르기도 했다.

　　하지만 4장에서 살필 내용처럼 막 언급된 세푸 같은 대단한
정치적인 지도자가 그 대상이거나 심각한 일탈이 저질러진
경우에는 단호하게, 때로는 결코 변하지 않는 선이 그어졌다. 선을
넘는 자는 자기 미래를 담보로 잡힐 각오를 해야 했다.

3장.
이타주의와 무임승차자들

세상에는 여러 가지 황금률이 있다

오늘날 종교적인 황금률은 설교를 통해 사람들에게 널리
알려진다.[1] 협동을 기반으로 하는 인간 집단이라면 어디든 이런
제한과 구속이 나타날 가능성이 높다. 이것은 사람들에게 착한
일을 하고 남에게 해를 끼치지 말라는 세속적인 훈계의 형태로
드러난다. '자기가 한 대로 되돌려 받기 마련'이기 때문이다. 예를
들어 다음과 같은 격언은 보편적이다.

> 남에게 받기를 바라는 만큼 너도 해 주어라.
> ─고전적인 그리스도교의 황금률

> 다른 사람을 상처 주지 않으면 당신도 상처를 받지 않을
> 것이다.
> ─무함마드,「마지막 설교」

> 당신이 하고 싶지 않은 일을 남에게 강요하지 말라.

— 공자, 『논어』, 안연편

　　이런 호혜성의 원칙은 무리나 부족들, 위계적인 족장사회의
일상적 사회생활에서 무척 중요하게 여겨진다. 사실 모든 인간
사회가 그렇다. 이런 격언은 너그러움과 관대함을 강조하는데
그 밑에 깔린 의도는 항상 동일하다. 확실히 이런 격언들은
친사회적이다. 부모와 친구, 이웃은 여러분이 관대하게 행동하기를
바라며 미래에 그 행동에 보답할 생각을 한다. 각 문화권에서
이런 '설교'가 존재하게 된 것은 예상대로 그럴 듯한 이유가
있다. 사회에서는 대개 너그러운 교환과 보답 행동을 절실하게
발전시켜야 하며 인간으로서 이 방향을 진지하게 추구해야 한다는
필요성이 그 밑에 깔린 가정이다.[2] 여기에 따라 바라는 결과는
많이 협동하고 적게 갈등하는 것이다. 관대함은 더 많은 관대함을
불러일으키는 경향이 있다.[3] 이 게임의 이름은 '간접적인 호혜'다.

황금률과 간접적인 호혜

7장에서 수렵 채집자들에 대한 정확한 자료를 살펴보겠지만
친사회성에 대한 선호는 우리 유전자를 진화시키고 있는 최근의
채집자들에게 무척 널리 퍼져 있고 어쩌면 보편적으로 나타날지도
모른다.[4] 다음 장에서 알아보겠지만 실제로 이들은 다들 큼직한
고깃덩이를 상당히 공평하게 나누며 심지어 몇몇 사냥꾼이 다른
사람보다 훨씬 생산력이 높을 때도 그렇게 하려 한다. 가족이
계속해서 소속 집단을 바꾸느라 완벽한 호혜가 불가능한 경우에도
이렇게 한다.
　　불운이 닥치면 무리 구성원들은 어떤 한도 안에서 같은

무리에서 도움이 필요한 사람들을 도울 것이다. 하지만 훌륭하거나 받아들일 만한 도덕적 기준을 가진 사람이 자동적으로 이런 간접적 호혜의 효용을 누릴 자격이 있다고 하더라도 그렇게 큰 열매는 사실 드물다. 일반적으로 대개 관대한 실적을 보였던 개인들은 인색한 개인들보다 더 많은 도움을 받는다. 그리고 오랫동안 눈에 띄게 비도덕적으로 이기적이거나 게으른 사람들에게는 친족이 아닌 집단 구성원들이 도우려 하지 않을 것이다.[5] 개인적으로 어려움을 겪거나 자기를 도울 수 있는 사람이 가까운 친척뿐인 상황이 되어서야[6] 이런 개인들은 과거에 황금률을 따르지 못했던 점을 후회할 것이다.

집단 안에서 관대함을 요구하는 설교나 설득 같은 규칙이 생겨난 것은 간접적 호혜라는 우연한 체계를 사람들에게 적응시키려는 문화적인 방식이다.[7] 효율적인 양심을 가지면 이런 규칙을 내면화해, 비록 반드시 행동으로 이어지는 않는다 해도 이기주의에 제동을 걸고 너그러운 성격을 가질 수 있을 것이다. 사냥꾼 무리에서 이 규칙은 모든 사람의 육체적 안위에 중요한데, 일상에서 영양분이 높은 음식을 공유할 때 이런 관대함이 중심이 되기 때문이다. 이렇게 고기를 나누는 행동은 단지 공정성이나 육류에 대한 선호를 만족시키는 그 이상의 의미가 있다. 앞으로 살피겠지만 이 행동은 상호 의존적인 사냥꾼 무리 전체가 활력과 건강을 유지하도록 한다. 큰 사냥감을 전부 공유한다면 자격이 있는 모든 개인들과 집단 전체에 이득을 준다.

식량을 거의 저장하지 않는 수렵 채집 유목민들에게 고기 분배는 보험과 마찬가지다.[8] 위험을 줄이려는 이런 초기의 방식은 홀로세를 비롯해 인구가 많아져 인류의 사회 형태가 바뀌던 가축화 시대까지 이어졌다. 예를 들어 농작물을 저장하는 규모 있는 위계적 미개 부족에서 한 가구의 연간 생산량은 상당 부분 특권을 가진 족장에게 돌아간다. 그러면 족장은 이 농작물을 일단 챙겨 두었다가 나중에 필요한 사람들에게 돌려준다.[9] 이것은 우연한 간접적 호혜의 중앙집권화된 방식이라 할 수 있으며[10] 이런 중앙집권화를 더욱 촉진한다. 문명의 태동기부터 살피면 더 이상 자발적이지 않은 정식 조세 체계를 발견할 수 있다.[11] 하지만 이런 강압적인 중앙집권적 정부에서도 친사회성에 대한 권고는 계속된다. 이것은 사람들의 관대한 행동을 강화하는 수단이 되며 협동을 북돋고 갈등을 줄여 어떤 집권 체계에도 도움이 된다.[12]

사회가 얼마나 크든, 전 세계 모든 지역의 사람들은 가족을 넘어서 발휘되는 관대함을 강화하고 증폭시키면[13] 전체적인 협동의 효율성을 높이고 모든 이에게 이득이 돌아간다는 사실을 아는 것처럼 보인다. 또 사람들은 서로 보답을 주고받는 데 실패하면 집단의 사회적, 경제적 생명에 심각하게 지장이 갈 만큼 갈등을 야기할 수 있다는 사실을 이해한다. 친사회적 관대함은 좋고 부적절한 이기주의는 나쁘며 갈등을 피해야 한다는 사실은 어떤 지역이든 모든 사람들이 잘 알고 있는 바이다.

채집 수렵인들 사이에서도 이런 식의 훈계하는 권고는 즉각적이며 자기의 이익을 생각하는 방식을 넘어서 계속될 것이다. 어떤 의미에서 이들은 사람들이 서로를 돕도록(더 나은 협동을 하면 모든 사람의 삶이 나아진다는 이유로) 의도적으로 사회를 꾸리고자 하는 직관적인 응용사회학자들처럼 보일 수도 있다. 이러한 사회적인 창조성은 현대적인 안전망과 함께 오늘날까지 이어지고 있다. 이 안전망이란 최저생활에 이르지 못하는 생활수준이나 질병, 부상에 대항하기 위해 사람들이 만들어 낸 보험 체계인데 이것은 1만 년 전까지만 해도 상상조차 하지 못했을 만큼 규모가 크다.

　　이러한 관대함을 요구하는 일반적인 이유는 사람들이 더 자발적으로 예측 가능한 방식으로 집단 전체의 사회적인 삶과 생계에 공헌하도록 하는 것이다. 물론 현대의 보험 체계는 무척 관료주의적으로 형식을 갖추게 되어 이런 자발적인 요소가 어느덧 사라졌지만, 오늘날 우리에게는 이타적인 선의에 기초한 대규모의 '좋은 일 하는' 사업들이 있다. 세속적이거나 종교적인 민간단체의 형태로 나타나는 이 사업은 사람들에게 황금률의 필요성을 촉구하는데 그 이유는 완전히 자발적이거나 종종 익명으로 기부가 이뤄지기 때문이다. 예컨대 미국의 자선 사업에서는 기부자의 작은 도움이라도 다른 사람들에게는 큰 효용을 가져다준다. 적십자의 경우처럼 이런 단체들의 이름은 사람들의 기부 활동을 촉구한다.

　　간단히 말하면, 너그럽게 베풀도록 사람들을 촉구하는 일은 (그리고 나중에 필요할 때 임의로 도움을 받는 것은) 과거에도 그랬고 앞으로도 확실히 계속될 것이다. 또 이것은 인류의 '이기주의'가 불러올 예측 가능한 효과에 대항해 문화적으로 발명된 해독제다. 이런 통찰은 원래 나의 스승이었던 작고한 도널드 캠벨의 것이었는데 캠벨은 인류의 유전적 본성이 만들어 낸 사회적인 긴장 상태, 그리고 상당한 너그러움과 이기주의에 매혹된 사람이었다.[14] 강력하고 사회 친화적인 두뇌와 언어를 가진 생물 종만이 이런 친사회적인 '프로파간다'를 내놓을 수 있을 것이다. 이 종은 사회에 대한 '기능주의적인' 관점을 포함하는 이런 이상적인 규칙들을 널리 알리고 그것이 모두의 복지와 안전을 계획적으로 증진하는 작업 체계라고 여긴다.[15]

　　이런 조작된 훈계는 일반적으로 규칙을 내면화하도록 진화한 생물 종에서 잘 작동한다. 그리고 이런 맥락에서 생태학자

이레네우스 에이블-에이베스펠트^{Irenäus Eibl-Eibesfeldt}는 인류의 일반적인 '주입식 학습 능력^{idoctrinability}'에 대해 말했다.[16] 황금률을 널리 알리는 것은 집단의 다른 사람들이 공공의 선을 위해 말에 동요될 수 있다는 사실을 집단 구성원들이 깨닫는 주된 사례다. 그리고 이 과정의 기초에는 어린 시절부터 판단하고 훈련 가능한 문화적 스펀지로 진화된 양심이 자리한다. 칼라하리 사막의 부시맨과 알래스카의 이누이트 족을 다룰 때 우리는 이들의 부모들이 아이에게 꽤 어린 시절부터 관대함을 긍정적으로 가르친다는 사실을 살필 것이다. 물론 황금률에 대한 훈계는 어른에게도 똑같이 작용하는데, 사람들이 사회생활에서 과도한 이기주의를 지양하도록 애쓰기 때문이다.[17]

7장에서 살필 예정이지만 관대한 행동에 대한 사회적인 권고는 무리의 서로 다른 가족들뿐 아니라 가족 내부에서도 너그러운 호혜를 촉진한다. 무리 속 서로 친족 관계가 아닌 가족들 사이에서 이런 '조정'이 필요한 이유는 인간의 이타주의가 친족 족벌주의에 비해 약하기 때문이다. 그리고 가족 안에서 이 '조정'이 필요한 이유는 일반적으로 말해 인간의 족벌주의는 자연선택에 의해 주어진 기본적인 자기중심주의에 비해 약한 것처럼 보이기 때문이다. 이렇듯 집단의 구성원들에게 양쪽 맥락에서 너그러움이 필요한 이유는 가족과 비-가족 안에서 일어나는 다툼이 협동을 저해하고 집단 안의 다른 모든 사람을 방해하기 때문이다. 언제나 이 수렵 채집자들의 마음속에는 집단에 분열을 야기하는 주요 갈등을 일으킬 불씨가 있다.

우리는 왜 이렇게 자기중심적인가?

오늘날 인간의 강한 자아중심적인 속성을 설명하는 과학적인 자연선택의 기초는, 다윈이 이미 1세기 전에 여기에 대해 추측했을 때와 다를 바 없이 견고하다. 이때 다윈은 경쟁에 기초를 둔 자연선택 이론을 만들었다. 이 인상적인 이론은 원래부터 완전히 '자기중심적'이었지만, 우리가 앞서 살핀 것처럼 다윈은 인간의 관대한 경향성이 자신의 강력한 새 이론과 잘 들어맞지 않는다는 사실을 두고 고민한 끝에, 우리가 혈연선택 때문에 가까운 친족에게 더욱 관대해졌다는 사실을 직관적으로 깨달았다. 그리고 가족 바깥으로 더 넓게 작용하는 관대함은(황금률에 따라 자주 강화되는) 또 다른 설명이 필요하다는 사실 역시 알아차렸다.

유전자가 빠졌지만 기본적으로 유전에 기초한 다윈의 진화론적 논리는 우리가 앞서 여러 번 지적했던[18] 일종의 집단선택 이론으로 발전했다. 하지만 다윈은 집단 안에서 일어나는 선택에 비해 집단 간 선택은 수학적으로 예측 가능한 구조적인 취약성을 가진다는 사실을 이해할 방법이 없었다. 그뿐만 아니라 무임승차자 문제를 무척 해결하기 힘들다는 사실도 깨닫지 못했다.[19] 오늘날 대부분의 학자들이 모든 포유동물에서(본래 고립된 대규모 집단에서 지내는 벌거숭이두더지쥐를 제외하면) 넓은 의미의 관대함이 진화하는 현상을 설명하는 데 이 문제를 심각한 장애물로 여긴다.[20] 그럼에도 다윈은 1871년에 자기만의 방식으로 가족 외부에서 나타나는 관대함의 역설을 날카롭게 지적했다. 이것은 1세기 뒤에 에드워드 윌슨이 재정립한 영향력 높은 방식과 무척 비슷하다.[21]

오늘날 우리는 유전자가 무엇인지 알고 있으며 유전자 풀에서 어떤 일이 벌어지기 쉬운지 수학적으로 모델링하는

방법을 안다. 하지만 이런 지식을 가졌는데도, 또 거의 40년에
걸쳐 부지런하게 창의적인 연구를 했는데도 인류가 관대하게
협동하는(우리가 종종 그렇게 행동하듯이) 이유가 무엇인가라는
수수께끼에 대해서는 하나의 만족스런 답이 없다. 여기에 대해
우리가 던질 기본적인 질문은 다음과 같다. 우리의 본성에 그렇게
강력한 유전적 자기중심주의가 갖춰진 상태에서 자연선택은
어떻게 용케도 자기 일을 해낼까?[22]

　　　이 장에서 우리는 진화론을 다루는 학자들이 인류에서 가족
외부인을 대상으로 나타나는 관대함을 설명하기 위해 제안했던
주된 이론들을 다룰 것이다. 그리고 설명을 돕기 위해 기존의
패러다임 위에 세운 이론적인 통로인 사회적 선택을 특히 강조할
예정이며, 몇몇 새로운 요소들도 포함시킬 것이다. 이 요소들
덕분에 우리는 타인의 필요에 대한 인간의 너그러운 반응을 더욱
쉽게 설명할 수 있다. 그런데 여기 중요한 요소가 하나 새롭게
등장한다. 무임승차 행동에 대한 체계적이고 가혹한 억압이다. 이
억압은 다른 사람을 이용하는 사기꾼들의 행동을 제한할 뿐 아니라
여러 다른 유형의 무임승차자들이 타인을 이기적으로 착취하지
못하게 억누른다. 그런데 이 무임승차자들은 사실 우리가 보통
생각하는 모습과는 무척 다르다. 앞으로 살피겠지만 이 맥락에서
평등주의적인 인류 집단에서(그리고 이 집단에서만) 권력자의 철저한
억압은 눈에 띄게 두드러진다. 나는 이런 측면이 우리 존재가
지금처럼 이타주의적인 주된 원인이라고 믿는다.

공감과 관대함

진화론을 연구하는 학자들이 '이타주의'라는 가족 외부에서

나타나는 관대함에 대해 엄밀하게 설명할 때는 그 의미가 다양할 수 있다. 그중 한 가지는 순전히 유전학적이다. 여러분 자신의 적응도를 일부 포기하고 그 대신에 친족이 아닌 사람의 적응도를 증가시키는 것이다. 이것이 기본적인 의미다. 하지만 감정과 동기가 개입하기 시작하면 사정은 좀 더 복잡해진다. 예를 들어 여러분은 즉각적이거나 언젠가 올 보상을 기대하고 다른 사람에게 뭔가를 줄 수 있다. 뒷말이나 여론이 두려워서 그렇게 할 수도 있지만 말이다. 또는 용납할 만한 수준으로 다른 사람에게 베풀지 않으면 사람들에게 적극적인 처벌을 받기 때문일 수도 있다. 어쩌면 자신이 속한 문화에 따라 사회에 순응한 결과이기는 해도, 단지 그렇게 하는 것이 마음이 편했을지도 모른다.[23] 물론 곤경에 빠진 사람을 발견하고 돕는 것이 옳은 일이라고 생각해 진심으로 그런 행동을 했을 수도 있다.[24]

확실히 이 가장 마지막 경우는 상당 부분 공감에 기초를 둔다. 공감은 우리가 주로 자기와 사회적, 감정적으로 결합된 사람들을 보살피도록 이끄는 감정이다. 비록 심리학자들이 이 단어를 정의할 때는[25] 수렵 채집자들의 협동에 대한 더욱 형식적인 인류학적 분석과 거리가 멀지만, 다행히 관대함의 이런 측면을 간접적으로 다루는 연구가 하나 있다. 우리는 11장에서 이 연구를 살필 예정이다.

지금 단계에서는 오늘날의 소규모 사냥 집단을 다루려 한다. 이들은 집단 구성원 대부분과 상당히 사회적인 무리를 이루는데 구성원들은 친족일 수도 아닐 수도 있으며, 이런 긍정적인 유대 관계가 다윈이 강조했던[26] 공감 어린 감정을 일으킨다는 점은 확실하다. 이 감정은 어떤 개인이 다른 사람이 필요한 바를 정서적으로 알아내고 그에 따라 도움을 주게 한다.

가까운 친족에게 도움을 주는 행위는 혈연선택에 따라 유전적으로 즉시 보상을 받지만, 친족이 아닌 사람에게 뭔가를 크게 베푸는 행위는 적응도의 상당한 순손실을 일으키며 여기에 대해 나중에 보상을 받아야 할 것이다. 다시 말해 여기서 계속 언급되는 것은 유전학적인 퍼즐이다.

자연선택 과정은 얼마나 '느슨한가?'

확실히 자연선택은 비-친족에게 미치는 이런 관대한 도움을 잘라내는 아주 효과적인 장벽은 아니다. 자기중심주의와 족벌주의가 인류에게 자연선택을 일으키는 유일한 힘이었다면, 그리고 이 과정들이 굉장히 효과적이고 순전히 생물학에 의해 결정된다면 우리는 아주 다른 뭔가를 기대할 것이다. 실제로 우리가 무엇보다 먼저 바라는 바는 비-친족에게 뭔가를 베푸는 일이 없도록, 친족을 확실하게 구분하는 능력이 진화를 통해 발달되는 것이다. 또 친족에게 베푸는 경우라도 가깝거나 먼 정도와 비례해 베풀기를 바란다. 그리고 두 번째로 우리는 비-친족에게는 대가가 큰, 보상을 받을지 확실하지 않은 도움을 주는 일이 절대 없도록 진화했을 것이다. 이런 '유전적 자기희생'[27]은 효율적인 자연선택이라는 개념과 배치되기 때문이다. 진화 생물학자들은 유전자 선택에 대한 수학적인 모형을 구축할 때 이 개념을 적용한다.

    수학적 모형을 생물학에 적용하는 데 탁월했던 학자인 조지 윌리엄스는 자연선택이 기본적인 재생산 행동에서도 완전히 효율적이지 않다는 사실을 효과적으로 설명한다. "재생산 기능은 시기와 실행 측면에서 아마도 다른 적응에 비해 더 큰 정도로 상당히 느슨하다는 특징을 가진다."[28]

　　이런 맥락에서 윌리엄스는 동성애적인 행동이 동물 사이에 널리 퍼져 있다는 사실을 지적한다. 그리고 윌리엄스는 이런 느슨함이 비-친족에 대한 호의적인 도움에도 적용된다고 가정해 다음과 같이 예측한다. "친족이 아닌 동물들을 대상으로 한 도움은 후손에게 미치는 도움에 비해 결코 더 강할 수 없으며 일반적으로 강도가 덜하다."[29] 그에 따라 혈연선택의 상당한 혜택은 폭넓은 대상에게 가끔 발생하는 관대한 행위를 유전학적으로 보조할 수 있다. 윌리엄스는 이런 유형의 '엇나간 재생산 기능'이 이타주의적으로 도움을 주는 행위를 전부 설명한다고 주장하지는 않지만 다음과 같이 지적한다. "어떤 동물이 친족 관계가 아닌 개체를 적극적으로 도울 때, 그 행동 패턴은 가족이라는 배경에서 나타나는 것뿐이다."[30]

　　하지만 비록 흥미롭기는 해도 이런 엇나간 재생산 행위가 인간 또는 다른 종에서 나타나는 이타주의의 수수께끼에 대한 해답으로 자주 언급되지는 않는다. 지난 40여 년 동안 수많은 진화 이론가들이 이 역설을 해결하고자 애썼지만[31], 이들은 주로 이타주의자들이 이타 행동에 내재한 손실을 직접 만회할 수 있는 아주 효율적인 메커니즘을 포함한 이론들을 활용했다.

　　가족 외부에서 나타나는 관대함을 인류에서 나타나는 협동의 중요한 요소로 설명하려는 노력은 여러 방향으로 계속되었다. 그중에서도 나는 방금 소개한 '느슨함 모형'부터 시작할까 한다.

1. 비-친족을 친족으로 '착각하기'

혈연선택은 혈연의 힘에 의해 친족에게 관대함을 계속

적용하게 하는 강력한 요인이다. 그리고 이 모형은 약 25퍼센트가 가까운 친족으로 구성된 수렵 채집자 무리에서 꽤 많이 나타나는 관대함에 대해 즉각적으로 설명한다.[32] 하지만 이 모형은 비-친족을 대상으로 나타나는 관대함에 대해서는 전혀 설명하지 못한다. 윌리엄스가 제안했듯 이 관대함이 단지 자연선택의 비효율성 때문에 자연스레 '미끄러지듯' 나타났을 뿐이라고 여기는 것이 아니라면 말이다. 이것을 '미끄러짐 모형'이라고 부를 수 있을 텐데, 이 모형에 따르면 이타주의의 사례에서 개인이 족벌주의적 관대함을 통해 얻는 이득이 가족 외부로 향하는 관대함이 일으키는 약간의 손실에 비해 무척 크고, 그래서 후자가 전자에 유전학적으로 '업혀 갈' 수 있다.[33] 포괄적 적응도로 봤을 때 족벌주의의 이득이 무척 강력한 반면 이타주의의 비용은 그보다 작기 때문에 전체적으로 큰 손해를 보지는 않는다는 것이다.

인류에게 이런 미끄러짐을 촉진하는 즉각적인 요인 가운데 하나는 사람들을 사회적인 범주 속에 배정하는 과정에서 나타나는 문화적인 독창성이다. 사람들은 가끔 원래 가까운 친족에게 쓰는 단어인 '어머니', '삼촌', '누이', '형제'를 먼 친족이나 가까운 유대 관계를 형성한 비-친족에게 관습적으로 사용한다. 이런 용어를 사용할 때 공감에 가까운 느낌이 생긴다고 가정하면, 그 결과 사람들은 비-친족인 타인을 향해 관대해지기 시작한다. 집단 구성원들이 공감에 기초한 관대함을 친족에서 비-친족에게 방향을 바꿔 적용하기로 스스로를 '속였기' 때문이다. 실제로 여러분은 사촌의 성격이 이기적이고 인색해 여러분을 불편하게 만들 뿐이라면, 사촌보다는 생계 활동을 같이 하면서 많은 시간을 협동하며 보내는 너그러운 비-친족과 유대 관계가 훨씬 가까울 수 있다. 그리고 이런 경우에 여러분은 도움이 필요할 때 비-친족을 도울 확률이 높다. 비록 이렇게 하면 유전자의 수준에서는 족벌주의에 따라 포괄적 적응도를 통해 보상을 받지는 못하지만 말이다.

이런 '비정확성'을 일으키는 유전자에 대해 우리는 다목적성을 가진다고 말할 수 있다. 전문 용어로는 '다면발현pleiotropic'이 이뤄진다.[34] 이것은 비-친족을 돕는 부적응적인 행동이 어떻게 친족을 돕는 고도로 적응적인 행동에 '업혀 갈' 수 있는지를 설명한다. 하지만 윌리엄스가 제안했듯이 진화적인 시간이 흐르는 동안 이런 미끄러짐에 기초한 도움이 계속되려면 서로 조합된 두 행동이 여기에 관여하는 너그러운 개인들의 순 상대 적응도에 이득이 되어야 한다.

2. 문화적인 유순함과 관대함

경제학자 허버트 사이먼Herbert Simon의 유순함 모형은 꽤 다른 종류의 '업혀 가기'를 제안한다.[35] 이 모형은 동감을 전혀 필요로 하지 않는다. 사이먼의 개념에서는 더 '유순한' 개인들이 다른 문화 구성원들의 유용한 행동을 자동적으로 복사한다는 엄청난 이점을 갖는다. 이들은 시행착오를 통해 비용을 들여 학습하지 않는다. 예를 들어 칼라하리 부시맨 부족의 부모는 아이들에게 어디서 독뱀을 만나기 쉬운지 정확한 장소를 알려준다. 이런 지식은 간접적으로 습득하는 것이 최선인데 나는 다행히도 야생 침팬지의 갈등 관리에 대해 연구하고자 중앙아프리카를 방문했을 때 이런 방식으로 배우게 되었다. (여러 뱀 종류 가운데 내가 개인적으로 가장 좋아하는 것은 공격성이 강한 블랙맘바이고 그 다음이 스피팅코브라다.) 곰베에 도착했을 때 내가 제일 먼저 했던 질문은 뱀이라는 위험 요소에 대한 것이었다. 제인 구달이 내게 일러 줬던 조심해야 할 뱀 목록에는 그린맘바, 붐슬랑, 카우수스속, 워터코브라를 비롯해 독은 없지만 심하게 덩치가 큰 비단뱀, 그리고 잘 물지 않지만 한번 물면 신경독으로 사람을 죽일 수도 있는 덩굴뱀이 포함되어 있었다. 그동안 많은 사람들이 뱀에 물려 죽었기에 이런 정보를 미리 숙지하는 것이 시행착오를 겪는 것보다는 훨씬 나았다. 나는 문화를 잘 받아들이는 유순함을 지녔을 뿐더러 뱀을 정말로 두려워했기 때문에 이곳에서 안전하게 지낼 수 있었다.

집단 구성원들이 다음 세대에 전하는 유용한 모든 문화적인 패턴 가운데는 개인들로 하여금 가족이 아닌 타인에게도 너그럽도록 요구하는 황금률과 비슷한 특정 메시지가 있을 것이다. 어떤 사람이 자연스레 이런 메시지대로 행동하면, 문화를 스펀지처럼 학습하면서 얻은 상당히 개인적인 이득에서 약간의 이타주의적인 비용이 빠져나간다. 선천적으로 흡수력이 뛰어난 개인은 여전히 전체적으로 이득을 본다.

물론 스펀지의 기능에 문제가 있는 '비순응주의자'들은 이타주의적으로 행동하라는 이런 메시지에 저항하기 쉬울 것이다. 하지만 순응주의자가 일반적으로 이득을 얻는 가운데 이들은 손해를 본다. 예컨대 비순응주의자들은 뱀에 물려 사망할 확률이 더 높다. 한편 생활에 유용한 규칙들을 전부 내면화하면서도 이타주의를 촉구하는 문화적인 메시지에는 저항하는 개인들은 이 체계의 무임승차자가 된다.

3. 최고의 집단이 승리함

앞에서 살폈듯이 집단선택은 무척 다른 유형의 설명을 제공하며, 이때 이타주의적인 개인들이 꼭 보상을 받는 것은 아니다. 집단선택이 충분히 강력하면 개인에게는 손실을 입히지만 공감에 기초한, 집단에 유용한 비-친족 사이의 협력을 직접 뒷받침할 수 있다.[36] 집단 구성원들 모두가 평생 어떤 지역을 떠나지 않고 사는 경우에 특히 더 그렇다.[37]

진화 생물학의 초기 주장들은 집단선택이 기껏해야 미약하게 작동할 것이라고 여겼지만,[38] 유전학적으로 손실을 안기는 관대함을 촉진하는 공감 성향이 진화하는 데 집단선택의 효과가 공헌했다는 점에 대해서는 이견이 없었다(그 대상이 집단 내부의 친족이든 비-친족이든 관계없이). 그 결과 다윈이 말했듯이 고도로 이타주의적인 집단에서 살아가는 자손의 수는 경쟁 집단에 비해 더 많아진다. 이 경쟁자들은 공감과 관대함이 덜하고 무엇보다 협동심이 덜한 집단이다.

반反-집단선택론자들의 주요 주장 가운데 하나는 집단선택이 본질적으로 약할 뿐 아니라 그 모형이 무임승차 행동에 무척 취약하다는 것이었다.[39] 집단선택이 본질적으로 약하다는 주장에 대해, 경제학자 샘 볼스Sam Bowles는[40] 기술적인 시뮬레이션 작업을 통해 인류의 집단선택이 선사시대에는 진화의 주된 동력일 수 있었다는 사실을 보여 주었다. 이 시대에는 집단 사이의 유전적 차이가 컸기 때문이다. 한편 이타주의의 진화를 모델링하는 관점에서 봤을 때 무임승차자 문제는 고약한 골칫거리다. 이전의 수학적 모델링 작업에서 무임승차자들은 기본적으로 남의 말을 잘 믿는 이타주의자들을 속여 받기만 하고 주지는 않는 '사기꾼들'로 설정되었다.[41] 다시 말해 이런 무임승차자들은 비용을 지불하지는 않고 협동의 이득을 이용할 수 있는데, 그 말은 이들이 개인 수준에서 이타주의자들을 쉽게 앞지른다는 의미였다. 이타주의자들의 유전자는 손해를 보고 이론적으로는 사라질 뿐이다. 만약 이 무임승차자 문제가 해결되거나 충분히 개선된다면 집단선택은 가족 외부로 작용하는 관대함을 좀 더 강하게 뒷받침할 수 있을 것이다. 이 책에서는 집단선택뿐만 아니라 앞으로 언급할 다른 여러 모형들을 위해 정확히 이런 방향으로 주장할 예정이다.

4. 상호 교환이 이뤄지는 '이타주의'에 대한 골치 아픈 질문

생물학자 로버트 트리버스Robert Trivers의 상호 이타주의 모형은 장기적으로 '팃포탯(맞대응)'에 따른 대칭성을 보이기 때문에 꽤 아름답다. 이 모형이 매력적인 이유는 우리가 접하는 가족 외부에서 일어나는 관대함을 상당 부분 이론적으로 설명할 수 있기 때문이다.[42] 하지만 그러려면 친족 관계가 아닌 구성원 쌍이 오랫동안 계속해서 협동을 해야 하고, 다른 특정 조건들도 만족되어야 한다. 즉 구성원들이 합리적으로 균형을 이룬 교환을 해야 하는데 이것은 이들이 웬만해서는 타인을 크게 속이지 않는다는 뜻이다.[43]

하지만 이 정의대로라면 이런 균형적인 교환이 일어나는 '이타주의'를 요청하는 데 의미상의 문제가 하나 있다. 어느 쪽도 특별한 비용을 치르지 않기 때문이다. 사실상 이들은 양쪽 다 최후에는 이득을 본다. 서로 짝을 짓지 않아 협동의 이득을 얻지 못하는 사람들과는 다른 점이다. 그렇지만 진짜 문제는 간접적인 호혜(협동하는 수렵 채집자들이 다른 사람을 돕거나 큰 사냥감을 나눌 때 실제로 행하는 것)가 서로 다른 개인이나 가정에 장기적으로 공헌한다는 측면에서 개인 둘만의 문제와는 거리가 멀다는 점이다.[44] 사실 사냥꾼 개인들이 평생 자기 집단에 제공하는 고기 양은 상당히 많다.[45]

그렇다면 이제 이런 우아하고 유혹적인 게임이론을 기초로 한 트리버스의 모형은 어디로 나아갈까? 인간의 경우에 친족 관계가 아닌 두 사람이 서로에게 크게 공헌하는 가장 가까운 현실 세계의 관계는 시간이 흐르면서 서로 동등해질 수 있고, 이들이 취하는 주된 상호 이득은 평생에 걸친 지속적인 결혼-생식 협의일 것이다. 성적인 외도를 하지 않는다면 꽤 동등한 생식적 혜택이 자손의 형태를 통해 자동적으로 두 사람에게 생긴다. 이런 종류의 호혜의 균형을 심각하게 파괴할 수 있는 주된 무임승차적인 기만은 여성의 외도일 것이다. 이런 경우 남성 파트너는 자기와 친족 관계가 없는 유전적인 경쟁자의 아이를 양육하는 데 상당한 투자를 해야 할 수도 있다. 결혼 또한 경제적인 상호 교환을 포함하며, 다음 장에서 살필 선사시대 수렵 채집자들의 대부분은 아내와 남편이 가정 경제에 각자 다르지만 서로 겹치는 방식으로 공헌한다. 이 말은 비용과 이득의 균형을 맞추기가 인지적으로 어렵다는 뜻인데, 친족 관계가 아닌 이 두 협력자들이 철저하게 계산하려 애쓴다 해도 역시 그렇다. 사실 그렇게까지 하지도 않지만 말이다.

　　　이런 무척 특별하고 성적인, 가족 외부에서 나타나는 두 사람의 상호 관대함에 대해 저술된 바가 드물다는 사실은 흥미롭다. 왜냐하면 이들이 서로 주고받는 것이 완벽한 균형을 이루든 그렇지 않든, 결혼 관계는 그 관계를 이루지 않았을 때와 비교해 무척 커다란 생식적 이득을 주기 때문이다. 이런 생식적 결합은 사람들에게 선호되는 방식이며 적어도 근대 문화 이후로는 인류에게 보편적으로 나타난다. 그리고 이 결합이 우리의 이타적인 잠재력에 공헌하는 바는 예상되는 이득 이상으로 더욱 중대할 수 있다.

　　　트리버스의 유명한 모형은 그동안 다양한 맥락에서 인간의 협동을 설명하기 위해 여러 학자들에 의해 낙관적으로 도입되었다.

비록 내 생각에 이것이 사람들의 일상적인 행동과 잘 부합하는지를 생각하면 모형의 설득력은 훨씬 떨어지지만 말이다. 하지만 결혼 상대자들 사이의 감정적으로 따뜻하고 너그러우며 성적인 결합을 설명하는 데 이 모형을 활용하는 것은 결과가 꽤 괜찮을 것처럼 보이며 앞으로 연구할 만한 가치가 있다. 확실히 게으름 또는 성적인 외도 같은 무임승차자 문제는 문제를 일으킨다. 하지만 일반적으로 소규모 채집자 무리의 구성원들은 대개 심한 나태함이나 간통에 대해 못마땅하게 여기며 가끔은 심하게 처벌한다. 더구나 이들 무리에서는 이혼이 보편적으로 나타나며 그것이 외도를 막는 일종의 보호 수단이다.

5. 즉각적으로 훌륭하게 평형을 이룬 상호 공동 작업

이득이 서로 균형 잡힌 단기적 상호 협력 가운데는 같은 종의 두 협력자가 동시에 일회성 협동을 하는 경우가 포함된다. 협동이 무척 즉각적으로 일어나므로 이들 사이에 속임수가 있어도 단지 무임승차자 문제의 하나로 간주할 수 있다.[46] 이런 호혜성에 기초한 협동은 현실 세계에서도 실제로 일어난다. 아프리카의 두 수렵 채집자가 고양잇과의 덩치 큰 포식자와 맞닥뜨렸을 때 영리하게 얼른 힘을 합쳐 이 동물을 겁주어 쫓아내는 경우가 그렇다. 이들이 혼자서 각자 행동했더라면 포식자가 손쉽게 잡아먹었을 것이다. 한 가지 좋은 사례로 탄자니아의 하드자 족은 혼자 사냥을 나가면 위험하기 때문에 밤에 짝을 지어 물웅덩이 근처로 사냥하러 간다.[47]

오늘날 이런 일회적 호혜성에 기초한 접근은 다양한 종에서 일어나는 협동을 설명하는 문제에서 트리버스의 몹시 까다로운 장기적 양자 모형을 거의 대체했다. 하지만 내 생각에 인간 수렵 채집자들이 가족 외부의 관계에서 보이는 관대함을 설명할 때, 이 방식은 한계가 있는 것처럼 보인다. 그 이유는 수렵 채집자들이 실제로 행하는 영양학적으로 중요한 간접적인 호혜는 즉각적으로 일어나거나 두 사람 사이에만 한정되지 않고 균형을 이루지도 않기 때문이다. 사실 수렵 채집자들의 고기 분배와 안전망 체계는 평생을 두고 지속되며 수십 명의 구성원을 동반한다. 그리고 가족들은 끊임없이 소속 집단을 바꾼다.

6. 사회적 선택과 소문이 주도해서 형성된 선호

생물학자 리처드 D. 알렉산더가 영향력 있는 용어 '간접적 호혜성'을 처음 만든 것도[48] 이런 사회적으로 유동적인 맥락에서였다. 알렉산더는 짝짓기 상대를 훌륭하게 선택하는 것이 개체가 가진 자원에 따라 도움이 필요한 개체를 돕는 가족 외부의 관대함을 뒷받침하는 주된 메커니즘이라고 강조했다. 여러분이 관대한 행동을 하면 결혼이든 다른 무엇이든 협동의 협력자로서 다른 경쟁자들보다 매력적으로 보이기 때문이다. 따라서 다른 사람들이 관대함을 보이지 않는 사람이 아니라 관대함을 보이는 여러분을 선호해서 선택했다면 여러분의 상대적 적응도가 높아진다. 그리고 관대한 행동에 따르는 비용은 순조롭게 협동의 상대자로 선택되는 데 따른 이득에 의해 보상을 받고도 남는다.[49] 다른 사람과 협동을 잘 하는 사람들이 그렇지 못한 사람보다 자손을 많이 남긴다는 것이다.

알렉산더는 외도가 잠재적으로 심각한 문제라고 여겼는데 그 이유는 사람들이 자신을 거짓으로 드러내거나 거짓으로 관대함을 연기할 수 있기 때문이었다. 그 말은 이 사례에서 외도하는 무임승차자들이 집단선택이나 호혜적 이타주의에서 무임승차자들과 마찬가지로 문제를 일으킨다는 뜻이다. 하지만 외도는 그렇다 쳐도 평판에 의한 선택은 그것이 충분히 강력할 경우 간접적 호혜에 기초를 둔 사회 시스템에 내재한, 종종 몹시 우연하게 나타나는 관대함을 설명할 수 있다. 수렵 채집자들이 커다란 사냥감을 나누거나, 병들고 다치거나 뱀에 물리는 것을 비롯해 다른 심각한 불운을 겪어 도움이 필요한 상대를 도울 때 바로 이런 일이 벌어진다.

1987년, 알렉산더의 거시적인 '모델링'은 인류학에 근거한 현실성을 얻었다. 이것은 가장 최근에 우리의 유전자를 진화시킨 바로 그 유형 사람들의 실제 행동에 맞춰 모형을 만들었다는 뜻이었다. 알렉산더가 선호하는 현생 인류 무리는 확실히 그동안 상당히 많이 연구된 칼라하리 사막의 !쿵 족이었다. 더욱 최근에는 알렉산더가 만들었던 평판에 의한 선택 모형이 실험실에서 연구되었는데 주로 학생들이 주도한 게임이론 실험을 통해서였다. 한편 간접적 호혜에 대해서도 인류학 현장에서 조사되었으며 이것은 변화를 축소하는 고기 공유 시스템에 대한 연구나 '값비싼 신호 전달'[50], 또는 사회 안전망을 제공하는 사회적 행동에 대한 연구를 통해[51] 이뤄졌다.

개인의 명성은 타인들의 직접 관찰에 의해서도 이뤄지지만 그보다는 해당 개인에 대해 어떤 이야기가 도는지에 따라 결정된다. 언어 덕분에 소규모 무리의 구성원들은 이런 직간접적인 정보를 교환하며, 그 결과 개인의 명성에 대한 철저하고 몹시 유용한 지식을 얻는다. 사람들은 사회적 선택을 할 때 좋은 평판뿐만 아니라 나쁜 평판 또한[52] 고려한다. 예를 들어 몹시 너그러운 개인은 생계를 잇기 위한 동업자나 결혼 상대자로 보다 선호될 테지만, 다른 사람을 괴롭히거나 속이고 도둑질을 할 확률이 높은 몹시 이기적인 개인은 선택지를 쥔 보다 좋은 위치에 있는 사람에게 조심스레 거부당할 것이다.

　　종합하면, 평판에 의한 선택은 인류 유전자 풀의 특정한 행동적 측면들을 형성하는 강력한 요인이었다. 다윈의 성 선택과 비슷한 이 메커니즘은 자기희생적인 관대함을 포함한 비용이 드는 형질들을 선호하는 동시에 비용이 들지 않는 형질들도 선호한다. 예를 들어 신뢰할 수 있는 개인이 된다는 것은 비용이 들지 않으며 매력적인 형질이다. 그뿐만 아니라 열심히 일하는 것 또한 매력적인데, 이것은 개인이 선택을 당하는 위치이든 그렇지 않든 해당 개인의 적응도에 상당히 유용할 것이다. 하지만 이번에도 역시 이 '평판에 의한 선택'의 이론적인 골칫거리는 무임승차자들이다. 이들은 사람들이 바라는 특성들을 위조해서 자기가 남들의 눈에 진짜 훌륭한 개인들처럼 매력적으로 보이게 한다.

무임승차자 억제하기

가족 외부에서 나타나는 관대함을 설명하기 위한 이 여섯 가지의 가설은 그동안 널리 논의되어 왔다. 하지만 이제부터 다룰 무임승차자 억압은 이타주의의 역설에 대한 새로운 접근법을 제공한다. 인간의 경우에 무임승차자에 대한 사회의 활발한 처벌적 억압은 이타주의에 대한 직접적인 선택이 아니다. 그보다는 표현형의 수준에서 행동을 완전히 억누르거나 유전적으로 불리한 위치에 두는 방식으로, 이타주의자들에 대항하는 이 고전적인 타고난 기만자들을 냉대한다. 이런 효과는 평판에 의한 선택이나 상호 이타주의, 집단선택을 설명하는 메커니즘으로 향하는 길을 열어 주어 이타주의를 보다 효과적으로 뒷받침한다.

10여 년 전에 나는 플라이스토세 후기에 나타난 집단선택을 논의하면서 이 '무임승차자 억압 효과'를 간단히 언급한 적이 있었다.[53] 하지만 이 아이디어는 훨씬 더 광범위한 연구가 필요한 주제다. 모델링을 할 때 이 악명 높은 고전적인 기생자들은 효율적이고 대적할 자 없는 포식자로 '설계'된다. 이들이 자기보다 너그러운 동료들을 적극적으로 속이거나 한쪽으로 물러나 동료들에게 보답하지 않는 행동을 통해 선천적으로 타인을 이용하기 때문이다.[54] 무임승차자 문제는 진화론을 연구하는 학자들의 대부분이 꽤 최근까지도 집단선택 이론을 심각한 고려의 대상으로 삼지 않으려 했던 부분적인 이유였다.[55]

일상생활에 진화 이론을 적용할 때, 예컨대 만약 여러분이 어쩌다 버니 매도프Bernie Madoff 같은 월스트리트의 다단계 폰지 사기꾼에게 돈을 투자했다면 무임승차자가 여러분의 안위와 전체적인 적응도에 미치는 중요성은 막대할 것이다. 우리가 막 살폈던 알렉산더의 평판에 의한 선택 가설 역시 무임승차자에게 취약할 수 있다. 젠체하는 사기꾼이 너그러움이라는 매력적인 특성을 그럴 듯하게 흉내 낼 수 있다면 말이다.[56] 이와 비슷하게 간통으로 결혼 결합을 기만하는 행위(특히 여성에 의한) 역시 상호 이타주의가 균형을 이뤄 강력하게 작동하지 못하도록 하는 주된 장애물이 될 수 있다. 협동이 이뤄지는 모든 맥락에서 배우자를 속이는 상대 또는 단지 몹시 게으른 상대는 문제가 많은데, 즉각적인 의미에서도 그렇고 배우자의 적응도에 대해서도 그렇다. 사실 이타적 유전자를 모델링할 때 자기가 주는 것보다 더 많이 가지도록 '설계된' 개인들은 커다란 걸림돌이다. 유전자 풀 안에서 고정점에 도달할 확률 면에서도 그렇다.

내 생각에 이기적인 무임승차자들에 대한 문제는 비판적인 후속 연구를 필요로 한다. 그뿐만 아니라 나는 이기적인 위협자들 역시 그동안 심각하게 간과되었던 무임승차자의 한 유형이라고 생각한다. 윌리엄스와 트리버스가 이 반사회적인 배신자들을 유명하게 만든 이후로, 무임승차자에 대한 이론을 세울 때 외도자들에 대한 집중적인 연구가 이뤄졌다.[57] 하지만 내 생각에는 사실 인간의 진화를 다룰 때 무임승차자들 가운데 상대적으로 강력한 유형은 자기가 원하면 곧바로 가져가는 알파 유형의 불량배들이다.[58] 이 책의 상당 부분은 이런 불량배들과 작은 집단의 구성원들이 이들을 어떻게 다루는지에 대한 것이다.

　　기본적으로 조지 윌리엄스는 무임승차자를 이기적인 기회주의자이자 본인의 유전적인 이득을 챙기는 데 취약한 너그러운 개인들을 착취하도록 진화한 사기꾼으로 규정했다. 불량배는 외도자들과 다를 바 없이 이 역할을 잘 해내며 때로는 더 뛰어나다. 불량배들은 사기를 칠 필요가 없는데, 대담하게 무력을(또는 그에 따른 협박을) 사용하는 것이 이들의 전문 분야이기 때문이다. 그리고 엄격하게 위계적인 생물 종은 이런 무임승차 행위의 대상이 되는 경우가 많다. 그 말은 일반적으로 이기적인 알파 유형의 수컷(그리고 이기주의를 내보이는 경우 알파 유형의 암컷들 역시)이 승리자가 되기 쉽다는 뜻이다.[59]

　　이런 높은 지위를 이기적으로 공격적인 우위라고 표현한다면 이것은 높은 적응도로 이어진다. 이때 경쟁에서 진 개체가 꼭 물리적으로 힘이 약하지는 않다. 이들은 상대적으로 관대하거나 자기 자신을 주장하는 데 머뭇거리는 경향이 있으며, 그에 따라 지위가 높은 공격자들에게 희생된 개체의 상당수는 이타주의자가 된다. 앞으로 5장에서 살피겠지만 이런 불량배 유형의 무임승차자들은 우리의 먼 유인원 조상들 가운데서 특히 강한 영향력을 갖는데, 그 이유는 기본적으로 이 조상들은 평등주의적인 사회가 아니라 사회적인 우위가 존재하는 위계 속에 살았기 때문이다.[60] 하지만 인류의 경우에는 사정이 상당히 달라진다.[61]

불량배들을 사회적으로 무력화하기

수렵 채집자들 사이에서 진화한 평등주의에 대한 내 작업이 여기서 시작된다. 즉 알파 수컷인 사회적 포식자들이 능동적이고 잠재적으로 꽤 폭력적인 방식으로 치안을 유지하며, 해당 무리 수준의 공동체는 이런 방식을 중시한다. 하급자들로 이뤄진 대규모의 잘 통일된 연합체가 이기적인 불량배들을 공격적이고 효과적인 방식으로 통제한다. 힘이 약하거나 덜 이기적인 타인들을(어차피 힘으로 쉽게 휘둘렸을) 희생시켜 무임승차하는 불량배들이다. 다음 장에서 우리는 4만 5,000년 전에 지구상의 거의 모든 인류가 이런 평등주의를 구현하고 있었다는 사실을 살필 것이다.

개인들이 외도자를 감지하고 회피하는 것이 무임승차하는 사기꾼들이 얻는 이득을 줄일 수 있는 것처럼,[62] 나는 인간의 집단적인 반위계적 제재가 막기 힘든 불량배들의 행동을 무효화하며 가끔은 번식적으로 불리하게 만든다는 사실을 보여주었다.[63] 이런 불이익이 작동하면 다른 지배자들을 위협하기 시작하며 자신의 힘을 보다 덜 이기적으로 사용하는 사람들이 전체적인 승리자가 된다. 이 가운데는 경쟁적인 성향을 관대함으로 누그러뜨린 이타주의자들이 포함된다.

이제 우리의 문화적인 최근 조상들에 대한 다른 측면들을 간단히 살펴보자. 상징 언어 덕분에 개인들은 동료와 토론할 수 있으며, 불량배들 그리고 외도자들에게 즉각적이거나 장기적으로 피해를 주는 것이 개인적인 이득이 된다. 이들은 강력한 집단적 합의가 형성되기 전까지 이런 문제를 토의할 수 있으며, 이후에 사회적 압력과 처벌에 대한 위협을 활용해 이런 행동에 공개적으로 반대하고 나서거나 적극적으로 처벌하고, 심지어는 계속 활동하는 심각한 위협자들을 제거한다.[64] 그 결과 잠재적인 불량배들의(또한 도둑과 외도자를 비롯한 무임승차자들 역시) 상당수는 표현형의 수준에서 기계적으로 억제되고, 계속 활동하는 무임승차자들의 유전자(타인을 이용하는 경향을 스스로 조절하는 데 실패한)는 축출과 유배, 처형이 재빨리 이뤄지면서 심각하게 불리해진다.

다음 장에서 우리는 수렵 채집자들이 사형을 집행할 때 그 대상이 도둑이나 외도자 같은 타인을 속이는 무임승차자들보다는 불량배들인 경우가 훨씬 많아 보이는 점에 대해 살필 것이다. 또 7장에서는 이 불량배들을 처벌하며 동시에 교화시키고자 하는 보다 가벼운 제재의 여러 가지 유형에 대해 알아볼 예정이다. 이것 또한 이타주의자들에게 유리하게 작용하는데, 그 이유는 유전적으로 무임승차자가 될 확률이 높은 이런 사람들이(불량배뿐만 아니라 타인을 속이는 사기꾼들도) 표현형의 수준에서 '무력화'되기 때문이다.

사실 오늘날의 수렵 채집자들의 경우에는 여러 요인들이 결합된 결과 타인을 이용하는 선천적인 경향이 대부분 발현되지 않는다. 그럴 수 있는 한 가지 이유는 단순히 사회적 압력과 적극적인 처벌에 대한 순응주의자의 지속적인 두려움이다. 이것은 뒤르켐이 평등주의적인 무리의 특징으로 꼽았던 요인으로 우리의 진화적인 양심이 결과를 예견하고 스스로를 통제하도록 돕기

때문이다. 더구나 집단 구성원들이 집단의 규칙에 긍정적으로
반응하는 이유는 단지 이 규칙들이 사이코패스를 제외한 모든
사람들에게 내면화되어 있기 때문이다. 이러한 규칙의 내면화가
무임승차자 문제를 완전히 없앨 정도가 아니라는 사실은
확실하지만 꽤 도움이 된다고는 가정할 수 있다.

즉 규칙의 내면화와 처벌에 대한 두려움의 조합은 어떤
평등주의적인 사회에서건 대부분의 무임승차 행위를 미연에
방지하고 있다. 이제 음부티 족 출신의 고기 사기꾼인 세푸의
사례로 돌아가 그가 심각한 사이코패스가 아니라고 가정해 보자.
세푸는 양심을 가졌고 자기 행동의 결과를 알고 있었음에도 자기가
처벌을 모면할 수 있고 이득이 충분하다고 생각해 우발적으로
규칙을 깼다. 여기에 충분한 양의 맛좋은 고기를 빽빽한 열대림
사이에 감출 수 있다는 상황이 더해져 세푸는 범행을 단행해
사람들을 속였다. 아마도 위험도가 몹시 낮다고 여겼을 것이다.
하지만 개인에게 해를 끼치는 행동에서 유용한 행동을 가려내는
수단인 진화적인 양심이 이번에는 틀렸고, 거의 모든 동료들에게
잊을 수 없을 만큼 강렬하게 창피를 당했다. 더구나 세푸는
집단에서 추방되면서 앞으로 손해가 될 만한 위협을 맞이했고 그의
친족은 개인적인 고난을 겪게 되었으며 적응도가 떨어졌다.

즉 콜린 턴불의 주장처럼 이렇게 남들을 속이는
무임승차자들은 다시 그런 일을 반복할 확률이 낮다. 그러면
무리는 문제를 해결하기 위해 무임승차자를 추방하거나 죽일
필요가 없다. 사실 세푸가 그처럼 마음속 깊이 확실하게(또한
오만하게) 무임승차 행위를 했지만 그의 유전적 적응도는 크게
손상 받지 않은 채였다. 세푸의 사례가 흥미로운 이유는 그가 단지
사기꾼이어서가 아니라 동시에 그가 자기 지위를 확대하고 알파

수컷으로 행동하고자 하는 강한 경향을 가졌기 때문이다. 여기에 대해 무리의 나머지 구성원들은 세푸가 더 이상 그런 충동대로 행동할 수 없고 무리의 한 구성원으로 남아야 한다는 점을 확실히 했다.

비록 사기꾼과 사기꾼 감지에 대한 대규모의 심리학적, 동물 행동학적 문헌이 존재하지만, 일반적으로 공격적인 불량배 같은 무임승차자에 대한 억압은 지금껏 기초적인 수학 모델의 대상이 되지 못했다. 수학 모델은 그동안 인간에게서 나타나는 이타주의에 대한 연구를 단단히 고정하는 닻 역할을 해 왔다.[65] 하지만 에른스트 페어^{Ernst Fehr}가 취리히에서 이끄는 실험 진화경제학 연구팀이 발견한 바에 따르면, 아이들을 대상으로 서로 이득을 얻도록 값을 부르고 그 제안을 거부하거나 수락하도록 선택하는 실험을 했을 때 아이들은 이기적으로 낮은 값을 부른 아이에게 복수하는 경향이 있었다. 이것은 실험 대상인 아이들이 서로 간의 불평등을 피하기 위해서였다.[66] 이 '불평등 회피'는 내가 『숲속의 위계^{Hierarchy in the forest}』에서 강조했던 바와 잘 부합한다. 인간 집단은 수만 년에 걸쳐 꾸준히 평등주의적이었는데 그 이유는 누군가에게 지배받거나 불리하게 불평등한 위치에 놓이는 것에 대해 분개하는 경향을 인류가 유인원 조상으로부터 물려받았기 때문이라는 것이다.[67] 내 생각에는 인류의 관대함이라는 중요한 과학적인 수수께끼를 충분히 다루기 위해서는 이 주제에 대한 자세한 연구가 필요하다.

너그러운 이타주의자들은 사기꾼들에게 취약한데, 이 사기꾼들은 사실상 이타주의자들을 이용하기로 '설계되었기' 때문이다.[68] 불량배 문제에서 이들은 이기적으로 이타주의자들뿐 아니라 스스로를 대변할 수 없거나 그렇게 하지 않을 모든 사람들을 이용하도록 설계되었다. 이것이 인간의 유전자 풀에 미치는 잠재적인 효과는 확실히 막대하다. 이기적인 불량배와 이기적인 사기꾼 둘 다 무임승차를 하는 성향을 보일 수 있는데 이 경향성은 우리가 앞으로 살피겠지만 대부분의 시간 동안 대부분의 사람들을 위해 표현형의 수준에서 다목적 양심의 도움을 받아 상당히 억제된다. 이 양심은 우리가 사회적으로 심각한 문제를 겪지 않도록 하는 데 꽤 효과적이다. 양심이 제 역할을 하지 못할 경우 사회적 압력이, 그 다음으로는 적극적인 처벌이 단계적으로 개입한다.[69]

　　여기에 대한 내 진화론적인 가설은 다음과 같다. 불량배의 행동이 사회적인 일탈로 낙인 찍히고 표현형의 수준에서 보다 완전히 억압되면, 우리가 이 장에서 일찍이 살폈던 이타주의적 유전자들을 선호하며 무임승차에 취약한 선택의 행위자들은 더욱 강력하게 작동할 수 있다. 실제적인 또는 잠재적인 불량배가 얻을 이득을 무효화하려면 탐지에 따르는 문제는 없어야 하고, 만약 양심에 따라 스스로 제어되지 않는다면 불량배를 억누르는 힘은 그가 마음대로 하게 두지 않겠다는 다른 무리 구성원들의 굳은 결심이다. 구성원들은 불량배에 맞서야 하며 그래도 그가 '알아듣지' 못한다면 이 절박해진 평등주의적 무리는 다음 단계로, 그를 버리거나 가능하면 추방하고 아니면 최후의 해결책으로 그를 죽인다.[70]

칼라하리 족과 이누이트 족의 사례들

인류학자 폴리 비스너[Polly Wiessner]는 수십 년의 현장 작업에서 모은 사례를 바탕으로, !쿵 족 부시맨에 대한 연구가 빈번하게 비판받는 이유 가운데 하나가 '권위 또는 위압' 행동이라고 밝혔다. 그것의 효과는 확실해서 남들을 지배하려는 잠재적으로 심각한 시도의 싹을 자를 뿐 아니라 지배자가 될 가능성이 높은 여러 개인들이 첫 발짝도 떼지 못하게 한다.[71] 그러면 이기적인 불량배들이 자기를 손쉽게 표출할 수 없기 때문에 이들의 희생양이 될 수도 있었던 관대하고 너그러운 영혼들의 유전자에는 좋은 소식이다. 오늘날까지도 부시맨들은 이 혜택을 누리며, 앞으로 살피겠지만 4만 5,000년 전에 살았던 문화적으로 현생인류에 가까운 아프리카의 인류도 마찬가지였다.

인류학자 진 브리그스[Jean Briggs]는 이런 사소한 제지가 어떻게 한 이누이트 족 개인에게 영향을 미쳤는지를 설명한다. 거의 언제나 남성인 이런 개인들은 스스로를 부풀리거나 이기적으로 동료들을 지배하려는 흔치 않은 성향을 '타고 났다.' 문제의 인물은 브리그스의 양아버지인 이누티악인데 스스로를 잘 통제했던 그의 개인적인 성향에 대해서는 연구가 필요하다. 브리그스에 따르면 그는 유난히 자아가 강했으며 동료들보다 감정적으로 훨씬 강렬했다. 그에 대해 브리그스가 현장 노트에 가장 먼저 한 묘사는 '야만적인 오만함'이었고 여기에 대한 브리그스의 즉각적인 반응은 두려움이었다. 이 반응은 브리그스가 소규모 우트쿠 무리에서 누군가의 '양딸'이 될 필요성을 느꼈던 현장 연구의 초반부터 시작되었다. 에스키모가 아닌 브리그스의 눈으로 봤을 때 이 '아버지 후보'는 이례적으로 쌀쌀맞으며 적대적이고 거만했다. "그에 대한 지배적인 인상은 냉혹하고 활기찬, 남을 지배하려 들고 스스로를 굉장히 극적으로 과장하는 사람이었다."[72]

사실 우트쿠 무리에서 이누티악의 자기주장은 사회적으로 수용되는 방식으로 표현되었다. 예를 들어 그는 무척 공격적인 태도로 썰매를 끄는 개를 몰았다. 또한 이누티악은 다른 사람과

농담을 할 때도 무척 공격적이었는데, 공격적인 사람이 사회적으로
무섭게 느껴지는 가운데서도 그는 기본적으로 좋게 평가되었다.
그 이유는 이누티악이 스스로를 통제하는 능력이 모범적이기
때문이었다. 우리가 뒤에서 만나 볼 사교상의 고민이 있던
변덕스러운 민족지학자와는 달리 이누티악은 결코 흥분하지
않았다.

　　브리그스는 이 남자에게 자신의 심리학 전문 지식을
적용했고, 그가 줄에 묶인 개들을 잔인하게 다루는 측면에서
캠프의 다른 남자와 여자들을 능가했다며 고민이 담긴 기록을
남겼다. 또한 이누티악이 브리그스에게 자기보다 힘이 센
이방인(백인들)에게 어떻게 하겠다고 설명하는 과정에서 칼로
찌르거나 채찍질을 하고 살해하는 것을 포함한 그의 폭력적인
판타지가 수면에 떠올랐다. 브리그스의 기록에 따르면 이누티악의
동료들은 그가 흥분하지 않는다고 칭찬하는 동시에 똑같은 이유로
두려워했다. "이들은 흥분하지 않는 사람이 한번 화를 내면 그
대상을 죽일 수도 있다고 말했다. 내가 들은 바에 따르면 사람들은
이누티악이 화가 나지 않도록 신경을 썼으며 그의 아내인 알락은
남편이 뭔가를 명령하면 누구보다도 빨리 달려오는 듯했다."[73]

　　이누티악은 자기가 지나치게 겁을 주는 누군가를 제거할
수 있는 사람들과 함께 줄타기 곡예를 벌인다는 사실을 알았을까?
브리그스는 그럴 가능성이 있다고 생각한다. 예컨대 이누티악이
어린 남성들의 성기를 움켜잡는 독특한 습관이야말로 무엇보다
공격적인 장난이었다. 그는 이렇게 설명하곤 했다. "장난치는
거예요. 사람은 장난과 농담을 많이 하죠. 농담하는 사람 중에
무서운 사람 없어요."[74] 이들 부족 사이에서는 기분이 안 좋은
사람이 어떤 사람과 낚시를 하다가 상대방의 등을 칼로 찌른다거나

한 남자가 다른 남자의 아내를 빼앗기 위해 갑자기 기마경찰대가
도착하기도 전에 잔인하게 살해한 일이 있어 두려움이 퍼져
있었다.[75]

인류학자들이 토착민들의 성격을 이렇게 자세하게 분석하는
일은 좀처럼 없기 때문에 이런 기록이 있는 것은 다행이다. 이
분석은 민족지학상의 상식에 부합한다. 확실히 이누티악은 주변
사람들이 상당히 평등주의적인 정신을 지녔다는 점과 대조적으로
자기가 흔치 않은 지배적인 성향을 가졌다는 사실을 알고 있었다.
우리가 5장에서 더 자세히 다룰 다기능적으로 진화된 양심은 그가
스스로를 지속적으로 억제하도록 했다. 이누티악이 이런 자기
억제에 도달할 수 있었던 이유는 동료들과 동일한 사회적 가치들을
내면화했기 때문이며, 또한 자신의 공격성이(희생양인 개들에게나
타인에게 농담을 할 때) 언제 받아들여지고 언제 그렇지 않은지를
이해할 만큼 기민했기 때문이었다.

이누티악의 사례는 사회적인 반감과 집단적인 제재에
대한 위협이, 본성이 공격적이고 지배적인 사람을 억제해서, 만약
이 성향이 기회주의적으로 타인을 이용하는 무임승차 행위로
이끌 수 있다면 그런 일이 벌어지지 않도록 한다는 점을 보여
준다. 내 생각에는 지배적인 사회적 위치가 평등주의적인 우트쿠
사람들 사이에서 어떻게든 문화적으로 용인되었다면 이누티악은
겉으로는 유순하고 훌륭한 주민이었을 테고 지도자 역할에 보다 잘
맞았을 것이다. 그리고 만약 평등주의를 지키기로 한 무리 안에서
이누티악의 사회적인 예민성이나 자기 통제력이 더 약했다면 그는
위험을 감수하고 무리의 불량배가 되었을지도 모른다. 어쩌면
이누티악이 가진 이례적인 자아가 이런 결과로 이끌지 않았을 수도
있는데 그의 지배욕은 우트쿠 족의 기준에서 그렇게 극단적이지는

않다고 보이기 때문이었다.

　　나는 본성적으로 자기주장이 무척 강한 개인에 대해 이
정도로 자세하게 기술한 민족지학자의 기록을 본 적이 없다.
가끔 의욕이 넘치는 지배적인 이누이트 남성이 위협을 가하는
역할을 맡거나 한동안 폭군이 되기도 했지만[76] 이누이트 족은 다들
평등주의자이고 겸손하며 너그럽다. 그리고 자기들의 평등한
정신을 해치는 이기적인 공격자들을 싫어하고 두려워한다. 어떤
개인이 이렇듯 심각하게 자기 권력을 강화하는 것처럼 보이면
동료들은 결국 문제를 해결할 방안을 찾을 것이고, 그가 개선될
여지가 없다고 증명되면 최후의 해결책이 등장할 수도 있다.

선호되는 가설

이 장 초반부에서 우리는 가족 외부에서 나타나는 관대함이란
현상을 지지할 수 있는 가능한 여러 선택 메커니즘에 대해
살폈다. 이런 세 가지의 진화적인 메커니즘이 상당히 영향을 받는
것이 두 가지 유형의 무임승차 행위에 대한 무효화다. 스스로
권력을 확대할 잠재력이 상당한 개인들이 양심의 도움으로
자신을 억제하거나, 세푸처럼 이기적이고 공격적인 사기꾼들이
적극적으로 억눌릴 때 이런 일이 벌어진다.

　　집단 수준에서 벌어지는 선택부터 시작해 보자. 리처드 D.
알렉산더는 집단선택에 의해 이타주의적인 속성들이 지속되는
방식에 대해 고찰하면서 이 유형의 설명을 공정하고 진지하게
한번 고려해 보았다. 그리고 선사시대에 벌어진 전쟁을 대규모로
승인된 만능패로 간주했고,[77] 구멍이 뚫린 듯 느슨한 사냥 집단의
특성이 이 효과를 희석하는 단점이라고 여겼다.[78] 나는 이 가능성에

대해 알렉산더와 마찬가지로 관심을 가졌으며, 볼스의 최근 작업은[79] 가끔은 신랄한 분위기로 치닫는 집단선택 논쟁에 새로운 차원을 더했다.[80] 사실 이타주의의 진화에 한 요인으로 작용하는 집단선택의 사례는 점점 위력을 더하는 중이며 내가 무임승차자 억압의 예를 들어 이 책에서 전개하는 주장 역시 그 사례를 더 강력하게 할 것이다.

내 생각에 상호 이타주의는 대체로 쌍방 관계에 적용되기 때문에 크게 보아 일단 한쪽으로 치워두어야 한다. 아이를 양육하는 동반자들처럼 대개 쌍방으로 이뤄지는 관계들을 아우르기는 하지만 말이다. 상호 이타주의는 수렵 채집 집단에서 발견되는 이타주의를 부분적으로는 설명할 수 있는데 그 이유는 아무리 사촌 결혼이 이상적으로 여겨지는 집단이라 해도 양육 동반자들이 무척 가까운 친족인 경우는 드물기 때문이다. 그리고 만약 가장 지속적인 혼인 관계가 거의 동등한 상호 투입과 이득을 포함한다고 가정하면, 이것은 이타주의적 특성의 선택에 긍정적인 요인이 될 수 있다. 하지만 여성의 간통과 관련해 사기꾼을 감지하는 것은 아주 중요한데 사냥 무리에서 이런 행동에 대한 집단적 억압은 지속적인 것과는 거리가 멀고 반드시 무척 효과적이지도 않다.

평판에 의한 선택과 관련해서, 사람들의 행동거지가 매일 입에 오르내리는 소규모 무리에서는 훌륭하고 관대한 명성을 거짓으로 꾸미기가 훨씬 어렵다. 상대적으로 익명에 기초한 현대의 도시 사회에 비해 그렇다. 무임승차가 기본적으로 한데 머무르며 이뤄질 때 평판에 의한 선택(인류에서 독특하게 일어나는 사회적 선택의 한 유형[81])은 가족 외부에서 일어나는 관대함을 지지하는 중요하고 효율적인 수단이 될 수 있다. 이것은 결혼에 따른 선택뿐 아니라 생계 수단을 함께 하는 동업자에 대한 선택, 집단 내외부의 정치적 협력자에 대한 선택, 안전망을 확장하는 선호되거나 선호되지 않는 개인에 대한 선택일 수 있다. 더 일반적으로는 가족이 어떤 무리에 머물지 선택하고 그러기 위한 허락을 받아야 하는 상황에서도 그렇다.

나는 자기희생적인 관대함을 지지하는 선택의 메커니즘에 대해서는 사회적 선택이 가장 이론적으로 발전해야 한다고 생각한다. 또 지금껏 살폈던 메커니즘들이 혼자 작동하지 못하는 상황에서 사회적 선택은 무척 중요할지도 모른다. 앞으로 내가 정의할 인류 집단에서 사회적 선택은 평판에 의한 선택과 무임승차자 억압의 독특한 조합을 포함한다. 그리고 뒤에서 살피겠지만 평판에 의한 선택은 그 자체로 다윈의 성 선택에서 발견되는 것과 비슷하게 강력한 상호 효과에 공헌한다. 성 선택에서 공작의 화려하지만 거추장스러운 꼬리 같은 과장된 부적응적 형질은 암컷의 선택에 의해 지속된다. 암컷의 선택은 유전자 선택의 수준에서 보상의 수단이 된다.

이타주의 또한 정의상 기본적으로 부적응적인데, 그 말은 만약 집단선택이 강하게 작동하지 않는다면 개체 수준의 어떤 보상이 일어나야만 한다는 뜻이다. 사회적 선택은 아마도 그 자체만으로는 우리 종의 유전자 풀에 이타주의의 유전자를 고정시키지 못했을 것이다. 여기에 대해서는 모델링에 기초한 연구가 더 필요하다. 하지만 이것은 상호 이타주의와 집단선택을 포함한, 여러 메커니즘에 기초해서 다면적으로 일어나는 선택 과정을 이끄는 힘인 것처럼 보인다.[82]

이 책에서는 지금껏 살폈던 두 가지 유형의 사회적 선택을 상당히 강조해서 다룰 예정이다. 하나는 평판에 의한 선택이고

다른 하나는 집단이 일탈자들을 엄하게 다룰 때 일어나는
선택이다. 이 두 가지 사례에서 우리는 인간의 선호가 어떤 역할을
하는지 탐구할 것이다. 이 선호는 인류의 본성에 뿌리를 두었으며
더 나아가 인류의 본성을 빚어낸다.

4장.
우리들의 직접적인 조상에 대해 알기

현재에서 가까운 과거로

이 장과 이후의 장에서 나는 오늘날까지도 무척 널리 발견되는 무임승차자를 억압하는 예측 가능한 사회적 통제에 대해 살필 것이다. 그리고 대담하게 이 방식을 수렵 채집자들의 진화적인 가까운 과거로 투사하고, 그에 따라 이것이 진화하는 인류의 유전자 풀에 어떤 영향을 끼쳤는지 평가하려 한다. 사실 이런 논의는 이전 장에서 이미 시작했지만 이 장에서는 그 추정에 대한 정당화를 시도할 예정이다. 나는 개인의 번식적 성공에 극적인 영향을 줄 수 있으며, 그에 따라 유전자의 빈도를 크게 변화시키며 궁극적으로는 인간의 본성에도 손을 뻗치는 심각한 유형의 처벌에 특히 관심이 있다.

처벌을 가하는 사회적 선택이 우리의 유전적 조성에 영향을 끼친다는 사실에 신뢰성을 더하려면, 오늘날 수렵 채집자 무리가 보이는 집단적 행동을 플라이스토세라는 가까운 과거로 가능한 보수적이고 정확하게 투사하는 작업이 유용할 것이다. 그 말은 우리가 우리와 대등한 두뇌를 가졌으며 우리처럼 유연하고 고등한 문화를 가졌던 인류의 조상들을 어느 정도 제한적으로 재구성해야 한다는 뜻이다. 고고학자들은 이들을 문화적으로 현대적인 인류라 부르는데 이들이 지금으로부터 4만 5,000년 전에 아프리카에 도달했다는 사실은 널리 받아들여진다.[1]

'주변화' 논변을 한쪽으로 치우기

아프리카의 고고학적 기록에서 문화적인 현대성을 가늠하게 하는 것은 복잡하고 지역적으로 변화의 폭이 큰 석기 제작 기술의 다소 급작스런 등장이다. 이 기술은 장식품과 종종 판화 형태의 '예술'과 함께 나타난다. 하지만 이런 발전이 아무리 흥미롭더라도 이것들은 사람들에게 사회적으로 어떤 일이 벌어졌는지에 대해서는 말해 주는 바가 거의 없다. 이런 이유로 오늘날의 수렵 채집자들을 활용해서 이전 조상들의 집단적인 생활을 재구성하려는 것이다.

하지만 이렇게 하려던 이전의 시도는 인류의 선사시대를 연구하는 과학자들의 큰 반대에 부딪혔기 때문에, 우리는 여기서 더욱 전문적으로 들어가야 한다. 영향력 있는 후기 정치 인류학자인 엘먼 서비스Elman Service 같은 회의론자들이나 보다 최근의 고고학자이자 수렵 채집자에 대한 전문가 로버트 켈리Robert Kelly의 주장에 따르면[2], 이런 시도가 갖는 큰 문제는 오늘날의 수렵 채집자 무리 대부분이 공격적인 부족의 농업 전문가들에 의해 '주변화'되며 결국에는 문명이, 이후에는 제국이 우리 지구의 가장 살 만한 지역을 가져가면서 더욱 주변으로 밀려난다는 것이다. 반면에 플라이스토세의 수렵 채집자들은 여러 환경 가운데 자기가 살 곳을 취향대로 고를 수 있었기에, 이론적으로 이들은 생산성이 떨어지는 반사막이나 북극의 폐허를 비롯해 오늘날 생활이 제한받는 여타 주변화된 지역의 환경에 대응할 필요가 없었다. 그래서 이들이 무엇의 영향을 받아 살아갔는지를 알 방법이 없다.

서비스가 이 설득력 있는 주변화 논변을 펼친 것은 30여 년 전이었고 당시에는 이치에 맞았다. 하지만 불행히도 플라이스토세의 채집자들은 주변화되지 않은 소규모 집단을 이뤄서 풍요로운 환경을 마음대로 고를 수 있어서 더할 나위 없이 좋은 상황에서 살았다는 이 논변은 이후로 고고학과 진화생물학 학계에서 거의 하나마나 한 주장이 되었다. 게다가 선사시대에 대한 지식은 이후로 극적으로 바뀌었다. 플라이스토세 후기의 기후가 믿기 힘들 만큼 불안정했다는 새로운 지식이 알려졌다.[3] 종종 주기적으로 급격하게 변화했던 기후 패턴은 선사시대에 존재했던 두 가지 유형의 '주변화'를 이끌었으며, 이것은 거칠게 말해서 오늘날 볼 수 있는 주변화 현상과 비견될 만했다.

한 가지는 순수하게 생태학적인 주변화다. 적절한 패턴으로 비가 내리던 지역이 건조해지고 오직 소규모 인구만이 넓게 분산된 무리를 이루며 살아갈 수 있을 때 이런 현상이 나타날 확률이 높다. 이런 기후적인 침체가 발생하는 이유는 국지적인 가뭄 때문이다. 이 기후 문제는 !쿵 족과 !코 족 부시맨들이 대면하는 변덕스러운 날씨의 칼라하리 사막 지역 또는 오스트레일리아의 사막 원주민들, 북아메리카의 그레이트베이슨 분지의 수렵 채집자들이 마주하는 문제와 직접 비교할 만하다.[4] 한편 두 번째 유형의 주변화는 정치적인 것이었다. 플라이스토세의 인류 집단들에서는 규모가 커질 좋은 상황이 주기적으로 왔기 때문에 더 공격적인 수렵 채집자 집단이 좋은 자원을 독차지하기 시작하면서 경쟁이 격화되었고, 그 과정에서 나머지 수렵 채집자들은 주변화되었다. 이것은 오늘날 공격적으로 토지를 차지하는 농부들에 의해 수렵 채집자들이 주변화되는 모습과 비슷하다.

그뿐만 아니라 생태학적으로 유리한 시기로 이행하면서 점진적이었지만 결국에는 상당한 정도로 인구가 늘었다. 그러다가 급작스런 침체기가 오면 하나의 언어를 쓰는 집단 또는 민족 집단의 채집자들은 다른 채집자 집단을 공격적으로 밀어내기 쉬워진다. 이들이 두고 경쟁하는 자원이 풍부하면서도 국지적으로 집중되어 있어서 곧장 방어할 수 있을 때 이런 일이 특히 잘 벌어진다.[5] 이 주변화 현상은 전면적인 전쟁을 야기할 수 있는데, 비록 1만 5,000년 전 선사시대의 직접적인 증거는 없더라도 오늘날의 특정 수렵 채집자 집단을 참고해 그런 판단을 내릴 수 있다.[6] 여러 조건이 맞아떨어지면 이런 갈등은 더욱 격렬해진다.[7]

오늘날의 수렵 채집 유목민들이 대면하고 있는 홀로세의 몇몇 미기후microclimate는 자원이 희박할 뿐 아니라 단기적으로 예측하기가 꽤 힘들고, 민족지학자들의 기록에 따르면 기근에 해당하는 사례도 적어도 몇 가지 있다.[8] 최근 홀로세에는 아주 위험한 시기가 드물어 인류학자들이 진짜로 기근이라 할 만한 현장은 가끔씩만 접할 정도지만 말이다. 두드러진 예외가 있다면 캐나다 중부에 사는 네트실리크 족 같은 이누이트 화자들이나 그린란드의 이누이트 집단이다.[9] 반면에 부시맨을 비롯해 반사막에 거주하는 여러 수렵 채집자 집단은 적어도 심각하게 궁핍을 겪었던 몇몇 시기를 기억한다.[10] 이렇듯 지독하게 식량이 부족한 시기가 사회적, 감정적, 유전적으로 어떤 영향을 불러일으키는지에 대해서는 10장에서 다룰 예정이다.

하지만 오늘날의 수렵 채집자 유목민들을 유목민 조상들에 대한 모델로 활용하는 일은 더욱 더 정당화가 필요하다. 서비스의 '주변화 터부'가 여전히 널리 지지받고 있기 때문이다. 물론 고고학자들이 '선사시대 수렵 채집자'[11]들의 사회적인 생활에 대해 재구성하기를 꺼린다고 할 때 이것은 종종 현대 인류의 행동들을 보다 작은 두뇌를 가진 훨씬 초기의 인류에 투사하는 데 대한 적법한 두려움을 포함한다. 이런 초기 인류들은 현대 인류와 상당히 다른 행동을 보일 확률이 크다고 여기기 때문이다. 물론 문화적으로 현대적인 도구를 아직 발달시키지 못한 뇌가 작은 인류라면 이런 보수적인 접근은 여전히 꽤 타당하다. 하지만 여기서 내가 고려하는 인류 집단은 두뇌와 문화적인 역량 면에서 우리와 견줄 만한 보다 최근의 선사시대 인류뿐이다.

내가 제안하는 이론은 유목민 수렵 채집자들이 오늘날의 채집자들과 무척 강하게 공유하는 행동 패턴을 밝혀내는 것만으로 이들의 사회적이고 생태학적인 생활의 주요 윤곽을 꽤 간단하게 재구성할 수 있다는 것이다. 하지만 이런 재구성 작업은 조심스런 전략에 따라야 하며, 그래서 나는 핵심 행동 패턴이라 불릴 만한 것만을 재구성할 것이다.[12] 이것은 생계를 꾸리는 것과 관련된 행동들, 그리고 이런 활동의 기초가 되는 사회적인 행동들을 말한다. 또한 후기 플라이스토세의 사회생태학을 재구축하는 과정에서 나는 4만 5,000년 전의 생태학적인 생활양식을 가졌을 비교적 최근의 수렵 채집자 집단만을 조심스레 선별해 이들에게 집중할 것이다.

제대로 된 수렵 채집자 무리 찾기

이 분석을 하는 데는 10년의 연구가 필요했다.[13] 내가 했던 첫 번째 작업은 전 세계적에서 민족지학적으로 수렵 채집자 사회라 기술된 거의 대부분인 339개의 집단을[14] 평가하는 것이었다.

후기 플라이스토세 치고 확실히 전형적이지 않은 집단들을
가려내기 위해서였다. 예컨대 나는 아파치 족이나 코만치 족 같은
북아메리카 대륙의 기마 사냥꾼 무리의 상당수를 제외했는데,
그 이유는 말이라는 동물이 길들여진지가 얼마 되지 않았기
때문이었다.[15] 또한 기독교 선교사들에 의존해서 생활하는
남아메리카의 유명한 아셰 족 같은 몇몇 무리들, 그리고 피그미
족이나 필리핀의 아그타 족처럼 원예학자들과 공생적으로 식량을
교환하는 무리들, 몇 가지 식물을 경작하기 시작한 수렵 채집자
무리들도 제외했다. 그런 다음 나는 북아메리카의 오지브와 족이나
크리 족처럼 수 세기에 걸쳐 유럽과 모피 교역에 크게 관여했던
수십 개의 집단을 뺐다. 물론 일본 원주민인 아이누 족이나
브리티시컬럼비아의 콰키우틀 족처럼 대량으로 식량을 저장하기
시작했고 결국에는 평등주의를 버리고 뚜렷하게 위계적인 사회로
거듭난(실제로 노예도 두었다) 수십 개의 정주성 채집 사회들도
들어냈다. 이런 분류 작업이 끝나자 앞서 전 세계적으로 수렵
채집자 사회로 꼽히던 집단들 가운데 절반 정도만이 남았다. 다들
독립적인 평등주의적 유목민인 이들은 후기 플라이스토세 인류의
모델로 적당했다(통계적인 정교화를 거쳐 대량으로 처리한다면). 이
시기는 약 12만 5,000년 전부터 현재에 해당하는 홀로세가 시작될
무렵까지 계속된다.

　　내가 사용할 최근 시기에 대한 모형은 이 150개의 집단에서
가져온 것이며 나는 이 집단을 '후기 플라이스토세에 부합하는Late
Pleistocene appropriate'[16] 수렵 채집자 사회, 또는 보다 간략하게 'LPA
사회'라 부를 것이다. 내 추측은 이들이 약 4만 5,000년 전
아프리카에서 진화해 전 세계 대부분의 지역으로 퍼져 나갔던
문화적으로 현대적인 사람들과 무척 비슷했으리라는 것이다.[17]

(스페인과 프랑스에서 아름다운 동굴 벽화를 그렸던 사람들도 문화의 현대성이 시작된 아프리카에서 예술적인 잠재력을 처음 진화시켰다는 사실을 잊지 말자.)[18]

내가 지금까지 발견한 바에 따르면 전 세계 LPA 사회 가운데 3분의 1은 오늘날 사회생활의 세세한 측면까지 관례와 규칙이 생겼다. 처음에 이 50개 사회는 전부 확실한 이동성 집단이었으며, 유목민으로서 이들은 커다란 사냥감을 개별 가족이 저장하는 대신 널리 공유한다. 사는 곳이 북극 툰드라건 열대 숲 지대건 상관없이 이들은 결코 일 년 내내 붙박여서 살지 않고 항상 사냥과 채집을 겸해 주변 환경에서 구할 수 있는 것에 따라 생계를 이으며 상대적으로 기름기가 많은 덩치 큰 포유동물의 고기를 주로 먹는다. 보통 이들의 캠프 또는 '무리'는 평균적으로 20~30명의 인원으로 구성되며 가족이 각각 난로에서 요리를 한다.[19]

캠프의 크기를 비롯해 커다란 사냥감을 도살하는 문제에서 현재의 민족지학에서 온 지식은 우리가 과거의 고고학에서 아는 바와 일치한다.[20] 민족지학에 따라 우리는 이 사람들이 변함없이 무리의 모두와 커다란 사냥감을 나눌 것이라는 사실을 알며, 이들이 모두 괴롭힘이나 도둑질 같은 사회적 일탈을 겪을 테고 이런 문제와 싸우기 위해 사회적 통제라는 비슷한 기초적 수단을 동원하리라는 사실을 안다. 이 수렵 채집자 무리의 사냥꾼들 모두가 정치적으로 서로 동등해야 한다고 평등주의적으로 강조하는 도덕적 믿음을 공유하리라는 것은 꽤 예측할 만하다. 한편 사냥을 하지 않았던 여성들의 정치적인 지위는 훨씬 제각각이었다. 또 이들 무리의 캠프는 무척 유연한 방식으로 편성되었는데 여러 가족들이 필요에 따라 이사 왔다가 이사 나갔고, 언제든 이 무리에는 서로 친족 관계인 몇몇 가족들과 친족

관계가 아닌 여러 가족이 섞여 있었다.[21]

  만약 이런 무리들이 그저 규모가 커진 확대가족일 뿐이었다면 이들의 협동과 이타주의에 대해서는 훨씬 설명하기 쉬웠을 것이다. 혈연선택으로 이론적인 설명이 가능하기 때문이다. 하지만 이들 무리는 그렇지 않았고 우리는 4만 5,000년 전에도 그랬으리라고 즉각 가정할 수 있다. 그에 따라 우리는 진화 이론에서 밝혀진 바처럼 선사시대 수렵 채집자들의 생활방식이 독특한 양식의 사회적 선택을 낳았다는 사실을 흥미롭게 옆에서 지켜볼 수 있다. 여기에 따르면 유전자의 수준에서 가족 외부로 나타나는 관대함을 설명할 수 있다.

  오늘날 내가 논의했던 사회적 패턴들은 놀랄 만큼 다양한 환경적인 적소niche에서 널리 동일하게 적용된다. LPA 수렵 채집자들은 북극의 툰드라에서 극북 지방의 산림 지대, 생물들이 많이 자라는 온대림이나 열대림, 자원이 넉넉하지 않은 정글, 비옥한 평원, 사냥감이 풍부한 사바나, 황량한 반사막에 이르는 다양한 환경에서 어떻게든 성공적으로 적응해 살아간다.[22] 그뿐만 아니라 선사시대에 빙하로 인한 일시적인 한파나 가뭄이 오면 도피처로 삼았을 해안 지대도 이런 환경에 포함된다. 오늘날 이런 장소들은 물속에 잠긴 경우가 많은데, 이 지역의 자원을 활용하며 살던 사람들은 한동안 이곳에 정주했으리라 상상할 수 있다. 가끔 이들은 이곳에 너무 오래 머무른 나머지 평등주의적으로 고기를 공유하는 생활방식에서 벗어나기 시작했을 수도 있다. 이들의 장기적인 거주지가 식량을 저장할 만큼 비옥했다면 말이다. 하지만 경제적인 생활수준이 가족에 따라 차이가 나기 시작했더라도 '정치적인' 평등주의는 변화에 대한 저항성을 가졌을 수 있다. 어쨌든 이 열외자들은 지금껏 내가 기술했던, 무척 폭넓게 받아들여지는 사회적인 중심적 경향성을 무효화하지 못할 것이다.

오늘날의 기후는 더운 곳에서 추운 곳까지, 안정적인 곳에서 가끔은 꽤 예측하기 힘든 곳까지 다양하지만, 홀로세가 시작되기 전인 플라이스토세 후기에는 현재 우리가 거의 볼 수 없는 방식으로 기후가 급격하게 변화했다. 무척 긴 플라이스토세 동안 인류의 두뇌가 점점 커졌던 것은 우연이 아니었다. 그 이유는 그 기간 동안에 인류가 극복해야 할 과제가 많았던 데다[23] 분명 그 가운데 일부는 기근을 비롯한 절박한 상황이었을 것이기 때문이다. 10장에서 오늘날의 수렵 채집자 집단을 통해 알아볼 내용 역시 이런 상황이 얼마나 심각했는지, 그리고 사람들이 실제로 굶주림을 맞이했을 때 평상시의 식량 공유 관습이 어떻게 바뀌었는지에 대한 것이다.

집단 구성에 대한 단일한 주요 '유형'이 그렇게나 다양한 환경적인 도전을 맞아 그렇게나 성공적이었다는 사실은 놀랄 만하지만 실제로 그랬다. 학자들은 사회경제학적인 유연성이 그 비결이었다는 데 의견을 같이 한다. 비록 집단이 확실히 중심에 있었지만 큰 그림을 보려면 우리는 넓은 지역에 분포했던 문화적으로 비슷한 여러 다른 집단들에 대해서도 고려해야 하는데, 가족들은 꽤 빈번하게 자기가 속한 집단을 바꿨다. 후기 플라이스토세는 위험할 만큼 변화가 심한 환경이었기 때문에 집단이 생활하기 위해서는 이렇듯 몹시 유연한 접근 방식이 필요했을 것이다. 자급자족은 단지 편리할 뿐 아니라 어떻게든 살아가는 데 절대적으로 필요한 경우가 많았다. 당시에는 오늘날에 비해 집단이나 그 지역 인구 전체의 생존이 위태로워지는 일이 종종 생겼다.

하지만 오늘날과 마찬가지로 이 시기에는 지금껏 기술했던 중심적인 강력한 경향성이라는 전반적인 기본 패턴에 적어도 약간의 예외가 있었다. 나는 이들에게 임시로 정주적 적응 방식이 생겨났을 가능성이 높으며 식량을 저장하면서 커다란 사냥감을 공유하는 일이 줄어들었을 것이라 제안한 적이 있다. 선사시대에 대한, 또 다른 곧장 이해하기 쉬운 최근의 예외적 사례는 환경이 무척 광활해서 대부분의 시간에 무리를 이루기보다는 가족 단위로만 수렵과 채집에 나서는 몇몇 사회다. 예컨대 부분적으로 곤충을 먹고 살아가는 오스트레일리아의 사막에 거주하는 원주민 일부, 또는 야생의 사냥감보다는 주로 들쭉날쭉하게 채집되는 잣으로 지방과 단백질을 충당하는 아메리카 대륙의 반사막 지대 그레이트베이슨에 사는 쇼쇼니 족이 그렇다.[24] 불안정하고 주기적으로 위험이 닥쳤던 후기 플라이스토세에는 앞서 기술했던 중심적인 경향에서 일탈하는 경우가 조금 더 빈번했을 것이다. 하지만 이런 선사시대 수렵 채집자들의 거의 대다수는 여전히 오늘날의 주된 패턴을 따랐다. 그 말은 이들이 20~30명으로 구성된 평등주의적인 여러 가족으로 이뤄진, 이동성이 유연한 무리를 이루며 지방의 함량이 탁월한, 소중하고 커다란 사냥감을 언제나 공유했다는 뜻이다. 내 생각에는 이것이 커다란 동물을 사냥하는 사람들의 주된 경향이며, 이 경향성이 강력하다는 점은 확실하다. 지금과 마찬가지로 앞서 언급했던 유형, 또는 또 다른 유형의 일탈자들이 존재할 수 있지만 말이다.

나는 아프리카의 호모 사피엔스 개체군이 문화적으로 현대성을 띠게 된 시기가 지금으로부터 4만 5,000년 전이라고 생각한다. 그 말은 이들이 오늘날의 LPA 수렵 채집자들이 지닌 놀랄 만큼 가변적인 재료와 사회적 패턴을 유연하게 발명하고 유지할 능력을 완전히 갖췄다는 뜻이다. 하지만 어쩌면 내가 잡은

이 시점은 보수적인 추정일 수도 있는데,[25] 그 이유는 인류가 이미
20만 년 전부터[26] '해부학적인' 현대성을 띠었기 때문이다. 다시
말해 이때부터 인류는 적어도 물리적으로는 우리와 구별할 수
없다. 그리고 4만 5,000년 전부터 상징적인 몇몇 유형을 포함한
복잡하고 다양한 유물이 더 많이 제작된 데서 추측할 수 있듯이
이들은 '문화적인' 현대성 역시 점차 달성한 것처럼 보인다.
문제는 지금 아프리카에서 진화된 문화적인 현대성과 고고학적
증거가 막 활발히 발견되고 있다는 점이다. 그렇기 때문에 비록
내가 4만 5,000년이라는 시점을 잡으면서 보수적인 분석이
되었지만, 이 시점은 5만 년 전이라든가 7만 5,000년 전, 심지어는
더 이른 시점으로도 바뀔 수 있다. 시간이 지나 더 많은 증거가
발굴되어야만 진실이 밝혀질 것이다.

4만 5,000년 전의 치명적인 사회적 통제

이 책의 상당 부분은 처벌이라는 가혹한 유형의 사회적 통제와
선택이 인류의 유전자 풀에 어떻게 적용되어 왔는지를 다룬다.
나는 공격적인(그리고 본래 비-도덕적인) 사회적인 제재가 초기
인류의 게놈을 형성했고 그 결과 우리에게 진화적인 양심을
제공했으며, 또한 무임승차자들에 대한 광범위한 억제가 또
다른 중요한 효과를 불러일으켰다고 제안할 것이다. 그 결과
무임승차자들에 대한 억압은 이타주의의 진화로 가는 길을 열었다.
이 과정에 대해서는 다음 장들에서 더욱 자세히 설명할 것이다. 이
세 가지 발전을 함께 살피면 도덕의 기원을 과학적으로 설명할 수
있을지 모른다.
　　처벌적인 사회적 선택과 긍정적인 사회적 선택은 둘 다

집단의 정치적인 역학에 밀접하게 관여한다. 그리고 집단의 구성원들이 도덕적인 의견에 대해 합의를 이루기 시작하고 체계적으로 일탈 행동을 처벌하며 친사회적인 행동을 보상함에 따라, 새롭고 강력한 요인이 인류의 진화 과정에 도입되었다. 그 최종적인 결과는 오늘날과 같이 형성된 인류의 본성이었는데, 물론 이 본성은 이기적 자기중심주의를 족벌주의와 결합할 뿐만 아니라 공감을 바탕으로 한 이타주의를 충분히 포함하고 있어 사회적인 커다란 차이를 만들었다.

분노한 집단의 제재 행위가 가혹할수록 선사시대 유전자 풀에 미치는 처벌적인 사회적 선택의 힘은 강력해진다. 대규모 연합이 환영받지 못하는 개인들에게 가하는 치명적인 공격이 후기 플라이스토세로 거슬러 올라간다는 점에 대해서는 자신 있게 단언할 수 있다. 그 이유는 다음 장에서 살피겠지만 이런 유형의 살해가 적어도 인류 공통조상들과 아프리카의 두 유인원이라는 중요한 선도자들에게 이미 나타났기 때문이다. 하지만 오늘날의 LPA 수렵 채집자 집단에서는 이들이 집단 구성원에게 얼마나 자주 처형을 집행하는지를 정확히 말하기가 힘든데, 적어도 다음의 두 가지 이유 때문이다. 첫째, 민족지학자들이 한두 해에 걸쳐 채집 사회를 방문하는 정도로는 일탈자가 무리 구성원에 의해 살해되는 사례를 목격하거나 심지어 여기에 대한 이야기를 듣는 것조차도 극도로 힘들다. 집단 구성원들의 역사적 기억에 대해 적절한 질문을 던지지 않는다면 그렇다. 둘째, 만약 이 집단에서 100여 년 전에 처형이 집행되었다면 구성원들의 기억에서 사라지고 말았을 것이다.

여기서 우리는 완전하게 분류된 LPA 사회 50곳의 표본을 조사할 예정이다. 이것을 통해 과거에 얼마나 많은 처형이

표 1. 50곳의 채집자 사회에서 벌어졌던 처형

일탈의 유형	특정 일탈 행동	보고된 집단의 수
집단을 위협함	악의적인 마법을 통한 위협	11
	반복적인 살인	5
	폭군 같은 행동	3
	정신병으로 인한 공격	2
교활한 일탈	절도	1
	속임수(고기를 분배하는 맥락에서)	1
성적인 범죄	근친상간	3
	간통	2
	혼전 성관계	1
기타	터부에 대한 위반(집단을 위험하게 하는)	5
	집단을 외부인에게 팔아넘김	2
	'심각한' 또는 '충격적인' 위반	2
명시되지 않은 일탈		7
처형에 대해 기록한 사회의 총 수		24

• 위의 수치들은 수렵 채집자 집단에 대한 저자의 자료에서 가져온 것임.

실시되었는지에 대해 적어도 부분적인 정보라도 얻고자 한다. 하지만 우리는 빙산의 일각을 보고 있을 뿐이라는 사실을 명심해야 한다. 그 이유는 방금 언급한 두 가지 이유뿐 아니라, 대부분의 수렵 채집자들에 대한 민족지학이 확실히 귀중한 정보이기는 해도 동시에 처형 문제에서는 심각하게 불완전할 확률이 높기 때문이다. 원주민들은 위험한 일탈자에 대한 처형이 '살인'이라는 관점을 선교사들이나 식민지 관리들로부터 빠르게 배웠다. 그 결과 원주민들은 재빨리 입을 꼭 다물게 되었고 종종 이 관습을 중지했다.

표 1은 적극적인 처형의 기본적인 패턴을 보여 준다(거의 전부 남성들이 남성을 처형했다). 자료가 심각하게 불완전한데도 이런

패턴들이 나타났다. 여기서 짚고 넘어가야 할 점은 오직 소수의
집단만이 일탈자를 제거하기로 결정하는 정식 체계를 가졌다는
사실이다. 다시 말해 이들 집단에는 사형 언도를 내리는 원로들의
모임이 있다. 하지만 많은 경우 이 과정이 '구조화' 된 것과는
거리가 먼데, 그 말은 집단의 구성원 전체가(여성들을 포함한) 가까운
친척이 그를 죽여야 한다고 비공식적으로 동의한다는 뜻이다.
일탈자는 거의 언제나 남성이며 그를 처형할 완전 무장한 사냥꾼은
가까운 친척이어야 할 충분한 이유가 있다. 여기에 대해서는
7장에서 더 설명할 예정이다.

　　나는 이 50곳의 LPA 수렵 채집자 집단에 대해 집중적인
조사를 하는 과정에서 200가지가 넘는 민족지학 자료를
분류했는데, 약 절반 정도는 확실히 앞서 설명했던 이유들
때문에 처형에 대해서는 언급이 되지 않았다. 하지만 나머지의
거의 절반은 표 1에서 볼 수 있듯이 사실상 처형의 몇몇 사례가
보고되었고, 민족지학자들은 그 처형을 일으킨 일탈 패턴을
구체화하는 위치에 있었다.

　　결국 나는 이 사회들을 적어도 세 번은 분석할 예정인데,
그래야 통계적으로 표본 오차를 줄일 수 있다. 이 숫자들은
우리에게 무척 뚜렷한 패턴을 알려 준다. 죽임을 당한 사람들은
거의 다 남성이었고 이들 가운데 절반은 그들의 집단을 위협했다.
이들은 탐욕을 부리거나 악의에 차서 초자연적인 힘으로 타인의
행복이나 생명을 심각한 수준으로 위태롭게 했다. 또는 욕심이나
분노로 반복적이고 무척 계획적인 살인을 하거나 타인을 심하게
지배하려 하고, (훨씬 드문 경우지만) 제정신이 아닐 정도로 공격성을
띠었다.

　　이런 주된 패턴은 오늘날의 모든 LPA 집단이 사회적인

세계관 측면에서 상당히 평등주의적이라는 앞서 강조된 사실과
들어맞는다. 그 말은 지배적인 개인들이(피그미 족의 세푸 같은)
권력을 강화하려 할 때 이 집단들이 빠른 속도로 분노한다는
뜻이다. 정신병적으로 공격적인 사람들이 행하는 살인을 제외하면,
이런 공격적인 위협자들은 전부 도덕적인 일탈자로 간주된다.
내가 『숲속의 위계』같은 저술을[27] 포함한 다른 연구에서 제안한
바에 따르면 만약 소규모의 미개 사회들이 스스로 무척 선호하는
평등주의적인 정치 질서를 유지한다면, 이들은 가끔 위협적으로
공격적인 개인이 나타났을 때 어쩔 수 없이 처형을 실시할 것이다.

이처럼 고집 센 폭군 아래서 고통 받을지, 그를 끌어내릴지
사이에서 선택해야 하는 상황이 오는 이유는, 어떤 소규모
평등주의 사회라도 개인들은 부모에게서 다양한 지배 성향을
물려받으며 그에 따라 지나치게 지배적으로 행동하는 몇몇 개인이
등장해 그 성향에 따라 행동하고 스스로 심각한 곤경에 빠지기
때문이다. 젠더에 따른 패턴은 다음과 같다. 동료들을 지배하려
드는 개인은 언제나 잘 무장한 남성 사냥꾼이지만 집단이 이
폭군을 끌어내리려 한데 뭉칠 때는 여성들도 정치적인 동역학에서
남성들만큼 적극적인 역할을 할 수 있다. 그리고 공동체가
적극적으로 개입했던 어떤 드문 처형 사례에서는 여성들도
물리적으로 관여했다.[28]

이제 표 1에서 보다 낮은 빈도로 일어나는 몇 가지 결과를
살펴보면 속임수나 도둑질로 타인을 이용하기 위해 몰래 규칙을
깨는 행동이 언급된다. 무임승차 행위와 관련해서 이것은 타인을
위협하거나 속이는 무임승차자들이 사형 선고를 받을 수 있다는
뜻이다. 하지만 여기서 명심해야 할 점은 우리가 목숨을 빼앗는
처형이 이뤄지는 이유에 대해서만 살폈다는 점이다. 집단의

안전과 자율성, 행복을 반드시 위협하지는 않은 더 가벼운 범죄에
대해서는 그보다 강도가 덜한 제재들, 예컨대 사회적 배척이나
창피 주기, 집단에서 쫓아내기 등이 가해졌을 것이다. 7장에서 나는
이런 가벼운 제재들에 대한 자료를 정리할 예정이다. 이 사례들에
대해서는 앞서 사형의 경우에 존재했던 자료의 불완전성에 따른
문제가 그렇게 크지 않다.

처형을 당하는 것은 다양한 효과를 불러일으키지만 항상
사형당하는 악당의 번식적인 성공에 해롭게 작용한다. 후손을
더 낳을 수 없다는 점은 확실하다. 즉 처형당하는 사람의 나이가
20대에서 30대라면 그의 적응도에 미치는 결과는 막대하다. 더구나
처형당하고 난 뒤 이미 낳았던 그의 후손은 부모의 보살핌을 보다
적게 받으므로 (처형당한 아버지와 절반을 공유하는) 이 후손들의
적응도 역시 나빠질 것이다. 게다가 처형당하는 사람은 형제 같은
가까운 동거 친족이 도움을 필요로 해도 돕거나 협력할 수 없을
것이다.

처벌이라는 사회적 선택

인류의 유전자 풀이 오랜 시간을 거치며 진화하는 동안, 개인의
번식적 성공에 미치는 집단의 적극적인 처벌은 꽤 중대한 효과를
불러일으켰다. 사람들이 지닌 양심이 점차 강력해지고 집단의
처벌이 점점 도덕적인 격분에 의해 추동될수록 이런 광범위한
효과는 분명 영향력이 커졌을 것이다. 여기서 얘기하고자
하는 것은 사형뿐만이 아니라 추방이나 심한 사회적 배척도
포함하는데, 이런 제재는 협동을 통해 얻을 수 있는 개인의
이득을 상당한 정도로 저해한다. 더구나 단지 도덕적인 평판이

나쁘다는 이유만으로도 확실히 몇몇 사람들은 일탈자들을 결혼 상대자라든가 생계를 함께하는 동업자 같은 중요한 선택에서 배제할 것이다.

　　이 모든 메커니즘은 '사회적 선택'을 수반하는데, 집단이 공유하는 이런 선호가 유전자 풀에 영향을 준다는 의미에서 그렇다.[29] 더 구체적으로 말하면 관련된 모든 부정적인 선호들과 개인의 번식적인 전망을 불리하게 만드는 모든 요인은 사회적 일탈인 경향이 있다. 이들은 적어도 자신의 성욕과 탐욕, 권력에 대한 부적절한 갈망을 통제하지 못했던 사람들일 것이다. 이렇듯 인류의 유전자 풀을 형성하는 데 중대한 요인이었던 도덕적인 사회적 선택은 아마도 최소한 1,000세대 이상 작동했을 것이다.[30] 수명이 긴 인류에서는 약 2만 5,000년에 해당하는 기간이다. 즉 문화적인 현대성이 도래하기 직전의 시기는 도덕의 기원을 다룰 때 중요할 수 있다. 그 발전 과정이 꽤 빠르게 일어났다면 말이다.

　　다음 장에서는 우리와 멀리 떨어져 있지만 이 문제에서 꽤 유의미한 두 유인원 선조인 '공통조상'과 '침팬지 속 조상'에서 인류가 전해 받은 이점을 더욱 자세히 다룰 것이다. 침팬지나 보노보가 아닌 인류의 계통이 어떻게 해서 몇몇 특별한 발전 과정을 거쳐 도덕과 수치심을 진화시킬 수 있었는지를 알아보기 위해서다.

5장.
공경할 만한 조상들 부활시키기

우리의 가장 가까운 친척에 대해 알아보기

도덕의 진화에 대한 가장 기본적인 정의는 인류가 가진 독특한 양심의 기능들과 이것이 어떻게 진화할 수 있었는지에 대한 관점에서 이뤄질 수 있다. 하지만 우리가 부끄러움을 느끼는 진화적인 양심을 어떻게 해서 획득했는지를 완전히 이해하기 위해서는, 여기에 대한 중요한 집짓기 블록을 제공한 수백만 년 전의 유인원 조상으로 거슬러 올라가야 한다.[1] 이 블록을 통해 인류의 도덕적인 삶은 어떻게든 '구성되었을' 것이다.

오늘날 우리는 이런 조상들의 행동 패턴들 상당수를 훌륭하게 재구성하고 있지만 과거에는 그렇지 못했다. 1980년대만 하더라도 전 세계 자연 인류학자들은 현재 살아 있는 우리와 가장 가까운 영장류 친척이 누구인지에 대해서도 의견이 갈렸으며 이론적으로 확실하지 않았다. 몇몇은 아프리카의 침팬지가 유럽 대륙의 고릴라보다 더 나은 후보라고 여겼으며, 대부분의 학자들은 아시아 오랑우탄이 한참 뒤처지며 소형 유인원과 원숭이는 자격이 없다고 생각했다.

사람들은 순전히 추측에 따라 적어도 몇몇 조상들이 아프리카 열대림의 땅에 손가락 관절을 대고 보행하며 높은 나무를 타고 올라 과일을 숱하게 따먹었을 것이라 짐작했다. 또한 이런 일은 수천만 년 전에 일어났으리라 여겨졌는데, 인류는 인지 능력과 복잡한 사회성을 갖는 만큼 다른 영장류와 무척 다르다는 이유에서였다. 하지만 비록 모든 사람이 이렇게 생각했음에도 이 가운데 상당 부분은 진실과는 거리가 멀었다.

제임스 왓슨James Watson과 프랜시스 크릭Francis Crick이 DNA의 기초적인 수수께끼를 풀고 수십 년이 지나[2] 실험 유전학자들은 마침내 인류의 게놈과 우리의 가장 가까운 '사촌'일 가능성이 가장 높은 아프리카 대형 유인원 후보 셋의 게놈을 비교할 수 있게 되었다. 이 유전학적 발견은 과학계를 깜짝 놀라게 했다.[3] 인류가 침팬지Pan troglodytes뿐만 아니라 보노보Pan paniscus라는 덩치가 살짝 작은 아프리카 '침팬지'와 98퍼센트 이상의 DNA를 공유하고 있었기 때문이었다. 그동안 학자들이 생각했던 것보다 유사성이 훨씬 컸다. 그리고 고릴라는 그렇게 뒤떨어진 종이 아니었다. 인류와 앞선 침팬지 속Pan의 두 종이 서로 비슷한 정도가 고릴라와 침팬지 속이 서로 비슷한 정도보다는 컸지만 말이다. 그에 따라 이 네 종은 하나의 조상을 공유하며 그 조상이 존재했던 시점은 그동안 추측했던 것보다 최근이라는 사실이 밝혀졌다.

이런 추측은 '분자시계' 분석을 통해 이뤄졌는데 이 추측이 상당히 정확한 이유는 유전자 돌연변이가 꽤 예측 가능한 속도로 축적되는 데다 그 수를 헤아릴 수 있기 때문이다. 일단 하나의 종이 둘로 나뉘면 시간이 지나면서 이들의 게놈은 점점 달라지기 시작하는데, 인류의(사람 속) 유전적 구성과 침팬지 속 종의 유전자 쌍을 비교한 결과 두 계통이 겨우 500만 년에서 700만

그림 1. 인류 조상의 계통발생학

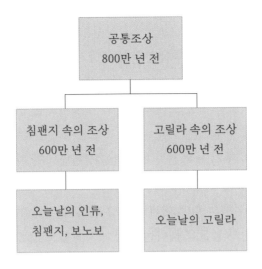

년 사이에 분기되었다는 사실이 발견되었다. 간편하게 계산하기 위해 수치들의 플러스, 마이너스 평균을 잡아 이 시점을 600만 년이라고 하자. 우리가 이 수치를 알게 된 것은 20여 년 전이었는데, 진화적인 시간으로 600만 년 차이가 난다는 것은 사실 무척 가까운 친척이라는 뜻이다. 아무리 이 '침팬지 속의 조상'이 당연히 인류보다는 유인원에 훨씬 가까웠다고 해도 말이다.[4]

그리고 영장류학자 리처드 랭엄Richard Wrangham은 1987년에 처음으로 그가 '공통조상Common Ancestor'이라 부른 더 오래된 인류의 조상을 발견했으며, 이때부터 이 존재가 사람들의 입에 오르내리기 시작했다.[5] 이 공통조상은 침팬지 속의 두 종과 사람 속, 그리고 고릴라가 공유하는 조상인데(그림 1 참고), 분자시계에 따르면 이 시점은 700만 년에서 900만 년 전으로 추정되기에 대략 800만 년 전으로 어림잡을 수 있다. 인류의 직접적인 유인원 조상 둘이 밝혀지고 DNA 분석에 따라 연대를 짐작할 수 있게 되면서, 우리는 이들의 사회적인 행동 일부를(전체가 아닌) 체계적으로 재구성할 수 있게 되었다. 왓슨과 크릭 이전에는 상상할 수도 없던 바였다.

그리고 이것은 이후의 분석에 대단히 중요한 의미를 지닐 수 있다. 첫째, 후대의 인류 계통이 양심의 원형을 우연히 보다 쉽게 발전시키도록 하는 고대의 적응이 무엇이었는지를 알게 해 준다. 그리고 이것을 기반으로 옳고 그름에 대한 감각을 점차 발전시키면서, 우리는 완전히 도덕적인 생활방식의 기원이 무엇인지 뿐만 아니라 인류가 오늘날처럼 이타주의적인 존재가 될 수 있었던 선택의 힘에 대해 설명할 수 있게 되었다. 이 발전 과정에는 수치와 얼굴을 붉히는 감정이 가득했으며, 오늘날 알아낸 바에 따르면 타인의 행동에 대한 강한 도덕적 관심 역시 포함된다. 우리는 마음속에 수치와 도덕을 갖춘 채로 타인에 대한 판단을 내릴 수밖에 없었던 것이다.

만약 침팬지 속의 조상이 행동상의 집짓기 블록을 제공한다면, 이 고대 유인원들의 신체적인 특징은 어땠을까? 아직 이들의 두개골이나 골격은 물론이고 심지어 이빨이나 뼛조각도 발견된 적이 없다. 그 이유는 우리의 직접적인 선사시대의 조상들이 습한 적도 지역에 살았던 터라 생물의 시체가 빨리 썩거나 부패해 화석으로 남는 경우가 드물었기 때문이다. 하지만 다행히 이빨을 살피거나 두개골을 측정하지 않고도 이 조상들의 중요한 행동적 특징의 상당수는 꽤 신뢰할 만큼 재구성할 수 있었다. 이것은 우리가 이 조상의 현존하는 후손들이 전부 빼놓지 않고 공유하는 주된 행동들을 살폈기 때문인데, 이런 방식을 '행동적 계통발생학'이라 부른다.[6]

이 방식으로 조상의 행동을 재구성하려면 오직 그 행동들이

140

현존하는 후손들 전부에게 남아 있을 때만 가능하다. 그렇게 멀리 떨어진 시대에 살았던 동물의 행동 패턴을 신뢰할 만큼 알아낼 수 있다는 사실이 놀라울 수도 있지만, 자연선택이라는 보존적인 과정은 진화적인 시간을 따라 어떤 종을 그대로 머물게 하는 상대적으로 간단하고 직접적인 경로를 따르는 경향이 있다. 생물학자들은 이것을 '절약성'이라 부르며 원래의 조상 형질을 '원시적'이라 한다.[7] 다시 말해 네 가지의 후손 종이 식물을 많이 먹는 경향이 있다면, 절약의 원칙에 따라 이것은 공통조상에서 직접 내려온 원시적 형질이라 추측할 수 있다. 이후에 경험했던 변화하는 환경에서 이 형질은 계속 유용했을 텐데, 만약 그렇지 않았다면 이들은 몸이 쇠약해졌을 것이다.

사회적인 영역에서 랭엄은 여러 가지의 무척 기본적인 사회적 변수들을 발견했다. 랭엄은 현존하는 공통조상의 네 후손 모두 다른 집단과 뚜렷한 경계를 갖고 분리되는 사회적 집단을 이룬다는 사실을 알아냈다. 즉 이 패턴은 원시적인데 그 말은 조상에서 왔다는 뜻이고, 그에 따라 오늘날 이 패턴은 상동적이고 유사한 유전자에 기초한다.[8] 또 다른 상동적인 공통점은 같은 종의 다른 구성원들을 쫓아다니며 공격하는 것이다. 그에 따라 우리는 공통조상이 800만 년 전에 이 행동을 했고 그 이후로 후손인 네 종들이 이 행동을 죽 해 왔다고 추측할 수 있다. 또 인류가 가진 폭력성의 뿌리를 탐구한 저서 『악마 같은 남성Demonic Males』에서[9] 랭엄 역시 이론적으로 내가 앞서 언급했던 침팬지 속의 조상을 더욱 최근의 조상으로 고려한다.[10] 이들의 원시적인 행동은 우리가 양심이 어떻게 해서 진화했는지를 알아내는 데 중요한 역할을 할 것이다. 우리는 곧 이런 행동들을 더욱 자세히 재구성할 예정이다.

일단 내가 언급해야 할 사실은 우리의 주된 관심사가 침팬지

속의 조상이라는 점이다. 이 유인원은 우리가 공통조상에서 발견할
수 있는 모든 행동들을 기본적으로 전해 받았고 여기에 몇 가지
행동을 더했다. 앞으로 살펴볼 예정이지만, 일단 고릴라를 더 이상
조상과 동일시하지 않게 되면(이 분기는 약 600만 년 전에 일어났다)
침팬지 속 조상에 대해 무척 중요한 몇 가지 행동을 재구성할
수 있다. 하지만 먼저 나는 진화론적으로 행동을 재구성하는 데
이런 상동적 추론을 활용하는 기법이 어떤 점에서 미덕을 갖는지
살펴보려 한다.

공유된 유전자가 갖는 이점들

자연사적 접근을 활용하기 위해서는 상동homology에 기초한
행동적인 유사성과 상사analogy에 의한 유사성을 조심스레
구별해야 한다. 전자는 유전자를 공유한다는 뜻이지만 후자는
단지 비슷한 기능을 가진다는 뜻이다. 이 두 가지를 구별하는
게 중요한 이유는 엄청나게 먼 옛날에 조상을 공유했던 두 생물
종이라면 완전히 다른 메커니즘을 가진 행동이라도 겉보기에는
수렴이 일어나 비슷하게 보일 수 있기 때문이다. 예를 들어
텃세동물인 노르웨이쥐는 본능적으로 자기 집단에 속하지 않은
쥐를 공격하는데, 이 쥐는 자기 사회 공동체의 냄새가 나지 않는
같은 종의 개체에게는 누구든 공격적으로 반응하도록 프로그램
되었다.[11] 무척 단순하다. 하지만 침팬지 역시 이웃과 접촉했을
때 공격을 하지만 심리학적인 식별이라는 훨씬 '세련된' 수단을
사용한다. 그 이유는 침팬지가 자기들의 영역을 알고 낯선 이웃을
눈으로 보고 알아내기 때문이다.
　　이것은 상사의 한 사례다. 두 종의 행동이 겉으로 보기에

비슷하고 둘 다 집단의 강한 영역성을 나타내지만 기저에는
무척 다른 메커니즘이 깔려 있으며 따라서 서로 다른 유전자에
기초한다. 이것은 자연선택의 경이로운 결과 가운데 하나인
수렴적 진화에 따른다. 미국 뉴멕시코 주 산타페에 자리한 건조한
정원에서 어느 날 '새로운 종류의' 벌새를 봤던 기억이 생생하다.
코가 뾰족한 이 생물은 꽃에서 꽃으로 날아다니다가도 가끔은
날개에서 윙윙 소리를 내면서 헬리콥터처럼 정지한 자세를
취했는데, 그러다가 나는 내가 나방을 보고 있다는 사실을
순간적으로 깨달았다. 공중에서 정지한 이 곤충은 분명 자기만의
경로로 벌새와는 아주 다른 유전자를 발전시켰을 테지만 그럼에도
공중에 머무르며 꽃의 꿀을 빨아먹는 행동을 할 수 있었다.

　　인류가 적을 공격해 죽일 때, 우리는 인류와 침팬지가 집단
외부의 개체에게 적대감을 표출하는 유사성을 갖게 된 이유가
상동이라고 여긴다. 최근까지 조상을 공유했고 DNA가 98퍼센트
이상 동일하기 때문이다. 정확하게 말하면 침팬지와 인류가 갖는
영역성은 비슷한 심리학 메커니즘에 기초를 두었을 확률이 무척
높으며, 이 메커니즘은 비슷한 여러 유전자에 의해 작동할 것이다.
비록 영역성을 나타내는 행위가 서로 비슷할 가능성이 훨씬
덜하기는 하지만 보노보 역시 비슷하다.[12]

전적응이란 무엇인가?

내가 여기에서 발전시키고 있는 도덕의 기원 이론은 상동 논변에
직접 기초한다. 공통조상과 침팬지 속 조상에 대해서 원시적인
집짓기 블록 행동들을 찾아내느라 그토록 고생을 하는 이유가 바로
이것이다. 그리고 나는 진화적인 시간이 흐르면서 이런 행동들이

어떻게 이후의 진화를 위한 중요한 전적응적 수단을 제공했는지
보여 줄 것이다.

보다 최근 용어인 굴절적응exaptation과 전적응preadaptation은
같은 것을 의미한다. 이미 진화된 형질을 뒷받침하는 유전자들이
이후의 적응 속에서 맹목적인 선택 과정에 의해 '활용되는' 것이다.
나는 더 이전 용어인 '전적응'을 선호하는데, 학자들 가운데 이
용어가 부적절한 목적론적인 사고를 연상시킨다고 여기는 사람이
많기는 하다. '전적응'이라는 단어가 마치 미래를 내다보는 것처럼
들리기 때문이다. 하지만 이 책에서는 그런 암시를 하지 않을
것이다. 진화 과정은 기본적으로 완전히 맹목적이다. 비록 이때
선호되는 바가 의도를 가진 인간 행위자로 하여금 모르는 사이에
친사회적인 방향으로 자연선택이 지닌 특정 측면의 영향을 받게
한다고 해도 말이다. 이런 선사시대의 효과는 모르는 사이에
일어나는 것과는 거리가 먼, 다시 말해 의도적인 효과를 가진
유전공학과는 전혀 다르다.

상동에 대해서라면, 인류의 조상에서 나타난 지배와 이 지배
행위에 대한 공포에 기초해서 나타나는 반응은 (분노하면서 지배자에
대항해 여럿이 뭉치는 능력과 함께) 우리가 앞으로 다룰 여러 전적응
사례 가운데 두 가지일 뿐이다. 이것들은 인류가 초기의 유전자
풀에 영향을 주었던 처벌적인 사회적 선택을 점점 강력한 유형으로
발전시키도록 기초를 제공했다. 이것은 처음에 주로 집단적인
공격을 통해 작동했지만 결국에는 훨씬 정교한 사회적 통제의
수단이 되었다.

도덕의 진화에 대한 앞으로의 분석은 상동에 기초를 둔
침팬지 속 조상의 행동에 대한 재구성과 초기 인류의 진화에
대한 고고학적인 발견뿐만 아니라, 최근 극적으로 많아진 후기

144

플라이스토세 기후에 대한 정보에도 의존할 것이다. 이 맥락에서 오늘날의 LPA 집단에 대한 민족지학의 정보를 활용한 몇 가지 혁신이 이뤄질 텐데, 이것을 통해 이 기후에 대응해야 했던 현대인에 대한 초기의 진화적 궤적을 재구성하는 데 도움을 얻을 수 있다. 나는 인류가 오늘날 경험하는 도덕의 유연성이 어떻게 해서 우리가 종종 제멋대로이고 가끔은 믿을 수 없는 기후에 대처하도록 도움을 주었는지를 보여 줄 것이다. 이것은 주로 사람들의 협동을 통해서 가능했지만 가끔은 협동을 하지 않고 미루는 행동을 통해서도 가능했다.

조상의 위계와 반위계적 행동

랭엄이 원래 주장했던 공통조상에 대한 행동적 재구성에 대해 내가 덧붙인 공헌은 공통조상이 사회적인 생활을 했다는 점을 강조한 것이었다. 이 사회적 생활은 남을 지배하고자 하며, 동시에 그것과는 상반되지만 복종하려는 개체의 경향성에 크게 좌우되었다. 저서 『숲속의 위계』에서 나는 고릴라와 보노보, 침팬지, 인간을 자세히 들여다보면 알파 수컷이 서열의 꼭대기에 있는 경향을 공유한다는 사실에 주목해야 한다고 제안했다. 그리고 높은 위계에 서기 위한 치열하고 예측 가능한 경쟁과 관련해, 우리는 종속된 개체들이 대개 지배받는 것을 좋아하지 않는다는 사실에 대해 알아볼 것이다. 사실 이 현존하는 네 종류의 모든 유인원에서 반항적인 피지배자들은 지배자에 대항하는 연합체를 구성할 수 있다.[13] 알파 개체의 권력을 능동적으로 제거하기 위한 연합체다. 고릴라들은 이런 행동을 무척 드물게 보이지만, 보노보와 침팬지들은 일상적으로 이런 일을 벌이며 LPA 인류 집단들은 진정한 복수심과 함께 이 행동을 보인다. 비록 후기의 몇몇 인류 집단들은 위계를 상당히 잘 포용하기는 하지만 말이다.

인류는 아프리카에 기반을 둔 다른 세 유인원에 비해 정치적으로 훨씬 유연하다. 히틀러나 마오쩌둥, 스탈린 같은 인물을 위계의 꼭대기에 선 알파 수컷이라 여기기만 하면 된다. 아니면 권력이 훨씬 덜하기는 해도 엄청난 병력을 통솔하는 미국의 대통령을 알파 개체로 생각할 수도 있다. 인류가 위계적인 경향을 유인원과 공유하며 알파 수컷을 만들어 낼 강한 잠재력을 지닌다는 점은 확실하다. 진화론적인 분석에 적절한 인류 집단은 이전 장에서 소개한 LPA 수렵 채집자들이지만, 이들이 가진 정치적인 수단은 꽤 다르다. 비록 똑같이 타고난 정치적인 잠재력에 기초한다는 점은 확실하지만 말이다. 이들은 시대적으로 나중에 오는 여러 농경 부족들과 마찬가지로 평등주의를 강하게 고수한다.[14]

아프리카의 다른 세 대형 유인원들이 피지배자들의 연합체를 통해 알파 개체의 권력을 부분적으로 무력화할 수 있다면, 인간 수렵 채집자들 무리는 사실상 완벽하게 지배에 저항할 수 있다. 적어도 성인 남성들 사이에서는 그렇다.[15] 사냥꾼 무리가 정치적으로 평등주의적이라고 할 때, 그 말은 구성원들이 알파 개체로 권력이 이동하는 것을 참지 못한 나머지 어떤 구성원도 감히 자기의 지위를 뽐내거나 강화할 수 없다는 뜻이다. 다른 사냥꾼에게 이래라저래라 지시하거나 집단에서 공동 재산으로 취급하는 죽은 동물의 시체를 가져가지 못하는 것은 물론이다.

앞으로 더 자세하게 살피겠지만, 이렇듯 권력을 움직여 스스로 힘을 강화하려는 개체들은 비판이나 수치스러운 핀잔에 직면하거나 집단에서 추방된다. 그리고 이미 살폈지만 억제되지 않은 폭군이 무척 드물게 등장해 어떻게든 집단에서 단단하게 우위를 점하려 애써도 곧 처형의 대상이 되어 사라진다. 즉 인류의 정치학에서 위계 행동과 지배자에 저항하는 행동을 동시에 선호하는 원시적인 조상들의 경향은 표현형 측면에서 걷잡을 수 없는 전체주의 또는 급진적인 수렵 채집자들의 민주주의로 표출될 수 있다. 그리고 그 사이의 어느 지점으로도 가능하다. 이 모든 것은 사람들이 위계에 대해 어떻게 생각하는지에 달려 있다. 중앙집권적인 명령과 통제가 얼마나 절실하게 필요한지, 종속된 개체들이 상위 개체들을 얼마나 단호하게 통제할 수 있는지에 따라 달라지는 것이다.

문화적 학습 기술은 고대의 것이다

랭엄의 보수적인 재구성 방식을 활용하는 것은 꽤 단순하다. 만약 조상들의 현존하는 모든 후손들이 어떤 하나의 형질을 공유한다면, 그 형질은 십중팔구 조상 때부터 내려온 것이다. 하지만 만약 하나 이상의 후손이 그 형질을 공유하지 않는다면, 이 특정 형질이 조상의 것이었는지는 의문스러워진다. 이 보수적인 방법을 활용하면 아무리 적은 수의 종이 관여하더라도 우리 두 조상의 정신 내부를 깊이 들여다볼 확률이 높고, 이들을 고도로 사회적인 존재로 만든 요인의 상당 부분을 이해할 수 있다.

이제 공통조상의 '가족생활'부터 시작하자. 우리는 인간이 갖는 편견에 영향을 받아 현존하는 네 후손 종이 짝짓기 상대와 한 쌍씩 결합하는지, 아버지가 자식의 양육에 참여하는지를 궁금해 할 수 있다. 이것은 분명 현재의 인류에서 흔하게 나타나며 고릴라도 이런 행동을 상당 부분 보이지만, 네 종이 하나같이 보이는 행동은 아니다. 침팬지와 보노보는 상대를 가리지 않고 교미하며 생물학적인 아버지가(후손의 DNA 샘플을 얻어 아버지로 밝혀진) 자손을 보살피는 데 신경을 쓰기는커녕 자기가 임신시킨 암컷에게도 그렇게 특별한 관심을 기울이는 것 같지 않다. 따라서 800만 년 전에 아버지가 후손 양육에 상당히 참여하고 부모 양쪽을 갖춘 가족을 이루는 모습이 과연 존재했는지는 큰 의문거리다.

하지만 적어도 우리가 말할 수 있는 사실이 있다면, 공통조상이 모성에 기초한 가족을 이뤘을 것이라는 점이다. 현존하는 네 가지 종에서 어미는 최대 5~6년까지 후손과 무척 친밀하게 시간을 보낼 뿐 아니라[16] 형제자매도 사이가 가깝기 때문이다. 그 말은 800만 년 전으로 거슬러 올라가면 어미가 중심에 놓인 가족 패턴이 존재했으며 최소한 이런 제한된 형태의 가족 구성은 공통조상 시절부터 인류까지 전해져 내려왔다는 뜻이다. 그렇지만 인류는 확실히 몇몇 지점에서 중요한 무언가를 덧붙였다. 인류는 양친으로 구성된 가족 단위를 진화시켰는데, 그 시점이 언제인지를 알려 주는 확고한 고고학적인 증거는 없어도 오늘날의 우리 자신을 보면서 그렇게 짐작할 뿐이다. 인류는 적어도 4만 5000년 전부터 문화적 현대성과 함께 핵가족 형태를 발달시켰다고 여겨지는데 그 이유는 이 시점부터 인류가 완전히 현대성을 띠었다고 고고학자들이 만장일치로 동의하기 때문이다.[17]

내가 모성에 기초한 가족 구성에 대해 다루기로 선택한 이유는 아무리 이것이 흔적만 남은 가족 관련 행동양식이라 해도 양심의 진화에 대해 알아보는 데 무척 중요한 시작점이기 때문이다. 인류가 도덕적인 이유는 그런 방식으로 유전자가 준비되어 있기 때문인데 오늘날 어린아이들이 상당히 예측 가능한 단계에서 점점 도덕적인 존재가 된다는 점은 흥미롭다. 도움이 필요한 타인에게 공감을 느끼는 능력은 꽤 어린아이부터 옳고 그름에 대한 원시적인 감정과 함께 나타난다. 이런 발전 단계는 일반적인 의미의 규칙을 따르는데, 반면에 잘못된 행동에 대한 부끄러움처럼 고도로 의식적인 반응은 이보다 나중에 아동이 취학 연령에 도달했을 때 나타난다.[18] 학습과 관련한 이 창구는 뇌에 이미 하드웨어적으로 내장된 순서를 따르지만 그 규칙 자체가 우리의 유전자에 그렇게 명시적으로 준비되어 있지는 않다. 유아나 청소년 단계의 유인원과 마찬가지로 어린 시절의 인간은 인생 초반부에 자기가 속한 집단의 사회적인 규칙을 배운다. 이때 배움을 베푸는 존재는 지속적으로 접하는 중요한 타인인데 무엇보다 가장 중요한 타인은 바로 어머니다.

　　　사람이 문화적인 환경에서 도덕이 무엇인지를 정확히 배운다고 할 때 그 첫걸음은 가족에서 시작된다. 하지만 인생의 후반부에는 집단의 전통이 무척 강해지거나 심지어 특정한 역할이 주어질 수도 있고, 가끔은 문화적 전통이 한 문화에서는 완벽하게 수용되는 어떤 행동이 다른 문화에서는 금기인 경우도 있다. 예를 들어 어떤 사회에서는 사람의 고기를 먹는 것이 혐오스럽게 여겨지지만 다른 사회에서는 도덕적으로 적절한 행동일 수 있고 심지어는 멜라네시아의 트로브리안드 군도의 장례식이 그렇듯 중요한 의식이나 의례의 일부로 칭찬할 만한 행위일 수도 있다.[19] 이런 문화적인 차이는 대형 유인원보다 상징이 중요한 역할을 하는 인류에서 훨씬 다양하게 나타나는 것으로 보인다.

문화적 다양성

즉 우리가 부모와 동료들로부터 내면화한 특정 규칙들은 유전자에 견고히 암호화되었다기보다는 지역 사회에 의해 문화적으로 유지된다. 하지만 비록 이런 여러 규칙들이 문화에 따라 무척 다양하기는 해도 LPA 수렵 채집자 집단에서는 사회적으로 더욱 중요한 의미를 갖는 규칙의 상당수가 보편적으로 나타난다. 예컨대 타당한 이유 없이 집단의 다른 구성원을 죽인다든지 이 기본 집단 안에서 도둑질하거나 사기 치는 행위를 용납하는 수렵 채집자 공동체는 없다.[20] 이 점은 사회적이고 문화적인 생활을 하는 모든 인류에 대해서도 마찬가지인 듯하다.

어떤 사회적인 행동이 하나의 채집자 집단에 독특하게 나타나든 모든 인류 집단에서 보편적으로 나타나든, 우리의 행위 규칙들은 언제나 문화적인 전파에 의해 학습된다. 그 말은 그것이 가족의 품 안에서 시작한다는 뜻이다. 만약 우리가 도덕을 일단 차치하고 인류의 조상으로 거슬러 올라간다면, 우리가 다루는 현존하는 모든 네 종이 사회적인 규칙과 행동에 대한 문화적인 전파가 가능하다. 이것은 여러 해에 걸쳐 아이와 친밀한 관계를 형성하는 어머니에서 시작하는데 이때 아이들은 어머니를 모방한다. 다시 말해, 예를 들어 아이는 어머니의 행동을 지켜본 다음 따라하려 애쓰면서 정치적으로 동맹을 맺는 기술을 맨 처음 익힌다. 그리고 나중에 청소년이 되어서는 자기 집단의 어른들을 지켜보고 그들의 행동을 더욱 본보기로 삼는다.

예컨대 현존하는 네 종이, 그리고 그에 따라 공통조상이 알파 개체의 권력을 제한하는 연합 행동을 공유하는 이유도 이것이다.[21] 이 동일한 사회적인 학습 능력이 수백만 년 뒤에도 이어졌고 그 결과 고대 인류는 훨씬 결정적인 메시지를 전하는 문화를 발전시키기 시작했다. 바로 동료를 지배하는 행동은 단지 타인을 화나게 하는 데 그치는 것이 아니라 '도덕적으로 잘못되었다'는 것이다.

그런데 도덕의 진화가 활기를 띠며 시작되기 위해서는 미리 준비된 문화의 전파 능력보다 더욱 많은 것이 필요했다.[22] 예컨대 사회적 행동에 대해 계획적으로 전략을 짜는 능력과 사회적인 상황에서 적절한 행동이 무엇인지 계산하는 능력이 미리 존재했다면 도움이 되었을 것이다. 특히 어떤 행동이 개인(한 사람일 수도 있고 가끔은 꽤 큰 연합체일 수도 있다)으로 하여금 지배적인 타인과 문제를 일으키게 할 때 그렇다.

우리와 마찬가지로 침팬지와 보노보는 다른 개체들의 권력에 대응하는 일에 꽤 능숙하기 때문에 규칙을 기반으로 한 도덕적 능력의 발달은 훌륭한 장점을 가진다. 하지만 이 장점은 그저 하나의 장점일 뿐이다. 그 다음으로 제대로 된 선택압이 따라 와야만 집단 전체에 의한 강하고 지속적인 사회적 통제가 이뤄지는데, 이 침팬지 속의 두 종은 확실히 그렇지 못했다. 반면에 인류는 그런 선택압이 따랐는데, 그럴 수 있었던 이유에 대해서는 양심의 진화를 다룰 때 논의할 예정이다.

인류 조상의 뇌는 얼마나 정교했는가?

다윈이 지적했듯이 양심은 인류가 사회적인 존재가 되는 데 도움을 주는 방식으로 행동을 인도했다.[23] 또한 양심은 인류가 집단의 기준에 알맞은 존재로 만들었고 그에 따라 강한 처벌을 내릴 수도 있는 동료들과 문제를 겪지 않게 했다. 오늘날 우리는 사회적인 계획에 참여하고 복잡한 도덕적 질서를 다루는 두뇌의 능력이 전전두엽의 꽤 큰 영역에 적어도 부분적으로 국소화되어 있다는 사실을 안다.[24] 앞서 살폈듯 두뇌의 이 영역은 우리가 사회적인 상호작용을 하는 데 중요한 역할을 담당하며 도덕적인 감각에도 관여한다. 요컨대 이 영역은 우리가 도덕주의적인 집단에 적응해 그 속에서 살도록 돕는다.

이제 우리가 제기해야 하는 보다 광범위한 질문은 다음과 같다. 인류의 조상은 이 방향으로 정확히 얼마나 유리하게 출발했는가? 우리의 공통조상은 실제로 원시적이지만 스스로를 판단하는 도덕을 내면화할 수 있었을까? 만약 우리가 공통조상의 후손인 네 종 모두를 단일한 계통분류학적인 가족, 즉 계통군으로 묶는다면, 쥐나 독거성 북극곰, 심지어는 고도로 사회적인 늑대나 개에 비해 이 계통군은 몸집 대비 전전두엽의 크기가 상당히 크다. 한때는 이런 점에서 인류의 전전두엽이 특별하게 커야 한다고 추측되었지만 과학적으로 조심스레 계측한 결과는 달랐다.[25] 인류의 전전두엽은 아프리카의 다른 세 대형 유인원에 비해 크지 않을 수도 있다. 하지만 이 점은 유인원들의 정교한 사회성을 고려할 때 그렇게 놀랍지 않다. 사실 침팬지와 보노보, 고릴라는 야생에서 관찰했을 때 놀랄 만큼 미묘한 뉘앙스를 갖는 사회적 행동을 보일 수 있다. 이들의 사회적인 감각을 전체적으로 생각해 볼 때 우리는 이 유인원들이 우리가 지닌 도덕적 능력과 '비슷한 무언가'를 가질지도 모른다고 상상할 수 있다. 다만 이들은 야생 동물인 만큼 '힘이 곧 정의'인 사회생활을 하기 때문에 그 무언가는 잠복한 채 머무른다.

그런데 몸집에 비례한 두뇌의 크기가 우리가 고려해야 할 유일한 두뇌 관련 요인은 아닐 수도 있다. 자연선택은 전체적인 크기의 변화 없이도 두뇌를 내부에서 재구성해 인류의 정신 기능을 변화시킬 수 있다. 그리고 이것은 수많은 두뇌 화석을 살펴도 추론할 수 없는 방식으로 이뤄질 수 있는데, 두뇌의 부드러운 조직은 화석으로 남을 가능성이 높지 않아 화석으로는 두뇌 안쪽에 대해 알 수 있는 바가 적다. 이 말은 우리가 인류의 계통분류학적인 '사촌'인 현존하는 아프리카의 대형 유인원에 대해 살펴야 한다는 뜻이다. 이들이 수치심을 지닌 도덕적 존재가 될 잠재력이 있는지의 여부를 알아봐야 하는 것이다. 만약 이들 유인원 전부가 그렇다면 우리는 이런 방향으로 무척 강하게 일어난 조상의 전적응에 대해 고려하고 도덕의 기원이 반드시 인류에게 속하는 것만은 아니라고 여겨야 한다.

만약 우리의 공통조상이나 침팬지 속의 조상이 규칙을 위반했다는 이유로 자기를 나쁘게 여기는 자기 판단적인 반응을 보였다면, 이것은 우리가 오늘날 잘 알고 있는 인류의 수치 반응들이 훨씬 진화하기 쉽도록 한 전적응이었을 것이다. 또한 비록 그 단일한 요인만으로는 수치를 느끼는 능력을 보장하지 않지만 '자아'에 대한 감각 역시 필요했을 것이다.

실험실에서 자아 시험하기

인류의 두뇌는 잘 발달된 자아에 대한 감각을 제공한다. 모든 사람은 이런 유형의 의식을 가진다. 우리처럼 이 의식을 가진 동물은 대형 유인원이나 코끼리, 돌고래처럼 두뇌가 크고 고도로 사회적인 고작 몇 종뿐이다.[26] 그리고 이 주장을 뒷받침하는 설득력 있는 실험들이 있다. 인류의 경우 사회 심리학자들은 사회학자 조지 허버트 미드 George Herbert Mead가 '사회적 자아'라 부른 것을

광범위하게 연구해 왔는데[27] 이것이 우리의 기질에 미친 근본적인
역할은 언어에 반영되어 있다. '나'와 '너'뿐만 아니라 '우리'나
'그들'이라고 말하는 방식이 인류의 언어에 지속적으로 발견되기
때문이다. 사회적 단계의 행위자들인 우리는 스스로를 (우리의
자아를) 예민하게 의식하며, 이것은 우리에게 타인이 비슷한 자아를
갖고 있다는 사실을 깨닫게 한다. 타인과 사회적 상호작용을 하는
동안 직관적으로 그 사실을 인식하게 된다.

시각적으로 자아를 인식하는 모든 사람이 가진 단순한
능력이 이런 자아의 기저에 자리한다. 예를 들어 우리는
일상적으로 거울을 통해 스스로의 모습을 보면서 우리가 보고 있는
것이 다른 개인이 아닌 자신의 상이라는 사실을 알아차린다. 비록
인류는 손에 거울이 달리도록 진화하지 않은 게 확실하지만 커다란
두뇌와 고도로 사회적인 존재라는 자연사적 사실은 자아 인식의
기초를 제공한다. 이런 형질은 무척 잘 확립되어 있어서 아무리
미개한 문화의 순진한 구성원이라 해도 물웅덩이에 비친 자신의
이미지를 반복적으로 보기 마련이고, 자아 인식에 대해 혼란을
겪지 않는다. 매일 욕실 거울에 비친 자신의 안색을 확인하는
오늘날의 십대들과 다를 바가 없다. 하지만 아프리카에서 기원한
다른 세 대형 유인원은 어떨까?

내가 가르치는 학생들이 언제나 좋은 반응을 보이는
내셔널 지오그래픽의 영상이 하나 있다. 제인 구달이 탄자니아
곰베 국립공원에 설치한 초기 야전기지의 침팬지들이 주변
환경에 임시로 설치된 거울에 다가가 거기 비친 상에 엄청나게
신경을 쓰는 내용이다. 침팬지는 한동안 꼼짝 않고 거울 속을
들여다보다가 호기심을 느꼈는지, 거울상이 똑같이 따라하는지를
확인하기 위해 실험 삼아 머리를 양옆으로 흔든다. 그러다가

순간적으로 침팬지는 머리를 한쪽으로 홱 돌려서 거울 뒤에 있는 듯한 존재가 어떻게 되는지 빠르게 살핀다. 확실히 침팬지는 그토록 완벽하게 (하지만 포착하기 힘든 방식으로) 자신을 모방하는 '또 다른 침팬지'를 한 수 앞서려고 애쓴다. 그리고 침팬지는 이런 단계를 여러 번 반복하지만 물론 매번 그 환상은 마지막 순간 시야에서 '사라진다.'

침팬지의 이런 순진한 행동을 시트콤 「왈가닥 루시^{I Love Lucy}」의 인상적인 한 에피소드에 게스트로 출연한 배우 하포 마르크스^{Harpo Marx}의 행동과 비교해 보자. 루시는 곱슬거리는 금발 가발을 쓴 채 하포와 완전히 똑같이 입고 시트콤의 논리 속에서 벌어진 어떤 이유 때문에 하포를 피해 벽장에 숨어 있다. 하포가 옷장 문을 밀어 열자 루시는 자기가 거울에 비친 상인 척을 했고 하포는 신기한 거울상에 몰두한다. 곧 자기도취에 빠진 하포는 즐겁게 어릿광대짓을 하고 루시의 흉내는 그럴 듯해 꽤 오랫동안 하포를 속인다. 하지만 결국 루시는 가까스로 눈치 챌 만한 실수를 하나 저질렀고 이제야 의심이 생긴 하포는 이 '거울상'을 진지하게 시험하기 시작한다. 그리고 훌륭한 코미디를 통해 하포는 루시의 모방 능력을 한계로 몰아붙이며 마침내 루시는 자기가 속임수를 썼다는 사실을 들킨다.

그런데 여기서 익살극을 일단 치우고 나면 질문 하나가 남는다. 제대로 훈련받은 침팬지나 보노보, 고릴라는 거울 속 자신의 상을 인식할 수 있을까? 심리학자 고든 갤럽^{Gordon Gallup}이 다양한 원숭이와 유인원의 자기인식 능력에 대해 실시한 유명한 일련의 심리학적 실험에서 증명한 바에 따르면 이 질문에 답은 '그렇다'인 것으로 보인다.[28] 먼저 갤럽은 사로잡은 실험 대상들을 10일 동안 우리에 가두고 그 안에 거울을 두어 익숙해지게 했다.

(물론 이것은 거울에 흥미를 느꼈지만 완전히 당혹스러워했던 곰베의 야생 유인원들이 누리지 못했던 이점이었다.) 그러자 원숭이와 유인원들은 양쪽 다 자기들의 거울상에 대단한 흥미를 느꼈지만 10일이 지나도 그 상이 자기 종의 처음 보는 개체인지 자기 자신인지를 여전히 구별하지 못했다.

그 다음으로 갤럽은 동물들이 차분한 틈을 타서 얼굴에 붉은 염료로 작은 점들을 찍었는데 그 위치가 거울로 비춰 보지 않으면 알아차릴 수 없는 자리였다. (원숭이와 유인원들은 양쪽 다 색을 식별했으며 피를 연상시킨다는 이유에서인지 생물의 몸에 보이는 붉은색에 잘 '반응'하는 경향이 있다.) 그리고 갤럽은 실험 대상들을 완전히 잠에서 깨운 다음 우리 안에 거울을 다시 놓았다. 이때 짧은꼬리원숭이들은 거울상을 보고 기껏해야 약간의 흥미나 두려움이 어린 반응을 보여 주었는데 마치 상처를 입은 다른 원숭이를 보는 듯했다. 하지만 침팬지와 보노보들은 종종 (빈도는 덜했지만 나중에는 고릴라들도) 거울에 비친 상을 처음 보자마자 즉시 그리고 계속해서 자기 얼굴을 만졌다. 마치 '저 무언가가 내 얼굴에도 있는 게 분명해!'라고 인식하는 과정을 거치는 듯했다. 이렇듯 즉각 반응하는 대형 유인원들은 확실히 그 거울상이 자기의 것이라는 사실을 알아차렸으며, 후속 실험에 따르면 고도로 사회적이며 큰 두뇌를 지니는 다른 종들도 비슷한 반응을 보일 수 있다.[29]

'자아'에 대한 갤럽의 다소 아슬아슬한 실험은 실험실에서 언어를 연구하는 학자들이 유인원들을 보고 직관적으로 느낀 바를 확증한다. 이들 유인원들은 자기 이름뿐 아니라 다른 개체들의 이름도 쉽게 익혔고 거울 속 자신의 상에 분장을 하는 등 장난스럽게 변형을 가했다. 일반적으로 이들은 자기 자신이 사회적인 존재라는 사실을 어느 정도까지는 이해하는 듯 행동하는데, 예컨대 이전에 수화를 배웠던 워쇼라는 이름의 한 암컷 침팬지는 자기가 인간이라고 확신하는 듯했다. 실제로 다른 침팬지를 처음으로 접했을 때 워쇼는 '검은색 벌레다!'라고 수화로 말했다.[30]

인간의 경우에는 타인과 비교했을 때 '자아'가 존재한다는 사실에 대한 이해가 개인의 능력에 달렸으며 이에 따라 도덕 공동체에 참여할 수 있다. 물론 단순한 자기인식만으로는 완전히 발달한 양심을 갖춘 도덕적인 존재가 되지 못한다는 사실은 확실하지만 자아에 대한 감각은 중요하며 꼭 필요한 첫 단계다. 어떤 사람의 행동에 대한 타인들의 반응을 짐작하고 그들의 의도를 이해하는 것은 유용하다. 그리고 어떤 사람의 행동이 도덕적 감정을 심각하게 거슬렀을 때 그가 적대적인 무리의 관심을 집중적으로 끌 수 있다는 사실을 이해하는 것이 특히 중요하다. 타인의 관점에 대한 앞서 언급한 가능성은 자기 행동을 변형하고 집단에 의해 부과된 규칙을 따르는 공동체 속 개인의 능력의 기저에 깔렸을 뿐 아니라, 사람들이 집단으로 행동해 '일탈자'들의 행동을 예측하고 통찰력 있게 대응하도록 한다.

하지만 자연적 서식지에서 침팬지들을 장기간 관찰할 기회를 가진 나 같은 현장 연구자들조차도 이들이 '다른 개체의 관점을 수용한다'고, 다시 말해 정교한 사회성을 지닌 인류와 비슷한 정도로 다른 개체의 동기나 반응을 고려한다고는 말하기는 어렵다. 하지만 사로잡힌 침팬지를 대상으로 한 실험들에서 이들 침팬지는 다른 유인원들을 속이기 위해 의도적으로 그렇게 할 수 있었다.

진정으로 창의적이라 할 수 있는 한 실험에서 연구자들은

젊은 침팬지 수컷 한 마리에게 외부의 큰 울타리 안에 과일을
파묻는 모습을 보여 주었다. 반면에 꽤 여러 마리였던 집단의
나머지 구성원들은 그것이 보이지 않는 자리에 있었다. 나중에
집단 전체와 함께 울타리 안에 들어가자 이 젊은 수컷은 당연히
먹을 것이 있는 자리로 곧장 향했다.[31] 하지만 실험이 반복되면서
나이가 많고 지위가 높은 수컷들은 곧 이 젊은 수컷이 먹을 것이
감춰진 장소를 정확하게 안다는 사실을 깨달았다. 그 결과 이들
지배적인 무리는 젊은 수컷의 움직임을 단지 지켜보다가 이 수컷이
먹을 것을 파내기 시작하자 쫓아내고 자기들이 과일을 먹었다.
하지만 실험이 더 진행되면서 젊은 수컷은 자신이 이 지배 무리의
머릿속에 들어가 이들을 능가할 수 있다는 사실을 보여 주었다.
나중의 실험에서 이 수컷은 과일이 없는 장소로 돌진해서는
흥분한 듯이 땅을 파기 시작했다. 그리고 나머지 무리가 이 행동을
따라하자 지위가 낮은 젊은 수컷은 조심히 과일이 실제로 묻힌
자리에 가서는 지위가 높은 몇몇에게 들키기 전까지 먹어치우고
달아났다.

　　또한 침팬지의 경우에 다른 개체의 관점을 고려하는 능력의
기본적인 요소들은 확실히 실험적인 상황이 아닌 경우에도
나타났다. 예를 들어 영장류학자 프란스 드 발은 지배적인 알파의
지위를 놓고 경쟁하는 대규모의 사로잡힌 침팬지 무리에서 지내던
수컷 두 마리의 사례를 들었다. 이들은 서로를 위협하려 애썼기
때문에 둘 다 공포를 나타내는 이빨을 드러낸 찡그린 표정을
지었다. 겉으로 확실히 드러나는 특징적인 표정이었다.[32] 이 표정은
자기도 모르는 사이에 나왔지만 경쟁이 지속되면서 두 수컷 가운데
한 마리는 영리하게도 손으로 입을 덮어 경쟁 상대에게 자기가
스트레스를 받는다는 시각적인 신호를 부정하려 했다. 비슷한

행동은 곰베 국립공원에서도 보고되었다. 야생의 흥분한 수컷은 먹이를 보고 나오는 자신의 무의식적인 울음소리를 억누르려 무척 애썼다. 시야에서 막 벗어난 경쟁 상대가 울음소리를 듣고 배급받은 귀중한 바나나를 빼앗을까 봐 이런 행동을 했던 것이다.[33]

반면에 인류는 언제나 속임수에 의존하는데, 믿을 만한 거짓말을 하려면 아주 조심스레 이야기를 지어 내 상대방의 마음속에 잘 짜인 환상을 만들어야 한다. 성공적인 이중 결혼을 이어가는 사람이 그 극단적인 사례다. 그는('그녀'인 경우도 상상할 수 있다) 이런 기술을 n번 발휘해야 하며 배우자가 얼마나 자기의 말을 의심하거나 신뢰하는지, 그리고 각각의 경우에 어떤 변명을 해야 하는지 같은 다양한 변수를 고려해야 한다. 하지만 이런 교활한 속임수는 타인의 관점을 고려하는 능력의 여러 쓰임새 중 하나에 불과하다.

큰 두뇌를 가진 동물들이 위계를 가진 사회적 집단에서 생활하도록 진화했을 때, 이들은 다른 개체의 동기를 가늠하기 위해 꽤 정교한 기반을 보여 줄 가능성이 높다. 즉 경쟁적으로 타인을 지배하거나 또는 단순히 살아남아 스트레스가 덜한 종속적인 역할 아래 번성하려 할 수 있다. 또한 타인의 관점을 고려하는 능력은[34] 개체의 행동이 동료들을 공격적으로 만들어서 분노하고 격앙된 연합체가 이뤄질 때, 집단에 어떤 일이 일어날지 추측하는 것을 포함한다. 이런 모든 기술은 개체에게 유용하며 이 기술이 오늘날 현존하는 네 종류의 아프리카 대형 유인원에게(엄밀히 따지면 싫든 좋든 우리도 아프리카 유인원이다[35]) 강하게 지속적으로 나타난다는 점은 그것이 적어도 800만 년 동안 개체의 적응도에 이점을 주었다는 사실을 말해 준다.

이 말은 환경이 변화할 때마다 이미 존재했던 중요한

유리함이 초기 인류에서 양심의 진화를 자극하기 시작했다는 뜻이다. 하지만 원시적인 '자아'를 그대로 받아들이면 이 특정한 전적응은 전혀 도덕적이지 않다. 수치의 감각, 그리고 그 동전의 양면에 자리한 명예와 자부심의 감각에 결부된 옳고 그름을 알려주는 특정 도덕이 그렇다.

규칙을 따르거나 말거나

또한 최소한의 의미에서 인류를 비롯해 아프리카에서 기원한 세 종의 다른 유인원들은 '규칙'이 무엇인지 직관적으로 안다. 이것은 대개 개인에게 특정 유형의 행동을 요구하거나 원하지 않는 행동을 없애라고 강하게 요청하는 것으로, 여기에 대한 기대는 잠재적으로 해를 끼칠 수 있는 권위에 의해 지지받는다. 하지만 드넓은 칼라하리 사막의 외진 곳에 사는 부시맨 족 수렵 채집자들에게 가장 핵심적인 권위는 이 지역을 기반으로 하는 평등주의적인 무리 전체일 것이다. 이 무리는 실제로 엄한 권위를 가질 수 있는데, 그 첫 번째 이유는 이들의 사회적인 기대가 도덕에 의해 강화되기 때문이며 두 번째 이유는 이들이 무기를 사용해 사람 만하거나 그보다 덩치가 큰 포유동물을 죽이는 관습이 있기 때문이다. 그 말은 집단이 분노하면 공격적으로 해를 끼칠 수 있다는 뜻이다.

부시맨 족이나 피그미 족 같은 무리는 끊임없이 타인에 대해 수다를 떨며 비판을 잘 하는 데다, 집단적인 분노가 배척이나 심지어 처형으로 이어지기 때문에 집단의 의견은 두려움의 대상이 된다. 이것은 모든 수렵 채집자 집단에서 공통적이다. 예를 들어 4장에서 살폈듯이 남을 지배하려는 개인이 무리의 구성원을 살해하고 이어 다른 구성원을 또 살해한다면, 연쇄

살인마이자 환영받지 못하는 지도자가 된 그는 이 집단적인
권위에 의해 처리될 것이다. 이것은 이들이 수렵과 채집을 하는
곳이 오스트레일리아의 반사막 지역이든 북극의 툰드라나 다른
지역이든 마찬가지다. 목숨을 빼앗는 것이 그 처리 방식이다.

오늘날의 인류 가운데서는 도덕적인 권위자가 각 가정의
부모에서 법의 뒷받침을 받는 지역 사회의 경찰이나 보안관까지
다양하다. 또 종교 신자에게는 전지전능하고 인간을 벌줄 수 있는
신이 그 대상일 것이다. 이런 권위는 형식에 얽매이지 않기도
하지만 법령이나 종교에 의해 사람들에게 잘 알려진 특정 규칙들로
형식화되기도 한다. 이런 규칙들은 다양한데, 예컨대 '도둑질을
하지 말라'라든가 '침입자는 고발 조치할 예정'일 수도, '숙제를
마치기 전에는 오늘밤에 텔레비전을 볼 수 없어'일 수도 있다. 수렵
채집자들 사이에서는 최고의 권위를 가진 것이 같이 야영하는 지역
무리인데, 에밀 뒤르켐은 이런 무리가 개인을 순응하게 하고자
거의 독재에 가까운 행위를 보인다는 사실을 훌륭하게 묘사한 바
있다.[36]

침팬지와 보노보, 고릴라에서도 기본적인 특정 사항은
놀라울 만큼 비슷한 것으로 보인다. 이들 종에서 지배적인
개체들은 종속된 개체들에게 쉽게 '규칙'을 부과한다. 예컨대
종속된 개체들은 주로 먹이를 먹는 작은 구역에 있다가 약탈자
무리를 만나면, '먼저 움직이지 말아라, 안 그러면 공격적으로
위협을 당하거나 그곳을 소유하는 지배자에게 물리적인 공격을
당할 것이다'가 규칙이라는 사실을 안다. 이런 도덕과 관계없는
규칙들은 주로 먹이를 먹는 우선권이라든지 수컷이 암컷에게
접근해 짝짓기 하는 접근권과 관련된다. 하지만 가끔 이것들은
정치적인 위치를 얻기 위한 경쟁을 통해 전적으로 단순히

생겨나기도 한다. 실제로 야생의 수컷 침팬지들은 상당한
에너지를 들여 수컷들의 지배 위계에서 보다 높은 자리에
오르고자 하는데, 몸에 생긴 상처가 그것을 증명한다. (암컷들은
이보다 훨씬 덜 경쟁적이다.) 침팬지와 비교하면 보노보 수컷은
다른 수컷과의 경쟁에 훨씬 덜 집착하지만, 그래도 역시 상처를
갖고 있는데 이것은 아마도 떼로 뭉쳐 수컷에 대항해 권위를
얻으려는 암컷들과의 싸움에서 주로 생겼을 것이다.[37] 야생의 암컷
보노보들도 알파의 지위를 얻고자 경쟁하기 때문이다.

이런 모든 경쟁을 통해 규칙들은 단순하기는 해도 개체의
적응도 측면에서 중요해진다. 권위자로 행동하는 지배자는
즉각적으로 감지할 수 있는 혜택 또는 존중의 신호나 양보를
강조하며 이것이 계속되는 한 모든 것은 매끄럽게 진행된다.
인류에서는 단일한 개인보다는 '사회'가 이런 권위자 역할을 하는
경우가 많지만, 우리가 이제 살필 내용처럼 꽤 큰 집단이 개인에게
적어도 약간의 '규칙'을 부과하는 사례는 이미 공통조상의 시절부터
시작되었으며 그 후손인 침팬지 속의 조상에게는 이런 경향이 더욱
강하게 나타났다.

위계는 유연할 수 있다

1987년에 리처드 랭엄은 이 공통조상이 집단생활을 하는 살인자
유인원이었다고 묘사한 적이 있었다. 그리고 나중에 랭엄은 공저한
저서 『악마 같은 남성』에서 내가 '침팬지 속 조상'이라고 부른
유인원으로 이 사회성에 대한 묘사를 상당히 확장했고 보노보,
침팬지와 비교해 인류가 가진 폭력성의 기원을 살폈다. 그리고
내가 『숲속의 위계』에서 공통조상 분석에 포함되는 전반적인

먹이 먹는 순서에 대해 살핀 바에 따르면, 침팬지들은 무척
위계적이어서 자기가 누구에게 양보하고 복종해야 하는지를 모든
수컷들이 정확히 알았다. 이 점을 확실히 보여 주는 복종하는
개체들만의 특수한 인사도 있을 정도였다. 고릴라의 경우에 몸집이
크고 등이 은백색인 나이 많은 수컷은 자기 암컷 무리의 모든
성체들에게 겁을 주어 위협했으며 암컷들은 자기만의 먹이 먹는
순서가 있었다. 한편 보노보의 사회적 위계는 이보다 복잡한데
수컷들이 연합체를 형성하지 않으며 암컷들은 주기적으로
패거리를 지어 우위를 점한 수컷들에 맞서고 그에 따라 제일 좋은
식량을 통제하려 하는 경우가 많다. 인류의 위계는 더욱 복잡한데
모든 인간은 확실한 위계 속에서 무리를 짓는 경향이 있고 이런
무리에서 생활하려면 규칙들을 이해해야 한다.

　　　앞서 4장에서 강조했던 것처럼 인류는 특별히
'평등주의적인' 방향으로 발전했다. 이런 경향은 인류에 대한
진화론적인 분석에 무척 중요하기 때문에 더욱 논의할 가치가
있다. 보다 최근의 선사시대 인류 사회와 가장 비슷한 150곳의
LPA 수렵 채집자 무리를 살펴보면, 이들이 이미 고도로
평등주의적이라는 사실을 알 수 있다. 이것은 최소한 활발한
사냥꾼들이(일반적으로 성인 남성인) 서로 동등한 존재로 여겨지며
자기들 사이의 심한 지배적 우위를 견디지 못한다는 점을 뜻한다.
예컨대 생명을 유지하는 데 필수적인 식량 자원을 독차지하거나
남에게 이래라저래라 지시하는 등의 우위다. 행동 생태학에 근거해
추측할 때, 나는 인류의 선조들이 진지하게 커다란 사냥감을 쫓기
시작할 때 이런 평등주의가 나타날 가능성이 높고, 또는 이때
평등주의가 상당히 강화될 것이라 주장할 것이다.

　　　우리는 이미 부시맨 족에게 어떤 일이 벌어졌는지 살폈다.

이들은 어떤 남자 구성원이(언제나 남성으로 보인다) 자기 자신을
앞세워 우월하게 행동하려는 기미가 보이기도 전에 미리 그 거만한
개인을 억누른다. 가끔은 현명한 개인이 임시적이거나 영구적인
무리의 지도자 지위를 부여받을 수 있다는 점에서 이들에게는
유동적인 사회 속에서 위로 올라갈 가능성이 있다.[38] 하지만 그
개인은 겸손하게 행동하도록 기대되었는데, 이들이 인정하는
리더십 유형은 다른 모든 이들의 의견을 경청하고 합의에 이르도록
(합의가 자발적으로 이뤄진다면) 온화하게 돕는 정도이기 때문이다.
이런 결정은 무리가 그 다음으로 나아갈 방향이나 심각한 일탈자에
대해 어떻게 대응할지 등을 포함하는데 지도자들은 혼자서 어떤
결론에 다다를 수 없다. 결정을 내리는 것은 무리 전체다.

인류 조상의 '사회적인 통제'

여기에 지금까지 단지 간단하게 소개만 했을 뿐인 중요한 주제가
하나 있다. 야생의 대형 유인원 가운데 개체에 대한 집단 수준의
통제를 가장 광범위하고 일상적으로 행하는 종은 아마도 보노보일
텐데, 이 종의 연합 행동이 흥미로운 이유는 암컷의 위력이 상당히
강화되었기 때문이다. 이들은 대규모의 준-영역적인 공동체를
이루며 꽤 많은 암컷과 수컷이 섞여 무리 지어 식량을 채집한다.[39]
수컷은 자기들의 어머니를 정치적인 협력자로 활용해 지배적인
위치를 놓고 다른 수컷들에 대항해 경쟁한다. 보노보는 결코
침팬지 수컷들처럼 예측 가능한 방식으로 연합체를 이루지 않는다.
보노보 수컷은 암컷에 비해 덩치가 크고 확실히 더 근육질이기
때문에 암수 개체들이 일대일로 겨루면 위계가 높은 수컷이 승자일
것이다.

하지만 암컷은 대개 근처의 암컷들과 하나 이상의 암컷 연맹을 이루며, 둘 이상이 뭉친 혈기왕성한 보노보 암컷들은 자기보다 덩치가 큰 수컷을 쉽게 제압하고 원하는 식량을 얻을 수 있다. 만약 어떤 수컷의 지배적인 행동이 무척 강하게 적개심을 유발한다면 흥분한 암컷들은 최대 대여섯 마리가 무리 지어 악당을 공격하고, 죽음에 이를 수도 있을 만큼 심하게 물어뜯어 제대로 된 통제를 가할 수 있다.[40] 암컷 보노보들의 연합에 의한 이런 사회적 통제는 대규모 야생 군집뿐만 아니라 사람에게 사로잡힌 소규모의 무리에서도 빈번하게 나타난다.

　　고릴라 또한 이런 집단적인 사회적 통제를 드물게 행한다. 암컷은 은백색의 나이 많은 수컷에 비해 몸집이 절반에 지나지 않으며, 덩치 큰 수컷 보호자에게 가까이 머물고자 서로 경쟁하는 하렘 속에서 생활하기 때문에 암컷들이 보노보처럼 수컷의 지배에 대항하는 연합체를 꾸릴 가능성은 낮다. 그렇지만 인간에게 사로잡힌 상황에서는 야생에서 몹시 드물게 나타나는 이 종의 사회적인 잠재력이 여러 측면에서 나타날 수 있다. 여러 암컷을 거느린 등이 검은색인 젊은 성체 고릴라 수컷에 대해 보고된 한 사례에서, 사람들은 어느 날 덩치 큰 은백색의 나이 많은 수컷을 다른 동물원에서 데려왔다. 나이 많은 수컷이 곧장 무리를 장악하고 우위를 점해 싸움을 중재할 것이라고 생각했기 때문이었다. 하지만 기대와 달리 고릴라 암컷들은 힘을 모아 나이 많은 수컷을 맹렬하게 공격했는데 그에 따라 이 수컷이 우리의 한 귀퉁이에 웅크리고 있는 바람에 사람들은 수컷을 다시 데려갈 수밖에 없게 되었다.[41] 이 사례에서 다툼이 벌어진 원인은 식량이 아니라 무리의 지배권이었고 여러 암컷들의 동맹에 의한 사회적인 통제는 신체적으로 힘센 새로 온 덩치 큰 수컷을 단호히 쫓아낼 만큼 위력이 강했다.

한편 침팬지들의 연합체는 다양한 방식으로 사회적인 통제력을 발휘한다. 야생에서 암컷 침팬지들은 보노보와 달리 대부분의 시간에 혼자서 식량을 구하러 다녀야 하는데, 그 이유는 식량이 그렇게 풍부하지 않아서 다른 암컷과 연합체를 형성할 기회가 부족하기 때문이다. 그 결과 보노보와 달리 계급 제도에서 가장 지위가 낮은 수컷 성체라 해도 '일대일'로만 싸움이 이뤄지기 때문에[42] 암컷 가운데 가장 강한 개체를 이길 수 있다. 반면에 수컷들은 알파 수컷을 밀어내기 위해 계속해서 소규모 연합체를 꾸리며, 알파 수컷이 스스로 효과적인 연합체를 구성하지 않는다면 다른 수컷들의 연합체가 알파 수컷을 약화시킬 수 있다. 즉 수컷들은 경쟁에서 우위를 얻기 위해 계속해서 양자 동맹을 활용한다.

가끔은 종속적인 수컷 침팬지들이 암컷 성체들의 도움을 받아 공동체에서 지위가 높은 수컷들 가운데 마음에 들지 않는 개체의 권위에 다 함께 대항하기도 한다. 여럿이 뭉쳐 그 개체를 공격하거나 무리에서 쫓아내는 것이다. 비록 드문 경우기는 하지만 탄자니아에서는 두 곳의 서로 다른 들판에서 이런 일이 여러 번 벌어지기도 했는데[43] 그 가운데 한 사례에서 한때 알파 개체였던 불량배가 무리에서 내쫓겨 다시는 볼 수 없었다. 보노보의 경우와 마찬가지로 이런 일은 침팬지에게 위험도 면에서 집단에 의해 처형당한 것과 비슷하다. 이때는 영장류학자 프란스 드 발이 '공동체의 관심사'라고 불렀던 것에 기초해 결정이 이뤄지는 것으로 보인다. 드 발의 용어는 침팬지들이 다른 구성원들의 이익을 해칠 수 있는 파괴적인 행동을 하는 개체에 대한 공격적인 통제에 관심을 갖는 것을 뜻했다.[44]

한편 침팬지들이 인간에게 사로잡힌 대규모의 무리에서 생활할 때는 암컷들에게 가장 확실한 변화가 일어난다. 이 경우에는 식량이 충분히 준비되어 있기 때문에 암컷들은 더 이상 혼자서 먹이를 구하러 가지 않아도 되는데, 그 말은 이제 다른 암컷들과 강한 정치적인 연대를 형성할 수 있다는 뜻이다. 이것은 식량이 풍부하고 수렵 채집 무리가 대규모인 야생의 암컷 보노보들도 마찬가지다. 이런 사로잡힌 집단 내의 암컷 침팬지 무리는 보노보를 넘어설 만큼 대단해서 수컷의 권력을 심각하게 침해할 만큼 커다란 연합체를 구성한다. 이렇게 할 수 있는 것은 이 암컷 연합이 몇 가지 단순한 규칙을 지키기 때문이다. 이들은 야생에서 꽤 일상적인 행동인, 가까이 있는 암컷에게 폭력을 행사해 자기의 불만을 해소하려는 수컷을 무리 지어 공격할 확률이 가장 높다. 사로잡힌 암컷들은 이렇듯 암컷에 대한 수컷의 공격을 통제할 뿐 아니라, 종종 공동체 전체에 대응하는 방식으로 일반적인 수컷의 괴롭힘을 통제하기도 한다. 프란스 드 발은 이런 사건 하나를 기술한 적이 있는데 알파 수컷이 덩치가 훨씬 작은 한 수컷을 공격했던 사례였다.

한번은 여키스 필드 스테이션 무리에서 현재 알파 수컷인 지모는 자신이 좋아하는 암컷 한 마리가 청년 수컷 소코와 몰래 짝짓기 하는 모습을 발견했다. 그 둘은 재빠르게 시야에서 사라졌지만 지모는 이들을 찾아냈다. 원래 나이 든 수컷은 이런 범인을 그저 쫓아내는 정도지만 어떤 이유 때문에 (아마도 암컷이 그날 계속해서 지모와 짝짓기하기를 거부했다는 이유 때문에) 이번에는 지모가 최고 속력으로 소코를 쫓아갔고 포기하지 않았다. 지모가 울타리 안쪽을

빙 돌아 쫓아오자 소코는 비명을 지르고 두려움에 대변을
지렸다. 지모는 소코를 꼭 붙잡을 작정이었다.

하지만 지모가 자기 목적을 달성하기 전에 암컷 여러 마리가
가까이 다가와 '워워' 하고 짖기 시작했다. 이것은 침입자나
공격자로부터 스스로를 방어하는 데 사용하는 화난
음성이었다. 처음에는 이렇게 소리를 낸 암컷들이 주변을
둘러보며 집단의 나머지 구성원들이 어떻게 반응하는지
살폈다. 하지만 점차 다른 개체들이 합류하고, 특히 계급이
높은 암컷들이 참여하자 외침은 빠른 속도로 거세졌고
결국 말 그대로 모든 개체들이 귀청이 터질 듯 합창하기에
이르렀다. 처음에 산발적이던 외침은 이 무리에서 일종의
투표가 일어난 것 같은 인상을 주었다. 항의의 외침이
합창으로 번지자 지모는 불안한 미소를 띠면서 공격을
멈췄다. 무리의 메시지를 알아들은 것이었다. 지모가
이렇게 반응하지 않았다면 암컷들이 합심해 이 소동을
잠재웠으리라는 것이 확실했다.[45]

침팬지들이 적대적인 목소리를 점차 높이는 행동은 심각한
일탈자 개체가 행동을 과연 변화시킬 것인지 집단 차원에서
지켜보며 여론을 달구는 모습일 수 있다. 중요한 사회적 규칙이
위반되면 화가 나 털을 곤두세우고 사회적 통제에 들어가는
소규모 인류 무리와 마찬가지다. 이때 알파 수컷이 반갑지 않은
행동을 멈췄을 때만 비로소 암컷 침팬지들은 외침을 멈췄는데,
이것은 우리에게 다음과 같은 또 다른 사실을 알려준다. 이 대형
유인원들은 상당히 불만스러운 행동을 하는 지배적 개체를 완전히
제거할 의도가 아니었다는 점이다. 이들은 그 개체에게 행동을

168

바꿀 기회를 주려고 했다. 인간의 용어로 바꾸면 교화하려 했던 것이다. 나중에 나는 인류 LPA 무리의 사회적 통제에 대한 통계 자료를 제시할 예정인데, 여기에 따르면 인류 역시 일탈자를 죽이기보다는 교화하는 것을 선호한다.

그렇다면 공통조상의 집단적인 사회적 통제 능력은 어땠을까? 우리는 최소 공통분모인 고릴라를 살펴야 한다. 그에 따른 결론은 이 조상의 위계적 행동 가운데 적어도 무리 지어 공격적으로 행동하고 상처를 줄 가능성이 포함된다는 것이다. 흥분한 개체들의 연합은 심각한 공동의 적대감과 분노를 일으키는 행동을 하는 힘센 개체들을 통제하고자 힘을 모은다. 또 침팬지 속의 조상에서는 최소 공통분모가 보노보와 침팬지가 되는데, 권위에 대항하는 이들의 행동은 고릴라보다 훨씬 빈번하게 일어난다. 다음 장에서 살피겠지만 이렇듯 반란을 일으키는 가능성은 무척 중요한데, 그 이유는 무리가 지배적인 개체에 대항해 사회적 통제를 실시하는 새로운 발달 단계가 인류로 하여금 양심이 진화하도록 이끌었기 때문이다.

양심의 진화

간추리자면, 지금 우리 앞에는 집단생활을 하며 위계성이 확실한 침팬지 속의 조상이 있다. 이들은 꽤 큰 전전두엽과 적어도 꽤 복잡한 사회적인 자아를 지녔다. 이들은 새끼가 나이 많은 개체로부터 배우는 어미 중심의 가족을 꾸리며, 이때 행동의 규칙 역시 배움의 대상에 포함된다. 사회적인 경쟁을 비롯해 정치적으로는 (이런 경쟁을 일으키는) 지배와 종속, 연합 형성에 대한 규칙이다. 이 유인원은 다른 개체들이 타자를 조종하려는 의도를 가진다는 (이들이 위계가 높고 강압적인 개체로 행동하든, 아니면 적대적이고 지배적인 무리로 행동하든) 사실을 이해하는 정교한 능력을 가졌다. 또 이 유인원이 특정한 제한된 상황에서는 집단적인 기반에서 어느 정도의 사회적 통제를 발휘할 수 있다는 점은 확실하다. 하지만 이런 능력을 모두 합쳤을 때 옳고 그름에 대한 도덕적인 감각을 갖춘, 우리가 양심이라 부를 만한 무언가가 될 수 있을까?

양심을 가진다는 것은 '개체가 공동체의 가치를 발견하는' 일이고 그것은 집단의 규칙들을 내면화한다는 뜻이다. 여러분은 규칙을 배우고 그것을 실시하는 사람들의 반응을 예측할 수 있어야 할 뿐만 아니라, 그 규칙들과 감정적으로 연계되어 있어야 한다. 그리고 긍정적인 방식으로 규칙을 발견해야 하며, 규칙을 위반했을 때 수치를 느껴야 하고 규칙에 따라 행동할 때 자기만족과 도덕적인 자긍심을 느껴야 한다. 이 마지막 항목은 덕에 대한 현대적인 정의로 간주할 수 있다.

이때 몇 가지 이유 때문에 집단의 규칙을 더 잘 '내면화한' 개체들은 사회생활에 성공할 확률이 높으며 그에 따라 유전자를 퍼뜨리는 데 더욱 성공한다. 이런 도덕 순응주의자에 대한 동전의 뒷면에 존재하는, 집단의 규칙들을 감정적으로 발견하는 데 대한 심각한 무능함은 개인의 적응도를 낮추기 쉽다. 지금 교도소에 갇혀 있기 쉬운 여러 소시오패스의 경우가 그렇다(발각을 피하는 데 능숙한 흔치 않은 능력을 갖지 않았다면). 무리의 구성원 전부가 도덕적인 탐정 역할을 하기 때문에 이들은 과거에 빈틈없이 바싹 경계하는 도덕 체계에 빠르게 저촉되었을 것이다. 인류의 경우에는 도덕 공동체 속에 어울릴 때 적응도 면에서 상당한 보상이 주어지는데, 벌을 받으면 적응도에 손해가 가는 반면 좋은 평판을 얻으면 적응도에 도움이 되기 때문이다.

정의상 도덕 공동체란 그 구성원들이 각자 내면화한 규칙들에 기초해 옳고 그름에 대한 감각을 가지며, 그 결과 집단의 선호도가 형성되어 사람들의 평판과 그에 따른 도덕적인 지위에 영향을 주는 무리를 말한다. 어떤 집단의 개인들이 동일한 규칙 집합을 내면화했을 때 이들은 심각한 일탈자를 열정적으로 재판해 억제하는 사회적 통제를 실시할 수 있다. 모든 구성원들이 문제의 반사회적인 행동이 수치스럽거나 끔찍하고 무척 위협적이라는 데 동의했다면 그렇다. 이렇듯 개인의 행동을 상과 벌을 양쪽 다 포함하는 집단생활의 맥락에 맞게 방향 지우는 도덕적인 나침반이 양심이다.

나는 이미 집단의 규칙이 강하게 내면화되어 있어 그것을 위반하려는 유혹을 느끼지 못할 정도가 되면 안 된다고 제안한 바 있다. 그 이유는 인간 집단들이 지니게 되는 금지 가운데 상당수는 개인이 번식 성공도를 증진하는 데 조금이라도 도움을 주는 동일한 이기적인 행위들을 축소하기 위해 설계되었기 때문이다. 생물학적으로 최선인 것은 어떤 규칙을 심각하게 위반하려 할 때 여러분이 심리적으로 선명한 불쾌감을 경험하고 어쩌면 뺨이 붉게 달아오르는 정도의 규칙들을 발견하는 것이다. 이것은 우리로 하여금 지금 중대한 사회적인 약속이 깨졌고 그에 따라 심각한 결과를 맞이할 수 있다는 사실을 상기시킨다.

즉 사회적으로 잘 적응한 인류인 우리는 양심에 완벽히 지배당하지는 않는다. 사실 그것과는 거리가 멀다. 그보다 우리는 양심으로부터 정보를 얻으며 비록 양심에 의해 효과적으로 억제당하기는 하지만 그 방식은 유연하다. 우리들 대부분은 이런 식으로 경쟁적인 세상에서 앞서기 위해 약간의 도덕적인 타협을 한다. 그럼에도 우리는 기본적으로 나쁘지 않은 평판을 유지하며 정말로 심각한 사회적인 불화를 겪지는 않는다.

유인원에게 도덕이 있을까?

우리의 양심이 도덕적인 딜레마들을 정리하는 동안 그 작동 방식의 꽤 많은 부분은 의식적인 것이다. 예를 들어 우리 가운데 상당수는 다윈이 그랬듯이 도덕적 딜레마에 직면할 때 스스로에게 말하는 소리를 실제로 들으며 그 결과를 서로 견준다. 이런 다윈주의적인 '내면의 목소리'와 조금이라도 비슷한 무언가가 유인원의 마음속에 존재할까? 이 질문은 겉보기와는 달리 그렇게 터무니없지 않다. 그 이유는 사로잡힌 유인원의 사례를 통해 우리가 곧 살피겠지만, 이들은 혼자 있을 때 특정한 종류의 대상에 대해 적어도 수화로 대화를 나눌 수 있기 때문이다.

이 질문에 대해 우리는 '규칙 지향적인' 조상 종들의 능력에 대해 이미 재현했던 바가 있다. 이 능력은 처벌적인 사회적 통제를 실시하며 공포를 비롯해 꽤 정교한 조상들의 자기인식에 기초해서 통제에 효율적으로 대응한다. 이제 그 다음 질문은 다음과 같다. 우리의 먼 조상들은 옳고 그름의 내적 감각을 야기하는 덕목과 규칙의 내면화에 기초해 수치스러운 부적절함이 주는 '도덕적인' 느낌을 조금이라도 억눌렀는가? 만약 오늘날의 침팬지와 고릴라, 보노보가 아무리 원시적인 수준에서라도 이런 느낌을 가질 수 있다면, 그리고 이들이 인류와 마찬가지로 규칙을 내면화해 그 결과 자아를 억제할 수 있다면, 우리는 공통조상이 이미 일종의 도덕적인 존재라고 결론을 내려야 할 것이다. 이런 경우라면 공평하게 말해 인류는 지구상에서 유일하게 도덕적인 종이 아니다.

172

그리고 도덕적 기원에 대한 이론은 수백만 년 전으로 거슬러 올라가야 한다.

이런 가설을 어떻게 시험할 수 있을까? 도덕적인 인간들이 고릴라와 침팬지, 보노보 몇 마리를 키우는 실험을 실시해 그 결과 이 세 종이 전부 인류와 마찬가지로 규칙을 내면화하고 수치라는 감각을 지닌다는 확실한 증거를 얻는다면, 우리는 공통조상이 이미 현대적인 의미의 양심을 진화시킬 가능성이 있다고 말할 수 있다. 만약 이 종들이 규칙을 위반했지만 아무도 그 사실을 모를 때 자신의 행동을 사적으로 염려한다는 징후를 보인다면, 이런 진화적인 유리함은 여전히 강하게 남았을 것이다. 이런 중요한 질문들에 대해 탐색하기 위해서 우리는 과학적인 에덴동산에 대해 알아보려 한다. 이 탐색은 우리를 가장 별난 유형의 실험실로 데려갈 것이다.

유인원은 죄책감에 사로잡힐 수 있을까?

1959년 이래로 사람들은 사로잡힌 소규모의 침팬지와 약간의 보노보, 고릴라 개체들을 사육해 미국식 수화ASL를 사용하도록 훈련시켰다. 드문 경우지만 이들 동물들은 인류가 고안한, 손을 이용하는 다른 소통 체계에 능숙해지기도 했다. 주로 이런 고도로 사회적인 동물들은 기호를 사용해 주인들에게 먹이를 요청하도록 훈련받았지만, 실험실에 질서를 부여하기 위해서는 훈육이 필요했기 때문에 한정적인 어휘에 약간의 항목이 더해져 이들을 통제하는 데 도움을 주도록 설계되었다.[46] 유인원들이 '좋다'나 '나쁘다', '미안하다' 같은 사회적인 소통 기호를 사용하는 법을 익혔을 때 적어도 이들 주인의 마음속에서 이 기호들은 도덕적인 아이디어와 느낌들을 지시했을 것이다.

　문제의 유인원들은 마음대로 이동할 수 없는 종속된 포로라는 의미로 '길들여진' 것만은 아니었다. 이들 가운데 상당수는 교차 양육되었는데 그 말은 기본적으로 주인인 인간들이 자기 아이를 키우는 것처럼 이들을 키웠다는 뜻이었다. 이런 양육이 가능했던 이유는 작은 유인원들은 본성적으로 인간 아이와 무척 비슷해 지적이고 호기심이 많으며 다정하고 사회성이 있는 데다 무엇보다 무척 의존적이기 때문이다. 또한 이들은 장난을 치지 않고는 못 배기며 천성적으로 소통을 좋아한다.

　이 실험에 참가한 동물들의 대다수는 침팬지였는데 성미가 심각하고 변덕스러워서 이들을 훈련한 과학자들은 이 유별난 작업에 특별한 공을 들여야 했다. 이 침팬지들은 턱 힘이 셌고 이빨이 거의 개들과 비슷할 만큼 컸다. 게다가 아무리 상대적으로 나이가 어려도 이 침팬지들은 인간보다 몇 배는 힘이 셌다. 다행히 이들의 폭발하기 쉬운 공격성과 그에 따른 고의적으로 장난을 잘 치는 경향은 권위에 잘 복종하는 기질과 함께했다. 하지만 이들은 물리적인 힘과 공격성을 가진 만큼 이런 사회적인 순종성이 당연한 것은 아니었다.

　이렇듯 교차 양육된 유인원들은 명백한 이유로 집과 연구실에서 화장실 훈련을 받았고 이 경험은 긍정적이거나 부정적인 강화를 일으켰다. 또한 유인원들은 도덕주의적인 주인을 기쁘거나 불만스럽게 하는 행동에 대해 칭찬이나 비난을 경험했다. 여기서 질문이 하나 제기된다. 이 인류와 비슷한 방식으로 나타난 특별한 사회화는 사로잡힌 유인원들의 행동적 잠재력에 어떤 색다른 효과를 불러일으켰는가? 이 효과는 이들보다 훨씬 앞선 조상의 도덕적인 행동에 대해 어떤 정보를 줄 수 있는가?

우리는 먼저 자연 환경에서 유인원 어미들이 어떤 방식으로 충동적인 새끼들을 통제하는지부터 알아봐야 한다. 나는 여러 해에 걸쳐 곰베 국립공원에서 야생 침팬지 어미들이 어린 새끼를 어떻게 사회화하는지를 조심스레 관찰했고, 그것이 제인 구달이 특별히 연구의 중심으로 삼은 주제인 만큼 나는 수백 시간에 걸쳐 어미와 자식의 상호작용을 지켜보는 특권을 누렸다. 문화 인류학자로 훈련을 받았던 내가 생태학자로 거듭났던 셈이다. 구달이 글로 남겼듯[47] 훌륭한 침팬지 어미는 거의 순교에 가까운 정도의 인내심을 보이며 기본적으로 새끼가 보이는 신호에 대해 적대감 없는 방식으로, 인간의 용어로 바꾸면 '판단을 내리지 않고' 반응했다. 어미는 새끼를 보호하고 통제했지만 화가 나서 혼내거나 비난하는 것 같지는 않았다. 인내심 넘치는 지도가 침팬지 어미의 방식이었다.

예를 들어 새끼가 젖을 찾으면 어미의 젖꼭지는 곧장 준비되었다. 새끼는 점점 자라면서 어미의 입에 들어갈 먹이를 자기에게 달라는 몸짓을 보였다. 새끼 두 마리가 야단스럽게 소동을 벌이다가 한 마리가 다른 한 마리에게 고통을 주면 어미는 공평하게 개입하면서 희생자를 보호했지만 어느 쪽도 벌주지는 않았다. 아마도 아주 가끔은 새끼가 귀찮게 굴 때 어미가 조금 화를 내기도 했지만, 기본적으로 그 방식은 새끼를 차분하게 보호하는 것이지 적대감이나 '훈육'과는 거리가 몹시 멀었다. 물론 만약 또 다른 성체 침팬지라든지 포식자가 소중한 새끼를 위협하면 어미는 목숨을 걸고 힘껏 방어할 테고 이때는 진정한 적대감을 보일 것이다. 하지만 새끼를 통제할 때는 도덕적인 판단은커녕 단순히 화내는 일도 전혀 없었다.

인류의 경우 부모에 의한 도덕적 사회화는 심한 반감과

수치를 동반할 수 있으며 가끔은 물리적 처벌이나 자유의 제한이 따르기도 한다. 우리는 뒷장에서 칼라하리 수렵 채집 집단의 한 입심 좋은 여성 구성원의 자서전을 통해 이 점에 대해 알아볼 것이다. 반면에 침팬지의 경우에는 이것이 단순히 단호하고 친근하며 지배적인 지도에 관한 문제다. 매년 아프리카를 방문하며 6년을 보낸 뒤 내가 내린 결론은 미성숙한 야생의 침팬지에게 '도덕적 자아'를 불러일으키는 것처럼 보이는 부모의 행동은 존재하지 않는 듯 보인다는 점이었다. 나는 다윈에게 영감을 받아 유인원의 마음에서 의식이 막 생겨났다는 신호를 찾고 있었지만 불가능했다. 어쩌면 그런 행동의 잠재력이 존재할지 모른다는 가능성을 찾기는 했지만 자연적인 야생의 조건에서 그런 의식의 발전은 발생하지 않았다.

여기에 대해 탐구하려면 우리는 이 인간에게 사로잡힌 연구 대상에게로 다시 돌아가야 한다. 이들의 인간 '부모'는 자연스럽게 도덕적으로 판단을 내렸다. 유인원들은 인간이 고안한 한정적인 '언어'를 창의적으로 활용했으며 그 결과 인간, 심지어는 다른 유인원들과 의미 있는 쌍방적 의사소통을 했다. 실제로 이제 나는 계획적인 고릴라 한 마리와 나로서는 꽤 이해하기 쉽지만 날카로웠던 논쟁을 펼친 후 내가 결코 잊지 못할 방식으로 모욕당했던 경험을 얘기하려 한다.

대형 유인원들은 미국식 수화를 곧장 익힐 수 있지만[48] 애틀랜타 주에 자리한 한 실험실에서는 수십 년에 걸쳐 침팬지를 대상으로 또 다른 소통 체계가 쓰였다. 나중에 보노보에게도 활용된 이 체계는 키보드에 완전히 자의적인 기호를 탑재한 컴퓨터 콘솔을 통해 가능했다.[49] 이 두 종류의 '수동식' 체계는 잠재적인 어휘의 양과 내용 면에서 꽤 비슷했다. 문제의 어휘 목록은 아프리카 대형 유인원들의 인지적인 한계와 사로잡힌 유인원들의 제한된 생활환경에 따라 축소되었지만, 그럼에도 최소한 100여 가지의 서로 다른 '기호'를 포함하곤 했다. 이때 어린 유인원들이 가장 훌륭한 실험 대상이었는데, 그 이유는 이들이 인간 어린아이들과 똑같이 예측 가능한 사회적, 신체적 요구 사항을 가졌기 때문이었다. 심리학자들은 이들을 위해 어휘를 고안했으며 어린 유인원들은 사물을 지시하는 꽤 많은 기호와 신호들을 상당히 잘 활용했다. 여러 종류의 먹이와 음료, 놀이 같은 매력적인 개념, 껴안기나 간질이기, 뒤쫓기 같은 특정 활동이 그런 예였다. 이 동물들은 자아의 개념을 가졌기 때문에 스스로의 이름뿐만 아니라 중요한 유인원이나 인간의 이름을 배울 수도 있었다.

　　이 동물들은 천성적으로 호기심이 많아서 이들에게 던지는 질문을 가리키는 기호 또한 존재했다. 예컨대 1970년대에 심리학자 모리스 테멜린Maurice Temerlin과 그의 부인은 루시라는 침팬지를 새끼 때부터 아들과 함께 키우면서 최대한 인간의 아이와 똑같은 대우를 했다. 테멜린은 루시에 대해 이런 글을 남겼다. "루시가 새로운 무언가를 보면 종종 '저것은 무엇?'이라 묻곤 했다. 집게손가락을 빠르게 왼쪽과 오른쪽으로 움직인 다음('무엇') 똑같은 손가락으로 그 사물을 가리켰던 것이다('저것'). 루시는 잡지를 뒤적이다가 전에 본 적 없는 무언가를 마주하면 우리에게 그 질문을 던졌고 가끔은 스스로에게 묻기도 했다. 우리는 아마도 루시가 혼잣말을 했거나 아내 제인과 내가 너무 멀리 떨어져 있어 직접 우리에게 얘기를 하기 힘들 때, 또는 우리가 아예 시야에서 벗어났을 때 수사적인 질문을 던진 것이라 확신한다."[50]

　　하지만 불행히도 이런 유인원의 의사소통은 민족지학적인 인터뷰를 수행할 만큼 강력하지는 않다. 유인원이 '도덕적'인 감각을 갖고 있는지 직접 물어볼 수 없는 노릇이다. 그래서 우리는 추론에 의지해야 하지만 유인원들이 확실히 할 수 있는 일의 목록은 인간과 큰 격차가 있다. 유인원들은 사회적인 이유로 얼굴을 붉히지 않지만, 다윈이 보여 주었듯이 인간은 전 세계 어디서든 그렇게 한다. 우리는 당혹스러울 때와 수치스러울 때 얼굴을 붉힌다. 인간을 제외한 다른 종들은 이렇게 하지 않으며 심지어 루시 같이 교차 양육된 유인원들도 이런 반응을 보이지 않는다.

사람이 어린 침팬지 한 마리를 키운다고 해 보자. 이때 훈육 방침이 어떤지와 상관없이 이 인간 양육자들은 본능적으로 침팬지를 인간 아이와 똑같이 대하는 경향이 있다. 예컨대 화장실 훈련을 시키는 과정에서 인정 또는 불만을 나타내는 신호를 보내는데 그렇지 않으면 활발한 행동을 제어할 수 없을 것이다. 인간 양육자들의 도덕적인 신호는 명백할 수도 있고 사소할 수도 있지만 어쨌든 존재한다. 침팬지는 어휘를 익히는 과정에서 자신의 행동에 대해 판단을 내리는 '좋다', '나쁘다', '미안하다' 같은 신호에도 노출된다. 중요한 사실은 이때 침팬지가 도덕적인 존재로 사회화된다는 점이다. 그렇기 때문에 여기서 침팬지가 이런 신호와 똑같이 대답할 잠재력이 얼마나 되는지는 흥미로운 지점이다.

하지만 불행히도 침팬지가 사용하는 어휘들은 맛이 좋다거나 재밌게 논다는 의미의 단순한 '좋음'과 '당신은 너그럽게 행동하는 게 좋다'처럼 도덕적으로 적절하다는 의미의 '좋음'을 구별하도록 설계되지 않았다. 따라서 침팬지가 '변기를 사용하는 것은 좋다'를 과연 어떻게 해석할지에 대해서는 상상하기 힘들다. 도덕적인 '나쁨'에 대해서도 비슷한데 예컨대 방바닥에 배변하는 것은 '나쁘다'라고 훈련자가 신호를 주는 경우가 그렇다. 이때 어떤 행동을 하면 혼나거나 벌을 받는다는 의미의 '실제적인 나쁨'과 그 행동이 본질적으로 반사회적이기 때문에 그런 행동을 하면 무례하거나 수치스러운 일이라는 의미의 '도덕적인 나쁨' 가운데 침팬지가 무엇을 생각하고 있는지 어떻게 알 수 있을까? 이 구별은 미묘하지만 몹시 중요하다.

'미안함' 역시 비슷하다. 인간에게 '미안함'이란 자책과 부끄러움을 동반한 후회라는 깊은 감정을 뜻하기도 하고 도덕적인 의미가 아닌 단순한 유감스러움을 뜻하기도 한다.[51] 이때 문제는 역시 재능 많은 이 유인원에게 '미안함'이라는 기호가 단 한 가지만 주어진다는 점이다. 아프리카 숲 속 유인원을 대상으로 한 내 연구 결과에 따르면 유인원들은 '미안함'의 기호를 사용하면서도 자기 행동에 대해 부끄러워하거나 후회하기는커녕 난감해하지도 않는 듯 보였다. 그래도 개체 사이에는 용서를 요청하거나 승인하는 자세와 몸짓이 존재했고 실제로 침팬지들은 다툼이 끝나고 종종 화해를 한다.[52] 하지만 이때 기본적으로 한 유인원 개체는 다른 개체의 손이나 몸을 그저 건드릴 뿐이다. 이 과정은 가끔은 일방적이거나 쌍방적이며, 가끔은 사로잡힌 개체들에 대한 드 발의 관찰 결과처럼[53] 제삼자가 유용한 도움을 준다. 하지만 이것은 단지 긴장을 늦추거나 긍정적인 관계를 쌓기 위한 것처럼 보이며, 따라서 이런 행동에 도덕적인 기초가 깔린 후회라는 의미를 부여하는 것은 분명 인류 중심적인 생각이다. 나는 야생에 도덕적인 기초가 깔린 자기 질책이 존재한다고 확신할 만한 관찰을 하지 못했다. 그리고 다른 개체를 공격한 개체들은 자기의 행동 때문에 나중에 곤란을 겪는 것처럼 보이지는 않았다. 그렇다면 인간에게 사로잡힌 유인원들은 어떨까?

9살 루시는 어린 시절 내내 기호 언어를 익혀 활용했고

100여 개의 기호를 제대로 다뤘다. 당시 루시에게 진정으로
도덕적인 함축을 가졌던 기호는 '미안하다' 하나뿐이었고 '좋다'와
'나쁘다'는 아직 어휘 체계에 포함되지 않았다. 또 화장실 훈련에서
큰 역할을 했으리라 추정되는 '더럽다'라는 어휘도 있었다.
심리학자 로저 파우츠Roger Fouts는 이 시기에 기호를 가르치기 위해
루시를 방문했는데, 실내에 아무도 없던 수업 직전에 루시는
테멜린의 거실 바닥 한가운데에 대변을 보았다. 이 '범죄'를 알아챈
파우츠는 루시에게 다가갔는데 다음은 미국식 수화로 나눈 이들의
대화를 '말 그대로' 옮긴 내용이다. 파우츠는 도덕적인 비난부터
시작했다.

> 파우츠: 이게 무엇인가?
> 루시: 루시는 모른다.
> 파우츠: 너는 안다. 이게 무엇인가?
> 루시: 더럽다, 더럽다.
> 파우츠: 누가 더럽고, 더러운가?
> 루시: 수(대학원생, 자리에 없었음).
> 파우츠: 수가 아니다. 누구인가?
> 루시: 파우츠!
> 파우츠: 아니다! 파우츠가 아니다. 누구인가?
> 루시: 루시가 더럽고, 더럽다. 루시가 미안하다.[54]

자기가 더럽힌 것을 책임지는 대신 '전략적인 속임수'를
저지르려던 루시의 노력은 땅에 묻은 과일을 찾는 척하거나 두려움
섞인 미소를 은폐하는 행동과 같은 범주로 보일 수 있다.[55] 비록
루시의 시도가 서투르기는 했지만 그 의도는 충분히 확실했다.

이론적으로 누군가를 탓하고자 한 루시의 첫 번째 시도는 의도대로 통할 수도 있었는데, 그 이유는 수가 그 자리에 없었기 때문이었다. 반면에 터무니없었던 두 번째 시도는 스트레스를 받은 이 어린 침팬지가 혼란에 빠진 나머지 어떻게든 자기가 희생양이 되는 상황에서 빠져나가려고 했다는 사실을 알려준다.

테멜린은 주인들을 속이고자 했던 루시의 다른 시도에 대해 말하는데 이때 루시는 자기가 무척 잘 아는 기호를 '이해하는 데 실패하는' 듯했다. 사실 '루시는 모른다'는 로저 파우츠가 루시의 잘못을 닦아세울 때 가장 중요했던 방어용 대사였다. 루시가 과거의 잘못에 자기가 책임이 있다는 사실을 깨달았다는 점에서 루시가 지금 어떤 일이 벌어지는지 안다는 점은 확실하다. 자기가 규칙을 어겼다는 사실을 자각하면서 루시의 거짓말과 뒤이은 '사과'를 보면 루시는 확실히 권위자 앞에서 곤경에서 벗어나려 애쓰고 있었다. 하지만 이 기호화된 사과 속에 관찰되지 않은 부정적인 자기 판단이나 부끄러움의 요소가 있었을까? 나는 거의 그렇지 않다고 생각한다.

루시의 비도덕적인 반응을 고도로 훈련받은 길들인 개에서 나타나는 동등하게 비도덕적인 반응과 비교한다면, 확실히 인간을 통해 규칙을 습득하는 능력은 비슷하다. 하지만 루시가 보여 준 반응은 자기의 과거 행동이 규칙을 위반했다는 사실을 안다는 점을 드러낸다. 반면에 개들은 과거로 소급한 처벌에 대해 이해하는 이런 능력을 지니지 못한 것처럼 보인다. 물론 인간 집단이 일탈자를 제재할 때도 사건이 일어난 뒤 한참이 지나 처벌이 이뤄지지만 일탈자는 지금 무슨 일이 벌어지는지 정확하게 안다. 마찬가지로 침팬지 루시도 자기가 저지른 과거의 잘못뿐만 아니라 그것을 미래에 내려질 처벌과 연결할 수 있었다. 심지어 루시는

'잘못을 덮으려고' 시도할 만큼 실제로 지적이거나 그런 것처럼 보인다.

보노보의 경우에도 마찬가지일 수 있다. 애틀랜타에 자리한 연구실에서 심리학자 수 새비지-럼보 $^{Sue\ Savage-Rumbaugh}$는 젊은 보노보 수컷 칸지에게 기호 언어 대신 컴퓨터 키보드 사용법을 가르쳤다. 나는 며칠에 걸쳐 칸지를 관찰할 기회가 있었는데 칸지는 보노보가 적어도 침팬지와 비슷한 언어적 능력을 가진다는 사실을 보여 주었다. 그리고 '도덕'에 관한 문제에 대해 칸지의 훈련사는 이런 기록을 남겼다.

> 칸지의 키보드에 '좋다'와 '나쁘다'를 뜻하는 그림문자가 들어갔지만 나는 칸지가 그것을 빈번히 의도를 갖고 활용하리라 생각하지는 않았다. 그것을 집어넣은 이유는 칸지가 좋거나 나쁜 행동을 했을 때 누구든 그것을 칸지에게 확실히 알려 주고자 함이었다. 하지만 놀랍게도 칸지는 이 그림문자에 호기심을 보이더니 곧 '좋다' 또는 '나쁘다'를 나타내려는 의도로 활용하기 시작했으며, 그뿐만 아니라 과거의 행동에 대해서도 '좋다' 또는 '나쁘다'를 활용해 표현했다. 그리고 우리가 바라지 않는 어떤 행동을 하려고 할 때는 그 전에 '나쁘다, 나쁘다, 나쁘다'라고 말했다. 마치 자기가 의도하지 않은 무언가를 하겠다고 위협하는 것 같았다. 예컨대 칸지는 공을 물어뜯어 구멍을 내든가 전화기를 부수고 어떤 물건을 누군가로부터 빼앗아 갈 때 자기가 나쁜 행동을 할 의도가 있다고 선언했다.[56]

또 수는 칸지가 다른 연구자에 대한 자신의 행동을 어떻게 묘사했는지에 대해서도 말했다.

> 어느 날 칸지는 기진맥진해 막 잠들고자 하는 리즈와 함께
> 낮잠을 자려는 듯했지만 막상 같이 눕지는 않았다. 결국
> 리즈는 잠들었지만 15분쯤 지나자 문득 자신이 베개로
> 사용하던 담요가 예상치 못하게 머리 밑에서 빠져나갔다는
> 사실을 깨달았다. 리즈는 일어나 앉아 막 어떤 행동을 하려는
> 칸지를 건너다보며 '놀랐음, 나쁘다'라고 말했다. 그러자
> 나중에 낮잠을 자려 할 때 칸지는 그런 행동을 하려고 하지
> 않았다. 대신에 '뒤쫓다, 물' 놀이를 해도 되는지 물었지만
> 그럴 수 없다는 대답을 듣자 칸지는 '나쁘다, 물'이라고
> 언급하고는 수도 호스를 가져다가 온 사방에 물을 뿌렸다.[57]

이 보노보가 인간이 자기 행동에 대해 도덕적으로 판단하는
분류를 어느 정도 이해할 수 있다는 점은 명백하다. 칸지는 과거의
행동뿐만 아니라 미래의 행동에 대해서도 그렇게 할 수 있었다.
하지만 인간의 분류 기준을 사용한다는 점이 반드시 이 보노보가
인류와 같은 유형의 도덕적 느낌을 경험한다는 뜻은 아니다. 사실
칸지가 '놀랐음, 나쁘다'라는 언급을 접하거나 뭔가 '나쁜' 짓을
하겠다고 행동하기 전 미리 신호를 보냈을 때 후회나 수치스러움을
느끼는지 아닌지는 결코 알 수 없다. 처벌이나 제재를 가할 수
있는 누군가의 눈앞에서 잘못된 행동을 했다는 사실을 아는 것과,
실제로 자기가 도덕적이지 않은 행동을 해서 벌을 받을 만하다고
마음속으로 느끼는 것 사이의 차이는 무척 크다.

  루시는 사실 테멜린 가족이 키운 두 번째 침팬지였다. 미국식
수화를 배웠던 첫 번째 침팬지인 워쇼는 인간에게 덜 친밀하도록

자랐다. 파우츠는 워쇼와 루시를 다음과 같이 비교한다.

> 워쇼의 별난 행동이 내 인내심을 시험에 들게 할 때마다 나는
> 가상의 '검은 개'가 겁을 주어 워쇼를 자기 마음대로 부리는
> 것이라고 상상하곤 했다. 반면에 심리 치료사였던 모리
> 테멜린은 루시에게 죄책감을 심어 주려 했는데 이것은 놀랄
> 만큼 효과적이었다. 루시가 저녁을 먹지 않겠다고 거부하면
> 모리는 '세상에 루시, 아프리카의 굶주린 침팬지들을 생각해
> 봐'라고 호소했다. 그래도 루시가 한두 입 먹는 데 그치면
> 만족하지 못한 모리는 '너를 사랑하는 고생 많고 불쌍한 네
> 아버지를 생각해 적어도 세 입 더 먹으렴'이라고 말했다.
> 그러면 루시는 보다 열의를 갖고 조금 더 먹는다. 그러면
> 모리는 다음과 같이 우는 소리를 했다. '루시, 나에게 어떻게
> 이럴 수 있니?' 루시는 모리의 뜻대로 되었다. 몇 해가
> 지나 루시는 열쇠를 숨기거나 담배용 라이터를 가져갔을
> 때를 비롯해 집안에서 다른 못된 짓을 저지를 때마다 곧장
> 죄책감이 든다는 표현을 하기에 이르렀다.[58]

우리는 루시의 아버지 역할을 했던 임상 심리학자가
아프리카의 굶주리는 침팬지에 대해 말했을 때 루시가 과연 그게
무슨 뜻인지 조금이라도 알고 있었을지 물어야 한다. 교차 양육된
침팬지들은 일종의 수동적인 이해를 통해 영어의 구어체 표현을
조금 습득하지만 그런 복잡한 개념은 이 침팬지들이 사용하는
어휘로 표현되지 않는다. 인간과 마찬가지로 공감 능력이 있고
규칙을 따르는 존재인 루시에게 영향을 끼친 것은 분명 테멜린의
목소리 어조였을 것이다.

실제로 테밀린은 루시가 죄책감을 느끼도록 적극적으로 시도했다. 그리고 침팬지들은 야생에 있던 사람에게 사로잡혔든 사회적으로 무척 민감하다. 이들은 자기를 향한 누군가의 긍정적이거나 부정적인 감정의 차이를 확실히 이해한다. 더 구체적으로 말하면 이들은 현재 자기의 행동과 최근에 행동한 바에 대한 중요하고 지배적인 누군가의 인정과 불만이 어떻게 다른지 이해한다. 아마도 루시는 자기가 먹지 않는 행동에 대해 테멜린이 못마땅해 한다는 사실을 알았을 테고 테멜린의 목소리 어조는 실제로 양심의 가책 비슷한 것을 일으켰다. 이것은 자기 질책의 형태였을까?

루시에 대한 저서에서 심리 치료사 테멜린은 이 '인간화된' 침팬지가 규칙을 어기는 경우 심지어 관찰자를 알아차리지 못했을 때도 그것을 몰래 하는 듯했다고 보고했다. 이것은 죄책감이 존재할지도 모른다는 함축을 주었다. 하지만 보수적인 과학적 해석이라면 루시가 한 행동은 유대 관계에 놓인 영향력 있는 사람이 자기 행동을 마음에 들어 하지 않으면 발각되었을 때 화를 내거나 벌을 주리라는 사실을 자각해 정치적으로 반응했다고 할 것이다. 곰베에서 나는 항상 은밀한 행동들만을 관찰했다. 예를 들어 발정기의 암컷은 알파 수컷이 근처에서 먹이를 먹을 때 청년 수컷을 만나 교미하기 위해 산골짜기에 숨어든다. 둘은 알파 수컷이 위계가 낮은 경쟁 상대가 자기가 정말로 관심 있는 암컷과 어울리는 모습을 보면 위협하거나 공격할 가능성이 높다는 사실을 알았다. 그래서 이들은 안전하게 눈에 띄지 않는 곳에서 짧은 쾌락을(평균적으로 8초밖에 되지 않는) 즐겼다.

이 맥락에서 이들의 몰래 살피는 표정은 무척 걱정스러워 보였다. 하지만 나는 이들이 내면화한 규칙을 깨뜨렸다는 도덕적인 자기 검열의 의미에서 '죄책감'을 느꼈다고는 생각하지 않는다. 사실 만약 같은 암컷과 수컷이 아무도 없는 곳에서 만났다면 이런 은밀한 몸짓 언어를 전혀 보이지 않았을 것이다. 내 생각에는 루시의 '죄책감 어린 표정' 역시 비슷한 동기를 가졌을 것이다. 그 표정은 예측 가능한 부정적인 반응을 염려해서 나온 것이다. 따라서 테멜린이 루시가 먹이를 먹지 않을 때 죄책감을 심으려 했을 때 루시는 단지 긴밀한 유대 관계에 놓인 사람의 기분에 맞추려 했을 뿐이었다. 그것은 감정이입과 공감이었을 확률이 높지 실제로 죄책감은 아니었을 것이다.

고릴라의 경우에는 심리학자 페니 패터슨Penny Patterson이 암컷 코코와 코코의 수컷 상대 마이클을 대상으로 무척 상상력 넘치는 연구를 했다. 이 결과에 따르면 고릴라는 앞의 실험과 비슷하게 자아 개념화와 기호화 능력을 지녔고 기호를 활용해 자기 행동을 '좋다'와 '나쁘다'로 표현할 수 있었다.[59] 내가 제인 구달과 함께 연구를 시작하고 난 어느 날 우리 둘의 공통된 친구 한 사람이 페니와 코코를 소개해 주었다. 코코는 '감추기' 놀이를 좋아했기 때문에 우리는 이 덩치 큰 젊은 암컷 고릴라를 위해 낡은 시트 하나를 가져다주었다. 그러자 페니는 내가 코코를 마주하게 한 다음 얼른 두 가지의 기호를 가르쳤다. 하나는 '집어 들다', 다른 하나는 '담요'였다.

나는 커다란 고릴라의 눈을 들여다보면서 손짓으로 시트를 집어 들겠냐고 코코에게 물었다. 코코는 내 손을 바라보더니 한동안 뭔가 생각하는 듯 보였다. 그 다음 코코가 한 행동은 나를 놀라게 했다. 코코는 큼지막한 집게손가락을 커다랗게 벌린 자기 입에 넣어 이빨 하나에 올려놓은 다음 내가 있는 방향을 봤다. 나는 수화를 전혀 몰랐기 때문에 어리둥절했다. 그러자 페니가 지금은 코코가 감추기 놀이를 할 기분이 아니라고 설명했다. 그 대신 코코는 사람의 치아를 때우는 봉에 관심이 많아 '이빨을 보여 줘'라는 신호를 보내고 있었다.

나는 보통의 반짝이는 아말감으로 때운 치아를 갖고 있을 뿐이었지만 어쩔 수 없이 코코의 요청에 응해야 했다. 나는 코코가 구강의 왼쪽 아래를 볼 수 있게 조심조심 머리를 기울였다. 어렸을 적 단 것을 먹고 생겼던 충치가 잘 보이는 위치였다. 코코는 계속 들여다보더니 마침내 내 입을 닫고 협상으로 돌아갔다. 우리의 그 다음 교환은 다음과 같았다.

나: 담요 집어 들어.
코코: 이빨 보여 줘.
나: 담요 집어 들어.
코코: 이빨 보여 줘.

나는 다시 한 번 수긍했다. 이번에는 구강의 왼쪽 위를 보여 주었는데 이곳은 앞선 왼쪽 아래보다 치아 상태가 건강했지만 코코는 역시 관심을 보였다. 그리고 이번에도 내게는 무척 길게 느껴진 시간이 지나 나는 코코에게 분명 장관으로 보였을 입을 닫은 다음 다시 수화를 시작했다.

나: 담요 집어 들어.
코코: 이빨 보여 줘.
나: 담요 집어 들어.
코코: 이빨 보여 줘.

이번에 나는 치아를 때운 곳이 하나밖에 없는 오른쪽 아래를
보여 주었다. 하지만 불행히도 이 별것 아닌 구경거리는 코코의
흥미를 약화시키지 못했고, 이번에도 조사를 종료시킨 것은 내
쪽이었다. 그리고 나는 다시 요구했다.

나: 담요 집어 들어.
코코: 이빨 보여 줘.

나는 즉시 굴복했지만 불행히도 이번에 보여 줄 오른쪽
위는 다른 곳 이상으로 흥미롭다는 사실이 드러났다. 나는 더
오랜 시간에 걸쳐 조사에 응했고 코코가 이제 그만 치아에 흥미를
잃기를 바랐지만 그럴 기미는 전혀 보이지 않았다. 역시 나는
내 쪽에서 먼저 입을 닫았지만 이번에는 내 주장을 관철하기로
마음먹었다.

나: 담요 집어 들어.
코코: 이빨 보여 줘.
나: 담요 집어 들어.
코코: 이빨 보여 줘.
나: 담요 집어 들어.
코코: 이빨 보여 줘.
나: 담요 집어 들어.
코코: ----!

코코는 내가 이해할 수 없는 무척 빠른 신호를 보냈는데
그러자 페니 패터슨은 배꼽이 빠지게 웃었다. 그리고는 코코가

방금 나를 '화장실'이라 불렀다고 얘기해 주었다!

　　코코와 나는 대화를 나눴을 뿐 아니라 왔다 갔다 하는 '논쟁'을 벌였고 마지막에 내가 굳건히 내 주장을 밀고 나가자 내가 받은 보답은 모욕이었다. 적어도 나는 그렇게 느꼈다. 어쩌면 나는 수화를 할 줄 알고 치아에 관심이 많을 뿐인 불쌍한 한 고릴라를 괴롭힌 대가로 그런 지독한 욕설을 들어 마땅했는지도 모른다. 하지만 중요한 질문이 하나 떠오른다. '화장실'이라는 상징을 통해, 코코는 단지 분노를 표출하고 내 행동이 못마땅하다고 표현했을 뿐이었을까? 아니면 그런 행위에는 나와 내 반사회적 행동이 수치스러울 만큼 나쁘다는 도덕적인 요소가 존재했을까?

　　이 질문에 확실히 답하려면 고든 갤럽이 고안한 자기인식에 대한 멋진 실험이 필요할지도 모른다. 하지만 나는 코코의 의도가 화가 나서 나를 화장실과 연결 지은 것을 넘어설지에 대해서는 의문이다. 아마도 위생을 신경 쓰는 사람이 화장실에 대해 강하게 부정적인 뜻을 담아 코코와 의사소통을 했던 게 분명하다. 이 연결에 대해 페니 패터슨은 이렇게 말한다. "깔끔한 것이 코코의 기본적인 천성이죠. 코코는 흙을 밟는 것을 항상 싫어했어요. 실외라면 코코는 자기를 옮길 누군가가 있을 때 물웅덩이 위로 들어서 옮겨 달라고 할 거예요. 실내라면 엉덩이를 열심히 문질러 닦을 텐데 이건 단지 모방 행동이 아니죠. 흥미롭게도 코코가 세 살 무렵 '더러운'이라는 단어를 처음 사용했을 때 우리는 코코의 배설물을 가리키는 데 그 단어를 썼죠. 이 단어는 코코가 즐겨 쓰는 욕설의 하나가 되었어요. 극단적인 도발을 받으면 코코는 '더러운'과 '화장실'을 결합해 피하지 않고 맞선다는 뜻을 보일 거예요."[60] 가장 심한 욕을 들었던 것을 보면 내 심술궂은 행동은 코코에게 극단적인 도발인 모양이었다. 인간의 말로 바꾸면 코코는 적어도 나를 '똥 같은 놈'이라 불렀던 셈이었다.

이런 모든 사례에 기초했을 때 우리가 여기서 살폈던 놀라운 의사소통 행동들에 대해 두 가지를 말할 수 있다. 첫째, 침팬지와 보노보들은 우리에게 도덕적인 함축을 가진 상징을 다룰 수 있으며, 우리를 권위자로 대하면서 규칙과 규칙 위반에 대해 무언가를 이해한다는 사실을 암시하는 방식으로 상징을 자주 활용한다. 하지만 과학자로서 이 유인원의 행동에서 도덕적 가치에 대한 인간과 닮은 내면화에 대해 읽어 내거나 더욱 일반적으로 말해 양심이나 부끄러움에 대해 이야기하기란 무척 어렵다. 사실 칸지는 규칙에 대해 감정보다는 인지적으로 무척 잘 이해하는 것처럼 보였다.

이것은 유인원들의 반응이 인간 사이코패스와 비슷할 수 있다는 사실을 암시한다. 사이코패스 역시 규칙을 이해하기는 하지만 마음속으로 내면화하지는 못한다. 이들은 이를테면 함께 성장한 집단의 규범 같은 도덕적인 유대 관계를 갖지 않는다. 유인원과 사이코패스의 또 다른 유사점은 이들이 다른 개체를 지배하고 통제하려는 경향이 있다는 점이다. 하지만 유인원은 사이코패스와는 달리 감정이 어떻게 작동하는지에 대한 이해를 바탕으로 감정이입과 공감을 할 수 있다. 반면에 완전한 사이코패스는 그렇지 않으며 나머지 우리와는 달리 선천적으로 그렇게 태어났다. 유인원들은 겉보기에 도덕적으로 태어난 것 같지 않지만, 내 생각에 이들은 확실히 감정적인 동일시를 통해 다른 개체의 내적 상태를 이해할 능력이 있다.

요약: 인류 조상이 가진 유리한 점들

가정에서 키운 사로잡힌 유인원이 우리가 아는 도덕적인 느낌과 몹시 비슷한 무언가를 가진다는 증거는 대체로 희박하다. 만약 우리가 여기서 논의한 바를 야생에서 관찰된 바와 연결 짓는다면, 독창적인 실험이 부재하는 상황에서 우리는 공통조상이 오늘날 우리가 아는 옳고 그름에 대한 도덕적인 감각을 갖지 않았다고 가정해야 할지도 모른다. 이 유인원은 패거리를 지어 사회적인 통제를 실시하기는 했지만 내 추측에 따르면 그렇게 한 이유는 불량배의 행동이 종속된 개체들 사이에서 단순하지만 강한 분개와 적대감을 일으켰기 때문이다. 이것은 반사회적인 행동이 지역 풍습에 반하는 수치스러운 일탈로 간주되어 인간 집단을 자극하는 도덕적 분개와는 꽤 다르다. 도덕을 발달시키기 전 단계의 조상 개체들로 하여금 집단적인 적대에 반응하게 하는 것은 두려움이지, 수치스러움의 감각과 결합한 내면화된 규칙들이 아니었다.

그럼에도 제시카 플랙과 프란스 드 발이 공감과 타인의 관점을 고려하는 능력에 대해 논쟁할 때[61] 다른 많은 집짓기 블록이 양심의 진화를 설명하는 데 유용하다는 사실이 확실해졌다. 이 블록은 인류의 조상 때부터 확고하게 자리 잡혀 있었고 진화적인 시간이 흐르는 동안 지속되었는데 그 이유는 개체에게 재생산적인 이득을 주었기 때문이었다. 이 이점은 자기를 다른 개체와 구분 짓는 능력에서, 조상 유인원들이 다른 유인원의 처지를, 즉 여러 맥락에서 어떤 느낌과 의도를 가졌는지를 이해하도록 한 타자의 관점을 고려하는 능력에 이르렀다.

이런 고도로 사회적인 정신 덕분에 이들은 규칙을 부과하고 따를 수 있었으며 자기만의 규칙을 도입할 권력이 없는 반항적인 종속 개체들은 화가 나도 다른 개체들에 합류해 지배적인 집단의 권력을 휘두를 수 있었다. 그에 따라 적어도 원시적인 형태의 집단적 사회 통제가 나타났고 이것은 적응도 면에서 상당히 중요했는데, 그 이유는 이 통제의 결과 개체가 부상을 당하거나 집단에서 추방될 수 있고 물론 가끔은 죽음에도 이르렀기 때문이다. 이런 반위계적인 행동은 침팬지와 보노보뿐만 아니라 인류에서도 무척 자연스럽게 나타나는데 기본적으로는 순전히 지배를 당하는 데서 온 분개 때문이었다.

이렇듯 다양한 이점이 존재한다는 사실은 침팬지 속 조상이 제대로 된 환경적 변화가 주어지면 양심을 진화시킬 풍부한 전적응적 수단을 가졌다는 점을 암시한다. 하지만 그렇다고 해서 양심을 진화시키는 것이 필연적이었다거나 그럴 확률이 높았다는 의미는 아니다. 앞서 지적했지만 보노보와 침팬지 계통은 이런 조상의 행동적인 잠재력을 과거 600만 년 동안 계속 공유해 왔지만 이들 가운데 수치스러움을 동반한 자기 판단적인 얼굴 붉힘이 가능한 종은 없었다. 사회적인 규칙과 성난 종속 개체들의 연합에 의한 협동 공격에 대해 예민하게 지각하고 있는 데다, 거울 속 자신을 인지하고 다른 개체의 의도를 이해하는 능력이 있는데도 말이다.

그렇다면 전 세계 인류는 어떻게 해서 이런 능력을 예측 가능할 만큼 전부 지니게 되었을까? 여기에 대한 답변의 상당 부분은 생물학적일 것이다. 만약 우리가 양심의 진화에 대해 설명해야 한다면 맨 먼저 우리는 스스로의 공격성을 통제한다는 면에서 동료보다 이점을 가진 개체들을 선호하는 자연적인 선택 과정에 대해 살펴야 한다. 그것이 진화된 양심이 하는 아주 기초적인 일 가운데 하나이기 때문이다. 만약 어떤 개체가 종속 개체들이 무리를 지어 자기들을 화나게 하는 지배적인 개체들의 적응도를 손상시킬 수 있는 그런 사회 속에 살아간다면, 확실히 자기 통제 능력은 적응도 면에서 꽤 유용할 것이다.

여러 해에 걸쳐 이런 선택 과정들을 유발하는 환경적인 변화가 무엇일지 생각한 끝에 나는 그것이 물리적인 환경 자체라기보다는 그것을 활용해 선택을 일으켰던 인간 집단의 변화(특히 커다란 동물을 사냥하는)라고 결론을 내렸다. 앞으로 살필 예정이지만 이런 특정한 생태적인 추구에는 관련된 사람들에 대한 무척 특별한 요구가 따랐다. 이런 생계를 잇는 관습이 활발하게 이뤄지도록 하는 사회적인 주된 적응 측면에서 그랬다.

양심의 출현을 도울 수 있는 실제 선택 과정을 고려할 때, 나는 다윈의 다소 잠정적인 부산물 이론에서 더 나아가고 심지어는 오늘날의 진화적 사고방식을 넘어설 예정이다. 독특하고 다면적인 '사회적 선택' 이론을 만들어서 우리의 도덕적인 능력을 탄생시킨 흔치 않은 행위자들의 집합을 설명하기 위해서다. 다음 두 개의 장에서 펼칠 내 가설은 다음과 같다. 만약 초기 인류가 도덕적이지 않은 집단의 사회적 통제라는 형태로 조상의 유리한 점을 이미 갖고 있지 않았더라면, 오늘날 우리는 사하라 사막 이남 아프리카에 사는 대형 유인원들과 마찬가지로 도덕관념이 없었을지도 모른다는 것이다. 이들 종은 인류에 비해 상부 개체들이 무거운 위계 속에서 지배적인 권력에 따라 살아가며, 종속 계급의 반란자들에 의해서 크게 변형을 겪지 않는다.

우리 인류의 조상 역시 아프리카에서 살았기 때문에 '자연 속 에덴동산'에 대한 연구가 아마도 우리를 티그리스 강과 유프라테스 강이 합류하는 지점의 울창한 낙원 같은 정원으로 인도하지는 않을 것이다. 대신에 야생의 사냥감이 풍부한 뜨겁고 건조한 아프리카의 평원으로 가야 한다. 이 커다란 포유동물들은 죽임을 당한 뒤에 개인들이나 작은 '가족' 사이보다는 무리 전체에게 조심스레 공유되었을 것이다. 만약 우리의 조상들이 고기에 의존해야 했다면 말이다. 그리고 내 생각에 이것은 도덕의 진화를 설명하는 데 중요한 열쇠를 제공할 것이다.

6장.
자연 속 에덴동산

정말로 제대로 된 사냥꾼이 나타나다

인류 도덕의 기원은 약 800만 년 전으로 거슬러 올라간다.
앞서 그림 1에서 살폈던 리처드 랭엄이 발견한 공통조상의
계통은 둘로 갈라진다. 이 분기점에서 두 계통 가운데 하나가
오늘날의 고릴라가 되었는데 야생에서 이 유인원들을 살핀
결과에 의하면 이 고릴라를 기반으로 한 계통은 기본적으로
채식 습관을 발달시켰거나 유지했고, 자연 자원에 대한 영역성
방어가 결여되었으며 하렘을 바탕으로 한 사회 구조를 가졌다.
하지만 이런 사실이 여기서 그렇게 중요한 관심사는 아닌데,
우리가 흥미를 가진 대상은 인류의 보다 직접적인 선조인 침팬지
속 조상이기 때문이다. 이들은 사회적 통제에 대해 더욱 발전된
재능을 보인다.

　　침팬지 속 조상은 우리가 지금껏 살폈던 공통조상의 행동을
전부 이어갔을 가능성이 높다. 이들이 또 어떤 행동을 보였을
확률이 높은지 알기 위해서 우리에게 필요한 것은 보노보와
침팬지, 인류에서 공통적으로 나타나는 주된 행동 패턴을

살피는 것이다. 단 고릴라는 여기에 포함되지 않는다. 여기서도
이 조상의 행동을 재구성하는 데 진화적인 절약성의 원칙이
적용된다.[1] 그리고 또한 가능한 한 보수적으로 분석해야 하는데
그 이유는 우리가 오직 세 개의 종으로만 구성된 작은 계통군을
다루기 때문이다. 그렇기 때문에 우리는 공통성이 존재하는 최소
공통분모를 살피고 그것만을 과거로 투사할 예정이다.

영역성, 외부자 혐오, 그리고 도덕성

즉 우리의 자연 속 에덴동산에 살던 원주민은 침팬지 속의
조상이었지만 결국에는 고대의 호모 사피엔스를 역시 포함시켜야
할 것이다. 침팬지 속 조상에서 자연 자원에 대한 방어는 중요했다.[2]
이것은 인류에게도 중요해졌는데 그 이유는 영역성과 싸움이
우리 종에서 실용적으로 커다란 문제를 일으켰기 때문이었다.[3]
진화 생물학의 관점에서 집단 사이에서 벌어지는 이런 다툼은
도덕의 진화에 공헌하기도 했다. 만약 다윈이 말했던 집단선택이
상당한 효과를 갖도록 충분히 활성화되었다면 말이다.[4] 하지만
우선 우리는 침팬지 속 조상의 현존하는 세 후손 종이 각각 정확히
얼마나 '영역성'과 외부자 혐오를 가졌는지를 물어 봐야 한다. 그런
다음 최소 공통분모를 찾아야 할 것이다.

　　　　야생 침팬지 집단은 이웃 개체에게 몰래 다가가 죽였을
것이라 예측되는데, 결국에는 집단 전체를 몰아내 그들의 자원을
빼앗았을 것이다.[5] LPA 인류 수렵자 집단은 비록 가끔은 꽤나
평화적인 나날도 있었지만 가끔은 거센 전투를 벌였고 그것이
집단 학살의 수준으로 치닫기도 했다.[6] 하지만 보노보의 영역성은
비록 비슷한 기본 패턴을 곧 식별할 수 있지만 침팬지나 인류에

비해 훨씬 정도가 덜했다.[7] 상당한 규모의 이웃한 수렵 집단들이
자기들의 영역 가장자리에서 서로 만나면, 외부자를 혐오하는
수컷들이 적의를 갖고 소리를 지르고 작은 무리가 물러설 것이다.
부상을 입은 보노보 수컷이 나중에 관찰되었던 사례도 있는 것으로
보아[8] 보노보에서 나타나는 집단 사이의 적대는 엄포를 부리는
데서 끝나지 않는 듯하다. 반면에 보노보 무리 가운데 몇몇은 서로
우호적으로 어울리기도 했다.[9]

우리는 보노보를 최소 공통분모로 삼을 수 있는데, 그것은
침팬지 속 조상들이 이루는 집단은 영역성 때문에 사회적으로
거리가 먼 이웃을 격렬하게 싫어하며 제한된 물리적인 다툼이
일어날 가능성도 있었다는 뜻이다. 이런 최소 공통분모를 통해
보수적으로 이야기하자면 침팬지 속 조상은 외부자를 혐오했지만
그렇게 호전적이지는 않았다.

오늘날 LPA 수렵 집단에서 싸움이 많이 발생하는
경향은 이런 모습과 상반되지만 아마도 플라이스토세 후기만큼
빈번하지는 않았을 것이다. 이때는 우리 조상들이 기후 변화로
인해 심한 자원 부족을 겪어 집단 사이의 경쟁이 심각하게
악화되었을 가능성이 높은 시기였다.[10] 최근 수렵 채집자에게
나타난 외부자 혐오에 관한 놀라운 사실은, 그것이 모든 인류에서
공통적이기도 하지만 도덕규범이 집단 내부에서만 완전하게
적용된다는 점이다. 이 집단은 같은 언어를 쓰며 같은 땅에 사는
무리이거나 민족 정체성 또는 국가가 동일한 집단일 수도 있다.[11]
한편 문화적 외부자에게는 특별한 경멸 투의 도덕적 무시가
이뤄졌는데 이들 외부자는 종종 완전한 인간 취급도 받지 못했고
그에 따라 거리낌 없이 살해당하기도 했다.[12]

이런 외부자들에 대한 도덕적인 격하는 같이 사는 무장한

남성 무리 사이의 다툼을 넘어서 일반화될 수 있다. 이것은 오늘날 무력한 사람들에 대한 집단 학살뿐 아니라 민간인을 대상으로 하는 테러에 영양분을 준다. 더욱 일반적으로 말하면 규범이 되는 군사 이념은 민간인인 적을 마음대로 '필요에 따라' 죽이며 이들 민간인이 인간 방패로 활용되지 않을 때도 그렇게 한다. '유감스럽지만 용인되는'이라는 문구는 걸리적거리는 민간인 사상자의 부수적인 피해가 국가 정책에 따른 계획적인 수단이 되었을 경우에 사용된다. 예컨대 2차 세계 대전 당시 난징과 런던, 드레스덴, 도쿄 같은 도시에 이뤄진 무차별적인 폭격은 엄청난 민간인 피해자를 고의적으로 발생시켰고 미국의 히로시마와 나가사키 공격 역시 군사 목표물을 파괴했을지 모르지만 비슷한 수의 민간인 역시 죽였다.

이 근원적인 날것의 외부자 혐오는 침팬지 속 조상으로 거슬러 올라가 직접 찾을 수 있다. 하지만 문화적으로 현대적인 인류가 외부자에 대한 두려움이나 경멸을 '도덕적으로 해석'하면서 자민족 중심주의가 생겨났다.[13] 이런 문화적으로 정련된 동기는 전통적인 격렬한 전투와 정복이 이뤄지도록 뒷받침했고, 집단 학살은 특히 파괴적인 유형의 전쟁이었다. 자민족 중심주의는 그것이 지닌 도덕적인 우월감과 함께 오늘날 몇몇 수렵 채집자들이 보이는 가끔은 꽤 치명적인 유형의 전투 패턴을 확립하는 데 확실히 중요했다. 하지만 이런 폭력적이며 도덕적인 기초가 깔린 문화적 행동이 정확하게 얼마나 먼 옛날까지 거슬러 올라가는지, 기후가 우호적이었던 후기 플라이스토세에 얼마나 널리 퍼져 있었는지를 추정하기란 어려울 수 있다.[14] 요점은 그것이 이타주의의 진화에 유리했던 플라이스토세의 집단선택을 어느 정도나 뒷받침했는가이다.[15]

여기서 강조해야 할 점은 플라이스토세가 지금과 달랐다는 사실이다. 비록 다툼을 촉발했던 조건들이 일정하지는 않았지만 말이다. 이 시기 기후의 변동은 인구 성장이라는 되풀이되는 상황을 낳았고 그에 따라 자원이 감소하고 사람들이 붐비면서 심각한 정치적인 경쟁이 빚어졌다. 만약 소규모 무리가 충분히 빠른 속도로 서로를 말살하고 있다면, 전사로 활동하는 사람들을 포함한 도덕적으로 올바르고 협동하는 이타주의자를 더 많이 포함한 무리를 선호하는 다원주의 집단선택 시나리오가 꽤 중요하게 작용할 것이라 상상할 수 있다.[16]

하지만 여기서 우리는 무척 강력한 유형의 사회적 선택을 살필 예정인데, 진화적인 시간이 지나면서 이것은 집단선택에 비해 효과가 훨씬 일관적이었다. 집단선택이 주기적인 기후의 악화로 촉발된 전쟁에 의해 유도된다면 그렇다. 그 말은 도덕의 진화를 살피는 한 우리는 집단과 집단 사이보다는 집단 '내부'에서 벌어지는 일에 훨씬 더 흥미를 가질 것이라는 뜻이다. 이 맥락에서 나는 사회적 선택의 큰 도움을 받아 인류의 진화에 대한 일련의 잠정적인, 그리고 가끔은 부분적으로 서로 경합하는 가설들을 세울 예정이다. 인류의 진화가 도덕성을 향해 방향을 잡을 수 있었다는 것이다.

침팬지 속 조상의 사냥과 먹이 분배 패턴

앞서 말했듯 공통조상을 반드시 사냥꾼이라 할 수 없는 이유는 고릴라가 사냥을 하지 않기 때문이다. 반면에 침팬지 속 조상은 가끔 작은 사냥감을 능동적으로 사냥해 고기를 나눈다. 우리는 곧 이 조상 시대에 대한 가정을 뒷받침하는 보노보와 침팬지에

대한 자세한 사항들을 알아볼 것이다. 그리고 이후 어떤
시점에서 무기를 가진 인류가 나타나 자기보다 큰 동물의 시체를
주기적이면서 적극적으로 찾고 사냥하며 서로 분배했다. 우리는
적어도 수십 만 년에 걸쳐 이렇게 해 왔으며 최근인 1만 5,000년
전까지만 해도 인류 채집자들은 확실히 거의 대다수가 남성이
커다란 포유동물을 열심히 자주 사냥하는 이동성 무리 속에서
생활했다.

　　가끔 여성들 역시 이 선사시대의 사냥에 참여했을
가능성이 있는데 오늘날에도 얼마 안 되는 소규모 LPA
무리에서 여성들의 사냥이 나타난다.[17] 침팬지 암컷들과 특정
보노보 암컷들 역시 활발하게 사냥한다고 알려져 있다. 확실히
플라이스토세의 몇몇 시기에는 인류 개체군이 추위와 가뭄으로
심각하게 대량 사망하면서 무리의 규모가 너무 작아 효과적인
사냥이 불가능했다.[18] 그리고 가끔은 추가로 사냥꾼을 모집하는
것이 사냥감이 죽을 확률을 높이고 고기 소비 양이 원치 않게
늘었다 줄었다 하는 것을 줄일 수 있다. 즉 여성 사냥꾼들은
플라이스토세의 인류가 가끔은 무척 급작스레 나타나고 종종
스트레스를 유발하는 다양한 환경적 도전 과제에 대처하도록 하는,
일반적인 의미의 사회적인 유연성에 포함될 수 있었다.

　　LPA 인류 집단이 커다란 사냥감을 사냥했던 것은 정교한
분배 체계를 동반하며 이뤄졌던 헌신적인 활동의 하나였다.
침팬지와 보노보들은 보다 드물게 우연히 사냥을 하는 편이며
작은 사냥감을 쫓을 때 발사식 무기를 사용하지 않는다.[19] 보노보는
침팬지보다도 사냥을 덜하며 개체 단위로 활동하는 경향이 있다.
반면에 침팬지 수컷들은 신선한 고기를 얻기 위해 꽤 집단적으로
행동하는 듯하다.[20] 이 두 종은 고기를 먹고 나눌 때 기름진 뇌를

즐겨 먹는 것으로 보이는데 곰베 국립공원에서 나를 매혹시켰던 장면도 열 마리 이상의 흥분한 유인원들이 이런 죽은 동물의 시체를 분배하는 특정 방식이었다. 이때 침팬지와 보노보는 비슷한 방식을 취한다. 보통 사냥감을 잡아 가져왔던 계급이 높은 개체가 나중에 단호하게 고기를 취하며 가까이 다가와 구걸하는 몇몇 개체들에게 고기를 나누며 구걸하지 않는 개체들에게는 절대 고기를 나눠 주지 않는다.

나는 곰베 국립공원에서 보낸 첫해에 목격했던 침팬지들의 사냥을 잊을 수 없다. 여러 성체와 청소년 수컷으로 구성된 한 수렵 무리가 30분도 되지 않아 네 마리의 콜로부스 속 원숭이를 공격적으로 포획한 다음 잡아먹기 시작했다. 현장에서는 초보였던 나는 나중에 제인 구달에게 알파 수컷인 고블린이 사냥이 진행되는 동안 나무에 올라가서 사냥에 참여하는 대신 땅에 머물렀던 이유를 물었다. 현장 경험이 20년도 넘었던 제인은 나에게 고블린은 다른 침팬지가 사냥감을 죽이기를 기다리다가 약삭빠르게 빼앗으려 했던 것이라 말했다. 제인의 해석은 내가 그날 오후 현장 노트에 기록했던 것과 완벽하게 맞아떨어졌다. 원숭이들을 많이 죽이고 있던 상황이라 알파 수컷은 자기가 곧 만찬을 즐기게 될 것이라는 사실을 알았고 평소처럼 다른 침팬지를 위협해 자기 에너지를 아끼고 젊은 침팬지가 사냥감을 잡게 했다.

고기를 거의 할당받지 못한 침팬지들도 사냥 현장을 떠나지 않았던 점으로 보아 고기가 소중한 먹이라는 것은 확실해 보였다. 이 구걸하는 개체들은 끈질기게 참고 기다리며 누군가 고기를 나눠 주기를 바랐지만 종종 이들 가운데 고기를 얻는 데 실패한 침팬지들은 무척 실망해 자기들끼리 다툼을 벌이곤 했다. 나는 보노보와 침팬지 모두에서 가장 소중한 먹이에 대한 이런 제한적인 공유는, 탐욕스럽고 이기적인 소유가 걷잡을 수 없는 족벌주의와 결합한 사례라는 인상을 받았다. 전체적인 분배 과정은 개체들의 정치적인 힘과 개인적 연합 둘 다에 의해 형성되는 것처럼 보인다.

묵인된 절도인가, 사회적인 유대로 묶인 연합체인가?

생물학자 니콜라스 블루턴-존스Nicholas Blurton-Jones는 침팬지의 고기 분배를 일종의 '묵인된 절도'[21]라고 여긴다. 그 말은 이것이 전부 힘의 논리를 따르며 고기를 소유한 개체는 사실 전혀 너그럽지 않다는 뜻이다. 그보다 그 개체는 다른 배고픈 침팬지들이 자기에게 덤벼 고기를 빼앗을 수도 있기 때문에 고기를 나눠 공격을 예방하는 것이 최선이라는 사실을 알고 있다. 하지만 내가 아는 집단 사육하는 침팬지들은 아무리 절반 이상의 개체가 고기를 받지 못해도 고기를 소유한 인색한 개체가 물리적인 공격을 받고 고기를 빼앗기는 집단 공격은 일어나지 않았다.

그런데 나는 이것과 조금 다른 이론에 대해 제시카 플랙과 공동 출간한 적이 있었다. 6년의 연구 기간에 걸쳐 꽤 많은 야생의 사냥을 관찰하고 18개월 동안 현장에서 적극적으로 보냈던 결과물이었다.[22] 플랙과 나는 고기를 소유한 개체들이 보통 사체에 대한 통제권을 단단히 하는 동맹을 꾸릴 때 필요한 만큼의 협력자들과 고기를 나누되, 구걸하는 데 더 나은 위치를 점하려고 다투면서 고기를 얻고자 갈구하는 여러 개체들에게 고기를 주지는 않는다고 제안했다. 즉 고기를 가진 개체는 수동적으로 '절도를 묵인'하기보다는 사체에 대한 초기의 통제력을 활용해 사실상 빠르고 능동적으로 몇몇 협력자들을(잠재적인 협력자들) 매수한다. 이들 협력자들은 고기를 얻지 못하는 굶주린 개체들에 대항해 힘의 균형을 잡는 데 도움을 줄 것이다. 더 일반적으로 보아 이런 협력자들은 친근한 정치적인 파트너로 행동하기도 하고 미래의 사냥에 도움을 주거나 가끔은 재생산 파트너가 될 수도 있다.

묵인된 절도와 비교했을 때 야생 침팬지들에게 기준이 되는 정치적, 감정적 동학은 조금 다르다. 만약 우리가 사회적으로 유대 관계를 맺은 타자들과 이루는 힘의 균형을 생각한다면 그렇다.[23] 나는 이런 동학이 연구가 덜 된 보노보에게도 적용될 수 있다고 믿는데, 이 종은 자기가 선호하는 몇몇 개체들과 먹이를 나누고 다른 개체들은 배제하는 비슷한 패턴을 가졌으며 이들 역시 먹이를 소유한 개체와 배제된 개체 사이에 다툼은 벌어지지 않기 때문이다. 이런 '협력' 이론은 다른 침팬지 연구 현장에서 관찰된, 고기 분배와 관련한 적극적인 정치적 동맹 같은 증거들과도 부합한다. 예컨대 우간다의 키발레 국립공원에서도 여러 수컷들이 고기를 공유하는 생산적인 동업 관계를 맺었다. 이들 가운데 한 마리가 고기를 얻으면 다른 개체들과 공유했는데 이런 상호 교환은 시간이 지나도 계속되었다.[24] 협동을 통한 사냥이 다른 지역보다 더 빈번하게 이뤄지는 서아프리카의 타이 숲에서도 개체들은 먹잇감을 죽이는 데 협력할 뿐 아니라 고기를 먹을 때도 서로 나눴는데 이때 참가하지 않고 배제되는 개체들도 있었다.[25]

고기 통제 문제에서 묵인된 절도와 협력 사이에는 사소한 차이가 있다. 하지만 이런 진화적인 분석은 중요한데, 그 이유는 우리가 사회적 유대 관계와 관련된 공감에 초점을 맞출 것이기 때문이다. '묵인된 절도' 해석은 겉으로 보기에 '공유'로 보이는 현상이 실제로는 다른 개체의 관점을 고려하는 너그러운 행동이 아니며 그보다는 단지 타자의 잠재적인 권력이 두려워 양보하는 것에 가깝다는 추정을 가능케 한다. 반면에 협력 해석에서는 선호하는 협력자와 먹이를 공유하는 것이 사회적인 유대와 관련되며 그에 따라 정치적인 편의성과 결합한 유인원 식의 공감적 너그러움과 이어질 가능성이 높다.[26]

그런데 그렇다면 두 이론이 결합되지 못할 이유가 없다. 왜냐하면 우리는 집단 공격이 고기를 소유한 개체로 하여금 배제된 개체들의 공격을 막을 만큼 유대 관계를 맺은 협력자들과 먹이를 나누도록 한다고 추정할 수 있기 때문이다. 하지만 핵심은 고기를 소유한 개체가 사실상 먹이를 활용해 협력자들을 매수한다는 점인데, 이것은 긍정적인 사회적 감정과 공격에 대한 두려움을 암시한다. 이런 '물물교환'의 패턴은 암컷으로부터 받는 성적인 호의라는 특별한 부가적 즐거움에 적용될 수도 있으며[27] 이때도 역시 감정적인 유형의 유대 관계일 가능성이 높다.

인류가 커다란 사냥감을 공유할 때는 특정한 긴장 관계나 가끔 나타나는 피상적인 다툼 말고도 그 과정에 참여하는 공동체 차원의 즐거움이 확실히 존재한다. 고기란 무척 환영받는 먹이인 데다 아무도 소외되지 않았고, 고기를 함께 먹는 행위는 공생적으로 서로 어울리는 멋진 방식이기 때문이다. 물론 나는 야생 침팬지를 관찰할 때마다 공유 과정 자체에서 구걸을 경쟁하는 개체들 사이에 극도의 긴장과 적대감이 존재한다고 항상 느꼈다. 하지만 먹이를 공유하는 파트너들 사이에는 이런 긴장감과 함께 우호적인 느낌이 있었고 가끔은 완전히 서로 친근한 경우도 있었다(단지 겉보기 인상이지만).

현장 연구에 따르면 보노보 역시 동일했는데 이 종 역시 성체들이 지방과 단백질이 풍부한 큼직한 과일을 공유했다.[28] 인류와 마찬가지로 이 두 유인원에서 어미는 먹이를 간청하는 새끼들에게 자주 먹이를 나눠 줬으며, 역시 이런 행위는 상당히 긍정적인 느낌과 연계되었다. 성체가 고기를 공유하는 것은 강한 자연선택을 거쳐 어미에게 나타난, 너그러움의 연장선상에 놓인 행동일 것이다.[29] 하지만 궁극적으로 유전자의 수준에서 비친족 사이에 빈번하게 일어나는 공유는 정치적인 협력이 주는 이점으로 설명되어야 한다. 또는 그 행동이 덜 빈번해졌을 때 줄어드는 고기의 양을 보상하는 어떤 메커니즘으로도 설명할 수 있을 것이다.

물론 아무리 유인원 어미가 새끼에게 먹이를 나눠 준다고 해도, 여기에 공감이라는 감정이 실제로 관여하는지 여부를 증명하기란 어렵다. 게다가 성체들 사이에 일어나는 공유는 이런 해석이 더욱 어렵다. 그렇지만 만약 우리가 동기에 대한 문제를 일단 제쳐 두면 침팬지 속의 조상이 패턴을 공유하는 데 제한적이라는 점은 확실하다(최소 공통분모인 드물게 일어나는 고기 축제에서 보노보가 어떤 행동을 하는지에 근거하면). 이것은 행동의 잠재력 측면에서 중요한 전적응이다. 즉 고대 인류는 결국 작은 먹잇감을 사냥하는 대신(이따금 커다란 동물의 사체를 집중적으로 찾아 먹었을 수도 있지만) 큼직한 유제류를 적극적으로 사냥해 주기적으로 식량의 주된 일부로 삼았을 것이다. 이들은 비록 지배적 개체가 먹이를 소유하며 친한 개체들로 꽤 치우친 공유 패턴을 가졌지만, 이미 고기를 공유한다는 중요한 작업을 해냈다.

인류는 어떻게 다양한 방식을 발견했는가

『사냥하는 유인원The Hunting Apes』에서 영장류학자 크레이그 스탠퍼드Craig Stanford는 비록 협동하는 사냥이 인류 진화에서 중요한 발전이었지만 고기를 공유하는 것은 더욱 중요했다는 입장을 취했다. 오늘날의 무리에서 사냥과 식량 공유는 문화적인 관습과 상징에 의해 상당히 정교해진 상태다.[30] 그 말은 고기를 공유하는 관례적인 체계를 유지하는 과정에서 침팬지 속 조상에 비해 인류의 정치적인 권력은 훨씬 교묘하게 이동했다는 뜻이다. 이 맥락에서 나는 아무리 일부 수렵 채집자들이 진행 중인 고기 분배가 규칙에 따라 공평한지 여부를 항상 따지거나 나중에 자기의 몫을 불평한다 해도[31] 이런 투덜거림에는 대개 선의가 깔려 있다고 생각한다. 이런 감정은 커다란 사냥감을 공정하게 분배하는 사교적인 과정을 가능하게 하는데 그 이유는 이제 모두가 영양이 풍부하고 맛좋은 식량을 공유할 것이기 때문이다.

이런 긍정적인 느낌이 존재한다는 사실은 식량을 공유하는 민족지학적인 수십 가지의 사례에 의해 증명된다. 또한 내가 지금껏 LPA 수렵 채집자 집단을 조사하면서 다뤘던 여러 사례에서 가벼운 다툼이 아닌 심각한 갈등이 없었다는 사실로도 입증된다. 물론 약간의 양가감정이 예상되기는 하는데, 그 이유는 인류가 이기주의와 족벌주의에 빠지는 경향이 상당하기 때문이다. 하지만 여러 다른 가족 출신의 사람들이 조금 다투거나 몇몇 집단에서 체계가 작동하는 방식에 대해 큰 소리로 불만을 제기할 수는 있어도,[32] 나는 습관적으로 불평하는 사람들조차 식량을 공유하는 체계의 유용성을 잘 알기 때문에 그 체계에 조잡한 측면이 약간 존재하는데도 불구하고 그것을 꽤 효율적으로 활용할 수 있으리라고 생각한다. 동시에 이들은 무리의 다른 구성원들과 좋아하는 음식을 같이 먹는 즐거움을 누릴 수 있다.

인류가 효율적으로 협동해서 동등한 기회를 가지며 고기를 공유할 수 있다는 사실은 진화적인 성공에 전체적으로 중요했다. 그 이유는 이런 측면이 우리 식생활의 폭을 넓혔고 자급자족을 할 새로운 주된 가능성을 개척했기 때문이다.[33] 나는 상대적으로 사회성을 담당하는 두뇌 영역이 컸던 고대의 호모 사피엔스가 협동을 통한 사냥의 중요성과 무리 전체와 고기를 공유하는 것의 이점을 잘 알았다고 어느 정도 믿는다. 오늘날 평등주의적인 수렵 채집자들은 무리에 사냥꾼이 많아지는 데 따르는 장점을 확실히 잘 아는 것처럼 보인다. 그러면 구성원들과 공유할 커다란 동물 사체를 더 자주 얻을 수 있고 사람들이 먹을 큼직한 사냥감이 전혀 없는 공백기가 적어지기 때문이다.

내 생각에 이들은 고기를 공평하게 분배하는 데 따르는 꽤 확실한 장기적인 이점을 이해하는 것처럼 보이는데, 그 이유는 바로 이 소중한 식량을 안정적으로 소비하면 모든 구성원들이 더욱 활기차고 건강해지는 영양학적인 장점이 있기 때문이다. 자연과 가까운 곳에서 위태롭게 살아가는 사람들은 이런 통찰을 쉽게 얻었을 것이다. 어쨌든 행동 생태학에 따른 오늘날의 여러 이론들 역시 정확히 동일한 결론에 이른다. 또한 이 이론들은 인류의 이런 패턴들이[34] 늑대나 사자 같은 완전히 사회적인 육식동물이 순전히 본능적으로 보이는 행동과 무척 흡사하다는 사실을 보여 준다.

사회적인 육식동물들은 모두 식량을 실어 나르는 측면에서 동일한 문제에 부딪친다. 이들은 큼직하고 잡기 어려운 사냥감을 자주 수급하기 위해 무리를 지어 사냥해야 할 뿐만 아니라 이런 큰 먹잇감을 아주 공평하게 나눠야 한다. 이렇게 먹어야 무리 지어 사냥하는 에너지가 많이 드는 활동을 지속할 수 있고 사냥에 참여하는 모든 구성원들이 꾸준하게 제대로 된 영양을 공급받을 수 있다.[35] 늑대나 사자 같이 무척 사회적인 육식동물들은 항상 위계가 있는데, 이 위계는 기본적으로 누가 고기를 얼마나 갖는지를 결정하는 사회적 체계를 진화시킨 결과다. 집단 구성원들이 언제 다른 구성원에게 지배하고 복종하는지를 안다는 단순한 사실이 과도하게 경쟁적인 갈등을 방지하며, 이 고기만 먹는 동물들에게 자연선택이라는 도전 과제는 고기가 그렇게 풍부하지 않을 시기마다 공유가 상당한 수준으로 이뤄지도록 진화되어 왔다.

그렇지만 이런 위계가 있는데도 불구하고 먹이 공유는 지위가 낮은 구성원들에게 적당히 영양분을 공급할 만큼 충분히 이뤄져야 하며, 동시에 고기를 두고 벌이는 다툼으로 인해 무리 사냥이 주는 전체적인 이득이 사라지지 않아야 한다. 여기서 설득력 있는 메커니즘은 이기적이고 공격적이며 지위가 높은 개체들이 하급 개체들과 고기를 공유하는 문제에서는 적어도 인내심을 발휘하도록 진화했다는 것이다. 즉 아무리 먹이 공유가 공평함과는 거리가 멀 가능성이 있어도 무리 구성원들이 죽인 커다란 사냥감은, 훨씬 작은 동물을 사냥하는 보노보나 침팬지보다는 골고루 분배된다.

이렇듯 고기 소비를 균일하게 하는 것을 전문적인 용어로 '분산 감소'라 한다.[36] 인류는 유일하게 고기 섭취를 동등하게 하는 단계에 실제로 가깝게 다가섰지만 이렇게 하기 위해서는 상징과 문화적 발명뿐만 아니라, 고기를 독점할 수도 있는 강력한 구성원들을 통제하거나 제거하는 LPA 무리의 집단적인 흔치 않은 능력이 필요했다. 우리는 공유의 이득을 절감하는 데다 관련한 정치적 관계를 이해하기 때문에 문화적 제도와 관습을 발명하고 다양한 당근과 채찍을 활용해 그것을 뒷받침할 수 있다. 이런 식으로 수렵 채집자들은 심각하고 비용이 많이 드는 갈등이 자주 발생하지 않으면서도 전체적인 공유 체계가 일반적으로 매끄럽게 흘러간다는 점을 발견한다.[37]

고대의 호모 사피엔스는 거의 50만 년 동안 한곳에

머무르면서 우리가 아는 한 상대적으로 정적이고 상상력이 부족한 석기 문화를 발전시켰지만 그에 따라 플라이스토세라는 시기에 살아남는 어려운 일을 해냈다. 이 인류는 25만 년 전이 되어서야 커다란 사냥감을 집중적으로 사냥했다는 사실이 밝혀졌다. 그리고 이들은 20만 년 전에 해부학적으로 오늘날의 인류에 가까워졌지만 기술이 꽤 발전했음에도 아직 문화적 현대성에는 이르지 못했다.

이 고대 인류는 커다란 먹잇감을 사냥하면서 가족 단위의 고기 소비량이 들쭉날쭉해지는 것을 막기 위해 소규모 사회적 단위보다는 무리 전체에 동물의 사체를 나눠야 했다. 이 소규모 단위란 아마도 강하게 연결된 모계나 형제자매의 친족 관계, 또는 재생산 파트너와 부계 혈연에 따른 남녀 한 쌍일 것이다. 장기적인 저장이 이뤄지지 않는 상태에서, 이런 대안은 운 좋은 사냥꾼의 사회적인 소단위 또는 '가족'을 위한 것이었고 일 년에 몇 번 커다란 먹잇감이 들어왔을 때 짧게 이기적인 포식이 이뤄졌다. 이들은 몇몇 동료들과 식량을 나눌 수 있겠지만 영양이나 얼룩말 같은 덩치 큰 유제류를 사냥하지 않는 한 고기를 전혀 먹지 못하는 기간을 한참 견뎌야 했다.

내가 앞으로 제안할 가설들은 무리 지어 생활하는 초기 인류에 대한 것이며, 이들은 커다란 사냥감 같은 희귀한 자원을 비롯해 여성들과 짝짓기 할 기회를 놓고 남성들이 경쟁했으며 권력 그 자체를 쟁취하려는 경쟁 또한 존재했다.[38] 하지만 도덕의 기원에 대해 여러 가능한 시나리오들을 한데 합치기 전에 몇 가지 부가적인 배경 설명이 필요할 듯하다.

인류 계통의 진화적인 배경

초기 원시 인류의 꽤 많은 종들은 인류 계통에 직접 속하기도
하고 그렇지 않기도 하다. 비록 「사이언스」나 「네이처」에 논문을
출간했다 해도 이 원시 인류의 발견자들은 가끔 자기들의 특정
종이 단지 곁가지에서 멸종한 직립 유인원이 아니라 인류의 조상이
틀림없다고 암시하거나 그렇게 주장하곤 한다. 이들은 다들 두
발로 보행하며 두뇌의 크기가 오늘날의 침팬지 속 정도이고,
일반적으로 수백만 년에 걸쳐 주기적으로 사냥에 나섰다는 강력한
증거를 보이지는 않는다. 우리는 잘 알려진 오스트랄로피테쿠스
속의 일원인 침팬지 속 조상의 후손과 이들과 비슷한 부류가
적어도 작은 먹잇감을 사냥했을 가능성이 무척 높다고 추측할 수
있다. 그리고 비슷한 확률로 이들은 더 부드러운 소재로 정교한
도구를 만들었을 것이다. 하지만 어떤 주어진 종이 멸종을 향해
간다면 이런 조상의 특성 일부를 잃을 수도 있다.

석재를 활용해 튼튼한 도구를 만드는 데는 수백만 년이
걸렸을지도 모르지만[39] 고고학적으로 직립 유인원이라 알려진 종이
다른 동물의 사체를 찾아서 먹고 어쩌면 적극적인 사냥을 하는
데는 200만 년이 더 걸렸을 뿐이었다. 이런 육지 유인원들 가운데
하나가 우리의 직접적인 선조였을 가능성이 있지만, 이족보행을
한다는 점을 제외하면 이들의 골격은 여전히 유인원과 비슷했고
두뇌 크기는 살짝 커진 데 불과했다. 만약 루이스 리키[Louis Leakey]가
낙관적으로 '호모 하빌리스'라 이름을 붙인,[40] 나중에 등장한
약간 두뇌가 큰 종이 우리의 직접적인 조상이라면 인류의 계통은
지금으로부터 수백 만 년 전에 돌로 도구를 만들어 활용했고 같은
시간 동안 그 도구를 도축에 사용했을 것이다. 하지만 불행히도

리키의 '인류'는 멸종에 이르렀거나 하나 이상의 종이 연계된 고도로 동종이형적인 계통에 속했을 가능성이 높다. 그렇기 때문에 몇몇 전문가들은[41] 하빌리스를 호모 속에 포함시키기를 주저하기도 한다.

논란의 여지없이 확실하게 인류의 조상이라 여겨지는 첫 번째 화석은 호모 에렉투스의 것이다.[42] 호모 에렉투스는 한동안 이 후기의 직립 유인원과 같은 시대에 살았다. 에렉투스는 180만 년 전에 등장했으며 현존하는 어떤 유인원이나 이전의 화석에 비하면 겉모습이 인류와 상당히 닮았다. 에렉투스의 몸은 키가 크고 날씬하지만 다부져서 나무를 오르기보다는 장거리를 걷거나 달리는 데 훨씬 더 적합했다. 그리고 에렉투스의 두개골 안에는 어느 유인원보다도 큰 두뇌가 담겨 있었다. 비록 인류에 비하면 크기가 절반 정도였지만 말이다. 그로부터 수십 만 년 안에 아프리카의 호모 에렉투스는 멋진 아슐리안 도끼를 제작했다. 이 석기는 약간의 변형을 거치며 100만 년 넘게 계속 만들어졌다. 그뿐만 아니라 이 초기의 아프리카 인류는 사냥을 점점 더 많이 하기 시작했고 유라시아로 퍼져 나가 무척 성공적인 종으로 자리 잡은 이후에는 우리가 앞서 논의했던 아프리카의 고대 호모 사피엔스로 진화했다. 두뇌가 큰 이 종은 수십 만 년 동안 성공적으로 이곳에 머무르며 마침내 덩치 큰 유제류를 적극적으로 사냥했고 이후 머지않아 현생 인류로 진화하기에 이르렀다.

고대의 호모 사피엔스는 실제로 꽤 커다란 뇌를 가졌으며 이들의 몸은 호모 에렉투스와 마찬가지로 키가 크고 호리호리했지만 현대인에 더욱 가까웠다. 진화적인 경로의 마지막을 향하는 과정에서 이 고대 인류는 마침내 에렉투스가 발명했던 무척 정적인 아슐리안 석기 전통을 버리고 더욱 상상력이 풍부하게 담긴 기구를 제작하기 시작했다. 하지만 이들 역시 문화적으로 현대적이지는 않았다. 예를 들어 이들은 오늘날의 수렵 채집자들처럼 석기와 기타 기술을 빠른 속도로 정교하게 발전시켜 재빨리 독특한 지역 문화를 이뤄내지는 못했다. 이런 문화적인 창의성은 조개껍데기로 치장한다든가 변화무쌍한 조각을 만들고 동굴 벽화를 그린다든가 악기를 제작하는 작업처럼 문화적인 현대성과 함께 나중에 등장했다.[43]

이미 40만 년 전부터 이 고대 조상들은 세심하게 만든 목제 무기로 사냥을 했다.[44] 놀랍게도 이들이 사용했으리라 추정되는 창 여러 점이 독일의 혐기성 토양에 묻혀 오늘날까지 보존된 채 발견된 적이 있다. 이 무기는 올림픽 경기에 사용되는 투창처럼 던지기 좋게 균형 잡혀 잘 만들어졌으며 야생마 무리를 죽이는 데 활용되었을 가능성이 높다. 그 말은 이미 이들이 가끔은 덩치 큰 사냥감의 고기를 분배하는 상황에 놓였음을 뜻한다. 하지만 이들이 얼마나 자주 커다란 사냥감을 잡아 죽였는지는 알 수 없으며, 고고학적인 증거도 희박해 과연 이들이 새로운 분배 체계를 필요로 할 만큼 이런 큰 동물을 자주 사냥해 주된 식자재로 삼았는지는 단언할 수 없다.

그렇지만 고고학자 메리 스티너Mary Stiner에 따르면[45] 25만 년 전에는 커다란 동물을 사냥하는 것이 고대 인류에게 진지하고 주기적인 작업이 되었다는 증거가 무척 강력해진다. 아프리카에 살던 인류 조상들은 식물성 식량에 크게 기반을 둔 식생활을 계속했지만 커다란 동물의 사체에도 의존했으며 고기는 이제 더 이상 가끔 포식하는 대상이 아니었다. 이제 영양 같은 덩치 큰 유제류를 적극적으로 사냥해 주식으로 삼게 되었으며, 이론적인 이유에서 이 중요한 식량을 획득했던 과거의 경향은 유목민적인 채집 생활양식에 잘 통합되어야 했다. 이 생활양식에서는 아마도 가끔 뜻밖의 횡재로 큰 사냥감을 잡는 것 외에는 작은 사냥감과 함께 일차적으로 식물성 식량을 주식으로 삼는 일이 훨씬 많았을 것이다. 이것은 최소 생활수준을 고려했을 때 인류의 일반적인 진화론적 배경이다. 하지만 집단 내부의 정치학에 대해 고려하기 시작하면 아직 해야 할 말이 훨씬 많다.

집단 공격에 대한 완전한 자연사

우리는 하위 개체들의 연합을 비롯해 이들이 어떻게 해서 선천적으로 사회적 위계를 형성한 채로 남은(계속 그렇게 남아 있는) 종에서 알파 개체를 무력화할 만큼 강력해질 수 있는지에 특별히 관심이 있다.[46] 800만 년 전의 행동 계통발생학에 따르면 공통조상의 하위 개체들은 직접적인 사회적 공동체의 대다수를 성나게 하는 지배자들을 공격할 능력을 대체로 표출하지 못했을 가능성이 높다. 고릴라를 최소 공통분모로 할 때 이 고대 인류의 반란은 단지 잠재적이거나 꽤 드물었으리라고 보수적으로 추정할 수 있다. 하지만 600만 년 전에는 똑같은 보수적인 방법론으로도 침팬지 속의 조상은 미움 받는 지배자를 드물지 않게 공격해 권력을 축소시켰을 것이다. 아마도 지배자를 상처 입혔을 가능성이 크고 드물게는 죽이기도 했으리라 추정된다. 이런 징벌적인 유형의 사회적 선택은 적어도 공격받는 불량배들의 유전자에 상당한 불이익을 주는 우발적인 효과를 가졌다. 비록 일반적으로 지배자가 먹이를 찾거나 짝짓기를 하는 맥락에서 확실히 대단한 성과를 올렸지만 말이다.[47]

이런 사회적 선택이 치명적일 수도 있다고 제안하는

과정에서 나는 침팬지 속의 두 종에 대해 우리가 확실히 알고 있는 지식을 비롯해 개연성이 무척 높다고 여겨지는 지식을 염두에 두고 있다. 앞서 살핀 대로 인류는 사형을 폭넓게 시행했지만, 오늘날 한 비전문가인 관찰자가 침팬지 속의 사회 공동체에서 권력에 대항해 집단이 일으킨 처형을 실제로 관찰한 적이 한 번은 있었다. 사실 영장류학자들은 반항하는 하위 개체들이 처형을 실시할 가능성이 확실히 높아 보이는 여러 사례에 대해 기술한 적이 있지만, 과학적으로 보수적인 전문 생태학자들은 이런 사례를 단지 '실종'을 일으킨 집단 공격이라고 간주할 뿐이었다.

예컨대 탄자니아의 마할레 현장에서는 공격적인 성격의 전 알파 수컷이었던 침팬지 응톨로기가 자기가 속한 공동체의 구성원들에게 집단 공격을 당한 이후로 그곳에서 작업하던 일본인 현장 연구자들은 이 침팬지를 다시는 볼 수 없었다.[48] 침팬지 수컷은 이웃의 적대적인 집단으로 안전하게 이주하기 힘든 만큼 아마 응톨로기는 죽었을 것이다. 내가 곰베 국립공원에 있을 때 알파 수컷 침팬지였던 고블린 역시 맹렬한 집단 공격을 당해 결국 쫓겨났다. 그리고 여러 달에 걸쳐 변두리에서 근근이 살았는데 만약 돌아다니는 천적에게 발각되었다면 그 자리에서 죽임을 당했을 것이다.[49] 그래도 고블린은 자기를 쫓아낸 집단에서 사회적으로 용인되는 수컷으로 여러 해 동안 살아남았던 데 비해 응톨로기는 다시는 모습을 볼 수 없었다. 아마도 상처 때문에 죽었든가 천적의 눈에 발견되었을 가능성이 있다. 물론 도망 다니던 중에 자연사했을 수도 있지만 어쨌든 고블린과 마찬가지로 그 과정에서 분명 목숨을 위협받는 위험을 감수했을 것이다.

이와 비슷하게 자이레에 사는 꽤 큰 야생 보노보 암컷 집단이 어떤 수컷 불량배를 공격한 사례도 있다. 이들 암컷들은 수컷의 손가락을 심하게 물어뜯었으며 이 수컷은 여러 개의 깊은 상처를 입은 채 무리에서 떠나 다시는 볼 수 없었다.[50] 이 수컷은 상처로 인해 죽음을 맞았을 수도 있고 다른 집단으로 이주했을 수도 있다. 하지만 보노보 수컷은 두 집단이 우연히 만났을 때 명백한 적대감을 드러내는 경우가 무척 잦다.[51] 즉 이 수컷 역시 이 상처로 죽음을 맞았을 '개연성이 있다'고 간주할 수 있다. 이 두 종은 치명적인 무기를 제작하지는 않지만 심한 집단 공격으로도 개체를 죽음에 이르게 해서 적응도의 큰 손실을 야기한다. 여기에 비교할 만한, 인류 수렵 채집자들이 처형을 활용하는 방식에 대해서는 앞서 이미 알아본 바 있다.

따라서 우리는 인류의 선사시대를 통틀어 충분히 무장한 하위 개체들의 연합은 적절한 동기를 가졌을 때 위계가 높은 구성원들을 집단 공격할 수 있었고 심각하거나 치명적인 피해를 끼쳤다고 추정할 수 있다. 또한 덩치 큰 먹잇감을 사냥하는 것이 인류의 자급자족 패턴에 추가되면서 이것이 알파 수컷 문제에 대한 (만약 이전에 충분히 해소되지 않았다면) 확실한 해법을 주는 방향으로 새로운 사회적 자극을 제공했다고도 유추할 수 있다.

주된 작업가설

우리는 과학적인 연구를 하면서 '확률'과[52] 예측력, 일반적인 개연성, 그리고 더욱 일반적으로 말해 얼마나 만족스러운 설명을 발생시키는지에 따라 이론들을 분류한다. 도덕의 기원에 대한 설명을 구축하는 과정에서 내가 할 수 있는 최선의 작업은 작업가설들을 제공하는 것이다. 이 작업가설 가운데 일부에 대해서는 다른 학자들이 '단순한 예감인데 그것을 가설이라

미화했을 뿐'이라 간주하겠지만 일부는 상당히 가치가 있어
앞으로의 연구를 이끌 만한 것도 있다.

　　내가 이 장에서 발전시킬 이론은 자연선택의 특별한 한 유형,
다시 말해 앞서 3장과 다른 곳에서 논의했던 사회적 선택의 작용에
의해 우리의 도덕적인 양심이 출현하는 과정이다. 기본적으로
이것은 인류의 선호가 가져온 효과들을 포함하는데, 다른 개체를
유용한 협력자로 선택하거나 싫어하는 일탈자를 처벌하는
측면에서 그렇다.

　　구체적으로 말해 도덕의 기원 논의에서 첫 번째 부분은
인류의 과거에 대한 것으로, 집단적 처벌이 빈번하고 심해지며
이에 따라 처벌이 일탈자의 적응도를 감소시키기 때문에 인류의
유전자 풀에도 상당한 영향을 미친다는 내용이다. 그리고 논의에서
보다 불명확한 두 번째 부분은 이런 처벌의 수위가 올라가고
그에 따른 비용이 커지면서 개체들이 개인적인 자기 통제를 보다
잘하도록 이끄는 선택압을 생성한다는 내용을 다룬다. 이렇듯
사회적으로 방향을 잘 잡고 효과적으로 자기 통제를 하기 위한
도구는 양심을 진화시키는 것이다. 하지만 나는 이 이론을 가능한
구체화하고 양심의 기원이 언제인지 정확히 알아내기 위해
조금은 추측에 근거한 주장을 벌여야 한다. 이 주장은 초기의 인류
집단에서 어떻게, 그리고 왜 처벌이 유전자 풀을 형성하는 주된
힘으로 격상되었는지를 다룰 것이다.

　　앞으로 살필 '자연 속 에덴동산' 시나리오에서 나는 인류가
사냥에 크게 기초한 새로운 유형의 생계 패턴을 시작했다고
제안할 예정이다. 이 패턴은 예측 가능한 사회적인 도전 과제들을
제기하는데, 이 과제는 무척 특수한 유형의 식량을 효율적으로
분배하는 일을 위태롭게 하는 개인을 집단 차원에서 징계할

때만 생겼다. 이런 구체적인 이론을 입증하는 유일한 방법은
상대적인 개연성을 알아보는 것뿐이다.[53] 그리고 다행히도 이것을
뒷받침하도록 인도할 몇 가지 핵심적인 사실들이 존재한다.

사냥과 알파 수컷 문제

총 5~6명에서 15~30명의 사냥꾼으로 구성된 고대 인류 집단이
공평한 분배 체계를 수립하는 데 주된 장애물이 있다면 바로
알파 수컷이다. 이 수컷은 다른 개체의 고기를 빼앗고 자기
친족이나 친구의 편의를 봐 주는 지배자 역할을 할 가능성이
높다고 예측된다. 고고학자 로버트 월런Robert Whallon은 수십 년
전에 이런 선사시대의 알파 문제에 대해서 처음 발견했다.[54]
오늘날까지도 우리의 유전적 본성 속에는 여전히 알파 지배자가
상당 부분을 차지한다.[55] 만약 개인적인 규제나 사회적인 억제를
받지 않으면 이런 경향은 오늘날 수렵 채집자들이 전반적으로
고기를 불공평하게 소비하는 결과로 빠르게 전환될 것이다. 또한
이것은 고기를 정치적인 권력으로 바꾸는 성향으로도 변형될 텐데,
그 이유는 조상 인류가 그랬던 것처럼 고기를 소유한 개체들이
자기 친족이나 정치적인 협력자, 짝짓기 파트너를 돌보는 데
여분의 고기를 활용할 것이기 때문이다. 즉 이미 존재하는 조상의
알파 수컷 체계와 비슷한 무언가에 대항할 때마다 초기 인류는
고기를 좋아해 그것을 통제하고 탐욕스럽게 차지하려는 지배적인
개체들과 한데 뭉쳐 싸움을 벌이는 제로섬 게임을 해야 한다.
　　이 경쟁적인 게임에서는 영양 상태가 좋은 지배자들이
상당한 위협에 처한다. 이들의 영양 상태는 이전부터 훨씬 앞서
있는데 그런 만큼 전부터 영양 상태가 나빴던 하위 계급 개체들은

큰직한 고깃덩이가 이들의 복지에 중요해지면서 적극적으로
모반을 꾀할 동기를 갖는다. 그에 따라 다툼은 거의 불가피하며 그
과정에서 문화적인 기초를 가진 새로운 평등한 분배 체계가 자리를
잡는다. 궁극적으로 이 체계는 오늘날 평등주의가 그렇듯 힘에
따른 위협에 의해 정착되어야 할 것이다.

특정한 도덕적 기원 가설 세우기

침팬지 속 조상은 알파 수컷이 존재하는 위계 사회를 이뤘다.
우리는 여기에 대해 꽤 확신할 수 있다. 또 4만 5,000년 전의 인류가
확고한 평등주의적 질서를 만들어 냈다는 사실 역시 확실하다.
반면에 보노보와 침팬지는 하위 계급에 반란을 꾀하는 개체들이
있는데도 이런 질서를 이루지 못한 것이 분명하다. 그 이유는
이들 종에 여전히 알파 수컷이 존재하며 보노보의 경우에는
알파 암컷도 있기 때문이다. 반면에 어떤 단계에서 우리 인류는
어떻게든 이 알파 수컷을 단호히 제거하고 평등주의를 이뤘다.
권력, 식량, 짝짓기에 대한 알파 불량배 개체들의 특전에 대해
일반 개체들이 부러워했던 데서 평등주의로 향하는 이런 결정적인
단계가 유발되었다는 점은 논리적이다. 더 기초적인 수준에서
보면 이 문제는 개체의 자율성에 대한 것인데, 나는 전에 침팬지
속의 조상이 위협을 당하거나 간섭을 받는 것을 강하게 혐오했다고
제안한 적이 있다.

인류에게 양심이 어떻게 생겨났는지 설명하기 위해 내가
지금 발전시키고 있는 초기 단계의 시나리오는 '개연성 있는
생태학적 열쇠'를 제공한다. 여기서 내가 다루고 있는 여러
가설들은 어쩔 수 없이 임시적이지만 물론 고고학적인 새로운

발견과 경쟁 가설이 나타나면 이 가설들을 더 시험해 볼 수 있다. 더구나 앞으로 행동 유전학이 더욱 발전하면 궁극적으로 이런 탐구를 촉진시킬 것이다. 하지만 지금 단계에서는 이 가설들을 입증이 어려운 작업가설로 여겨야 한다. 앞으로 12장에서 살필 도덕의 기원에 대한 다른 이론들과 대조해 이 가설들이 얼마나 개연성 있는지를 평가할 수는 있지만 말이다.

기본적으로 이 초기 단계의 가설은 그렇게 복잡하지 않다. 이 가설은 지금으로부터 25만 년 전에 상대적으로 두뇌가 컸던 고대 인류가 덩치 큰 먹잇감에 대한 사냥을 빈번히 이뤄지는 주된 활동으로 삼았다고 가정한다.[56] 이때 이들은 앞에서 기술한 것처럼 이 커다란 사체를 효율적으로 나눠야 했다. 그래야 사냥에 참여한 무리 전체가 활기차게 좋은 영양 상태를 유지할 수 있기 때문이다. 하지만 앞서 살핀 것처럼 이때 만약 알파 수컷이 활발하게 행동하면 이런 효율적인 분배가 심각한 방해를 받을 수 있으며, 이 문제에 대한 유일한 해법(내가 생각할 수 있는 유일한 해법)은 하위 계급 개체들이 연합해 힘으로 문제를 해결하는 것이다.

침팬지 속 조상의 하위 개체들 사이에서 나타나는 반란은 제한적이지만 중대한 방식으로 전적응을 일으킨다. 그리고 이 가설은 고대 인류가 알파 개체의 문제를 확실히 통제하는 단계까지 이런 행동을 확대해 집단적이며 잠재적으로 목숨을 빼앗을 수도 있는 체계적인 사회적 통제를 발전시켰다고 가정한다. 그 목표는 약한 자를 괴롭히는 높은 지위의 개체들이 무리 구성원들이 사냥한 커다란 먹잇감을 자연스레 독점하지 못하게 막는 것이다. 힘들게 사냥에 참여한 구성원들은 영양 부족 상태에 놓인 채 높은 지위의 개체들이 무임승차자가 되지 못하게 하는 셈이다.

이에 따라 개체들 사이에 갈등이 생길 확률이 무척 높고 그 결과 잠재적인 공격성을 억제할 수 있는 강한 개체들은 그렇지 못해 죽음을 맞을 개체에 비해 번식적 성공을 거두기 쉽다. 즉 더욱 효율적인 형태의 개인적인 자기 통제가 진화하는 것이 강하게 선택된다. 도덕의 기원에서 이것은 시작 단계로 간주할 수 있다. 왜냐하면 이 단계가 규칙의 내면화와 옳고 그름에 대해 스스로 판단하는 감각의 발전을 이끌기 때문이다.

우리는 적어도 여기에 대한 몇몇 세부사항을 다룰 것이다. 더 나은 형태의 자아 억제는 개체의 적응에 도움이 되기 때문에, 이것은 약한 자를 괴롭히는 개체들뿐만 아니라 반사회적인 행동을 벌여 효율적인 고기 분배를 확실히 위협하는 개체에게도 적용될 수 있다. 예컨대 무리가 사냥한 먹잇감을 숨기려는 사기꾼이나 다른 개체의 몫을 몰래 가지려는 도둑이 그렇다. 그러다가 이런 세 가지 유형의 '일탈자들'이 무리에 의해 처벌받기 시작하면서 이런 위험한 무임승차 행위를 하지 않게 스스로 잘 억제하는 개체들이 보다 높은 적응도를 얻는 결과를 낳는다. 이것은 정확히 우리의 양심이 심한 일탈 행위를 종종 억제할 수 있으며 그에 따라 처벌을 받지 않게 스스로를 구하기 때문이다. 그래서 이 가설은 양심의 기원을 설명할 수 있다.

이것이 첫 번째 가설이다. 이 가설에 따르면 이론상 덩치 큰 먹잇감을 활발하게 사냥하면서 집단적 처벌과 연합한 형태의 사회적 선택이 다소 급작스럽게 시작되었다. 왜냐하면 문화의 발전에 따라 위협자에 대한 집단적인 처벌이 완전히 또는 주로 강화될 수 있기 때문이다. 이런 발전은 생물학적인 진화를 더 요구하지는 않는데 이미 600만 년 전부터 하위 개체들의 저항의 형태로 상당한 전적응이 이뤄졌기 때문이다. 하지만 이 가설을 조정할 수 있는 다음과 같은 잠재적인 만능패가 여럿 존재한다.

222

첫째, 일찍이 알파 수컷 체계가 실시되었을 때부터 이 체계는 이미 그것을 뒷받침하는 유전적 성향의 수준에 상당 부분 귀속되었을 가능성이 있다. 그 이유는 단순히 우리가 침팬지 속 조상이 (그리고 인류 계통의 그 직접적인 후손들이) 지배당하는 것을 무척 싫어하기 때문이다. 덩치 큰 유제류를 주기적으로 사냥하기 한참 전부터 점차 두뇌가 커진 이 인류는 서서히 원망스런 알파 수컷 지배자의 힘을 약화시키고자 하위 개체들의 연합을 더욱 잘 활용하게 되었을 것이다. 그 이유는 침팬지 속 조상이 언제나 지배보다는 개체의 자율성을 강하게 선호했던 데다 하위 수컷들이 짝짓기 기회를 더욱 널리 나누고자 했을 가능성이 꽤 높기 때문이다.

즉 징벌은 더 나은 형태의 자기 통제를 훨씬 일찍 진화시키는 데 충분했다. 하지만 내가 여기서 발전시키고 있는 기본적인 도덕의 기원 가설은 바뀌지 않을 것이다. 왜냐하면 사냥이 시작되어 지배자가 될 개체들이 여전히 다른 개체를 겁주는 자기 능력을 밀어붙이려 할 때 이들을 뿌리 뽑는 동시에 자기 통제력이 뛰어난 개체를 도우려면 더욱 결정적인 집단적 권력의 이동이 필요했기 때문이었다. 비슷한 사회적 선택이 심각한 수준의 사기꾼과 도둑들에게도 적용되었다. 이들 역시 공평하면서 영양학적으로 효율적인 고기의 분배를 상당히 저해했다.

이 두 번째 시나리오에서 평등주의의 진화는 유전 요인과 문화 요인의 상호작용을 통해 꽤 점진적으로 시작된다. 우리는 평등주의적 행동으로 향하는 최초의 주된 승격이 호모 에렉투스와 함께 시작되었을 확률이 높다고 추측할 수 있다. 이것은 약간의 복잡한 정치적인 도전을 포함했을 텐데, 이 최초의 확실하고도 진정한 인류는 아마도 유인원과 비슷했을 선조보다 상당히 큰 두뇌를 가졌기 때문에 이런 도전이 가능했다. 큼직한 먹잇감을 죽여 공유하는 모습이 이 그림의 일부였을까? 이 초기 인류는 무척 큼직한 사냥감에 대해 흥미를 보였다는 고고학적으로 뚜렷한 증거가 있다. 하지만 그래도 기회가 생겼을 때 가끔씩 사체를 적극적으로 얻으려고 시도하는 정도였을 것이다.[57] 그밖에 이 초기 인류의 식생활에서 고기가 차지하는 역할이 정확히 무엇이었는지는 알기 힘들다. 작은 먹잇감을 사냥하는 침팬지 속 조상의 행동 패턴이 거의 확실히 인류 계통에 계속 직접 이어졌다는 사실을 제외하면 말이다.[58] 만약 실제로 호모 에렉투스가 몇몇 중간 크기의 큼직한 먹잇감 역시 활발하게 자주 사냥했다면 고기를 더욱 공평하게 분배하는 체계적이고 공격적인 접근 방법은 약 180만 년 전에 발명되었을 것이다. 이렇게 말하는 이유는 코끼리처럼 덩치가 무척 큰 포유동물과는 달리 영양 정도의 유제류는 충분한 고기를 제공하지 못하기 때문이다. 그 결과 효율적인 분배 방식이 더욱 필요해진다.

하지만 이런 추측을 더욱 과거로 되짚어 적용하기는 힘들다. 인류 계통에서 더욱 초기의 육상 유인원들은 사회적인 두뇌가 더욱 제한적이었을 가능성이 큰데 여기에 대한 고고학적인 증거는 전체적으로 꽤 드물기 때문이다. 고고학적 현장이 더 오래되었을수록 도살되어 화석화한 보다 덩치가 작은 먹잇감의 뼈가 인류의 도구로 잘린 흔적을 식별하기 힘들 만큼 분해되었을 확률이 높아진다.

아주 초기에 고기가 공유되었다는 가설을 완전히 배제할 수는 없다. 하지만 우리가 오늘날 가진 견고한 증거에 따르면 25만 년 전은 꽤 덩치가 있지만 엄청나게 커다랗지는 않은 동물을 활발하게 자주 사냥하기 시작한 시점이다. 위계에 저항하는 하위 개체들의 연합이 호모 에렉투스 시절부터 알파 개체의 권력을 차츰 깎아 내렸다는 다른 몇몇 증거가 있기는 하지만, 나중에 덩치 큰 먹잇감을 집중적으로 사냥하면서 그 정치적인 과정은 상당히 가속화되었을 것이다.

우리가 상당한 확신을 갖고 말할 수 있는 것은 침팬지 속 조상이 위계적이었다는 점이다. 그러다가 어느 시점에서, 아마 문화적 현대성이 완전히 시작된 4만 5,000년 전부터 인류는 분명 확실한 평등주의를 도입했을 것이다. 이런 상황은 알파 개체들이 세력이 줄거나 처형되면서 나타났다고도 말할 수 있다. 알파 개체들이 스스로를 통제하고 권력이 이동하지 못하도록 억누르는 데 실패했다면 말이다. 이런 현상은 오늘날에도 벌어지며 과거에 이와는 다른 방식으로 일어났으리라 상상하기는 어렵다.

덩치 큰 동물을 사냥하기 시작하면서 (그 사냥이 성공했지만 아직 확실한 평등주의가 자리를 잡지 않았다면) 제대로 억제되지 않은 알파 개체나 탐욕스런 도둑들, 사기꾼들이 권력을 강화하려 할 때 무척 심각한 제재가 필요할 수도 있다. 이들은 고기를 무척 가치 있는 "공동체의 재산"[59]이라 여겨 통제하고자 모인 집단 구성원들의 단호한 연합에 공격을 당할 것이다. 하지만 이런 공격을 부분적으로만 단행한다 해도 분명 고기를 둘러싼 굉장한 갈등을 유발했으리라 여겨지기 때문에, 25만 년 전 이후에는 오직 성공 가능한 효율적인 고기의 분배 방식만이 알파 개체들의 행동을 확실히 억눌렀을 것이다.

이런 진화적인 가설은 인류의 행동 생태학, 그리고 초기 인류의 사회적 행동 능력에 대한 평가를 기초로 도덕의 기원 이론을 세우고자 한다. 이 가설은 다른 학자들이 제안할 개연성 있는 대안 가설들과 고고학적인 추가 증거를 기다리고 있다.

이것은 가까운 미래에 가설을 과학적으로 입증할 유일하게 가능성 있는 수단이다. 다른 영역을 살펴보면, 행동 유전학이 행동과 연대에 대한 평가를 하는 데 유용한 추가적인 핵심 정보를 제공할 수 있기까지 얼마나 시간이 소요될지는 예측하기 힘들다.

이 단계에서 우리에게는 사실 세 개의 대안 가설이 있다. 하나는 고대 인류가 알파 개체를 억누르고 커다란 먹잇감을 사냥해 급진적인 정치적 변화를 이끌고 초기의 심각한 갈등을 통해 억제를 덜 받은 알파 개체를 억제하는 문제에서, 고대의 행동 패턴으로부터 그렇게 크게 진전되지 못했다는 것이다. 두 번째 가설은 초기 인류의 연합이 알파 개체의 권력을 부분적으로 줄였으며(개체의 자율성을 높이고, 아마도 계급이 낮은 수컷의 짝짓기 기회를 늘리기 위해) 그에 따라 덩치 큰 사냥감에 의존하는 전환이 훨씬 쉬워졌다는 것이다. 그리고 세 번째 가설은 이런 사냥이 시작되었을 무렵에는 단호한 평등주의가 이미 자리를 잡았으며 실제로 그것이 덩치 큰 동물에 대한 사냥이 성공하는 데 전제 조건이었다는 것이다.

만약 우리가 이 세 가지 가설 가운데 하나를 과학적인 이유에서 선택하기 위해서는 후속 연구 결과가 필요하다. 하지만 이 세 가지 가설은 전부 양심이 진화해서 발생하는 것과 관련된 기본적인 변수들을 다룬다. 양심의 진화 과정은 꽤 점진적이었을 수도, 상당히 단절적이었을 수도 있는데 그것은 우리가 선택하는 가설에 달렸다. 또 집단선택과 함께 사회적 선택이 얼마나 강력하게 일어났는지에 따라서도 달라진다.

알파 개체 제거하기

오늘날 수렵 채집 집단에서 강하게 나타나는 평등주의에 따른 분배 과정에 의해 알파의 권력 헤게모니가 방해를 받을 것이라고 윌런이 지적했을 때,[60] 그가 평등에 기초를 둔 정치적 질서가 기존의 위계를 대체한다는 가설을 제안한 것은 아니었다. 하지만 4장에서 우리는 오늘날의 평등주의적인 수렵 채집자 사회를 면밀하게 검토한 결과 처형이라는 극단적인 해법을 하나 발견했다. 그리고 우리는 이 해법이 무척 지배적인 행동 패턴과 연관되는 무임승차자 문제를 종식시키는 수단으로 꽤 자주 사용된다는 사실을 알아냈다. 일단 진지한 사냥이 시작되고 다량의 고기가 거처에 이따금 도달하면 고기 도둑이나 사기꾼들은 목표물이 줄어들고 탐욕스러운 알파 불량배들은 오늘날과 다를 바 없이 심각한 사회적 제재에 직면한다. 나는 오늘날 LPA 집단 50곳에 대한 민족지학적 기록의 절반 이상에서 처형이 실시되었으며, 이에 따라 집단 구성원 모두가 덩치 큰 사냥감을 공평하게 나눠서 먹을 확률이 상당히 높아졌다는 사실을 강조하고자 한다. 그리고 표 1에서 살폈듯이 LPA 수렵 집단에서는 주된 목표물로 선정된 불량배들이 확실히 존재했고 '교활한 일탈'로 분류된 두 사례보다 수적으로 훨씬 많았다.

고대 인류가 사냥을 시작했던 당시 이들이 일단은 완전히 평등주의를 적용하지 못했다고 가정해 보자. 자기 마음대로 하는 경향이 있던 알파 개체들에 대한 새롭고 더욱 효율적인 고기 분배 관습이 어쩔 수 없이 강압적으로 시행되어야 했고 그에 따라 유혈이 낭자했을 가능성이 높기 때문에, 더 나은 개인적 자기 억제에 유리한 방향으로 사회적 선택의 속도가 높아졌을 것이다.

반면에 만약 하위 개체들의 저항이 이미 빈번하고 효율적으로 일어났다면, 그리고 만약 알파 독재자의 위치가 이미 부분적으로 약화되었다면 공평하고 효율적인 고기 분배가 더욱 활기 넘치게 실시되었을 것이다. 그리고 앞서 말한 것처럼 사회적 선택의 속도는 보다 느리고 점진적이었을 것이다.

간추리자면 우리는 초기의 고대 인류가 25만 년 전 이전에 이미 완전히 평등주의적이어서 덩치 큰 동물을 빠르고 활발하게 사냥하는 길을 닦았고, 효율적이고 평등한 분배를 시행하기가 무척 수월해서 갈등도 훨씬 적었을 가능성을 아예 배제할 수는 없다. 이런 경우에 양심의 진화와 도덕의 기원은 보다 일찍 시작되었을 테고, 사회적 선택은 커다란 고기를 널리 분배받고자 하는 요구보다는 일반 구성원들이 개체의 자율성을 향한 욕구와 보통 수컷들이 더 많은 짝짓기 기회를 가지려는 욕구를 충족하도록 했을 것이다. 하지만 덩치 큰 먹잇감에 크게 의존하게 되면서 이런 새로운 발전은 드물게 도착하는 큼직하고 귀한 식량을 확실히 분배받고자 하는 하위 개체들에 의해 알파 개체들이 집단 공격을 당해 상처를 입거나 죽임 당하는 빈도를 높였을 수 있다. 그리고 이에 따라 양심의 진화는 속도를 높였을 것이다.

이 이론은 기본적으로 정치적인데, 그 이유는 내가 강한 선택의 힘과 평등주의라는 사회적 질서의 출현을 긴밀하게 엮었기 때문이다. 이 가설은 징벌을 통한 사회적 선택이 우리를 도덕적으로 만들었고 이 사회적인 질서가 인류의 진화 과정에서 언제든 실제로 발전할 수 있었다는 커다란 가능성을 제공한다. 하지만 오늘날 같은 확실한 형태의 평등주의가 만개하기 위해서는 인류의 사회적, 정치적인 지능이 충분히 강력해져 하위 개체들이 자기 집단의 알파를 단호하게 억누를 정도가 되어야 했다.

나는 이런 징벌이 실제로 시작된 시점부터 자기 억제라는 공포를 기반으로 한 더 오래된 고대 인류의 메커니즘이 새롭게 진화한 특징들에 의해 보충되었고 결국 도덕의 기원을 이뤘다고 생각한다. 이런 특징 가운데는 타인의 관점을 고려하는 더욱 정교해진 능력, 심한 일탈자들을 죽일 준비가 된 집단 안에서 살아가는 위험에 대해 개체가 더 효율적으로 적응하도록 해 줄 규칙에 대한 내면화, 수치에 대한 감각, 자기와 타인에 대한 도덕적인 판단, 그리고 잡담과 뒷소문의 형태로 나타나는 특별한 유형의 상징적인 의사소통 능력이 포함된다.

이것은 도덕의 기원으로 승격되기에는 다소 평범하고 시시한 설명일 수도 있지만 나는 보다 나은 이론이 나타날 때까지 이 설명을 밀고 나갈 것이다.

선사시대의 처형에 대한 더 많은 사실들

이제 나는 최소한 40만 년 전의 인류 수렵 채집자들은 완전히 평등주의적이지 않았다고 제안하는, 처형에 대한 몇 가지 고고학적인 증거를 제시하고자 한다. 하지만 먼저 이보다 최근의 사례로 돌아가 처형을 위계에 저항하는 수단으로 활용하는 문제에 대해 살펴보자. 이와 관련해 우리가 고려할 세 가지 사례는 스페인에서 발견된 마들렌 기의 동굴 벽화다.[61] 이 사례들은 아마도 문화적으로 현대적인 수렵 채집자들이 기후가 더욱 안정적이었던 홀로세에 적응하던 시기로 거슬러 올라갈 것이다. 이 벽화를 보면 10명의 궁수가 깊은 인상을 주는 자세로 활을 공중에 흔들며 자기들이 막 해낸 무언가에 대해 기뻐하는 듯하다. 그리고 조금 멀리 떨어진 땅 위에는 정확히 열 대의 화살을 몸에 맞아 거의 고슴도치처럼 보이는 남성의 몸이 꼼짝 않고 있다.[62] 여기까지가 우리가 확실히 알 수 있는 전부지만 다음과 같은 추측이 더 가능하다.

첫째, 궁수가 10명인 것으로 보아 이들은 40명 정도로 구성된 무리에서 왔을 텐데 오늘날 평균적인 집단보다 큰 편이지만 이미 살폈던 범위 안에 들어가는 수치다. 스페인 아닌 다른 곳에서 제작된 두 점의 비슷한 벽화를 보면 궁수가 각각 3명과 6명이기 때문에 전체적인 평균은 약 6명인데 이것은 오늘날의 수렵 채집 집단의 평균치와 같다. 비록 표본의 크기가 작아 단지 추정일 뿐이지만 말이다. 둘째, 가까운 거리에서 만장일치로 살해가 이뤄진 것으로 보아 이 장면은 무리 사이의 다툼에서 일방적인 모습으로 나타났다기보다는 무리 내부의 처형인 것처럼 보인다. 물론 확신할 수는 없지만 이런 처형이 세 번 등장했다는 점으로 보아 이것은 리처드 리가 기술했던 부시맨 족 집단의 연쇄 살인마가 '고슴도치처럼' 죽임 당했던 사례와[63] 비슷하게 '공동체적인' 장면일 수 있다. 우리는 이후의 장에서 여기에 대해 더 생생하고 자세하게 살필 예정이다.

이 해석은 우리가 집단 처형에 대한 정치적인 역학을 다시 고려할 때 더 강화된다. 여기서 우리는 오늘날의 수렵 채집자들이 처형을 실시하는 두 가지 방식을 참조할 수 있다. 처형 집행자들은 중요한 공적 임무를 수행하고 있으며, 이들은 처형된 일탈자의 화가 난 친족들에게 살해당하지 않는다는 것이다. 하지만 잘못을 저지른 개인의 가까운 친족에게 그를 죽이도록 위임하는 이런 방식은 분명 앞서 등장한 벽화의 장면과 일치하지 않는다. 더욱 드문 경우로 집단 전체가 일탈자를 살해하는 데 참여하기도 하는데 이것이 위의 동굴 벽화에 등장한 장면과 완벽하게 일치한다.

그리고 만약 우리가 4장의 표 1에 수록된 처형을 일으키는 원인들을 통계적으로 고려한다면 여기서 더 나아간 추측이 가능하다.

　　이 세 개의 동굴 벽화는 공포를 자아내는 마법사 또는 불량배를 처형한 장면일 수도 있지만 이것은 추정일 뿐이다. 비록 그럴 확률이 높지 않기는 하지만 전쟁 포로일 수도 있다. 이 벽화는 문화적으로 현대적인 인류가 마음에 들지 않는 누군가를 집단행동에 의해 살해할 수 있다는 사실을 보여 준다.

　　처형은 유전자에 대한 선택과 관련이 있는데, 그 이유는 바로 그 징벌을 받는 자의 적응도가 심하게 불리해지기 때문이다. 그렇지만 우리가 앞서 살폈던 민족지학적 사례는 오늘날 이동성 수렵 채집 무리에서 1년에 처형이 몇 번 일어나는지 알려 줄 만큼 충분하지 않다. 다만 우리가 아는 것은 오늘날 LPA 사냥 무리의 전체적인 살인 발생률이 로스엔젤레스 같은 위험한 도시와 사실 비슷할 수도 있다는 점이다.[64] 그 가운데 처형이 차지하는 비율은 그렇게 많지 않은데(하지만 그래도 중요하다) 그 이유는 대부분의 살인 행위가 단순히 여성을 둘러싼 단발성 다툼에서 확장되어 일어나기 때문이다. 그렇지만 집단이 고집 센 알파 개인을 억눌러야만 덩치 큰 사냥감을 분배할 수 있었던 선사시대에는, 다루기 힘든 개인을 처리하기 위한 실행 가능하며 가끔은 꼭 필요한 선택지가 바로 처형이었을 것이다. 그리고 이것은 유전자 풀에 심대한 영향을 주었을 수 있다.

고고학과 평등주의적인 전환

여기 초기의 고기 분배에 대한 사회적으로 중요한 추가 증거가 하나 있다. 덩치 큰 사냥감에 대해 단호하게 평등주의적으로 통제하는 모습이 약 25만 년 전에 일어났다는(훨씬 전이 아니라) 사실을 뒷받침하는 증거다. 메리 스타이너^{Mary Stiner}와 두 명의 이스라엘 출신 고고학자 동료들은[65] 서아시아의 보다 초기 고대 인류가 죽인 덩치 큰 사냥감의 뼈에 난 칼자국을 면밀하게 조사한 적이 있다. 당시 서아시아는 지리학적으로 아프리카의 연장선상에 있다고 여길 수 있었다.[66] 이들에 따르면 40만 년 전에는 무척 다른 패턴이 보였는데 이때 덩치 큰 사냥감은 여전히 부수적인 위치를 차지하는 듯했다. 이와 대조적으로 20만 년 전은 발굽을 가진 사냥감을 활발하게 사냥해 식생활의 중심이 된지 이미 5만 년이 지난 시점이었다. 여기서 40만 년 전의 칼자국은 일정하지 않고 다양했는데 마치 여러 명이 다양한 습관으로 서로 다른 도구를 활용해 다양한 각도로 낸 자국들 같았다. 이 초기 인류의 패턴은 침팬지나 보노보가 고기를 먹는 모습과 꽤 일치했다. 서로 경쟁하는 정치적 역학 관계가 가득했고 비록 한 개체가 확실히 통제권을 쥐고 있다 해도 일반적으로 하나의 사체에 여러 개체들이 한꺼번에 달려들기 때문이었다. 이 구석기 중기의 고대 인류는 날카로운 돌조각으로 동물을 도살했다는 점이, 별다른 큰 다툼 없이 고기를 분배하는 데 중요했다. 왜냐하면 만약 고기를 둘러싸고 심각한 다툼이 벌어졌다면 오늘날의 침팬지 속의 두 종과는 달리 동물을 죽이는 손에 목숨을 빠르게 앗아가는 무기가 있었기 때문이었다.

반면에 20만 년 전에 난 칼자국을 보면 사체 전체를 하나의 위치에서 도살한 것으로 추정되므로 아마 한 사람이 이 자국을 냈으리라 여겨진다. 이것은 엄청난 잠재적인 중요성을 갖는데, 이 후기의 패턴은 오늘날 수렵 채집자들을 떠올리게 하기 때문이다.

오늘날의 수렵 채집 집단에서는 사실상 경계심 많은 무리라면 흔히 고기를 얻을 수 있고, 이들은 구성원들에게 체계적이고 문화적으로 일상적인 방식으로 고기를 널리 분배해 심각한 갈등을 방지한다.[67] 더 권력 있는 개체들이 이기적으로 손을 뻗지 못하게 하고자 먹잇감은 아마도 사냥에 관여하지 않았던 '중립적인' 고기 배급자에게 넘어갔을 것이다.[68] 이런 관습은 솜씨 좋고 성공한 사냥꾼이 고기를 마음대로 좌지우지하지 않도록 확실히 했다.

한 사람이 사냥감을 도살했던 이런 20만 년 전의 고고학적 패턴은 확실히 오늘날의 관습과 일치하는 듯 보인다. 침팬지 속 조상이나 제멋대로 사냥감에 다가갔던 40만 년 전 고대 인류처럼 이기적인 알파 개체들이 억제를 덜 받은 채 남았다면 분명 앞서 살폈던 LPA 분배 체계도 효율적으로 작동하지 못했을 것이다. 이 모든 것은 초기 인류가 주기적으로 덩치 큰 먹잇감의 고기를 영양상 효율적으로 섭취하려면 최소한 정치적인 평등주의라는 체계가 단호하게 시행될 필요가 있었으리라는 생각과 잘 들어맞는다. 모든 구성원이 치명적인 무기를 가질 수 있을 때 과도한 다툼을 피하기 위해서도 필요했을 것이다.

주된 가설

여기 앞에서 살핀 모든 시나리오와 잘 맞는 주장이 하나 있다. 인류 집단이 평등주의를 공격적으로 시행할 때 무척 조심스레 자신의 지배적 경향을 억누르는 무리의 알파 개체가 분명 적응력이 높을 것이라는 점이다. 그리고 나는 (도둑이나 사기꾼 경향에 미치는 비슷한 효과와 마찬가지로) 이것이 인류가 양심을 얻게 된 과정을 설명할 수 있다고 제안한 바 있다. 우리는 이런 이기적인 '일탈자들'이 자기 통제 능력 면에서 유전적으로 가변적이라고 추정 가능하다. 또한 이렇게 고기를 자기 마음대로 하는 사람들은 자주 심하게 처벌을 받기 시작했으리라 짐작할 수 있는데, 그 이유는 반사회적으로 멋대로 구는 행동이 당시에는 LPA 무리에서 알파 개체에 대한 억제가 꽤 일상적으로 일어나는 오늘날에 비해 훨씬 심각한 수준의 집단 갈등을 유발했기 때문이었다. 그 결과 기본적으로 집단이 개체들을 억누르면서 지기 쉬운 개체들의 유전자형에 대해 강한 사회적 선택압이 작용할 것이다.

시간이 지나면서 유인원과 비슷하게 공포에 바탕을 둔 고대의 개인적 자기 통제 방식은 증가할 것이다. 그러다가 다른 어떤 동물들도 진화시키기 어려운 일종의 원시적인 형태의 양심이 나타난다. 이것이 도덕의 기원에 대한 내 가설이다. 이 과정에서 사실 그다지 답할 생각이 없었던 질문은 어째서 보노보와 침팬지가 이런 동일한 방향으로 진화하지 않았느냐는 것이다. 이들 종도 주요 유리한 장점을 똑같이 공유하기 때문이다. 이 질문에 대한 답은 대체로 인류가 더욱 복잡한 사회적 두뇌를 발전시켰다는 점에서 찾아야 할 것이다. 아니면 인류가 커다란 사냥감을 적극적으로 사냥하게 되었다는 사실이 답일지도 모른다.

양심은 얼마나 빠르게 진화했는가?

다윈은 모든 자연선택의 과정이 상당히 완만하고 지속적이며 자연환경의 점진적인 변화에 의해 자극을 받는다고 믿었다. 하지만 꽤 인정받는 현대적인 한 관점에 따르면 가끔은 이 변화가 무척 급진적이고 빠를 수도 있다. 생물학자 닐스 엘드리지Niles Eldredge는 여기에 대해 '단속평형punctuated equilibrium'이 일어난다고 표현했다.[69]

그 말은 물리적인 환경이 빠르고 크게 변화하면 유전적 변화의 속도가 뚜렷하게 가속화할 수 있다는 뜻이다.

양심의 진화와 관련해서는 사회적 환경 역시 고려해야 한다.[70] 만약 사냥이 시작된 이후에도 알파의 힘이 여전히 세고 징벌적인 제재가 강해져야 한다면, 징벌적인 사회적 선택 자체만으로도 새로운 유형의 단절점이 될 수 있다. 그 이유는 처형을 강화하는 것이 적응도에 엄청난 영향을 줄 뿐 아니라 선호에 기반을 둔 사회적 선택은 인간의 의도에 따라 초점이 맞춰지는 일이 무척 수월하기 때문이다. 이 말은 일상의 사회적인 문제들이 해결되고 위기가 해소되면서 선택의 힘이 의도적인 적응의 대상이 될 수 있다는 뜻이다. 실제로 인류의 커다란 두뇌는 생태학적인 방향으로 정치적인 문제를 해결하는 지속적인 패턴을 이끌 수 있고[71] 이것은 장기적으로 엄청난 유전적인 결과를 가져온다. 인류가 무척 문화적인 존재가 되면서 이 문제 해결 양식은 물리적, 사회적 환경의 변화에 무척 빠르게 적응할 수 있었다.

'보통의' 자연선택 과정은 하나의 새로운 형질이 나타나기까지 최소한 약 1,000세대를 필요로 한다(인간의 경우 약 2만 5,000년에 해당한다). 에드워드 O. 윌슨이 1978년에 저서인 『인간 본성에 대하여*On Human Nature*』에서 말한 바도 그것이다.[72] 아무리 덩치 큰 동물을 사냥하는 것이 상대적으로 최근에 일어난 단절점이어서 이때 강력한 사회적 선택의 힘에 따라 자기 통제력이 뛰어난 개인들이 확실히 선호되었다는 가설을 세울 수 있다 해도, 그 이후에 인류가 문화적인 현대성을 향해 나가면서 양심의 기원이 생겨나는 엄청난 변화가 일어나려면 수많은 시간이 필요했을 것이다. 시대에 대해서는 이보다 정확하게 추측할 수 있다. 사냥이 활발하게 일어나게 된 시점은 25만 년 전이며 문화적인(그리고 도덕적인) 현대성은 4만 5,000년 전 또는 그보다 살짝 이르게 도래했다. 최소한 이때 7,000~8,000세대에 걸쳐 유전자 선택이 일어나 우리를 도덕적으로 만들었거나 그 작업을 마무리했으며, 현재의 지식에 따르면 이 과정은 고도로 지속적인 사회적 선호의 인도를 받은 사회적 선택에 의해 의미 있는 수준으로 달성되었다.

여기서 내가 얼른 덧붙여야 하는 사실은 우리가 이타주의적인 집단선택과 상호 이타주의를 비롯해, 어쩌면 3장에서 논의했던 다른 모든 메커니즘들 역시 공헌을 했을 가능성이 높다는 점이다. 하지만 이것은 12장에서 다룰 문제다.

만약 덩치 큰 동물에 대한 사냥이 시작되기 전부터 단호한 평등주의가 완전히 실시되었다면 어떨까? 하지만 그것은 스티너가 발견했던 40만 년 전의 도살 양식과 부합하지 않는다. 고대의 호모 사피엔스가 큰 두뇌를 갖췄다는 점을 생각하면 평등주의가 50만 년 전에서 25만 년 전 사이에 시작되었을 것이라 상상하기는 어렵지 않다. 그렇다고 호모 에렉투스를 배제할 수 있는 것은 아니다. 하지만 그 시점이 언제였든, 우리는 도둑이나 사기꾼, 그리고 특히 알파가 조용히 모습을 감추지는 않았으리라 추정할 수 있다. 많은 개체가 죽임을 당하거나 그렇지 않으면 불리한 조건에 놓였을 것이다. 그리고 이런 급격한 사회적 선택의 결과 인류의 자기 통제 능력이 증진되었을 것이다. 실제로 LPA 수렵 채집자들 사이에서는 사회적 제재가 그렇게 드물지 않게 일어났고 처형이 자주 이뤄졌다는 점을 생각하면, 이 과정은 유전자 선택의 수준에서도 여전히 작동했을지도 모른다.

성 선택이라는 기본 원리

사회적 선택이 앞서 언급했던 선택의 다른 모형들과 비교했을 때 여기서 상당한 우선권을 갖는 이유는 무엇일까? 다윈이 주장했던 성 선택을 아주 근본적인 유형의 사회적 선택이라 간주해 보자.[73] 성 선택은 공작의 꼬리 같은 부적응적이거나 '지나치게 과장된' 형질이라도 그것을 뒷받침할 수 있을 만큼 강력하게 작동한다. 성 선택이 존재하는 이유는 의사 결정의 진화된 패턴들이 선택 과정을 실어 나르며 특별한 '초점'이라 불릴 만한 것을(최소한 비유적으로) 제공하기 때문이다. 사실 선천적으로 인도되는 암컷의 선택은 초점을 잘 맞춰 성 선택이 일어나게 한다. 공작 암컷은 보다 활기차고 건강한 수컷을 선호하는데 이런 수컷은 둥근 문양이 많은 멋진 꼬리로 자신의 유전적인 우월성을 선전하려고 한다. 다른 종에서도 수컷은 에너지가 많이 들며 종종 심하게 과장된 구애 행동을 다양하게 보여 주는데, 다윈은 암컷의 선택에 구미를 맞추는 이런 사례를 자세히 묘사했다.[74] 그뿐만 아니라 여러분은 잠재적으로 꽤 부적응적인 형질이 적응도 면에서 큰 비용을 치르게 하는데도, 그것을 선택할 만큼 선호에 기초를 둔 선택의 효과가 강력하다는 점을 알아차릴 것이다. 실제로 이런 형질이 단독으로 자리를 잡을 수 있는 이유는 짝짓기 철에 선택받은 수컷들에게 재생산 측면에서 그만큼 커다란 이점을 보상해 주기 때문이다. 이런 점에서 선호에 기반을 둔, 교미 과시에 적합한 성 선택의 명백한 위력을 가늠하려는 과정에서 영국의 유전학자 로널드 피셔Ronald Fisher는 오래 전에 상호작용적인 "고삐풀림 효과"를 참조하자고 제안했다.[75]

  징벌적인 사회적 선택은 이것과 전혀 비슷하지 않다.

물론 상식적으로도 즉석에서 처형되는 것은 만족을 주는 성적인 보상을 받는 것과 대조된다는 사실을 즉각 알 수 있다. 하지만 징벌 역시 재생산의 성공에 무척 직접적인 영향을 주는 잘 초점이 맞춰진 선택을 포함한다. 아무리 알파 수컷이라도 죽으면 번식할 수 없기 때문이다. 나는 언젠가 이런 집단에 의해 작동하는 특별한 징벌이라는 선택 양식에 대해 더욱 효율적으로 계산할 수 있는 수학 모형이 만들어지기를 바란다. 하지만 지금으로서는 양심의 진화를 돕는 과정에서 사회적 선택이 꽤 강하게 작용할 수 있다고 제안할 뿐이다. 얼마나 강력하냐면 우리의 두뇌가 7,000~8,000세대 또는 어쩌면 훨씬 긴 기간에 걸쳐 양심의 기능들을 수용하고자 거뜬히 다시 설계되었을 정도다.

유념해야 할 점은 오늘날까지 징벌적인 사회적 선택은 지속되며, 지구상에 얼마 남지 않은 독자 생존 가능한 수렵 채집 사회뿐 아니라 다른 유형의 사회도 스스로 자제하지 못하는 일탈자들을 계속 벌한다는 사실이다. 또한 수렵 채집자들 사이에는 처형보다는 이런 부정적인 사회적 선택이 훨씬 많다는 점을 염두에 둬야 한다. 내가 이런 극적인 유형의 집단적 징벌을 강조했던 이유는, 비용이 많이 부과되지만 가벼운 선사시대의 사회적 제재 역시 충분한 세대가 지나야 작동할 가능성이 높으며 비록 즉각적인 효과가 확실히 경미하기는 해도 아마도 훨씬 빈번하게 일어날 것이기 때문이다. 예컨대 집단의 배척을 받거나 아예 쫓겨나는 징벌의 장기적인 효과는 점차 커질 수 있으며 단지 수치스럽게도 나쁜 도덕적 평판을 갖는 것만으로도 그 부담으로 인해 진화적인 행위자는 짝짓기를 비롯한 다른 협력 관계 측면에서 불리한 영향을 받는다.

사회적 선택이 가진 독특한 특성들

도널드 T. 캠벨은 생물학적인 진화가 일어날 때 그가 '눈먼 변이와 선택의 유지'라 불렀던 과정이 기본적인 메커니즘에 포함된다고 주장했다.[76] 이 용어는 기본적으로 의도적이지 않은 단일한 과정을 가리켰다. 이 무작위적인 과정 가운데는 다양한 개체가 갖는 일상적인 표현형에 직접적으로 작용하는 환경적 압력이 포함된다. 그리고 이것은 유전자 풀에 효력을 미쳐 결국 유전자형에도 영향을 준다. 그동안 우리는 집단 공격을 비롯한 집단적인 제재를 집중해서 살폈는데, 앞으로 더 자세히 알아보겠지만 평판에 따른 효과도 선택에 대한 행위자로 작용한다. 이것들은 자연적인 환경보다는 사회 집단에서 기원하며 그렇기 때문에 특별히 관심을 기울일 가치가 있다.

이런 맥락에서 나는 다음과 같이 무척 구체적인 진화적 가설 하나를 제안하려 한다. '자신의 독재적 경향을 억제하지 못하는 공격적인(또는 교활한) 일탈자를 죽이거나 상처 입히고 사회적으로 축출하며 회피하는 과정은 초기 인류의 유전자 풀에 영향을 미쳐 왔다. 그 영향은 무척 커서 인류의 양심이 독특하게 진화했을 정도다.'

하지만 이런 유형의 이론은 어떻게 봐도 완전히 새로운 것은 아니다. 이전에도 소수의 몇몇 학자들이 징벌적인 사회적 선택이 유전자 풀에 상당한 영향을 미칠 가능성을 고려했다. 다만 이들은 양심이라는 영역 밖에서 이 작업을 벌였다. 별로 놀라운 사실은 아니지만 이런 통찰은 원래 다윈에서 비롯했다. 비록 당시에는 그런 아이디어를 제대로 발전시키지는 못했지만 말이다. 그러다가 40여 년 전인 1971년에 생물학자 로버트 트리버스가

수렵 채집자들에게서 가능한 '도덕적인 공격성'이 선택의 힘이라고
분명히 명시했다.[77] 트리버스는 이런 공격성이 상호적 관계의
이행을 게을리 하는 개체들을 향할 때, 사기꾼에게 어울리는
유전자들의 빈도를 줄였을 것이라고 제안했다. 나는 이 제안을
내 모형의 기본적인 아이디어로 포함시켰다. 비록 내 모형은
사기꾼보다는 불량배들을 훨씬 더 강조하지만 말이다.

알렉산더의 공헌

1970년대 후반 들어 생물학자 리처드 D. 알렉산더 역시 인류에서
나타나는 사회적 선택에 대해 논의하기 시작했다. 트리버스와
마찬가지로 이 논의는 사기꾼에 대한 집단적 징벌을 일부
포함했지만 대부분 짝짓기 선택의 맥락에서 암컷들은 보다
훌륭한 수컷을 선호한다는 점을 다뤘다.[78] 알렉스의 제자였던
메리 제인 웨스트-에버하르트Mary Jane West-Eberhard는 더 나아가
다윈의 성 선택이 사회적 선택의 한 유형일 뿐이라고 제안했으며[79]
사회적 선택의 다른 유형에 대해서는 주로 곤충의 예를 들었다.
에버하르트는 생물학자로서 사회적 선택을 유전적 선택의 특별한
하나의 유형으로 보다 넓게 정의하는 작업을 지속했다. 개체들의
사회적 상황이나 사회적 선호에 직접적으로 뿌리 내린 선택이라는
것이었다.
    그리고 1987년에 펴낸 중요한 저서『도덕 체계에 대한
생물학The Biology of Moral Systems』에서 알렉산더는 고기를 공유하는
협력적인 상호 호혜성이 수렵 채집 집단에서 어떤 식으로 나타나며
타고난 이타주의적 형질이 어떻게 선택될 수 있는지에 대한 생각을
정교하게 제시한다. 여기서 주된 수수께끼는 수렵 채집자들이

먹잇감을 누가 죽였는지와 상관없이 고기를 분배하며, 이들이 기대하는 바가 트리버스 식으로 '팃포탯' 형태의 보상이 아니라 알렉산더가 '간접적 호혜성'이라 부른 체계에 따라 조정된다는 점이다. 이 중요한 개념에 대해서는 3장에서 소개한 적이 있다. 다시 간단히 설명하자면 이것은 타인을 돕는 행위는 일반적으로 다음과 같은 가정에 따른다는 뜻을 담고 있다. "내가 오늘 누군가에게 베푼다면 내가 도움이 필요할 때 또 누군가 나에게 베풀 것이다."

알렉산더는 수렵 채집자들의 관습에 관해서만 엄격히 한정지어 이타주의를 정의하려 하며, 이 간접적 호혜성 속에서 해결해야 할 주된 수수께끼를 발견한다. 주는 대로 받는다는 이런 일반적인 체계 속에서 자기가 받은 것보다 많이 가져가는 경우가 많은 기회주의적인 무임승차자들은 개인적인 적응도 측면에서 확실히 이득을 볼 것이다. 반면에 받는 것보다 더 많이 주는 이타주의자들은 손해를 본다. 이 원리는 단지 고기를 분배하는 문제뿐만 아니라 이익을 주는 다른 행동들에도 적용된다. 예컨대 부상을 당하거나 병들고 무능력해진 비친족을 돕는 행동이 그렇다.

이런 체계가 어떻게 진화할 수 있었는지를 설명하려면 두 가지 유형의 사회적 선택을 고려해야 한다. 알렉산더는 간접적 호혜성을 모든 집단 구성원을 위한 일종의 보험 체계라고 간주하며[80] 집단적 징벌의 역할에 대해 다음과 같이 말한다. "확실히 사회적 배척이나 회피를 포함한 다양한 형태의 징벌은, …호혜적으로 적절하게 행동하지 않거나 그것이 무엇이든 행위 준칙을 따르지 않는 것이 반복적으로 관찰된 개인에게 적용될 수 있다."[81] 알렉산더는 더 나아가 사회적인 지위 또는 '평판'이 번식적 성공에 미치는 중요성에 대해 더욱 강조한다. 비록 그가 강조한

것이 좋은 평판과 그것이 협동에 얼마나 중요한지에 대해서였지만,
이 단계에서 나는 나쁜 평판이 (그리고 그것의 사회적, 유전적 결과가)
양심의 기원을 이해하는 데 특히 흥미롭다고 주장하고자 한다.
수준 이하의 양심은 수준 이하의 평판을 만들어 낼 뿐 아니라
적극적인 처벌을 이끈다.

징벌적인 사회적 선택

나쁜 명성은 공동체의 구성원들이 타인의 행동에 대해 사적으로
잡담을 하는 과정에서 굳어진다. 고대의 사냥꾼 무리는 자기
집단의 알파와 도둑, 사기꾼을 벌하면서 일탈자들의 사회사 전체를
파악하기 위한 언어 기술을 가졌을 확률이 아주 높다. 그 말은
이들이 단일한 범죄뿐만 아니라 일탈의 장기적인 패턴에 대해서도
대가를 치르게 했다는 뜻이다. 우수한 양심을 발전시키면서 이들은
이처럼 과거의 사회적 책무를 누적적으로 합산할 수 있게 되었고,
이에 따라 개인적이고 정확한 성찰을 바탕으로 이런 잠재적인
일탈자들이 심각한 문제를 일으키지 못하도록 더 잘 준비할 수
있었다. 다시 말해 스스로 보호하는 자기 평가와 통제에 관여하는
유전자들은 징벌적인 사회적 선택에 의해 강하게 지지되었을
것이다.

　　공격성을 이끄는 유전자 또한 영향을 받았다. 1988년 정치
인류학자 키스 오테르바인Keith Otterbein은 다양한 유형의 미개
인류에서 나타난 처형에 대해 분석하면서 사기꾼을 대상으로 하는
도덕적인 공격성에 대한 트리버스의 고유한 통찰로 돌아갔다.
시간이 지남에 따라 처형 또한 인류의 유전자 풀을 변형시켜
우리 종을 덜 공격적으로 만들었을 가능성이 있다고 제안하기

위해서였다. 공격성이 더 심한 유형의 인류는 번식적 성공률이 줄어들었을 것이라는 이유에서다.[82] 이후로 리처드 랭엄은 우리 종 내부에서 나타난 자동적인 교화에 대해 논의했는데, 이것은 부분적으로 집단의 징벌이 우리의 전체적인 유전적 본성을 덜 폭력적이고 덜 공격적으로 만들었다는 맥락에 자리했다. 다른 한편으로는 공격적인 특성의 감소가 골격의 변화와 함께 했다는 맥락도 있었다.[83] 처형을 유전자 선택의 사회적인 행위자로 여기는 랭엄의 주된 관심사는 나와 아주 유사하다. 랭엄과 나의 관점은 서로를 강화하는 관계다.

1999년 저서 『숲속의 위계』에서 나는 자기보다 강압적이고 고집 센 상급자에 저항하는 반위계적인 인류 개체들에서 나타나는 사회적 선택의 효과에 대해 살폈다. 여기에는 이런 "공격성의 감소"라는 맥락 뿐 아니라 양심의 진화와 도덕의 기원에 대한 현재의 가설로 이끈 맥락도 포함되었다. 책의 내용이 이 주제로 이어질 것이라고는 당시에 짐작하지 못했지만 말이다. "극히 미움을 받는 유형의 생식적인 성공률을 낮춤으로써, 자연선택은 우리의 정치적인 성향을 상당히 변화시켰던 것처럼 보인다.… 이것은 공격적인 반응을 약화시키거나 행동을 억제하는 통제를 강화함으로써, 또는 둘 다를 통해 가능하다."[84]

이것은 내가 이 장에서 집중적으로 다루는 두 번째 효과다. 행동을 억제하는 자기통제를 강화해 양심의 진화에 이르렀으며 이것이 도덕의 기원에서 핵심적인 일면을 기술한다. 우리는 더욱 효율적인 유형의 자기통제가 발달하기 시작했던 시점에 존재했던 원시적 형태의 양심이 어떤 모습이었는지 결코 짐작할 수 없을지도 모른다. 하지만 적어도 나는 침팬지 속 조상의 행동과 오늘날의 수렵 채집자 집단에 대한 지식, 그리고 이들 집단이 무리의

독재자를 통제하는 과정에서 계속 부딪치는 문제들에 기초해 이런
진화적인 발전을 일으키는 사회적 장을 그럴 듯하게 재현할 수
있다고 제안한다.

침팬지 속 조상으로 거슬러 올라가 살폈을 때 우리가
재현할 수 있고, 무척 개연성 높으며 단호한 "사회적 통제"는
저항하는 연합체가 일으키는 공격뿐이다. 이것은 드물게 상처나
추방, 죽음을 일으킨다. 만약 우리가 오늘날의 수렵 채집 집단을
살핀다면 보통 집단 전체의 사회적이거나 경제적인 안녕이
제어되지 않은 한 일탈자에 의해 위협을 받을 때, 집단 전체에 의한
도덕주의적 통제가 협동에 의해 단호하게 이뤄지며 그 수위가 높고
가끔은 목숨을 빼앗기도 한다. 오늘날 유전자 풀 측면에서 이런
사회적 선택은 다음 두 가지를 계속 수행하고 있다. 하나는 남을
괴롭히거나 사기를 치는 선천적인 성향을 줄이는 것이다. 그리고
나머지 하나는 우리를 쉽사리 곤란에 빠뜨릴 반사회적인 일탈
행위에 대해 스스로 억제하는 하나의 수단으로 양심을 확립하는
것이다.

도덕의 기원 이론들, 과학에서 신화까지

우리가 볼 때 원시적인 양심을 가졌으리라 추정되는 나중에 나타난
고대 인류는 오늘날의 도덕을 갖지 않은 침팬지나 보노보와 비슷한
인상을 줄 수 있다. 만약 이들 인류를 자세하게 관찰하거나 실험
대상으로 삼을 수 있다면 이들이, 집단이 지지하는 규칙들에
대해서는 적어도 '옳고 그름'의 원시적인 감각을 획득했다는
사실을 알게 될지도 모른다. 하지만 초기 인류가 집단의 가치를
강하게 내면화하기 시작해 옳고 그름의 감각 역시 내면화하기에

이르렀다면 우리는 이들을 도덕적인 존재라고 여겨야 할지 모른다. 특히 만약 이들이 나누는 대화를 들었는데 이때 남을 판단하는 말투가 쓰였다면 말이다. 그리고 이들이 부끄러운 감정을 경험하고 이에 따라 얼굴을 붉히기 시작했다면 이들이 도덕적인 존재라는 지위를 얻었다는 데 아무도 이의를 제기하지 않을 것이다.

양심을 가진다는 것은 인류의 사회생활 측면에서 확실히 엄청나게 중요했다. 그럼에도 과학자들은 그 기원에 대해 그동안 거의 설명하려 하지 않았다. 여기에 대해 에카르트 볼란트Eckart Voland, 레나트 볼란트Renate Voland라는 독일의 두 심리학자가 제안한 정교하지만 제한적인 한 이론은[85] 선천적으로 이기적인 자녀가 양육에 드는 투자의 일부를 부모에게 돌려주도록 양심이 도덕적인 수단으로 진화했다는 흥미로운 제안을 한다. 확실히 이 '부모-자손 갈등'은 내가 앞서 제안한 사회적 선택을 기반으로 한 가설에 비해 훨씬 설명 범위가 좁다. 후자는 인류의 사회생활에서 양심이 전체적으로 어떤 기능을 하며 양심이 어떻게 적응적으로 '설계되었는지'를 다루기 때문이다. 또한 내 가설은 역사적이며, 인류가 자연 환경을 이용한 방식의 변화와 양심의 진화를 연결 짓고 우리의 생태학적인 과거를 살핀다. '도덕의 기원'을 설명하는 비역사적인 접근은 여러 가지가 있지만 이와 비슷하게 더욱 일반적인 진화론적인 틀에 도덕적인 행동을 잘 끼워 맞추는 단계까지 나아가지 못하고 멈추는 듯하다. 우리는 여기에 대해 12장에서 더 자세히 살필 예정이다.

그리고 물론 여기에는 신학과 믿음의 문제도 있다. 내가 교회 주일학교에 다니던 소년 시절에 느꼈던 약간의 의문에 대해[86] 간단히 짚어 보자. 구약 성경과 코란은 둘 다 목가적인 서아시아의 에덴동산에 식량이 풍부하고 환경적인 위험이 없었다고 묘사한다.

사람을 조종하려 드는 뱀이 멋대로 나타나는 것을 제외하면 말이다. 하지만 이 뱀이 확실히 가장 사악한 존재로 그려지기는 해도 어떤 사람들에게는 신자에게 자유의지와 지식을 얻으려는 탐색을 제공한다는 점에서 부분적으로는 그 자체로 가치를 지닐 수 있다. 어쩌면 우리는 복수심이 강한 여호와를 이 환경적인 위험 요소 안에 포함시켜야 할지 모르는데 이 신은 함정 수사를 하는 것처럼 보이기 때문이다. 아담과 이브는 어쩌면 부끄러움을 모르는 결백함으로 가득한 영원을 바랐을지도 모른다. 이들이 조상이 되어 만들어진 종족이 사회적인 경쟁이나 도덕적 죄책감 없이 살아가며 여호와가 함정을 설치하지도 않은 곳을 말이다. 하지만 여호와는 매력적이고 궁금증을 자극하는 열매로 미끼를 놓았고, 두려움 없이 마음대로 하는 뱀의 부추김과 인간적인 호기심 때문에 아담과 이브는 (조금은 지루한) 낙원 생활의 종지부를 찍는다.

하지만 내가 인생을 살면서 보다 나중에 발견한 과학적인 에덴동산의 모습은 꽤 달랐다. 인류학적으로 플라이스토세의 아프리카에 자리한 이곳은 생물이 살아가기에 좋은 기회를 제공하지만 동시에 여러 가지 요인으로 무척 위험하기도 했다. 예컨대 기후가 불안정했고 굶주림과 고난이 빈번했으며, 블랙맘바 같은 무척 공격적인 코브라 류를 포함해 정말로 독을 가진 뱀도 있고 밤에는 굶주린 고양잇과의 덩치 큰 맹수들이 어슬렁거렸다. 하지만 구약 성경의 지은이는 최초의 인류 한 쌍을 도덕적으로 결백한 동물에 함축적으로 비유했다는 점에서는 분명 옳았다. 그래야 이들의 추락이 성적인 절제를 비롯한 여러 가지에 대한 도덕적인 우려를 일으킨다는 사실이 강조된다. 이 성경 속 이야기는 하나의 우화에 지나지 않을지도 모르지만, 도덕의 기원과 결합한 인간과 동물의 차이라는 주제가 미개 종족의 신화 속에 널리 나타난다는 사실은 알아둘 만한 가치가 있다. 이런 순수하게 구전되는 전통 속에서 인간이 옳고 그름에 대한 수치를 동반한 감각을 어떻게 얻었는지에 대한 질문은 수많은 사례를 들 수 있을 정도로 빈번하게 언급된다. 이런 이야기들은 다채롭게 조금씩 다르지만 그럼에도 놀랄 만큼 비슷하다.

대학원생 시절 나는 나바호 인디언 보호구역에서 일하는 연구팀과 현장 조사를 수행하며 여름을 보낸 적이 있다. 이때 우리가 연구했던 대상 가운데 하나는 '이카Ichaa', 즉 '나방 병'인데 나바호 족은 젊은이는 근친상간을 저지르면 이 병에 걸린다고 믿는다. 그리고 내 연구와 관련한 전설 하나가 있었는데 아직도 생생히 기억난다. 나는 베르나르 하일Bernard Haile 신부라는 인류학에 재능을 가진 한 프란체스코회 선교사로부터 이 이야기를 처음 들었다.[87] 이 신부는 1930년대에 한 나바호 족 사람에게서 이야기를 수집했는데 그는 1860년대에 전투에서 패배해 유폐되기 전 북아메리카 남서부를 누비며 수렵과 채집을 했던 종족 사이에서 자랐다.

나바호 족은 인류의 초기 형태가 곤충과 비슷하다고 여겨 근친상간을 금지하는 규칙들 없이도 가까운 친족끼리 짝을 지을 수 있었다. 아예 '나방 씨족'으로 자기 씨족에 곤충의 이름을 붙인 무리도 있었던 이들 '초기 인류' 무리는 행복하게 언제나 사랑이 가득한 가족 내부에서 결혼을 했다. 하지만 전하는 이야기에 따르면 진짜 인류가 그곳에 도착한 이후로 이들 무리는 단순히 자기들의 풍습을 버리고 형제자매가 서로 결혼하지 못하도록 하는 대신 조상들의 풍습을 따르기로 했다. 이들은 꼭대기가 편평하고 가장자리가 벼랑인 메사 언덕 높은 곳에 모여 자손들이 서로 결혼하게 했다. 그리고 벼랑 기슭으로 내려온 사람들은 크게 모닥불을 피웠으며 형제자매로 이뤄진 행복한 부부들이 모닥불을 둘러싸며 밤새 춤을 췄다. 하지만 갑자기 젊은이들이 마치 나방처럼 벼랑 아래의 불에 멈출 수 없이 이끌렸고, 단체로 절벽 가장자리로 몰려가 불에 뛰어들어 죽었다. 이 이야기의 교훈은 다음과 같다. 나방처럼 근친상간을 하면 자연의 규칙을 어긴 셈이며 그에 따른 벌을 받는다는 것이다. 일찍이 나바호 족은 이렇게 처음으로 죄와 벌에 대해 알게 되었다.

무슬림이든 유대-기독교의 에덴동산 이야기든 나바호 족의 나방 전설이든 이런 이야기가 갖는 장점은 이야기하는 사람이 몇 가지 강렬한 사건만으로도 인류의 도덕적 기원 같은 심오하고 복잡한 무언가를 설명할 수 있다는 점이다. 이런 이야기를 믿는 기반에는 순수하고 단순한 '믿음'이 있다. 반면에 내가 지금 여기서 하고 있는 과학적인 이야기의 장점은 증거에 대해 따져볼 수 있고 이론들도 나중에 필요하면 반박과 수정이 가능하도록 만들어진다는 점이다. 나는 믿음보다는 인류학적인 자료와 통찰, 그리고 자연선택 이론이라는 지대한 영향력을 갖는 논리에 호소한다. 또한 우리가 현재 알고 있는 두뇌의 기능들, 영장류학과 고고학에서 이루어진 여러 발견을 비롯해 우리가 활용할 수 있는 오늘날의 모든 지식들을 동원한다.

우리가 획득한 이 양심이라는 것은 정확히 무엇인가?

양심은 대략 우리에게 사회적인 거울을 제공한다. 양심에 대해 꾸준히 살피다 보면 우리의 명성을 위협하는 수치스러운 함정들을 파악할 수 있다. 또 어떤 집단에 자리 잡은 구성원인 우리의 개인적인 발전을 자랑스럽고 우쭐하게 기록할 수도 있다. 하지만 현실에서 우리는 스스로의 잘 진화된 강력한 '욕구'들을 극복하고자 계속해서 애쓰기 때문에 지적인 것을 넘어선 자기에 대한 앎은 위태롭다. 이런 욕구들은 종종 우리가 집단과 불화하도록 이끈다. 물질적인 탐욕과 함께 성적으로 남을 지배하려는 경향성에서 벗어나고 그 경향성을 반사회적이라 표현하는 과정에서, 우리는 일상에서 심각하고 실질적인 문제들을 마주할 수 있다.

최소한 전전두엽 피질과 변연계는 우리의 감정 반응에 관여하며[88] 이 반응들은 개인의 사회적 전략과 자기통제를 이끈다. 그리고 집단적 처벌의 효과가 이런 부위의 영역을 개선시키기 시작할 때, 근원적인 유전자 측면에서 징벌적인 사회적 선택이 작동하게 하는 두뇌의 관련된 기능에는 개인차가 있다. 물론 더욱 일반적인 자연선택과 함께 이런 사회적인 유형의 선택에서 선택 과정이 직접 작용하는 대상은 기본적으로 표현형의 변이였지만 말이다.

궁극적으로 집단의 사회적인 선호는 유전자 풀에 커다란 영향을 줄 수 있으며, 우리가 부끄러운 일에 얼굴을 붉히기 시작했다는 것은 분명 양심에 따른 자기통제가 진화하기 시작했다는 점을 의미한다. 이렇게 마지막으로 얻은 결과는 오늘날 볼 수 있는 완전하고 정교하게 발전한 양심이다. 우리는 양심의 도움을 받아 식량, 권력, 성을 비롯해 자기에게 필요한 모든 것에 대한 이기적인 욕심의 균형을 잡는 정교한 결정을 한다. 사회에서 더 나은 도덕적 명성을 유지하고 집단에서 가치 있는 개인으로 인정받기 위해서다. 이렇게 양심을 가지는 것의 인지적인 장점이 있다면, 쓸모 있는 사회적 결정을 하고 부정적인 사회적 결과를 피하도록 직접 촉진한다는 것이다. 그리고 감정적인 장점이 있다면 우리가 집단의 가치와 규칙에 실제로 연결된다는 점인데,

이것은 우리가 집단의 관습을 내면화하고 자신뿐만 아니라 타인에 대해 판단을 내릴 수 있다는 사실을 뜻한다. 어쩌면 이것이 자존감이라는 바람직한 결과를 낳을지도 모른다.

양심을 갖고 살기

1800년대에 다윈은 이미 도덕적인 능력이 우리 두뇌의 산물이라는 사실을 대강 알고 있었다. 하지만 오늘날 우리는 여기에 대한 구체적인 지식들을 한데 꿰맞추기 시작했다. 심리학자 조너선 하이트Jonathan Haidt는 초기 인류의 도덕적인 반응이 감정에 크게 기초했을 가능성이 있으며 어쩌면 감정이 지성적인 이해보다 도덕에 큰 영향을 주었을지도 모른다는 사실을 보여 주었다.[89] 앞서 살폈듯이 우리의 양심은 사회적인 과거를 거슬러 올라가거나 미래를 내다보는 능력을 부여하며, 감정과 함께 행동의 결과를 평가 내리고 그에 따라 행동을 조정하도록 한다.

오늘날의 인류에서 나타나는 이런 양심은 자동적으로 이뤄지는 자기억제와 사회적 전략 수립을 넘어선다. 우리 가운데 일부는 가끔 마주치는 골치 아픈 도덕적 딜레마를 정의내리고 가능하면 그것을 해결하려고 언어를 활용해 스스로에게 말을 걸기 때문이다. 우리는 마음속에서 두 가지 악 가운데 차악을 선택하려 하는데 이런 경향은 앞서 언급한 가설의 수준에서 MRI 스캐닝을 통해 이론적으로 검증되었다. 철학자들이 좋아하는 조금 심술궂은 예는 (성인인) 여러분의 집에 불이 났을 때 어머니와 누이 가운데 한 명을 구할 수밖에 없다면 누구를 택할 것인지 같은 것이다. 아니면 제어가 되지 않고 폭주하는 노면 전차를 멈춰 다섯 명의 목숨을 구하려면 뚱뚱한 남자를 전차에서 밀어 일부러 죽여야 하는 경우 어떻게 할 것인지도 이런 문제에 속한다.[90] 앞으로 살피겠지만 북극에 사는 이누이트 족 화자들은 실제로 일상에서 자기 아이들을 대상으로 이런 딜레마를 내놓는다.

상당수의 미국인들이 실제로 어린 시절이나 청소년 시절에 마주했을 더 개연성 높은 도덕적 딜레마 가운데는 미성년자 신분으로 약물 등을 불법으로 주입할지, 가게 물건을 훔칠지, 소중한 시간을 아끼기 위해 정지 신호를 무시하고 달릴지 말지 등의 문제가 있다. 생애의 보다 후반기에는 결혼한 미국인 가운데 약 절반이 간통을 저지르는데 이런 경우에도 실제로 바람을 피워 사랑하는 사람에게 상처를 줄지 여부에 대한 도덕적인 딜레마가 있다. 그리고 소득세 신고를 얼버무리는 문제도 있다. 정부가 편의상 외계에서 온 포식자로 정의되면서 상당수의 사람들에게는 그다지 도덕적인 딜레마를 주지 않지만 말이다. 이런 딜레마는 우리 주변에 무척 흔하며 이때 양심은 우리가 이런 딜레마들을 해결하도록 인도한다. 하지만 우리가 특정한 유혹에 저항하려 애쓴다 해도 딜레마는 여전히 완전히 해소되지 못한 채 심리적으로 강한 모순의 형태로 남을 수 있다.

이런 딜레마를 문제라고 인식하는 것도 양심을 통해서이며 모순을 중재하고 조정하는 것도 양심이다. 개인들은 심각한 도덕적 딜레마를 해결하는 문제에서 상당히 다양한 모습을 보이는데 그 이유는 몇몇 개인은 원래 충동적이어서 이미 피해 대책으로 행동이 이뤄진 뒤에 양심이 활동하지만, 몇몇 개인은 유혹을 계속 받으면서도 자기를 억제하기 때문이다. 그리고 한쪽 극단에는 집단의 문화적인 금지 사항을 너무나 잘 내면화해 거의 유혹을 느끼지 않는 사람이 있는 한편, 반대쪽 극단에는 물론 이들과 뚜렷이 대조되는 자기를 억제하지 못하는 사이코패스가 있다.

우리가 2장에서 살폈던, 양심의 기능과 작용이 약한 사람들이다.

　　또한 단지 규칙을 어기는 데서 기쁨을 느끼는 '부도덕자'들도
존재하는데 몇몇 현대 국가에서는 이런 반응이 젊은이들 문화의
일부인 것처럼 보인다. 한편 완전히 자기들의 규칙에 근거한
대안적인 범죄 문화도 존재하는데 폭력 집단이 (불행히도 교도소
또한) 그 특수한 본거지다. 그리고 반대편에는 개인이 도덕적으로
더 나은 방식으로 살겠다고 선언하는 수도원 문화가 있다. 이런
경우에는 토마스 아퀴나스^Thomas Aquinas가 그랬듯 양심이 과로를
하는 것처럼 보이는데 그 이유는 이들 개인이 본성적으로 모순을
강하게 느끼며 도덕적인 기준이 무척 높기 때문이다.

　　나는 이런 복잡한 반응들이 어떻게 진화했는지를 전부
다루지는 않을 테지만, 분명한 사실은 인류가 (고도로 도덕주의적인
인간들의 손으로 키운 유인원들을 포함한) 아프리카 대형 유인원에서
발견되듯 주로 공포에 기초한 다소 단순한 형태의 자기억제에서
상당히 진일보한 것이 분명하다는 점이다. 도덕은 우리가
양심이라고 부르는 특별한 유형의 자기의식을 포함하는데, 그에
따라 우리는 중요한 여러 가지를 동시에 고려할 수 있게 되었다.
하나는 우리가 내면화한 규칙들이고 다른 하나는 우리가 당장
마주한 욕구들이다. 그리고 좋은 도덕적 평판을 얻거나 나쁜
평판을 피하는 것처럼 인생에서 더 큰 사회적 목표들이 존재한다.
양심은 이 모든 것을 매개하며 그렇게 하도록 잘 진화되었다.

　　다윈과 마찬가지로 우리는 양심이 주로 도덕적인
자기통제에 대한 심리학적인 행위자라고 여길 수도 있지만, 나는
진화를 통해 나타난 양심이 훨씬 광범위한 기능을 가진다고
규정할 수도 있다고 제안하고자 한다. 알렉산더가 제안한
것처럼 기회주의적인 양심은 우리가 동료들의 사회적인 반응을

예측하도록 하고, 사회적으로 처벌을 모면하면서도 괜찮은 도덕적 평판을 지키게끔 계산하도록 한다.[91] 또한 양심은 특정한 규칙 위반이 그럴 만한 가치가 있는지 결정하도록 한다(아무리 일반적으로 그렇게 여겨진다 해도). 그리고 양심은 테레사 수녀 같은 성인 유형의 개인들로 하여금 자기들의 명성과 그에 따른 이득을 최대화하는 전략적인 행동을 하도록 한다. 비록 이들의 주된 동기는 이타주의적인 경우가 많겠지만 말이다.

그렇다면 최선의 진화적인 양심은 규칙을 내면화하도록 이끄는 완벽하고 최종적인 도구가 아니다. 개미 둑 안에서라면 자동적으로 자기억제가 이뤄지도록 하는 이런 도구가 무척 잘 작동할 것이다. 하지만 인간은 사정이 꽤 다른데 그 이유는 사회의 규칙을 말뜻 그대로 받아들여 도덕적인 유연성 없이 행동을 지나치게 억제하는 개인들은 상대적인 적응도 측면에서 경쟁에 불리했을 것이기 때문이다. 반면에 적응도를 최적화하는 양심은 개인적인 유리함을 위해 가벼운 규칙들은 어겨도 좋다고 허락한다. 아무리 개인에게 심각한 결과를 불러일으키기 때문에 규칙을 어길 수 없다고 해도 그렇다. 이것은 적응적인 설계를 참고한 주장이다. 하지만 이 주장은 LPA 수렵 채집자 집단에 대해 민족지학적으로 연구한 결과와도 꽤 잘 맞아떨어지며, 우리의 진화한 마음에 대해 데카르트적인 방식으로 탐구하며 얻은 결과와도 부합한다.

도덕의 기원들

우리는 이제 도덕의 기원이 어떻게 시작되었는지에 대한 가설을 하나 갖게 되었다. 자기를 규제하는 양심을 획득하는 것은 인류의 도덕적 진화에서 첫 번째 이정표였을 확률이 무척 높다.

기본적으로 인류는 늑대나 유인원처럼 '힘이 곧 정의다'라는 공포를 기반으로 한 사회적 질서에서, 그것과 동시에 규칙을 내면화하고 개인의 평판을 걱정하는 질서로 이행했다. 그런 이유로 인류는 동물계에서 독특한 존재가 되기에 충분했지만, 진정한 결정타는 사실 부끄러움에 얼굴을 붉히는 현상이었다. 이 현상은 오늘날까지 어떤 학자도 제대로 설명을 시도하지 못한 자연선택의 수수께끼다. 진화적인 우선성이라는 측면에서 보면 아마도 규칙과 가치에 대한 내면화가 이보다 먼저 일어났을 텐데, 이것은 진화적인 양심의 기본 기능 가운데 하나다. 얼굴을 붉히는 현상은 나중에 자기통제와 어떻게든 연합되었을 것이다. 하지만 이것은 단순한 추측일 뿐이다. 만약 언젠가 얼굴을 붉히는 현상을 비롯한 다른 도덕적 반응들을 사회적으로 촉발하는 유전자가 밝혀진다면, 더욱 구체적인 이론을 세울 수 있을 테고 연대에 기초한 가설도 가능할지 모른다.

도덕적인 존재가 된다는 것이 우리가 삶에서 전형적으로 갖는 유혹이 아예 사라진다는 것을 뜻하지는 않는다. 그보다는 이미 존재하는 부끄러움이라는 느낌과 얽혀 있는데 이것은 우리가 내면에서 반사회적인 행동을 자동적으로 억제하는 효과가 있다. 또한 도덕적인 존재가 된다는 것은 조상들이 가졌던 공포라는 동기가 사라진다는 뜻도 아니다. 우리가 도덕적으로 행동하는 부분적인 이유는 주변 동료들의 도덕적인 분노가 두렵기 때문이다. 오늘날이라면 경찰의 개입도 그런 두려움의 대상일 것이다.

실제로 일어난 일은 자기통제가 지니는 속성이 어떤 과학자들도 예측할 수 없는 방식으로 변형되었다는 것이다. 사후적인 관점에서 봐도 몇 가지 전적응이 유용하다는 사실은 꽤 명확하다. 일단 인류가 도덕적인 존재가 된 이후에는 양심이 그들을 보다 많이 이끌고 억제했다. 우리는 계급이 높은 개체의 권력에 몹시 주의를 기울이는 '지배에 사로잡힌' 종에서, 무리의 다른 구성원이 갖는 도덕적인 평판에 대해 끊임없이 얘기하는 종으로 변모했다. 그에 따라 옳고 그름에 대한 더욱 사회적인 문제들을 의식적으로 정의하기 시작했고 일상적으로 무리 내부의 일탈자들을 집단 수준에서 처리하기 시작했다. 이것은 집단의 권위가 개체들의 권위를 대체하는 중요한 방식이었다. 실제로 소규모 무리에서는 최소한 수만 년 전부터 잠재적이거나 실제 일탈을 저지른 개체들이 집단의 지배에 대해 충분히 인지했으며 그것을 억울하게 여기기도 했다.

이 과정에서 뒤르켐이 잘 묘사한 것처럼 사회적 순응주의자들의 도덕 공동체에서 양심에 따른 옳고 그름에 대한 감각은 집단의 사회적 통제를 변형시킬 수 있었다. 심각한 사회적인 약탈에 위협받는 사람들이 서로 협력할 수 있다는 도덕적인 합의를 달성하면서부터였다. 그 협력은 무척 강력해서 그 위협만으로 이들 사이에 공유된 도덕적 분노가 잠재적인 일탈자들의 상당수를 단념시킬 정도였다. 그 결과 실제로 표출된 징벌적인 행위는 공공의 선을 해치거나 심하게 위협하는 사람들을 효과적으로 안전하게 제거했다.

그 결과 우리의 유전자 풀이 변화하면서 도덕적인 사회생활은 다른 종이 경험하지 못했던 점점 새로운 진화적인 가능성을 제공했다. 그리고 이 가능성 가운데 하나는 수렵 채집자들이 인간의 본성 속에서 발견했던 선함을 계획적으로 이용하기 시작하면서 이타적인 경향이 생겨나기 시작했다는 것이다. 그 결과 무척 다른 유형의 사회적 선택이 나타났으며 이것은 인류가 독특한 이타주의를 발전시키는 데 상당히 기여했다.

7장.
사회적 선택의 장점

알렉산더의 멋진 아이디어

나는 막 도덕의 기원이 스스로를 규제하는 양심의 출현과 함께 시작되었다는 가설을 세웠다. 하지만 이것은 도덕이 진화하는 과정의 시작일 뿐이다. 일단 우리가 양심 비슷한 것을 갖게 되면서 몹시 새로운 유형의 사회적 선택으로 향하는 길이 열렸다. 이것은 자기통제와는 아주 다른 영역에서 도덕적인 존재라는 우리의 능력에 영향을 끼쳤다. 그 위력에 대해 이해하려면 우리는 다시 다윈으로 돌아가야 한다.

성 선택 이론을 제안했을 때 다윈은 그것이 특별한 유형의 선택 과정이라고 여겼다. 이 과정은 암컷의 짝짓기 선택에 이끌려 무척 비용이 높은 부적응적인 형질을 뒷받침할 수 있었다. 인간의 이타주의 또한 부적응적인 형질의 하나로 간주할 수 있다. 그것이 유지되는 이유는 의사결정의 패턴들이 이타주의자들에게 보상을 주며 그 형질이 선택되도록 하기 때문이다.

우리는 이미 1979년에 리처드 D. 알렉산더가 처음 도입한 '간접적 호혜'라는 개념에 대해 알아본 바 있다.[1] 이때 알렉산더는 두 가지의 민족지학적 패턴에 주목했다. 하나는 인류 수렵 채집자들이 이루는 무리 수준의 협동이 단기적이지 않고 장기적이라는 점이다. 그리고 다른 하나는 이 사람들이 도움이 필요한 사람을 너그럽게 대하는 문제에서 조심스런 회계 직원처럼 행동하지 않는다는 점이다. 그 결과 상호 이타주의와 비슷한 형태가 배제된다. 실제로 트리버스가 말했듯[2] 이 수렵 채집자들은 가장 집중적인 도움은 가까운 친족에게 베풀겠지만 비친족 역시 돕는 경향이 있고, 동일하게 보상받으리라는 사회적인 접촉이 부재하는 상황에서도 상당한 도움을 준다. 이것은 이타주의에 대한 우리의 정의와 맞아떨어진다. 알렉산더에 따르면 비친족을 도울 수단을 갖춘 사람은 누구든 주고받음에 대한 과거사가 어땠는지를 그렇게 세심하게 따지지 않은 채 돕는다. 이들은 누구든 미래에 우연히 그 위치에 있는 사람이 역시 자기에게 도움을 줄 것이라는 사실을 안다.

다시 황금률로 돌아오는 순간이다. 황금률은 최근의 복잡한 형태든 고대나 '구석기 시대의' 형태든 모든 인류 문화를 설명해 주는 것처럼 보인다. 이 친사회적인 격언의 몇몇 형태는 제도화된 모든 종교의 관념에서 발견되며[3] 일반화된 형태로는 칸트 같은 특정 형식 윤리 철학 속에 나타난다.[4] 이 격언의 본질은 이타주의와 개인적인 사리사욕의 요소들을 결합하는 것처럼 보이는데 그 이유는 부분적으로 이것이 더욱 너그럽게 행동하라고 타자를 설득하는 방식이기 때문이다.[5] 실용적으로 말하면 황금률은 무임승차자들로 하여금 '기회에 편승하라'고 암묵적으로 유혹하는 것처럼 보일 수도 있다. 그렇지만 이 격언은 보편적인 사상을 담았다고 할 수 있는데 그 이유는 이것이 자연선택의 몇몇 수준에서 인류의 문화적 생활양식의 지속적인 측면들과 결합해 선사시대 우리 종을 만들어 내도록 했기 때문이다.

비록 대부분의 사람들이 칸트의 저서를 즐겨 읽지는 않아도 황금률에 대해서는 직관적으로 알고 있다. 알렉산더는 트럭 운전사들이 노상에서 곤란에 빠진 동료에게 도움을 주고자 잠시 멈추는 문제에 대해 토론하는 내용을 우연히 엿들었던 적이 있다.[6] 내가 도움이 필요할 때 당신이 나를 도왔다면 나도 누군가 도움이 필요할 때 그를 도울 테고, 그 역시 다른 사람을 도우리라는 것이었다. 즉 이들은 사람들이 필요할 때 도움을 얻을 수 있는 현재 진행형의 시스템에 기여하고 있었지만 보상을 받을지의 여부는 그저 확률적이었다. 본질적으로는 전체 시스템이 잘 작동한다고 신뢰해야만 했다.

알렉산더가 엿들은 대화는 내가 1960년대 중반에 당시 유고슬라비아였던 몬테네그로에서 연구하던 때 저녁 식사와 함께 술을 곁들이던 트럭 운전사들이 나누던 대화 내용과 같았다. 이 지역의 화물차 휴게소와 여인숙에서 나는 장거리를 주행하던 트럭 운전사들이 푸짐한 농촌 식사에 플럼 브랜디를 잔뜩 마시는 모습을 지켜보곤 했다. 이들은 큰 테이블에 6~8명이 둘러앉아 먹고 마시다가 돈을 내야 할 때가 되면 항상 모두가 조금 과장된 동작으로 자기 지갑을 꺼냈다. 누군가 한 사람이 전부 지불하리라는 사실을 확신한 채였다. 나는 숨을 멈추고 지켜봤는데 매번 약간의 미묘한 움직임에 따라 관례적인 결정이 이뤄졌다. 나중에 다른 사람들과 민족지학 문답을 진행하던 나는 이것이 뿌리 깊은 관습이라는 설명을 들었다. 이 세르비아 사람들은 북유럽 여행객들이 식사를 같이 하고 식비를 머릿수로 나누는 모습을 보고는 끔찍하게 '이기적'이라 여긴다고 했다. 이들의 비공식적 철학은 '남에게 하는 대로 되받는 법'인 듯했는데 미국인들이 친구들과 저녁 값을 계산할 때 가끔 적용하는(가끔은 그렇지 않지만) 철학이기도 했다.

나는 당시 한 고립된 산악 부족에 대해 2년 동안 현장 연구를 하고 있었는데 이들이 사는 곳은 큰 고속도로에서 거의 5시간 동안 걷거나 말을 타고 들어가야 했고 전기도, 수도도 들어오지 않았으며 바퀴 달린 운송수단이나 식당도 물론 없다.[7] 그리고 그곳에서 나는 이 트럭 운전사들의 관습이 뿌리가 오래 되었음을 발견했다. 여럿이 모일 때면 한 사람이 담배 가방을 돌려 사람들 각자가 조금씩 담배를 덜어 내 담배 한 개비를 신문지로 말게 했다. 트럭 운전수들이 그랬듯 이 기부는 나중에 보답을 받을지 여부를 모르는 상태에서 자발적으로 이뤄졌다. 다음번에 그 자리의 누군가가 관습에 따라 똑같이 나설 것이라 여겨졌지만 말이다.

외부에서 온 관찰자인 내가 보기에 담배를 공유하는 이 관습적인 행위는 항상 참가자들을 무척 즐겁게 했다. 이 부족에서 비슷한 간접적 호혜성이 나타나는 친사회적인 패턴은 더욱 실용적이고 경제적으로 중요한 다른 여러 영역에서도 일어났다. 이 산간 부족은 유목 생활을 했는데 이들이 키우는 얼마 안 되는 양떼는 두 가지 종류의 재앙에 맞닥뜨렸다. 하나는 늑대로, 잘 알려진 것처럼 가끔 울타리 안으로 들어가 양들을 마구 죽여 무리 전체를 전멸시켰다. 그리고 다른 하나는 번개였는데, 번개가 산간 초원에 떨어지면 여름 내 양떼가 뜯어먹을 나무들이 없어진다. 이런 드문 재난 가운데 하나가 벌어지면 줄잡아 30가구 이상의 가정이 불행을 맞은 가정에게 양을 한 마리씩 보태준다. 그러면 양 마릿수가 원래대로 돌아와 손해가 복구된다.

내가 연구하던 부족은 300여 가구 1,800여 명이 50개 넘는 무리를 이루며 살았는데, 그렇기에 이 기부 중 일부는 가까운 친족에서 왔지만 대부분은 비친족에서 왔다. 이웃이나 대부, 다른 정착지에서 온 인척이 그런 예다. 이것은 너그러운 행위의 상당수가 가족 외부에서 발생하며 따라서 이타주의적이라는 것을 뜻한다. 이 지역 부족원 사이에서 일어나는 네트워크 역시 작은 수렵 채집 무리 정도의 크기인데, 이 안에서 일어나는 '보험' 체계는 비슷한 공유 원칙을 따르며 비친족뿐 아니라 친족 사이에서 협동이 일어난다.

실제로 전통적인 세르비아 유목 민족 사이에서 (그리고 현대화된 트럭 운전사들 사이에서) 계속 이어진 관습은 훨씬 이른 시기에 존재했던 비슷한 관습들에서 문화적으로 진화했을지도 모른다. 구성원들이 커다란 사냥감을 공유하던 유목 수렵 채집자들이었던 시기로 거슬러 올라가는 것이다. 하지만 이런 관습은 나중에 발명되었을 개연성도 비슷하게 존재하는데, 그 이유는 단순하다. 인류는 운이 나쁠 때를 대비한 '보험'이 필요할 때마다 간접적인 호혜에 기초한 체계를 떠올리기 때문이다. 고기를 공유하는 것은 단지 인류 집단에서 일어난 수많은 상호 부조의 사례 가운데 하나다. 그리고 이 체계가 계속 작동하게 하는 방법 가운데 하나는 타인에게 그가 받은 것에 대해 보답을 해 자기 역할을 할 때가 되었다고 알려주는 것이다.

몬테네그로 지역 부족에서 나타나는 간접적 호혜성의 또 다른 사례는 비친족 사이에서 일어나는 '모바'라는 형식이다. 예컨대 이 부족의 가정에서는 집을 지을 때 일손이 모자라거나 비가 오기 전에 안전하게 거둬들이기에는 건초의 양이 너무 많은 경우가 있다. '모바'는 자발적으로 이뤄진 작업 집단으로 앞선 사례처럼 친족과 비친족이 섞여 있다. 그리고 이 자발적으로 형성된 사회적인 네트워크는 사냥 무리와 마찬가지로

20~30명으로 구성되는데, 내가 관찰했던 집을 짓는 사례에서는 20명 넘는 일꾼으로 구성된 모바가 이틀 동안 지속되었다. 집의 주인인 가족은 매일 먹을 것을 충분히 대 주었지만 자원자들의 노동력은 주인 가족이 제공했던 치즈와 빵, 고기, 우유, 담배, 플럼 브랜디보다는 훨씬 가치가 컸다. 그리고 도움을 준 자원자들 가운데 친족의 비율은 절반 이하였다. 이 사례에서 내가 강조하고자 하는 것은 개인들은 자기가 나중에 정확히 얼마나 되는 보상을 받을지 생각하지 않았다는 점이다. 비록 일반적인 의미에서 미래에 특별히 도움이 필요한 상황이 되면 다른 사람들이 도와주리라 예상되기는 했지만 말이다. 예컨대 가축 떼가 몰살당하는 상황에 대한 반응은 알렉산더가 사냥 무리 안에서 일어나는 간접적 호혜에 대해 기술한 바와 완벽하게 맞아 떨어졌다.

그리고 나는 모바가 일어나는 동안 분위기가 확실히 우호적이었다는 사실을 덧붙이고자 한다. 도움을 주는 많은 사람들은 자기들이 하는 역할에 대해 기분이 좋은 듯했으며, 현장은 즐거운 동지애가 넘쳐 서로 농담을 주고받으며 주인이 준 플럼 브랜디를 마시고 음식을 먹었다. 수렵 채집자들의 간접적 호혜성과 마찬가지로 이런 다양한 형태로 나타나는 도움의 손길은 즉각적인 보상을 면밀하게 따지지 않고 이뤄졌다. 내가 도움이 필요한 사람을 돕는 이유는 단지 그렇게 할 수 있어서이며, 또한 일반적으로 내가 도움이 필요해지면 다른 사람들로부터 도움을 기대할 수 있었다. 이런 사고는 집단 구성원들이 자기에게 특히 부족한 것을 채우는 체계를 뒷받침하며 구성원들은 이 체계가 잘 작동할 것이라 신뢰한다.

이런 체계를 현대적인 보험에 비유하는 것은 다소 놀라울 수도 있다. 하지만 간접적 호혜성에 대한 이런 토착적인 체계에는 고정되어 정해진 보상이 없다. 사회적 평판이 달려 있기는 해도 기부 행위는 기본적으로 자발적이다. 더구나 누가 그 대상이 될지 결정하는 것은 보험계리사가 활동하는 비인격적인 보험 회사가 아니라 사람들이 면대면 접촉하는 공동체다. 비록 나는 두 건의 모바에 참여했을 뿐이지만, 사람들의 이야기를 들어 보면 누가 진정으로 수혜자의 자격이 있는지 '셀로(세르비아어로 마을을 뜻한다)'가 관습에 따라 안다는 점은 명확했다. 내 연구 대상이었던 몬테네그로 지역의 특정 부족에서 이 '마을'이란 사실 넓게 흩어진 정착지를 뜻했지만 사람들이 말하고자 하는 바는 확실했다. 사람들은 도덕에 기초를 둔 잡담에 의한, 뒤르켐이 "집단적 무의식"이라 적절하게 이름 붙였던[8] 무언가에 대해 말하고 있었다. 그리고 나는 만약 이 과정이 부적절하고 이야기가 많이 돌며 사회적 평판이 악화되었을 때 누군가 도움을 받으려 한다면 사람들이 기대하던 네트워크 안의 일부 또는 전부가 참여하지 못했을 것이라 장담할 수 있다.

　　　무엇이 적절한지에 대한 감각은 수렵 채집자들에게도 동일하다. 활기 넘치고 헌신적이던 사냥꾼이 부상을 당해도 무리의 나머지 구성원들이 그 사냥꾼과 가족을 도우리라는 것은 의심의 여지가 없다. 그에게 도움이 필요하다는 사실이 명백하기 때문이다. 이 생산력 높은 구성원이 무임승차를 시도하지 않는다는 점이 확실하기 때문에 사람들은 더욱 너그럽게 도울 것이다. 여기에 대해서는 무리의 구성원 모두가 충분히 이해할 텐데 그 이유는 그 사냥꾼을 도우면 모두에게 더 많은 고기가 돌아갈 테니 그의 회복을 돕는 일은 유용하기 때문이다. 반면에 눈에 띄게 게으른 사람의 경우는 구성원들에게 무임승차자로 여겨지면서 도움을 적게 받기 쉽다. 같은 이유로 곤란을 겪을 때 너그러운 사람은 인색한 사람에 비해 더 많은 도움을 받을 것이다.[9] 이 기본적인 체계는 괜찮은 사회적 지위를 가진 사람 모두에게 적용된다.

즉 이런 '거시적인 계산 작업'이라 부를 수 있는 과거의 일반적인 패턴 속에 간접적 호혜성이 고려되고 포함되었기 때문에, 이런 체계는 아무리 무임승차자들이나 약간 게으른 사람들에게 취약하다 해도 노골적인 기회주의에는 강하다. 구성원들이 이들을 견디지 못하기 때문이다. 하지만 이런 '불균형한' 체계가 어떻게 해서 지속될 수 있었는지를 묻는 궁극적인 진화론적 질문은 여전히 남는다. 이 모형에 따르면 자기가 도움을 받는 것보다 비친족을 많이 돕는 이타주의자들은 어떤 방식으로든 "보상을 받아야" 한다. 그렇지 않으면 이들은, 다시 말해 이들의 유전자는 폐업할 것이다. 다만 우리는 자연선택이 어떻게든 이 문제들을 해결하도록 애썼으리라 확신할 수 있다. 왜냐하면 인류가 적어도 4만 5,000년 동안 고기를 공유했으며 그 밖의 불균형한 방식으로 다른 사람들을 도왔다는 점이 확실하기 때문이다.

감정이입 능력과 그 한계

프란스 드 발이 설득력 있게 주장했듯이 사람의 감정이입 능력은 무척 중요하지만 우리를 인간으로 만드는 사회적인 혼합체에서 자주 과소평가되는 요인이다.[10] 내가 앞에서 다윈의 용어인 공감을 사용했던 이유는 이 용어가 전문성은 덜하지만 타인이 어떻게 느끼고 무엇을 필요로 하는지에 대한 인식을 포함하며, 고기를 공유할 때 수렵 채집자들이 느꼈던 쾌락을 분명하게 묘사하기 때문이다. 아무리 이들이 가끔은 분배되는 양이 과연 적절한지에 대해 불평하기도 했지만 말이다. 이와 비슷하게 몇몇은 모바에 참여하면서도 자기들 집에서 마치지 못한 일에 대해 딴생각을 했을지 모르지만 몬테네그로 부족 사람들이 이웃을 도울 때 느꼈던 즐거움 역시 확실하다. 더 일반적으로 말하면 나는 인류가 협동해서 타인을 돕는 일에 긍정적으로 반응하도록 경향을 타고났다고 믿는다. 도움을 받는 사람들과 사회적인 유대감을 느끼고, 도움을 주는 일에 따르는 비용이 너무 크지 않으며, 장기적으로 봤을 때 개인에게 정말로 불운한 일이 없도록 보험을 들어 주는 체계가 존재한다면 그렇다.

　　내 생각에 미개한 수렵 채집자 집단은 이타주의와 감정이입, 공감 말고 간접적 호혜 체계와 그것이 어떻게 작동하는지에 대해서도 역시 직관적으로 잘 이해하고 있을 것이다. 내 전체적인 인상은 이런 체계가 아무리 오랜 기간에 걸친 의무적인 계산에서 자유롭다 해도 덩치 큰 사냥감을 분배할 때 여러 맥락에서 특정한 고려가 존재할 것이라는 점이다. 예를 들어 가족의 규모가 크면 식량도 많이 필요할 것이기에 많은 몫을 가져가는 경우가 많을 것이다. 그리고 앞서 살폈듯이 너그러운 개인들이 때때로 일시적인 고난을 당하면(예컨대 뼈가 부러지거나 뱀에 물리고 병에 걸리는 등의) 이들을 위해 합당한 수준의 조정이 일어날 것이다. 아무리 일반적으로 봤을 때 일차적인 도움의 손길을 주는 것은 가까운 친족이겠지만 말이다. 여기에 더해 사냥감을 실제로 죽였던 사냥꾼이 더 많은 몫을 가져가는 경우가 많은데[11] 이런 우대책이 있어야만 힘든 일을 계속할 수 있을 것이다.

　　비록 수렵 채집자들이 가끔은 무한정 관용을 베푸는 것처럼 묘사되기는 하지만, 개인의 필요에 대응한 집단 수준의 간접적 호혜 체계에 동기를 제공하는 너그러운 감정에 한계가 아예 없는 것은 아니다. 그리고 이것은 가족 내에서도 마찬가지다. 예를 들어 연장자를 돌보는 문제에서 거래가 일어나는 경우 상당한 수준의 계산이 수행된다. 노인들은 삶의 지혜를 제공한다든가 아이들을 보살피는 것처럼 때때로 꽤 쓸모가 있지만, 그들을 일차적으로 돌보는 가족 구성원들에게는 상당히 무거운 짐이 되기도 한다. 수렵 채집자들은 제대로 걷지 못할 만큼 쇠약해진 가족 구성원들에게 얼마나 투자를 해야 하는지에 대해 제한을 둔다. 조그만 아이들을 동반하는 데다 야영지를 자주 옮기는 만큼 장비를 실어 날라야 하는 유목민들에게는 이것이 심각한 문제이기 때문이다. 이누이트 족이 가족 내의 노인을 바깥 얼음판으로 내쫓아 고통 없이 얼어 죽도록 내버려 둔다는 사실을[12] 아는 독자들도 꽤 많을 것이다. 실행 방식은 꽤 구체적이다. 무리를 따라오지 못하는 성인은 눈이나 얼음 위를 오래 걸어야 할 때 상당한 부담이 되어 함께할 수 없기 때문에 이들에 대한 처리를 해야 하는 순간이면 무리의 모든 구성원들이 이 상황을 이해하고 함께 슬픔에 대면한다.

나는 남아메리카의 유목 채집 무리 가운데서 오래 현장 연구를 했던 인류학자 킴 힐Kim Hill의 이야기가 선명히 기억난다. 나는 힐에게 이런 관습이 열대지방에서도 일어나는지 문의했다. 힐은 그렇다고 대답했고 열대 부족의 경우에는 그런 노인들 뒤에 조용히 다가가 돌도끼로 고통 없이 머리를 내려쳐 죽인다고 말했다. 나는 무척 충격을 받았지만 만약 이들을 에스키모식으로 '평화롭게 죽도록' 방치한다면 포식자 동물에게 잡혀 먹는다는 말을 듣자 조금은 이해하게 되었다. 죽은 동물의 고기를 먹는 새들이 맨 먼저 달려들 테고 말이다. 이들 부족은 빠르게 목숨을 빼앗는 쪽을 선호하며 가끔은 산 채로 땅에 묻어 질식시키기도 한다.

　　다음은 이타주의와 그 한계에 대한 최종적인 정보다. 이것 역시 여전히 기본적으로 자급자족 경제생활을 하는 현대화된 부족에 대한 나의 현장 연구에서 비롯했다. 내가 연구했던 고지대 세르비아 부족에서 어느 날 내가 처음 보는 한 80세 여성이 무척 급하게 내 집 앞을 지나쳤다. 이 노인은 튼튼한 지팡이 두 개를 짚고 앞으로 나아가며 큰 소리로 불평을 했다. 내가 듣기로 이 노인은 주변에 친족이 남지 않아('nema nikoga[그녀에게는 아무도 없다]'고 묘사되었다) 남의 집을 매일 전전해야 했다. (이타주의적인) 관습에 따라 사람들이 노인에게 음식을 주고 하룻밤 재워 주기는 하지만 노인이 자기들에게 기대게 될까 봐 결코 이틀은 재워 주지 않으려 했기 때문이다. 다시 말해 특정한 조건에서는 가족 외부인에 대한 너그러움이 심하게 제한적일 수 있었다. 아무리 간접적 호혜 체계가 작동한다 해도 그렇다.

　　하지만 동시에 이런 체계 내부의 사람들은 자기들이 창안한 규칙에 따라 서로를 돌보고 있다고 믿는다. 그리고 수렵 채집자들이 서로를 돌보는 모습은 우리가 지금까지 살폈던 세 가지 기본적인 선택의 힘에 따라 기계적으로 잘 맞물려 작동하는 것처럼 보인다. 이 선택의 힘은 각각 이기주의와 족벌주의, 그리고 마지막으로 가장 중요한 이타주의를 이끈다. 타인에 대한 너그러움은 가정 내부에서 시작되었을지 모르지만 그 가벼운 형태는 무리 안의 다른 구성원들을 대상으로 확장된다. 그리고 가끔은 완전히 전혀 모르는 이방인을 대상으로 확장되기도 하는데 오늘날의 혈액은행이 그런 사례다.

사회적 선택 도입하기

1987년, 알렉산더는 인류가 가진 간접적 호혜성이라는 체계 속에 내재한 이타주의를 설명하기 위해 두 개의 이론을 검토했다. 우리는 선사시대의 집단선택에 대한 알렉산더의 관점에 대해서는 이미 살폈으며 알렉산더가 "평판에 의한 선택"이라 불렀던[13] 또 다른 유형의 더욱 유용한 사회적 선택에 대해서도 간단히 알아봤다. 이런 선택은 짝짓기상의 이점을 비롯한 무척 많은 것들을 포함하며, 알렉산더의 '평판에 의한 선택'이라는 관점은 이후 상당한 후속 연구를 이끌어 냈다. 비록 많은 생물학자들이 여전히 상호 이타주의에 마음을 빼앗겼고 더욱 최근에는 3장에서 다뤘던 (단 하나로도 효과가 좋은) 상호 이득 모형에 빠져 있지만 말이다.

   알렉산더가 본래 가졌던 주된 전제는 이타주의적으로 너그럽다는 평판이 그런 너그러움에 따르는 비용을 상쇄할 만큼 적응도상의 이득을 가져올지도 모른다는 것이다. 부모나 어떤 개인들이 결혼 상대자를 찾는 선택을 할 때는 너그러움을 많이 보였다는 사회적인 기록을 가진 후보를 선호하는 경향이 있다. 예를 들어 사회적으로 매력적이며 너그러운 남성은 결혼 상대자로 더욱 빨리 받아들여질 테고, 이르게 결혼을 하면 늦게 결혼하거나 결혼할 가망이 없는 남성들에 비해 적응도 면에서 유리할 것이다. 만약 이렇듯 평판에 따른 유리함이 너그럽게 행동해서 좋은 평판을 만드는 데 따르는 비용을 상회한다면, 이런 너그러움은 이타주의자에 유리한 적응도상의 순이득을 가져온다. 그리고 그에 따라 우리는 자연선택을 통해 이타주의를 잘 설명할 수 있다.

   인류에서 나타나는 사회적 선택에 대한 알렉산더의 통찰은

"값비싼 신호 이론costly signaling"을[14] 세우도록 돕는다. 이 이론은 두 개의 성을 통해 짝짓기 선택을 하고 재생산하는 모든 생물 종에 적용될 수 있다. 인간이 아닌 다른 동물들은 확실히 잡담을 통해 평판을 형성하지 않지만, 가끔은 짝짓기 패턴에서 짝이 될 만한 유전적 자질이 높은 것과 관련해 비용이 드는 신호를 방출하는 개체를 선호하도록 유전적으로 진화했을 수도 있다. 만약 수컷이 갖는 재생산 측면의 이득(다시 말해 짝으로 선택되는)이 비용(원래 부적응적인 신호에 지불하는)을 넘어선다면, 이런 신호는 선택하는 개체와 선택당하는 개체 모두에게 적응도상의 상당한 이득을 줄 수 있다.[15]

다시 말해 모방할 수 없는 높은 품질의 신호가 요구하는 비용은, 그럴 가치가 있는 개체가 짝짓기 상대로 선호되고 물론 그에 따라 재생산 측면에서 성공률이 상당히 높아지면서 상쇄되리라는 것이다. 부적응적일 만큼 커다란 얼룩무늬 꼬리를 가진 무척 활기찬 수컷 공작이나, 사냥에 보다 많은 힘을 쏟아 다른 사람들에게 더 많은 고기를 가져다주는 사냥꾼들이 그런 예다. 그리고 앞서 살폈지만 이들을 선택하도록 잘 진화된 암컷들 역시 이득을 갖는데, 그 이유는 이 암컷들이 선호하는, 색이 화려하고 매력적인(또는 너그럽고 생산력이 높은) 수컷들은 무척 건강할 테고 그에 따라 암컷의 적응도에 도움이 되기 때문이다. 자신의 품질을 알려 주는 식별 가능한 신호와 선택을 행하는 암컷들의 선호는 점차 상호작용을 확대하면서 진화하기 때문에, 이에 따라 앞서 잠깐 살폈던 '고삐 풀린' 선택 과정의 가능성이 생긴다.

비록 고삐 풀린 선택에 대해 수학적으로 모형을 세우기는 어렵지만, 이론적으로 여기에 관여하는 선택 과정은 꽤 강력할 수 있다. 특히 자연선택이 적응도 측면에서 유용한 다른 적응을 형성하고 있을 때 그렇다. 예를 들어 한창때의 무척 건강한 수컷 공작의 커다란 꼬리는 포식자의 침입에 취약하다는 점에서 확실히 골칫거리다. 그래서 이런 위험을 낮추기 위해 수컷 공작은 짝짓기 철에만 꼬리를 높이 세우고 그 해의 나머지 기간에는 높이를 줄이도록 진화했다.[16]

이런 비용이 드는 신호와 함께 무임승차자들이 가지는 문제점들도 존재한다. 만약 짝짓기 상대로 훌륭한 자질을 보여 주는 신호들이 사실 자질이 낮고 부적응적인 형질을 가진 다른 개체들에 의해 모방될 수 있다면, 무임승차자들이 유리하게 앞서 나갈 것이기에 이 비용이 드는 형질은 진화할 수 없을 것이다. 즉 만약 유전적으로 열등한 수컷 공작이 무척 건강한 수컷 공작만큼이나 커다란 꼬리를 손쉽게 키울 수 있다면, 사회적 선택의 이런 성적인 유형은 작동하지 못한다. 그리고 색이 칙칙해 보호색으로 위장하는 데 능한 공작 암컷이 몸을 가장 화려하게 장식한 (그리고 가장 건강한) 수컷을 선택하는 전체 패턴 자체가 존재할 수 없다. 그러면 암수 둘 다 몸 색깔이 칙칙해지고 보호색을 통해 주변 환경에 몸을 위장하는 데 애쓸 것이다.

감정이입을 바탕으로 한 인류의 이타주의에도 같은 원리가 적용된다. 만약 이런 너그러움을 손쉽게 모방할 수 있다면 어떤 개체가 이타적이라는 평판에 의한 선택은 작동하지 못할 것이다. 하지만 30여 명으로 구성된 친밀한 무리가 지속적으로 서로에 대해 잡담을 나눌 때 자신에 대해 거짓으로 속이기는 어렵다. 몇몇이 속이려고 시도하겠지만 성공률은 낮을 것이다.

이타주의에 대한 사회적인 격려

비록 평판에 의한 선택에 대한 알렉산더의 가정은 옳은 것처럼 보이지만, 1987년 당시에 그는 부시맨 같은 수렵 채집 부족에 대한 소수의 민족지학적 사례에만 의존해야 했다.[17] 1988년과 1995년에 로런스 킬리Lawrence Keeley와 로버트 켈리Robert Kelly 등의 고고학자들이[18] 더욱 광범위한 조사를 벌였지만 알렉산더는 이런 결과를 아직 접하지 못한 채였다. 다행히도 지금은 프랭크 말로Frank Marlowe나 킴 힐 등의 인류학자들이 수렵 채집자들에 대한 광범위하고 일반적인 진화론적 자료를 통해 연구하는 중이고, 이들의 분석은 입증되지 않은 일화에 덜 의존하려는 이 분야의 학자들에게 도움이 되고 있다.[19]

내가 사우스캐롤라이나 대학 구달 연구 센터에서 발전시키고 있는 수렵 채집자들에 대한 전문적이고 중요한 자료들은 LPA 집단의 사회적인 행동에만 초점을 맞춘다. 수렵 채집자들의 사회적인 행동에 대한 이 체계적인 연구가 존 템플턴 재단에서 온 상당한 외부적 도움을 받아 10여 년 전에 시작되었을 때, 그 의도는 도덕적 행동과 갈등, 갈등 해소에 따르는 다양성과 보편성에 대해 살피자는 것이었다. 그 장기적인 목적은 사회적 관념과 사회적 통제, 협동, 갈등에 대한 진화론적인 분석과 가장 연관이 깊은 사회적인 행동들을 범주화 또는 '코드화'해서, 현존하는 흥미로운 패턴을 통계적으로 살펴보고 선사시대에 대한 더 나은 가설을 수립하는 것이다.

우리가 이런 자료들을 자세하게 살필 예정이기 때문에 내가 여기서 코드화할 체계에 대해서는 조금 더 심화된 설명이 필요하다. 지난 6년 동안 내 연구 조수는 5쪽에 걸친 232가지의 다양하고 고도로 특화된 사회적 코드 범주에 대해 암기해야 했다. 이 범주는 '암살을 저지른 범인으로 지목된 집단 구성원'에서 '친족과 공유하기', '비친족을 돕기'에 걸쳐 있었다. 내 조수는 수천 쪽에 걸친 수렵 채집자들에 대한 현장 보고서를 검토한 다음 232가지의 범주와 관련한 대목을 찾아내고 각 자료 뭉치들을 하나씩 요약했다.

궁극적으로 나는 사회적 진화에 관심이 있는 학자들이 온라인으로 검색하기만 하면 이 자료들이 잘 정리되어 제공되도록 데이터베이스를 공개하고자 했다. 하지만 이렇게 하려면 많은 투자가 필요했고 가끔은 일일이 자료를 분석해야 했는데, 이 일은 시간이 걸렸다. 150개가 넘는 LPA 사회 가운데 50곳만 대상으로 한 다음에야 이 방대한 자료는 이제 요약과 코드화를 거쳤다. 만약 이 코드화가 끝나지 않았다면 이처럼 방대한 양의 자료에 대해 정확하게 묻고 답하는 데는 엄두가 나지 않을 만큼 시간이 소요되고 실제로 수행하기 힘든 처리가 필요했을 것이다.

몇 년 전에 나는 작고한 도널드 T. 캠벨의 이타주의에 대한 심리학적인 관심과 친사회성에 대한 설득, 그리고 평판에 의한 선택에 대한 리처드 D. 알렉산더의 생물학적인 사고 둘 다에 영감을 받아[20] 수렵 채집자들이 특히 가족 외부의 대상에 대해 얼마나 너그러운지를 양적으로 조사하기로 했다. 그 결과 계속해서 증가하는 코드화된 샘플 속 50개의 LPA 사회 가운데 10개가 집중적인 분석의 대상이 되었다. 이 집단들은 전 세계 주요 지리적 지역을 대표했으며 연구가 이뤄지기 전에는 문화적 접촉의 영향을 상대적으로 적게 받았던 수렵 채집자 집단을 보다 잘 기술했다. 이런 '설득' 행동이 LPA 수렵 채집 집단에서 널리 나타나는지를 살피고 그에 따라 이 10개 집단에서 가족 내부와 외부를 대상으로 하는 너그러움이 확실하게 드러나는지를 알아보려는 것이었다.

이때 나타났던 만장일치는 굉장히 흥미로웠다. 도널드 캠벨과 내가 1974년에 노스웨스턴 대학교의 대학원 수업을 함께 진행했을 때 우리는 메소포타미아와 이집트에서 시작하는 6개의 초기 문명 전부에서 이타주의적인 너그러움을 옹호하는 '공식적인' 설득이 예측 가능하고 보편적으로 나타난다는 사실을 발견했다.[21] 만약 수렵 채집자들이 같은 행동을 보편적으로 보였다면, 이 행동은 인류의 보편적인 특징의 후보일 테고 그에 따라 인간 본성과 밀접한 관련이 있을 가능성이 높다. 이것은 진화론적인 분석에서 중요하다.

10개의 수렵 채집 사회를 대상으로 한 이 최근의 분석은, 비친족에 대한 너그러움이 무리 구성원이 반드시 수행해야 할 행동으로 토착민들에게 자주 언급되었다는 사실을 보여 주었다. 이때 코드화된 자료를 평가하는 데 까다로운 과학이 동원되지는 않았다. 너그러움과 관련해 5개의 범주가 존재하는데 각 사회에 대한(1~14곳이었다) 현장 보고서를 무엇이든 활용해, 이들 무리를 연구하고 같이 생활한 민족지학자들이 이 너그러움을 지지하는 행동에 대해 몇 번이나 언급했는지를 단순히 헤아리는 것이다. 그 결과 표 2로 정리된 무척 강한 패턴이 오늘날 LPA 수렵 채집자 사회에 전형적이라는 사실이 드러났다. 그래서 이 패턴은 적어도 4만 5,000년 전으로 거슬러 올라갈 수 있다.

이 10개의 사회는 전부 가족 외부를 대상으로 하는 너그러움을 선호한다는 사실을 적어도 한 번 드러냈다. 하지만 이 숫자를 살피기 전에 우리는 이 여러 사회에서 현장 보고서라는 형태의 자료는 드물었다는 사실을 알아 둬야 한다. 또 칼라하리 !코족을 비롯한 몇몇 사회는 동일한 민족지학자가 여러 편의 보고서를

표 2. 가족 외부의 너그러움에 대한 적극적인 선호 경향

사회적 관념	사회의 비율 (%)	총 도시 수	안다만 제도 주민	그린란드 이누이트 족	!코 족	먼진 족	네트실리크 이누이트	알래스카 이누이트	고지 유먼 족	북극 이누이트	티위 족	야간 족
지리학적인 지역			아시아	북극	아프리카	오스트레일리아	북극	북극	북아메리카	북극	오스트레일리아	남아메리카
자료의 수			14	3	8	9	8	3	9	4	11	3
친족에 대한 도움을 선호하는	100%	61	2	4	1	5	15	6	4	21	1	1
비친족에 대한 도움을 선호하는	100%	65	1	5	11	3	26	1	1	14	1	1
너그러움 또는 이타주의를 선호하는	100%	232	13	13	24	21	59	12	5	45	4	23
공유를 선호하는	100%	312	16	30	23	19	92	32	8	57	3	23
협동을 선호하는	100%	234	9	27	14	6	63	49	8	31	5	11

• 이 표는 Boehm 2008b에서 가져왔다.

발표했으며, 몇몇 민족지학자들은 다른 학자들에 비해 토착적인 사회적 태도에 훨씬 더 집중하는 경향이 있었다. 그렇기에 여기에 만장일치가 드러났다는 사실은 꽤 놀랄 만하다.

　　예를 들어 우리는 캐나다 중북부의 네트실리크 족이 8건의 민족지학 연구에서 가족 외부에서 일어나는 너그러움을 선호한다는 언급을 26번 했다는 사실을 알 수 있다. 반면에 남아메리카 끄트머리에 사는 야간 족은 겨우 3건의 민족지학 연구에서 1번의 언급만 나타났다. 비록 이렇듯 민족지학적 자료가 다소 들쭉날쭉하기는 해도 친사회성에 대한 설득은 모든 부족에서 나타났다. 50개의 코드화된 사회 가운데서 뽑은 10개의 표본은 과거와 현재에 이타주의가 존재했으며 전 세계 모든 곳의 평등주의를 바탕으로 한 이동성 수렵 채집 집단에게 이 사실을 확장해서 적극적으로 적용할 수 있다는 사실을 보여 준다. 또한 이런 '황금률'에 대한 설득과 주장이 평화로운 수렵 집단뿐만 아니라 아시아 안다만 제도의 주민 같은 몹시 호전적인 집단에게도 발견된다는 사실은 흥미롭다. 이런 설득의 뿌리가 고대로 거슬러 올라가며 그런 중심적인 경향이 실제로 몹시 강하다는 사실은 명확하다.

친족에게 족벌주의적인 도움을 주는 행동이 가족적 가치에 대한 옹호로 보편적으로 선호된다는 사실은 강조할 만한 가치가 있다. 하지만 여기서 가장 중요한 사실은 비친족에게 도움을 주는 행위가 집단 구성원들이 선호하는 행동으로 명시적으로 지지되며 개인들도 이런 행동을 하도록 기대된다는 점이다. 물론 이렇듯 남에게 영향을 주는 설득은 우리가 앞에서 살폈던 실용적인 목적을 가진다. 공감에 기초한 집단 구성원들의 너그러운 행동이 더욱 널리 나타나도록 하기 위해서다.[22] 그리고 더 큰 목적은 협동에 기초한 간접적 호혜성에 크게 의존하는 사회적, 경제적 생활양식의 전체적인 질을 개선하는 것이다.

이 표의 나머지 부분들 또한 모든 부족에서 만장일치로 지지되며, 이것은 너그러움에 대한 인류의 예측 가능한 관심을 더욱 폭넓게 보여 준다. 그것이 협동과 공유에서 필수적인 요소이기 때문이다. 즉 이런 사회적인 이타주의의 확장은 의도적이고 초점이 잘 맞춰진 듯하며 아마도 보편적인 현상일 것이다.[23] 수렵 채집자들은 협동과 사회적인 화합의 중요성을 잘 알았고, 일반적인 의미에서 너그러움을 고취하는 것이 이런 두

가지에 부합한다는 사실을 이해했다.

이타주의자들은 어떻게 보상을 받는가

이제 이타주의자들이 유전적으로 패배자에서 승리자로 변모하는
방식이 정확히 어떤 것인지 알려면, 우리는 간접적 호혜성의
체계에 대해 더 깊이 있게 살펴야 한다. 저서『도덕 체계에 대한
생물학』에서 알렉산더는 이타주의자들이 득보다 실이 되어 결국
개체의 너그러운 행동이 보상 받는 여러 가지 방식을 보여 주었다.[24]
첫째, 남보다 두드러지는 훌륭한 이타주의자들은 공식적인 보상을
받는데 오늘날 전쟁 영웅이 명예훈장을 받는 것이 그 예다. 이때
죽은 뒤에 포상이 이뤄지는 경우가 아니라면, 상을 받은 개인은
자기가 무릅썼던 위험을 상쇄하고 적응도상의 이익을 제공하는
직접적인 사회적 혜택을 얻을 것이다. 물론 수렵 채집 무리에는
이런 상을 줄 정부가 없지만 집단의 다른 구성원을 포식자나
뱀으로부터 구해 다른 사람들에게 인정받는 개인들, 또는 그런
책임이 있는 존경받는 집단의 지도자가 비슷한 사례일 것이다.
집단 지도자의 경우 갈등을 수습하려면 비용이나 에너지, 시간을
들이고 위험을 감수해야 하지만 동시에 평판이 올라간다는 이득도
존재한다.

　　알렉산더가 제안한 두 번째 유형의 인기 경쟁은 개인이
일상에서 보여 주는 너그러움이 미래에 다른 개인들과 협동하는
가운데 선호되는 경우다. 이것은 우리가 앞서 살폈던 평판에 의한
선택의 주된 기초가 된다. 그 안에는 결혼을 통해 이득을 얻는 것뿐
아니라 사회적, 경제적, 정치적으로 이득을 주는 다른 개인적인
연합을 이루는 것이 포함된다. 즉 일상에서 너그럽다는 평판을

쌓은 개인들은 다양한 연합의 맥락에서 미래의 매력적인 협력자가 되고, 그 말은 애초에 이 이타주의자들이 너그럽게 행동하면서 잃은 것들을 협력을 통한 적응도상의 이점으로 상쇄해 보상을 받는다는 뜻이다.

이타주의자들을 위한 세 번째 잠재적인 보상은 다음과 같다. 알렉산더는 다윈과 마찬가지로 이 너그러움의 행위가 어떤 지역 집단이 다른 집단과 경쟁에서 이겨 번성하는 데 도움을 준만큼, 그 이타주의적인 유전자가 미래의 유전자 풀에 보다 잘 반영될 것이라 여기는 듯하다. 그 이유는 단순한데 이타주의자가 보다 많은 집단이 이타주의자가 그보다 적은 다른 집단에 비해 경쟁에서 보다 유리할 것이기 때문이다. 알렉산더에 따르면 이타주의자들과 함께 사는 이타주의적인 친척들과 모든 이타주의적인 후손들 역시 이득을 얻는데, 그 이유는 이들이 다른 집단에 비해 빠르게 성장하는 집단의 구성원이기 때문이다.[25] 알렉산더의 표현을 살피면 그가 혈연선택과 집단선택 모형을 둘 다 염두에 두고 있었다는 사실을 알 수 있다. 하지만 오늘날 알렉산더가 고려했던 집단은 대부분 혈연이 아닌 가족들로 구성된다는 사실이 밝혀졌기 때문에[26] 집단선택 모형이 보다 적절하다고 볼 수 있다.

이타주의로 이끄는 알렉산더의 처음 두 개 경로는 평판에 의한 선택을 이끄는 개인적인 선호에 기초한 반면, 결국 마지막 경로는 집단이 단위가 되어 경쟁하는 방식에 기초해 있다. 그리고 이 모두는 무임승차자 문제의 영향을 받는데, 그 이유는 '영웅'이 자신의 공적에 대해 거짓말을 할 수도 있고 이기적인 사람이 이타주의자인 행세를 했다가 미래의 배우자에게 선택될 수도 있기 때문이다. 이런 방식으로 이들은 개인의 상대적인 적응도를 높이는 보상을 거두며 그에 따라 이 무임승차자들은 이타주의자들보다

앞설 가능성이 있다. 이렇듯 상당한 정도로 남을 속이면 사회적
선택 또는 집단선택을 약화시킬 수 있고, 그에 따라 이타주의적
형질들은 개인적으로 부적응적인 것이 된다. 하지만 다행히도
인류는 이 무임승차자 문제에 대해 효과적이면서 독특한 해법을
개발해 온 것처럼 보인다.

무임승차자들을 얼마나 억압할 수 있는가

진화론적 과학의 작업가설은 상대적으로 성급하게 이뤄진
'경험에서 우러난 추측'과 잘 통제된 연구실 실험(물리학에서
빛의 속도를 증명한 실험처럼) 사이의 어딘가에 놓여 있다. 4장에서
내가 세웠던 강력한 작업가설은 LPA 수렵 집단의 구성원들이
문화적이고 현대적으로 될수록 다른 구성원들을 주의 깊게 살피며
누가 나쁜 행동을 하고 누가 좋은 행동을 했는지 잡담을 통해 몰래
정보를 주고받는다는 것이다. 그리고 결국에는 그것에 기초한
집단적 합의에 도달하며 일탈자로 확인된 개체에게 벌을 내린다.
　　오늘날과 마찬가지로 이 집단 구성원들은 무리의 모든
사람의 안녕을 위협하는 문제들을 식별하며 심지어는 예견하는
사회적 통찰력을 지녔다. 그리고 선한 구성원이 개인적으로
이용을 당하거나 협동이 이뤄졌던 집단이 악한 구성원이 촉발한
갈등으로 분열되기 전에 그 문제에 직접 단호하게 대응하는
능력을 발휘하고자 한다. 예를 들어 만약 강력한 일탈자들이 덩치
큰 사냥감을 불공평하게 가져가 고기를 구하고 배분하는 종래의
(집단의 모든 구성원들에게 필수적으로 유용했던) 체계에 심각한 위협을
가한다면, 집단의 반응은 음부티 피그미 족이 자기 집단의 고기를
편취하려 했던 오만한 세푸에게 무척 분노했던 것보다 더욱 격렬할

표 3. 사회적인 포식자들

일탈의 유형	사회의 비율 (%)	총 도시 수	안다만 제도 주민	그린란드 이누이트 족	!코 족	먼진 족	네트실리크 이누이트	알래스카 이누이트	고지 유먼 족	북극 이누이트	티위 족	야간 족
지리학적인 지역			아시아	북극	아프리카	오스트레일리아	북극	북극	북 아메리카	북극	오스트레일리아	남 아메리카
자료의 수			14	3	8	9	8	3	9	4	11	3
위협자들												
살인	100%	248	13	7	11	25	77	2	11	25	5	38
주술 또는 마법	100%	122	4	10	2	25	36	1	7	10	2	4
누군가를 구타하기	80%	79			11	16	8	2	10	15	3	12
약자를 괴롭히기	70%	12		1		4		1	3	1	1	1
사기꾼들												
절도	100%	99	4	1	6	13	26	6	6	13	4	19
자원을 공유하지 않기	80%	34	1	2	4	3	9		1	7		4
거짓말	60%	48	3		3		15		4	19		3
남을 속이기 (일반적인)	50%	24		1		3	7			12		1
협동하지 않기	40%	10		1			4	3		2		
무리 속이기 (고기 분배 시)	30%	9					1			7		1
개인을 속이기	30%	9				2	3			4		

• 이 표의 수치는 수렵 채집자 집단에 대한 저자의 자료를 참고했다.

것이다. 약자를 괴롭히는 행위 또한 집단에 스트레스와 함께 파괴적인 갈등을 유발할 가능성이 높기 때문에 이런 강압적인 유형의 무임승차자에 대한 집단의 반응은 실제로 동기가 무척 확실하다.

선사시대에 살았던 문화적으로 현대적인 수렵 채집자들의
목적은 최악의 기회주의자들로부터 자신을 보호하는 것이었다.
일반적으로 말하자면 이 수렵 채집자들은 확실히 다음 두 가지를
이해하고 있었다. 하나는 사회적 일탈의 포식 패턴이 당장
희생자를 낼 뿐 아니라 장기적으로는 집단의 모든 구성원들을
위협할 가능성이 있다는 것이다. 또 다른 하나는 이들이 문제를
처리하는 과정에서 집단적인 제재를 활용하고자 했다면 경비
담당자가 꽤 필요했으리라는 것이다. 반면에 이들이 알지
못했던 것은 이런 공동의 도덕주의적 공격이 동일한 유형의
일탈자들에 대해 수천 세대 동안 지속적으로 맹렬하게 이뤄졌다면
이것은 유전자 풀에 중대한 영향을 끼쳤으리라는 점이다.
이 점을 강조하는 이유는 내가 기본적인 선택 메커니즘에서
계몽주의적이고 의도적인 '목적'을 읽어내는 것이 아니라는 점을
분명히 하기 위해서다.

표 3은 내가 연구에서 활용했던 코드화된 범주(종종
겹치는)를 따라 빈도순으로 작성되었으며, 10개의 LPA 사회라는
동일한 표본에서 나타나는 처벌 가능한 사회적 포식의 주된
유형들 가운데 일부다. 여기서는 위압적인 협박을 통한 착취가
통계적으로 두드러지는데, 이것은 살인이나 구타 같은 물리적인
수단, 악의적인 주술, 또는 다른 형태의 괴롭힘을 통해 이뤄질 수
있다. 또 사기를 통한 착취는 자원의 분배나 협동을 하지 않는
행위를 비롯해 적극적인 절도나 거짓말, 여러 맥락에서 의도적으로
남을 속이는 행위를 통해 이뤄졌다. 사회적인 포식을 하기 쉬운
개인에게는 무임승차 행동에 대한 풍부한 선택지가 존재한다.

인류의 경우에 남을 위협하거나 속이는 무임승차자들은

천성적으로 속기 쉽고 불쌍할 만큼 취약한 이타주의자들을
압도한다는, 생물학을 기반으로 한 이론가들의 개념은 사실이
아닐 것이다. 이런 기회주의자들은 무척 빈번하게 이타주의적인
동료들에게 곧장 발각되어 실로 다양한 방식을 통해(표 4를
참고하라) 처벌을 받을 것이기 때문이다(그에 따른 유전적인 결과와
함께). 즉 우리는 어떤 형질들이 심각하게 반사회적인 무임승차
행위를 가능하게 하는 행위들에서 (그에 따라 심한 처벌을 유발하는)
무임승차자가 될 개인들로 하여금 그들이 유전적으로 경쟁하는
이타주의자들처럼 너그러운 행동을 해서 치르는 비용보다
무임승차 행위의 비용이 훨씬 더 큰지 여부를 질문해야 한다. 만약
그렇다면 적어도 인류의 경우 유전적인 무임승차자 문제에 대해
확실한 해법을 가졌을 가능성이 있다.

　　표 4는 앞에서와 같이 재제를 받는 10개의 수렵 채집
집단에 대한 코드화된 자료를 보여 주는데 이 표에서도 역시
코드화된 범주의 일부는 겹친다. 이런 제재의 유형 가운데 일부는
적게 반영되는데, 그 이유는 토착민들이 자기 집단에서 처형이
이뤄진다는 점에 대해 입을 다물 뿐만 아니라 민족지 기록 역시
그 본성상 허점이 있기 때문이다. 따라서 이런 발견에서 드러나는
명백한 중심적 경향은 더 많은 정보가 추가되어야 설득력을 더할
것이다. 그래도 이런 사회적인 조치들의 대다수가 LPA 수렵 채집
집단 사이에 무척 널리 퍼져 있거나 보편적일 가능성이 높기
때문에 이 중심적인 경향성은 확고하다.

　　이런 모든 제재는 징벌적인 사회적 선택에 공헌하는데, 집단
전체가 반사회적인 무임승차자들을 향해 강하게 부정적인 선호를
발달시키고 그 편향성에 따라 행동할 때 이런 선택이 일어난다.
표 4는 처벌의 체계가 그 개연성 측면에서 꽤 유연하다는 사실을

표 4. 사회적 억압의 방식들

도덕적인 제재	사회의 비율(%)	총 도시 수	안다만 제도 주민	그린란드 이누이트 족	!코 족	먼진 족	네트실리크 이누이트	알래스카 이누이트	고지 유먼 족	북극 이누이트	티위 족	야간 족
지리학적인 지역			아시아	북극	아프리카	오스트레일리아	북극	북극	북아메리카	북극	오스트레일리아	남아메리카
자료의 수			14	3	8	9	8	3	9	4	11	3
궁극적인 제재들												
집단 전체가 나서서 범인을 죽임	70%	15	2	3	1	1	6			1		
선택된 집단 구성원이 범인을 살해함	60%	23	2	1		2	10		5	3		
범인을 영구적으로 집단에서 내쫓음	40%	15			7		5	2				1
가벼운 제재들												
집단의 의견												
공공의 의견 개진	100%	178	4	1	27	6	37	19	11	31	11	24
말을 통한 제재												
잡담(공공의 의견에 대한 사적인 표현)	90%	61		1	4	5	12	9	6	10	1	11
조롱	90%	72	2	4	4	1	28	4	4	21		3
집단 또는 대변인에 의한 직접적인 비판	80%	33		1	5	2	3	10		3	3	5
집단 수준에서 창피를 줌	60%	40	2	3	2		15	5		12		
다른 방식으로 창피를 줌	50%	9			1	1	3	1		3		
사회적인 거리 두기												
공간적인 거리 두기(이동 또는 거주지나 야영지를 옮기기)	100%	104	6	6	25	2	22	5	6	16	2	10
집단적인 배척	70%	48		3	8		18	8	4	1		6
사회적인 무관심(말을 적게 검)	70%	16			5		3	1	2	1	1	3
범인을 집단적으로 피함	50%	11			3		2	1	2			3
완전한 배척(완전한 회피)	50%	6			1		1	1		1		2
집단에서 일시적으로 추방하기	40%	7	1		1		3	2				
치명상을 입히지 않는 물리적 처벌												
치명상을 입히지 않는 물리적 처벌	90%	93	7	6	11	2	21	3	13	21		7
구타하기	50%	22			4		7	1	1	9		

- 이 표의 수치는 수렵 채집자 집단에 대한 저자의 자료를 참고했다.

보여 준다. 구성원들의 잡담에 의해 강화된 공공의 의견은 언제나 집단의 의사결정 과정을 인도하며, 대부분의 구성원들이 자기의 평판에 대해 무척 민감하기 때문에 잡담에 대한 두려움 자체가 선제적인 사회적 제재로 기능한다.

표 4에 등장하는 사회적인 통제 메커니즘은 전부 아센 발리키^{Asen Balikci}의 뛰어난 민족지학적 연구에 수록된 바 있다.[27] 발리키는 캐나다 중부의 네트실리크 족과 함께 생활하면서 글을 썼고 동시에 토착민들이 아직 그들의 처형 관습에 대해 입을 닫지 않았던 시기에 수집된 초기의 자료에도 의존했다. 이런 사회적인 통제의 유형들은 대부분 표본인 LPA 사회의 절반 이상에서 언급되었는데 가장 두드러지는 형태는 사회적인 거리 두기, 조롱과 창피 주기, 집단에서 내쫓기, 물리적인 처벌, 그리고 처형이었다. 따라서 우리는 무임승차자들을 식별하고 그들의 행위를 억압하도록(세푸에게 그랬던 것처럼) 준비를 잘 갖춘 모습으로 과거의 수렵 채집자들을 재구성할 수 있다. 무임승차자들을 위협해 계속해서 충분히 통제할 수 없는 경우에는 이들을 제거했을 것이다.

유전적인 무임승차자들은 왜 단순히 사라지지 않는가?

확실히 심한 사회적 처벌은 집단의 이익보다 개인적인 특권을 우선시해 논란을 일으키는 일탈자들의 유전적인 이해관계에 상당한 해를 입힐 수 있다. 하지만 이런 처벌을 가하고 수천 세대가 흐른다 해도, 표 3에 확실히 드러난 것처럼 무임승차 행위를 하려는 선천적인 경향성은 여전히 강한 것처럼 보인다. 4장 마지막에 살폈던 수렵 채집 집단의 처형에 대한 통계 자료 역시 이 사실을 알려 준다. 하지만 만약 집단적인 처벌이 수천 세대에 걸쳐 무임승차자들에게 손해를 입혔다면, 우리는 이들의 유전자가 인류의 유전자 풀에 그토록 강력하게 지속되었던 이유가 무엇인지 질문을 던져야 할 것이다.

여기에 대한 대답은 다소 불명확하지만 단순하다. 잠재적인 여러 무임승차자들이 이런 처벌에 대해 주목할수록, 그리고 양심에 따라 자기를 억제하고 고난에서 벗어날수록 이들은 계속 목숨을 부지하며 잘 살아갈 것이다. 사실상 이들은 '이빨이 빠진' 셈이고 그에 따라 더 이상 사회적 통제의 대상이 아니기 때문이다. 아무리 유전학적으로는 독주머니가 멀쩡한 상태라 해도 말이다.[28] 이것이 이타주의적 형질들이 선택되는 현상에 미치는 영향력은 무척 크다. 그 이유는 무임승차자들은 보통 자기의 포식자 성향을 감히 표출하지 못하고 그러면서 이타주의자들에 대한 무임승차자들의 엄청난 경쟁적인 유리함은 대체로 사라지기 때문이다. 그리고 이것은 이타주의자들이 평판에 따른 이득으로 보상을 받는 한 경쟁의 장은 공평함에 가까워질 수 있다는 뜻이다. 실제로 심한 무임승차자들은 처벌을 받기 때문에 득보다 실이 클 수 있고, 경쟁의 장은 공평함을 넘어서 더 나은 상태가 된다.

만약 가혹하게 처벌하는 사회적인 선택이 무임승차자가 될 대부분의 개인들을 효과적으로 위협한다면, 양심의 기능 또한 이런 일탈의 속도를 늦출 것이다. 그런 개인들이 가치와 규칙들을 내면화하면서 부끄러워하는 동시에 자신의 평판이 낮아지리라 예측할 수 있기 때문이다. 수학적 모형 연구자들을 위해 말하자면 이것은 행동학적으로 적게 표출된 무임승차자들의 유전자가 인류의 유전자 풀에는 여전히 통계적으로 두드러질 수 있다는 뜻이다. 동시에 이타주의자들이 어떻게든 보상을 받는 한 이들의 유전자 역시 수적으로 많이 유지될 수 있다. 윌리엄스의 모형은 높이 평가되지만 인류가 보여 주는 이런 독특한 결과를 잘 설명하지 못한다.

나는 앞으로 인류에 대해 연구할 때 이타주의의 역설을 해결하려는 이론가라면 무임승차 행위에 대한 이런 표현형적인 억압을 고민해야 한다고 생각한다. 물론 우아하며 공격적으로 퍼진 윌리엄스의 모형이 많은 사람들의 마음을 사로잡았고, 이 모형에는 무임승차 경향(유전형)을 무임승차 행위(표현형)와 간단하게 동일시하는 멋진 논리가 존재한다는 사실을 알고 있다. 하지만 소규모 무리의 구성원들은 무임승차자들을 표현형 수준에서 좌절시키는 데 능하기 때문에, 그에 따라 유전형 수준에서 어떤 일이 일어날 가능성이 높은지 심각하게 재고할 필요가 있다.

처형이나 추방, 배척, 협력자로 끼워 주지 않는 회피 같은 사회적인 행동은 약자를 괴롭히거나 남을 속이는 행위를 뒷받침하는 유전자의 빈도를 상당히 낮추는 데 도움이 되었다. 그리고 시간이 지나면서 이런 자동적인 교화는 확실히 무임승차를 통해 남에게 피해를 주는 두 가지 유형에 대한 인류의 선천적인 잠재력을 낮추거나 변경시켰을 것이다.[29] 하지만 이타주의에 대해 설명하는 문제에서, 나는 타인에 대한 약탈을 중단하도록 잠재적인 무임승차자들을 겁주는(아무리 이런 경향이 유지되고 후손에게 전해졌더라도) 더욱 중요한 효과가 존재했다고 생각한다.

이런 효과를 전부 합해서 우리는 양심에 따라 자신의 위험한 특성을 통제하지 못하는 더욱 의지가 넘치는 무임승차자들의 유전적 적응도를 극적으로 낮출 수 있는 사회적 통제 체계를 갖고 있다. 하지만 그에 따라 보다 '온건한' 무임승차 행위를 할 수 있는 개인들 역시 처벌을 받을 수 있는 사안에 대해 스스로를 통제하며 자신의 경쟁적인 성향을 사회적으로 용인되는 방식으로 표출한다. 이런 이유에서 무임승차자들은 그저 간단하게 사라지지 않는다. 이런 사실은 표에도 확실히 반영되어 있다. 사실 평등주의적인 인류 집단들에는 예측 가능한 정도로 공동체 안에서 다른 개인들을 적극적으로 괴롭히거나 속이는 경향이 크고 결국 대가를 치르는 몇몇 개인들이 존재한다. 이것은 수천 세대에 걸쳐 사회적 선택이 일어난 이후에도 여전히 참이다.

사회적 통제의 초기 형태는 양심이 진화하도록 했고, 이렇게 진화한 양심은 개인들로 하여금 중요한 유형의 자기억제에 능숙하도록 만들었다. 그럼에도 오늘날 위험을 감수하는 꽤 많은 수의 수렵 채집자들이 처형이나 추방, 배척을 당하거나 수치를 당하는데, 그 이유는 무임승차 행위를 하려는 유혹이 계속 존재하기 때문이다. 이들은 자기가 벌을 교묘히 모면할 수 있으리라 생각하지만 종종 처벌을 받는다. 반면에 제재를 두려워하는 훨씬 더 많은 수의 개인들은 집단 내의 이타주의자들에게 심각한 해를 끼치지 않지만 눈에는 덜 띈다.

여기에 대해 통계적으로 전부 증명하고자 민족지학적 자료를 활용하지는 못한다. 어떤 행동에 대해 제재를 당할 두려움이 없거나 양심의 거리낌이 없다면 그 행동이 존재하지 않거나 널리 퍼졌다는 사실을 보여 주기가 몹시 어렵기 때문이다. 하지만 세푸가 그토록 철저하게 창피를 당했고, 다른 집단 구성원들이 사냥에서 남을 속이는 그의 무임승차 경향에 대해 널리 알게 되면서 그런 행동을 적극적으로 표출하는 일은 거의 중단되었을 것이다. 엄청나게 성난 집단 구성원들에게 발각되어 그들과 갈등하고 창피를 당하며 추방당할 위협을 받는 두려움 때문이다. 세푸 본인도 확실히 그런 두려움을 느꼈을 것이다.

그에 따라 아무리 그의 무임승차 관련 유전자가 유전자 풀에 남아 있더라도, 표현형의 수준에서 세푸의 무임승차 행위는 줄어들었을 확률이 무척 높다. 그리고 이렇게 잘못된 방식으로 얻은 고기가 몰수된 이후로 세푸는 더 이상 승자가 아니었으며, 그를 단죄한 개인들은 그 고기를 먹어 치안 유지 활동의 보답을 받았다.

초자연적인 제재

무임승차자들을 억압하는 데는 또 다른 수단이 존재하는데, 이것은 양심의 특별한 연장이라고도 할 수 있다. 이 수단은 초자연적인 제재의 형태를 띤다.[30] 예컨대 수렵 채집자들은 종종 먹을 것에 대한 금기를 갖는데 나는 이것이 오래 전부터 진화했으리라 생각한다. 그 이유는 이 금기가 경험이 부족하거나 부주의한 집단 구성원들이 독이 있는 것을 먹지 않도록 경고하는 극적인 방법이기 때문이다. 단지 내 추측일 뿐이지만 말이다.

내가 코드화한 범주에 따라 정리된 표 5는 이런 초자연적인 제재가 사회적 행동에 적용되며, 이것들을 양심의 연장선상에서 살필 수 있다는 사실을 보여 준다. 왜냐하면 양심은 사람들에게 공적이기보다는 완전히 사적인 형태의 도덕주의적 피드백 수단이기 때문이다. 비슷하게 상상 속 초자연적인 존재는 사람들의 행동을 몰래 지켜볼 수 있으며 일탈자들을 사적으로 심판하고 벌줄 수 있는데, 이것은 양심이 하는 일과 똑같다.[31]

사람을 제지하는 힘을 가진 이 수단은 확실히 개인들이 살인이나 근친상간을 비롯한 여러 반사회적인 행동을 덜 저지르도록 할 수 있다. 범죄 행동에 대해 학습했을 가능성이 낮은 사회적 집단에서 특히 더 그렇다. 18개의 보다 많은 LPA 수렵 채집

표 5. 도덕주의적인 초자연적 제재

초자연적 제재	사회의 비율 (%)	총 도시 수	안다만 제도 주민	그린란드 이누이트족	!쿠 족	먼진 족	네트실리크 이누이트	알래스카 이누이트	고지 유먼 족	북극 이누이트	티위 족	야간 족
지리학적인 지역			아시아	북극	아프리카	오스트레일리아	북극	북극	북 아메리카	북극	오스트레일리아	남 아메리카
자료의 수			14	3	8	9	8	3	9	4	11	3
초자연적인 제재에 대해 언급됨	90%	172	15	12	9	8	70	9		31	3	14
초자연적인 힘이 일탈자를 벌할 것이라는 믿음	90%	167	12	12	9	10	67	9		31	2	14
개별 일탈자들이 집단 전체에 해롭다는 믿음	70%	41	2	3		2	24	3		6		1
초자연적인 수단으로 일탈자를 처리함	50%	18		1	1	5	9			2		

• 이 표는 Boehm 2008b에서 가져왔다.

집단을 바탕으로 초자연적인 제재에 초점을 맞춰 분석한 한 초기
연구에서, 나는 이런 제재가 무임승차를 유도하는 일탈의 유형들을
정확하게 겨냥하는 경우가 많다는 사실을 발견했다. 표 5에서
나는 앞선 표 2, 표 3, 표 4에서 그 대상으로 삼았던 10개의 집단을
그대로 분석했는데, 그 결과 9개 집단에서 도덕주의적인 초자연적
제재가 보고되었다.

　　이전의 더욱 자세하게 수행된 연구에서는 초자연적인
제재가 종종 먹을 것에 대한 금기와 관련된다는 사실이 확실히
드러난 바 있다. 도덕의 영역에서는 이 제재가 무임승차 행위를
억누르는 데 도움이 된다. 이 가운데 약자를 괴롭히는 쪽의 행동은
살인과 주술 행위가 포함되었고, 남을 속이는 쪽의 행동 가운데는
도둑질과 거짓말, 사기, 임무 태만이 포함되었다. 그에 따라 가상의

'감독관들'을 비롯해 구성원들을 바짝 감시하는 실제 사회적
집단들이 대부분의(아마도 모든) LPA 유형 집단에서 무임승차
행동을 억눌러 왔다. 그 시점은 인류가 문화적인 현대성을 띠게 된
이후이거나 어쩌면 조금 더 일렀을지도 모른다. 이런 초자연적인
사고방식이 진화하는 데 어느 정도의 시간이 필요했으리라
가정한다면 그렇다.

인간 사회생물학의 중요성

표 1에서 표 5까지의 결과를 전부 합치면, 무임승차자들이
지속적인 골칫거리라는 점은 확실하다. 하지만 이들에 대한 억압은
다면적이며 꽤 강력하고, 처음에는 양심과 함께 시작되었다.
양심은 협동을 뒷받침하고 사회적으로 타인을 못살게 구는 행위를
못하도록 하는 규칙을 내면화했다. 또한 양심은 개인의 행동을
억제하는 수단일 뿐 아니라 동시에 신중한 개인들이 제재를 당하지
않도록 돕는 초기 경고 체계이기도 했다. 이런 개인들은 집단이
규칙에 대한 위반자들을 처리하고 벌주며 죽이는 효과적이고
가끔은 위험한 사회적인 수단들을 다양하게 지녔다는 사실을 미리
예상하고 두려워한다. 그리고 양심은 도덕적으로 좋은 평판을 지닌
사람들을 인정하며, 이런 평판은 일상에서 사회적으로 중요할 수
있다. 동시에 개인들은 자신의 일탈 행위가 타인에게 발각되지
않아도 초자연적인 징벌을 받을 수 있다는 두려움을 가진다.
여기에 더해 가족 외부의 타인에게 너그러움을 보이도록 고취하는
긍정적인 암시 역시 지속적으로 주어진다. 그리고 마지막으로,
많은 사람들은 스스로의 행동에 대해 긍정적으로 느끼는 것을
즐기기 때문에 예절 바른 행동을 하는 것처럼 보인다.

무임승차자 유전자를 타고 난 개인들이 스스로를 억제하는
한 이들은 협동을 기초로 한 경제 체계에 공헌하며 훌륭한
시민이라는 역할을 수행할 수 있고, 그러는 동시에 평균을 웃도는
무임승차자 유전자를 후손에게 전달할 수 있다. 나는 오늘날
수렵 채집자들의 해당 유형에 대한 통계적인 패턴에 기초한
이런 발견 결과들이 결국에는 사람들로 하여금 수학적인 모델링
결과를 액면 그대로 받아들이는 경향을 누그러뜨리고, 그에 따라
인류의 너그러움에 궁극적인 한계를 부여하는 성급하게 부정적인
결론으로 쉽게 건너뛰지 않게 하기를 바란다.

내가 이 말을 하는 것은 리처드 도킨스[Richard Dawkins]라든지
로버트 라이트[Robert Wright], 매트 리들리[Matt Ridley] 같은 무척 인기
있는 저자들의 여러 저서에서 의문을 느꼈던 일반 독자들을
위해서다.[32] 이 저자들은 다들 마이클 기셀린[Michael Ghiselin] 같은
초기 사회생물학자들이 널리 알렸던[33], 너그러움에 대해 부정적인
흔한 입장을 어느 정도 받아들인다. 하지만 나는 이 밖에 진화론적
접근을 택하는 수많은 학자들(생물학자든, 심리학자, 경제학자,
인류학자든)을 위해서도 이 주장을 하고자 한다. 이들이 지금껏
인기를 누렸던 혈연선택, 상호 이타주의, 호혜주의를 비롯해
인류의 너그러움에 대한 비용이 드는 신호 패러다임처럼 좁게
정의된 개념 너머의 것을 점점 더 기꺼이 살피기를 바라기
때문이다.

무임승차자에 대한 억제라는 인류가 가진 독특한 수단은
무척 효과적이어서, LPA 수렵 채집자이었던 우리는 스스로
속한 무리를 고대의 위계적 사회에서 평등주의적인 집단으로
성공적으로 변형시킬 수 있었다. 전자는 약자를 괴롭히는 형태의
무임승차 행위가 만연할 수 있지만 후자에서는 개인이 이런

경향성을 적극적으로 표출하다가는 큰 위험을 감수해야 한다. 실제로 약자를 괴롭히는 개체들을 바짝 경계해서 적극적으로 억눌러야만 평등주의가 자리를 잡을 수 있다. 이런 제재가 없었다면, 무임승차자들인 이런 개체들은 자기보다 힘이 약하고 덜 이기적인 다른 개체들로부터 대놓고 원하는 것을 빼앗았을 것이다.[34]

이런 점에서 내가 제안하는 진화론적인 신조는 사회생물학자 마이클 기셀린보다 훨씬 낙관적이다. 기셀린은 "어떤 이타주의자를 할퀴면 한 위선자가 피 흘리는 모습을 볼 것이다"[35]라는 회의적인 입장을 보였다. 나 역시 인류의 유전학적인 본성이 우선은 이기적이고 두 번째로는 족벌주의적인 데다 이타주의적인 행동을 뒷받침할 가능성이 그렇게 높지 않다는 사실을 인정한다. 하지만 내가 지지하는 신조는 다음과 같다. "어떤 이타주의자를 할퀴면 무임승차자를 바짝 경계하고 성공적으로 억누르는 한 사람이 피 흘리는 모습을 볼 것이다. 하지만 조심하라, 너무 심하게 할퀴면 그와 그가 속한 집단이 당신에게 되갚음을 하거나 심하면 당신을 죽일 수도 있다."

두 번째 무임승차자가 존재할까?

집단의 처벌은 이 무임승차자 억압 시나리오에서 필수적인 일부다. 그런데 특히 진화경제학 분야에서 몇몇 학자들은 "이차적 무임승차자"의 유령 문제를 제기한 적이 있다.[36] 이것은 집단이 약자를 괴롭히는 일탈자들을 처벌하도록 진화했다는 주장에 대한 이론적인 장애물이다. 이 장애물은 내가 조사했던 오늘날의 인류 수렵 채집자들에게 실제로 나타났는데 과거의 채집 집단에도 분명히 존재했을 것이다.

　　이런 통찰은 실험에서 비롯했다. 타인에게 몹시 탐욕적인
제안을 하는 실험 대상자들이 처벌을 받을 수도 있는 상황이었고,
처벌을 가하는 쪽은 그런 제안을 거부하며 벌을 주기 위해 비용을
지불하고 있었다. 이때 누군가 한 사람이 이런 비용을 지불하지
않고자 처벌을 회피하기 시작하면서 '이차적 무임승차자' 문제가
발생했다. 이런 행동은 실제로 그 이차적 무임승차자에게
유전적인 이득을 준다. 이런 발견은 주로 대학생들을 대상으로
실시한 형식적인 게임 이론 실험을 통해 도출되었지만[37] 때로는
토착 부족과 몇몇 수렵 채집자들을 대상으로 한 현장 연구에서
발견되기도 했다.[38] 이 연구에서 대상자들이 지나치게 이기적인
사람을 벌하려면 금전을 포기해야 할 가능성이 있었다.

　　이 학자들이 정의한 개념에 따르면 집단적 처벌
자체에 참여하는 것은 비용이 지불되기 때문에 유전학적으로
이타주의적이었다. 무임승차자들은 처벌을 삼가면서 시간과
에너지를 투자하지 않고 가끔은 위험을 감수하지 않으려 하는데,
이때 이들은 다른 사람들이 공익에 투자하는 비용에 대한 지불을
회피할 수 있다. 그 말은 아무리 집단이 악의적인 주술사 또는
약자를 괴롭히는 개인을 포함한 공격적인 무임승차자들 또는
고기를 제대로 분배하지 않는 남을 속이는 무임승차자들을
처벌한다 해도, 또 다른 유형의 무임승차자들이 나타난다는
뜻이다. 바로 다른 사람들이 처벌을 실시할 때 한쪽으로 물러나
방관하는 개체들이다. 이들은 이렇게 비용을 전혀 지불하지
않으면서도 보상을 누린다.[39] 그러면 이론상 처벌을 가하지 않는
무임승차자들의 유전자가 증가하는 반면 비용을 지불하면서
처벌을 가하는 개체들의 유전자는 감소하기 때문에, 결국 집단적인

처벌에 참여하도록 이끄는 유전적 경향이 심각하게 감소하기에 이르고 앞서 기술했던 무임승차자에 대한 억압은 사라질 것이다.

하지만 만약 우리가 수학적인 모형과 실험 대상자들에서 벗어나 우리 인류의 유전자를 진화시켰던 실제 사람을 살피기 시작하면, 내가 가진 자료에서 그렇듯 전 세계 모든 곳에서 수렵 채집자들은 일탈자들을 실제로 처벌한다는 사실을 알 수 있다. 그리고 어떤 주어진 순간에 몇몇 개인들은 다른 사람보다 훨씬 적극적으로 처벌을 행하는 반면 몇몇은 처벌을 아예 삼간다는 사실도 드러난다. 더구나 LPA 집단인 !쿵 족 부시맨을 30년 동안 현장에서 연구한 내 동료 폴리 비스너에 따르면 집단이 일탈자들을 제재하는 과정에서 집단에 참여하지 않는 개인들에 대한 처벌은 한 번도 듣거나 본 적이 없다고 한다. 나 역시 지금껏 50개의 LPA 수렵 채집 집단에서 이뤄진 처벌에 대해 연구했지만(표 1과 표 4를 참고하라), 처벌을 가하지 않는 개인들에 대한 처벌은 수백 건의 민족지학 자료에서 단 한 건도 언급되지 않았다. 이들 집단에서 처벌이 무척 빈번하게 일어났고 심지어 처벌에 대한 기권도 많이 일어났지만 말이다.

내 생각에는 이런 처벌에 대한 기권이 꼭 무임승차자 유전자와 관련을 가질 필요는 없다. 예를 들어 음부티 피그미 족은 세푸의 오만한 사기 건을 처리할 때 대부분의 구성원들이 그에게 적극적으로 창피를 주었지만, 가계보에서 세푸와 가까웠던 여러 가구의 구성원들은 확실히 뒤로 물러나 중립적인 태도를 취하는 듯했다.[40] 나는 이런 행동이 무임승차 행위를 할 성향이 높은 개인들뿐만이 아닌 모두에게 적용되는 어떤 사회적인 요인들과 관련 있다고 생각한다. 이것은 일탈자들의 가까운 친족이나 동료들이 처벌을 하는 대신 뒤로 물러서 다른 개체들이 그를 심하게 벌하도록 방관하는 경향이 꽤 예측 가능하다는 뜻이다. 그리고 집단의 나머지 구성원들은 이런 경향을 이해할 것이다.

이런 처벌에 대한 기권은 고전적인 의미의 무임승차일 수도 있지만, 장기적으로 보면 여기에 따르는 유전적인 효과는 없을 것이다. 그 이유는 사회적인 역할에 대한 기대의 구조가 이런 기권 행위를 설명하기 때문이다. 예컨대 한 번은 남자 형제가 도둑으로 붙잡혀 내가 처벌을 기권할 수 있지만 그렇다고 내가 그 형제를 적극적으로 지지하는 것은 아니다. 그러다가도 가까운 친척이 일탈자로 지목되지 않은 다른 경우에는 집단의 제재에 적극적으로 참여할 수 있다.

시간이 흐르면서 비용과 이득이 동일해지는 또 다른 사례는 앞서 4장에서 살폈던 것처럼 수렵 채집자 집단이 처형을 더욱 구체적인 맥락에서 활용하는 예다. 이때 집단 전체가 가끔 집단 구성원을 위협한 일탈자 주위로 한꺼번에 몰려들고[41] 집단적인 행동으로 그를 몰아낸다. 이 사례에서 사람들이 들이는 노력과 감당해야 하는 위험은 대등하기 때문에 그에 따라 이차적인 무임승차자 문제는 일어나지 않지만, 당장 마주한 동기는 완전히 다르다. 수렵 채집자들이 걱정하는 것은 사실 복수다.[42] 자기들 가운데 한 사람이 심각한 일탈자를 죽이면, 아무리 그가 정말 못된 사람이라 해도 슬퍼하고 분노한 가까운 친척이 똑같이 살인으로 복수를 할 수 있다. 하지만 만약 집단 구성원의 대부분이 동시에 일탈자를 죽인다면 아무리 친척이라 해도 한 사람을 지목해 복수할 수가 없게 된다.

그렇지만 수렵 채집자 집단에서 더욱 자주 일어나는 처형은 '위임'을 통해 일어난다(표 4의 '선택된 집단 구성원이 범인을 살해함'을 참고하라). 그리고 이 두 번째 패턴은 무척 흔하고 보편적으로 일어나는 것처럼 보인다. 먼저 이들 집단은 어떤 일탈자를 제거해야 한다는 합의에 이르고, 그런 다음 보통 가까운 친척에게 그를 죽여 달라고 청한다. 문화적으로 봤을 때 이 논리는 흠잡을 데 없다. 어떤 가족이 사냥을 해 줄 구성원을 막 잃었을 때 복수를 하겠다고 같은 가족 구성원을 죽이는 것은 손실을 두 배로 하는 일인 만큼 상상도 할 수 없다. 그 구성원이 강직한 태도로 모두의 이득을 위해 자기 친족을 기꺼이 죽였다면 특히 더 그렇다. 이때도 복수는 피할 수 있지만 이 경우는 한 사람이 처형을 수행하는 위험을 관대하고 책임감 있게 떠맡는다. 그리고 집단의 나머지 구성원들은 사회 구조적인 위치를 활용해 일탈자의 친족에게 그를 죽이라고 위임한 셈이고, 유전자 선택의 관점에서 보면 위임을 받아 궂은일을 처리한 친족은 유전적인 무임승차자로 행동한 것이 아니다.

　　이때 소수의 구성원들이 나머지 구성원들의 지지를 받아 가벼운 사회적인 제재를 적극적으로 시작하는 경우가 보다 많고, 이때 궁지에 몰린 일탈자가 위험할 수도 있다는 문제가 있다. 예를 들어 원래 오만한 세푸에 대항해 비난을 주도한 사람은 겨우 한 명이었다. 하지만 초기에 창피를 준 이 인물은 집단의 나머지 구성원들이 자기를 강하게 뒷받침해 주리라는 사실을 이미 알고 있었다. 심리학에 상당 부분 기초를 둔 턴불의 묘사에 따르면 집단의 나머지 구성원들도 똑같이 격분해 있었다는 점은 확실했다. 또 이 인물은 자기가 무리를 대표해서 비난하고 있다는 사실을 죄인 세푸가 이해한다는 사실을 알았다. 그리고 이 대표 비난자를 공격하기가 힘들다는 점에 세푸가 충분히 겁을 내고 있다는 사실도 알았을 것이다. 나중에 한 소년이 오만한 사기꾼인 세푸가 자기 자리를 내놓지 않는다는 점에 대해 모욕했을 때도 이 집단은 확실한 지지를 보여 주었다. 그렇지 않았다면 꽤 위험한 상황이었을지도 모른다.

이런 집단 역학은 어째서 제재가 이뤄지는 과정에서 잘 단합된 집단의 대다수를 이끄는 개인이 지는 위험이 최소화되는지를 설명해 준다. 일탈자의 가까운 협력자들이 뒤로 물러나 있는 한 그렇다. 그리고 이런 동일한 정치적 역학은 이차적 무임승차자들이 집단적 처벌의 초기 진화에 대한 심각한 장애물이 되지 않았던 이유를 설명하는 데 도움이 된다. 또한 현실 세계에서 집단적 처벌의 '배신자'들에 대해 벌을 주지 않아도 되는 이유도 알 수 있다. 진화론적으로 봤을 때 장기적으로는 상황이 안정되기 때문이다.

내 결론은 다음과 같다. 실험실에서 어떤 결론을 얻었든 간에 처벌을 행하지 않는 개인들에 대해 처벌해야 할 필요성에 대한 진화론적인 가정은 더욱 심화된 비판적 숙고가 필요하다. 일상적으로 수렵 채집자 무리의 '집단 동학'은 지금껏 실험실에서 억지로 꾸며 냈던, 소규모 무리가 게임을 수행하는 맥락과는 차이가 있을 확률이 높다. 아마도 앞으로 실험을 설계하려면 이런 집단 동학에 대해 더 많이 고려해야 할 것이다. 수렵 채집자들이 실제로 어떤 행동을 했으며 문화적인 현대성을 지녔던 과거에는 어떻게 행동했을 가능성이 높은지에 대해 제대로 살펴야 한다. 그러는 동안 우리는 고전적인 LPA 수렵 채집 공동체가 일탈자에 대한 처벌을 빈번하게 행했다는 사실을 해석해야 한다. 이때 처벌을 기권하는 것은 처벌 받아야 하는 일탈 행위로 여겨지지 않았으며, 이러한 종류의 사회적 통제가 수천 세대 동안 성공적이면서 강력한 효과가 있었다는 사실을 설명해야 한다.

이 결론은 이 작은 수렵 집단에 대한 심화된 사실들, 다시 말해 이 집단의 정치적 동학에 대해 알려 준다. 이 집단은 언제나 단합된 상태는 아니었는데, 왜냐하면 도덕적으로 애매모호한 공격 행위에 대한 집단의 의견은 갈릴 수 있기 때문이었다. 일탈자의 친족이나 협력자들은 강하게 그의 편을 드는 데 비해 나머지 구성원들은 그 행위가 잘못되었다고 선포하려 할 것이다. 이런 경우에 집단은 확실히 두 편으로 나뉘며 각자의 방향으로 분열된다. 하지만 세푸의 사례를 비롯해 일탈자의 친척들은 그저 뒤로 물러나고 나머지 구성원들이 맹렬하게 제재를 가했던 여러 다른 사례에서는 그렇지 않았다. 우리는 만장일치가 일어나지 않은 상태에서 벌어지는 도덕적인 제재와 명백한 갈등을 조심해서 구별해야 한다.

선사시대의 이중고

3장에서 나는 여러 다양한 종을 포함시키며 사회적 선택이라 부를 수 있는 것의 범위를 급진적으로 넓혔다.[43] 인류의 경우에, 나는 평판에 따른 이득을 통한 긍정적인 사회적 선택에 대한 알렉산더의 논의를 따를 것이다. 그리고 여기에 내가 이미 1982년에 선택 메커니즘의 하나로 고려하기 시작했던 집단적 처벌을 덧붙일 예정이다.[44] 그뿐만 아니라 집단적 처벌은 그에 따른 평판상의 불이익을 이끌기도 하므로 처벌과 평판은 서로 얽혀 있다.

하지만 평판에 의한 선택과 무임승차자에 대한 적극적인 억압의 조합은 '이중고'를 일으킨다. 인류에서 일어나는 이 두 가지 유형의 기본적인 사회적 선택을 함께 조합하는 과정에서, 나는 훨씬 더 포괄적인 사회적 선택 이론을 제안하고자 했다. 최근에 조류 같은 다른 동물이나 수렵 채집 집단을 진화론적으로 연구하는 학자들이 상당한 관심을 가져 왔던 짝짓기상의 이득에 대한 값비싼 신호 이론보다는 포괄적이다.[45] 하지만 내가 여기서 제시하고 있는 더욱 포괄적인 이타주의의 '도덕주의적' 사회적 선택 이론은, 이제 집단선택, 상호 이타주의, 호혜주의, 비용이 드는 신호에 기초한 이론들과 경합을 벌일 수 있다. 또한 인류에 널리 퍼진 관습인 가족 외부에서 일어나는 너그러움에 대한 궁극적인 설명을 찾는 과정에서 내 이론은 다른 학자들이 주장할 이론과도 경쟁할 것이다.

확실한 사실은, 이런 도덕적인 접근은 인류라는 고도로 문화를 발전시킨 생물 종에만 적용된다는 점이다. 다른 동물들은 잡담을 통해 어떤 개체가 좋은 평판을 얻도록 합의에 이를 수 없다. 비록 이들 종에서도 비용이 드는 신호에 대한 메커니즘이 이것과 비슷한 기능을 하지만 말이다. 또한 집단 구성원들을 화나게 하는 개체를 벌주기 위해 서로 연합을 이루는 종은 극소수에 불과하다. 만약 침팬지 속의 조상이 우리에게 이런 방향으로 사소하지만 중대한 전적응을 제공하지 않았다면, 우리 종은 오늘날처럼 양심을 발전시키지도 못했을 테고 다른 개체를 괴롭히는 무임승차자들을 무력화해 오늘날처럼 이타주의적인 종이 될 수 없었을 것이다.

내가 여기서 제안했던 이타주의의 역설에 대한 해법은, 주로 인류에서 일어나는 포괄적인 사회적 선택이 궁극적인 원인을 제공할 것이라 기대한다. 여기에는 무임승차 행위에 대한 현재 진행형의 억압이 포함되며, 과거에 근원적인 유전자에 대해 상당한 변형이 일어났으리라 간주된다. 특히 다른 개체를 괴롭히며 처형 또는 다른 심각한 처벌을 쉽게 야기하는 무임승차 경향에 대한 유전자가 그렇다. 또한 측정하기 힘들며 다소 제한적이라 여겨지는 유전적 집단선택의 공헌을 고려하고, 가족 외부에서

나타나는 너그러움을 촉진하는 문화적인 다양한 증폭 장치의
무척 잠재력 있는 표현형적인 공헌에 대해서도 살핀다. 나는 여러
모형을 이렇게 조합했을 때 인류가 공통적으로 가진 이타성을 더
자세히 설명하는 데 도움이 되기를 바란다. 이 이타성은 인류의
사회생활을 비롯해 협동의 전체적인 효율을 엄청나게 향상시켰다.

나중에 나타난 도덕의 진화

도덕의 진화를 설명하는 과정에서 이타주의는 여러 이유로
중요하다. 그중 한 가지는 이타주의적인 행동의 근원에 종종
깔려있는 감정이입이라는 감정이 양심을 구축한다는 것이다. 그
결과 우리는 성장 과정에서 이른 나이에 자동적으로 내면화한
친사회적인 가치들에 따라 행동하면서 타인이 가진 문제와 요구에
대해 감정적으로 연결된다.[46] 또 다른 이유는 우리의 도덕적인
규칙이 가진 내용물의 상당 부분이 친사회적으로 행동하는 인류의
잠재력을 증폭하도록 방향이 설정되었다는 측면이다. 그리고
애초에 그런 잠재력을 제공한 것은 감정이입이다.
　　나는 우리가 사실 선천적으로 이타주의적인 특징들을
가지며("나를 할퀴거나, 당신을 할퀴거나, 심각한 사이코패스 아닌
누군가를 할퀴면 위선자가 아닌 한 이타주의자가 피 흘리는 모습을 볼
것이다!") 이런 특징이 없다면 양심의 기능은 지금과 꽤 달랐을
것이라 주장했다. 실제로 우리의 도덕적인 삶은 대부분 수치심과
심한 처벌에 대한 두려움에 기초한다. 반면에 우리가 수렵 채집자
집단에서 살폈던, 효율적이며 종종 감정이입에 기초한 협동을
이끄는 친사회적인 설득은 존재하지 않는데 그 이유는 그것이
제대로 작동하지 않기 때문이다.[47]

7장. 사회적 선택의 장점

수치를 동반한 양심은 우리에게 옳고 그름에 대한 감각을 제공하지만, 우리가 아는 도덕적인 생활에는 이보다 훨씬 많은 무언가가 존재한다. 감정이입의 핵심적인 재료는 인류의 이타주의에 동기를 제공하는 기초가 된다. 이것은 간접적 호혜성 체계의 중요한 요소이기도 한데, 그 참여자들이 다른 개체들의 어려움에 대해 감정적으로 책임을 느끼기 때문이다. 다른 사람의 어려움을 감지하는 능력은 우리가 자연스럽게 너그러운 반응을 보이도록 이끌었고, 이것은 타인의 너그러움으로부터 미래에 이득을 얻으리라는 기대와 더불어 이 체계가 잘 작동하도록 한다. 요약하면, 이타주의는 중요하다.

　　일단 인류가 문화적으로(그리고 도덕적으로) 현대성을 띠게 된 이후로, 인간사는 기본적으로 오늘날의 LPA 수렵 채집 사회와 비슷해졌다. 오늘날의 인류에서 나타나는 행동을 통해 판단하자면, 최근의 우리 선조는 무엇보다 이기주의자이고 그 다음으로는 족벌주의자일 테지만 앞서 내가 주장했듯이 이들은 유전적인 본성 안에 이타적인 성향도 상당히 갖고 있었다. 그 결과 인류는 가족 외부인을 대상으로 너그러움을 보였고 그에 따라 마음속에서 공익에 대해 구체적으로 상상하면서 타인과 협동할 때 필요했던, 중요한 무언가를 문화적으로 쌓아 갔다. 커다란 사냥감을 분배해야 했고 심각한 갈등을 회피해야 했기 때문이었다. 이런 보다 최근의 수렵 채집자들은 오늘날의 인류와 다를 바 없는 양심을 지녔고, 여러 가지로 이들이 보였던 가치, 범죄, 처벌은 확실히 우리와 무척 비슷하다. 수치스러운 것에 대한 이들의 개인적인 감각과 타인의 좋거나 나쁜 평판에 대한 감각이 그렇다.

　　커다란 사회적 두뇌는 이들로 하여금 집단 구성원들의 제한된 이타주의적 경향이 공익을 위해 사회적으로 강화될 수 있다는 사실을 알아차리게 했다. 그리고 기본적으로 이런 뛰어난 두뇌 덕분에 이들은 간접적 호혜성의 체계를 발명하고 유지할 수 있었고, 이 체계는 오랜 세월에 걸쳐 훌륭하고 유연하게 이들에게 도움을 주었다. 이런 인류의 지적 능력이 가진 사회적으로 건설적인 측면은 다윈이 생각했던 것처럼 우리 인류가 완전히 독특한 진화적인 경로를 갖는 데 도움을 주었다. 우리는 이런 유연성의 사회적, 생태학적 측면에 대해 더 탐구할 예정이다. 하지만 선천적인 이타주의와 가족 외부로 작용하는 너그러움이 상당히 작용하지 않았다면, 이런 놀랄 만한 진화적인 경로는 아마도 사실상 무척 다른 방향으로 틀어졌을 것이다.

8장.
대를 뛰어넘어 전해지는 도덕

도덕적 공동체를 자세히 들여다보기

2장에서 우리는 아프리카 수렵 채집 사회 두 곳을 대상으로 사람들의 삶을 생생하지만 짧고 질적인 방식으로 살펴봤다. 그 밖에도 나는 가능한 한 전형적인 통계를 통해 도덕적인 행동의 패턴에 대해 알아보려 했다. 이제 오늘날의 여러 LPA 도덕 공동체에 대해 더욱 풍부하고 문화적으로 독특한 인상을 제공하기 위해, 나는 앞으로 여러 장에서 도덕 공동체에 대한 추가적인 개념을 발전시키고자 그 구성원인 개인들의 말에 초점을 맞출 예정이다. 그리고 후기 플라이스토세에 사회적 순응과 자기희생적 너그러움을 형성하는 인류의 능력이 어떻게 발전했는지 살필 것이다.

우리는 앞에서 이미 고기를 분배하며 자기 무리를 속인 세푸가 어떻게 구성원들에 의해 창피를 당했는지에 대한 콜린 턴불의 생생한 묘사를 접한 바 있다.[1] 하지만 음부티 피그미 족은 사실 LPA 수렵 채집 집단의 자격을 충족하지 못하는데, 그 이유는 이들이 반투 족의 농부들과 협력해 야생에서 잡은 동물의 고기와 농부들이 재배한 곡물을 종종 교환하기 때문이다(플라이스토세에는 확실히 불가능한 일에 가깝지만). 내가 턴불의 글을 인용하기로 선택한 이유는 고유의 작동을 하는 피그미 족 도덕 공동체에 대한 그의 기술이 정말로 뛰어나기 때문이다.

사회학을 정초한 인물인 에밀 뒤르켐은 직접 현장 연구를 한 적이 없으며[2] 토착 부족에 대해 개인적으로 정보를 얻는 일도 거의 없었다. 하지만 뒤르켐이 여론의 독재에 대해 기술할 때, 그가 작은 도덕적 공동체 안의 사회적 삶과 사회적 통제의 집단적인 측면을 포착한 것은 확실하다. 여론은 서로 친밀하지만 공격성을 띠기도 하는 수렵 채집 집단에서 생활하는 데 적합한, 종종 두려움을 자아내는 사회적 순응을 만들어 낸다. 오스트레일리아 원주민에 대해 기술할 때 뒤르켐은 고전적인 초기 민족지학 자료를 열심히 읽어 간접적으로 통찰을 얻었다.[3] 그동안 뒤르켐의 저작에 대해 비판하는 사람들은 소규모 사회와 그 안에서 이뤄지는 통합에 대한 그의 '기능주의적인 상'이 실제보다 심각하게 '미화되었다'고 주장해 왔다. 갈등을 진지하게 강조해서 다룬 대목을 찾아볼 수 없다는 이유에서였는데,[4] 하지만 민족지학과 그 사회적 동학에 대한 그의 독서가 부정확하다는 비판은 없었다.

기본적으로 수렵 채집자에 대한 나의 통찰 역시 뒤르켐과 마찬가지로 간접적으로 얻은 것들이다. 내가 개인적으로 직접 접했던 순수한 수렵 채집자는 야생 침팬지들뿐이었는데, 이 종은 진화론적인 분석에 엄청난 도움을 주었지만 확실히 이들에게 도덕적인 삶은 결여되어 있었다. 하지만 1960년대에 내가 현장에서 연구했던 문명의 혜택을 받지 못한 고립된 나바호 족도 채집자 조상으로부터 고작 몇 세대 지나왔을 뿐이었다. 이 부족은 평등주의적인 세계관을 무척 강하게 고수했으며[5] 너그러움을 강조하고 인색함이 두드러지는 개인을 비난했다. 내가 연구했던 더욱 전통적인 목축민이었던 나바호 족 사람들 역시 '순수한' 수렵 채집자가 아니었는데도 적어도 반쯤 유목민이었으며 평등주의자였다.

그리고 몬테네그로의 외딴 산골짜기에서 몇 해 동안 나와 같이 생활했던 준부족적인 목축 농경민들은 확실히 완전히 다른 민족지학적 유형에 속해 있었는데[6] 그럼에도 앞서 살폈던 것처럼 이들의 간접 호혜 체계는 수렵 채집자들과 귀중한 유사성을 보였다. 1세기 반에 걸쳐 거의 독재적인 부족 '국가'를 이루며 살았지만 이들의 평등주의적인 정신은 여전히 두드러졌다. 어퍼 모라차 족의 소규모 정착지에서 보낸 2년 역시 나에게 아주 작은 '뒤르켐주의적' 도덕 공동체에서 해당 언어 사용자로 장기간 생활하는 경험을 주었다. 이 시간 또한 무척 소중했다.

두 가지 훌륭한 모범 사례

만약 LPA 수렵 채집 사회에서 나타나는 도덕적인 삶을 잘 보여 주는 단 한 가지를 꼽는다면, 민족지학적으로 가장 잘 기술된 무리를 골라야 할 것이다. 그렇기는 하지만 나는 !쿵 족과 !코 족, 그위 족을 포함한 칼라하리 사막에 사는 부시맨 또는 네트실리크 족과 우트쿠 족 같은 중앙 캐나다의 이누이트 어를 사용하는 두 집단 가운데 힘들지만 하나를 골라야 할 것이다.[7] 이 두 문화 집단은 도덕적 삶에 대해 뛰어나게 묘사된 민족지학적 기록을 가졌다. 하지만 다행히도 나는 꼭 한 집단만을 선택하지 않아도 된다. 이 장에서는 둘 다 사례로 활용할 것이다.

이 풍부한 민족지학 기록에 대해서는 약간의 소개가

필요하다. 말이 많은 성격인 !쿵 족 사람들에 대해서는 작가 엘리자베스 마셜 토머스Elizabeth Marshall Thomas와 인류학자 리처드 리, 폴리 비스너, 팻 드레이퍼Pat Draper의 저작을 비롯한 여러 글에 생생하게 묘사된 바 있다.[8] 그 가운데는 !쿵 족 여성이며 전형적이지 않은 사연을 지닌 니사의 생활사를 기록한 인류학자 마저리 쇼스탁Marjorie Shostak의 글도 포함된다. 니사의 예가 비전형적인 이유는 특이하게도 일부일처제에서 벗어난 애정 생활을 보여 줬기 때문이다.[9] 쇼스탁은 너그러움과 분배 문제에도 꽤 관심을 보였는데, 예컨대 직접 관찰한 바에 따르면 니사는 종종 꽤나 인색했지만 동시에 타인에게는 너그러움을 요구했다.

　　앞으로 살피겠지만 먹을 것에 대한 이런 시샘은 니사가 무척 힘들게 젖을 떼던 시점부터 점점 악화되었을지도 모른다. 그 가능성이 언급되기는 했지만 니사가 그런 공격적인 태도를 지녔다 해도 !쿵 족 문화에서는 전혀 비도덕적으로 간주되지 않았으며, 니사의 자서전 내용이 다소 이례적이기는 하지만 부시맨 족의 생활에 대한 특별하며 심지어 독특한 창문이 되어, 이 장과 10장에서 펼칠 질적인 분석을 향상시킬 것이다.

　　또 캐나다 중부의 네트실리크 에스키모는 인류학적으로 조예가 깊은 덴마크의 탐험가 크누트 라스무센Knut Rasmussen에 의해 문명과 접촉한지 얼마 되지 않아 연구 대상이 되는 이득을 누렸다. 또한 전통적인 유목민의 생활방식을 포기하려 할 즈음 이들은 민족지학자인 아센 발리키에 의해 다시 연구되었다.[10] 발리키는 바다표범을 사냥하는 이 부족에 대해 무척 섬세하게 제작되어 이제 고전이 된 영화 시리즈를 촬영하기도 했다. 여기에 더해 내 오랜 친구 진 브리그스는 백 강 근처에서 네트실리크 족과 이웃해서 생활하던 우트쿠 이누이트 족 화자들을 연구한 바 있다.[11] 브리그스는 내가 대학원 공부를 막 시작하던 1960년대에 매사추세츠를 떠나 북극으로 떠났다. 조심스럽게 공격적인 이누티악이 거느린 한 우트쿠 가족에 입양된 브리그스는 이 부족의 감정과 도덕에 대해 놀라운 서술을 보여 주었다. 그런 만큼 도덕적 위기 상황에 놓였던 자신에 대한 묘사는 사실적이었다. 저서『결코 화난 적 없는Never in Anger』에서 브리그스는 여러 달에 걸쳐 자기 집단의 구성원으로부터 배척받았던 경험을 풀어냈다. 나중에 우리는 우리가 토착 부족의 사회적 통제에 대해 독특하게 바라본 이 경험담을 간단히 살필 것이다. 여기에는 감정적인 자기통제에 대한 우트쿠 족의 규칙을 심각하게 위반한, 외부 문화권에서 온 한 예민한 '일탈자'의 관점이 드러나 있다.

하지만 브리그스의 학문적인 관심사는 사회적인 배척이 아니라 (물론 자신에 대한 배척도 아니고) 아이들이 사회화되는 방식이었다. 우트쿠 족을 비롯해 나중에 이누이트 어 화자 집단을 대상으로 이뤄진[12] 브리그스의 연구는 컴벌랜드 만의 북동쪽 끝에 이르렀으며 이누이트 사회가 구성원들이 집단의 규칙과 가치를 내면화하면서 어떻게 젊은 후손들에게 애정을 기울여 양육하고 있는지에 대한 훌륭한 아이디어를 제공했다. 이들 역시 어린아이들을 대상으로 해서 잔혹하며 스트레스를 유발하는 선택이 동반된 도덕적 딜레마라는 가설적인 상황에 놓였는데도 그랬다.

내가 서로 꽤 이질적인 칼라하리 부시맨과 북극의 이누이트어 화자들을 나란히 다뤘던 또 다른 이유는 비록 환경이 분명 엄청나게 상이했는데도 불구하고 이들에 대한 풍부한 민족지학 자료가 수렵 채집자들의 도덕적인 생활이 갖는 공통점들을 유용하게 드러냈기 때문이었다. 구체적으로

보면, 예컨대 부시맨이 사는 뜨겁고 계절에 따라 상당히 건조한
환경에서는 영양학적으로(그리고 문화적으로) 사냥이 무척
중요한데도 이들은 대부분의 열량을 식물에서 얻었다. 반면에
이누이트 족은 계절에 따라서는 생선도 먹지만 대부분 밀봉된 해양
동물의 지방과 순록의 고기를 먹어야 한다(비록 지방을 더 선호하기는
하지만). 이누이트 족은 초식 동물의 위장 속을 통해 약간의
식물을 섭취할 뿐이다. 이런 차이는 무척 크다. 그럼에도 앞으로
살필 예정이지만, 도덕적인 감정과 집단적 제재의 양식, 그리고
갈등을 통제하려는 노력은 여러 면에서 굉장히 비슷하다. 이것은
진화된 양심을 가진 데서 뿌리를 찾을 수 있다. 양심은 가치의
내면화를 촉진했고 사람들로 하여금 자기와 타인 모두를 대상으로,
도덕적으로 옳고 수치스러울 만큼 그른 것이 무엇인지 생각하게
했다.

내면화에 대한 주장

어떤 문화의 가치와 규칙을 흡수하는 과정은 미묘하게 이뤄져
관찰자의 눈에 띄지 않는 경우가 많다. 하지만 그럼에도 이 과정은
중요하다. 사회의 규칙들을 개인이 내면화하는 문제에 대해서는
그동안 여러 학자들이 연구했으며, 우리는 지금 그 내용을 다시
살필 필요가 있다. 하나는 사회를 균형 잡힌 체계라고 기능적으로
묘사한 사회학 이론가인 탈코트 파슨스다.[13] 뒤이어 뒤르켐은
개인이 자기가 속한 문화와 집단의 규칙을 깊숙이, 하지만
자동적으로 발견한다고 주장했다. 여기에 대해 파슨스는 가치에
대한 개인의 내면화가 사회 집단이 문화적 연속성을 지니는 데
중요한 요소라고 여겼다.

이 문제를 다룬 또 다른 학자는 유명한 경제학자인 허버트 사이먼이다. 사이먼이 말한 '문화적인 유순함'이란 기본적으로 한 개인이 어떤 문화에서 제공된 어떤 행동이든 곧장 따를 수 있고 그렇게 한다는 것을 뜻했다. 앞서 3장에서 살폈듯이 사이먼은 개인이 어떤 문화를 배우는 데 선천적으로 뛰어난 특성은 실제로 이타주의를 보조할 수 있는 개인적으로 적응적인 자질이라고 제안했다.[14] 경제학자 허브 긴티스Herb Gintis는 오늘날의 진화 경제학적 접근을 통해 이 개념을 더 발전시켜 유전자와 문화가 상호작용한다는 점을 보여 주었다.[15] 그뿐만 아니라 긴티스는 사이먼의 의존적인 모형을 도덕의 내면화에 직접적으로 연결했다.

사실상 파슨스와 긴티스는 둘 다 아주 기본적인 양심의 한 기능인 규칙과 가치에 대한 개인의 흡수에 대해 말하고 있다. 그리고 이것은 오래 전에 생물학자 찰스 워딩턴Charles Waddington이 주장하고 더욱 최근에 심리학자 도널드 T. 캠벨이 다뤘던 인류의 순응적인 경향성으로 이어진다.[16] 이런 경향은 인류가 도덕적인 유형의 사회생활을 지속하는 데 가장 중요했으며, 아이들은 생애 초기부터 이런 규칙에 대해 배우기 시작한다는 것이다.

LPA 집단의 도덕적 내면화에 대한 우리의 질적인 묘사는 수렵 채집자들의 규칙 내면화에 대한 암시적이고 간접적인 증거로 시작할 것이다. 하지만 현장의 민족지학자들은 보통 여기에 대해 생각하지 않는데, 그 이유는 이들이 이미 성인들의 주된 사회적인 생계유지 패턴에 대해 기술하는 것만으로도 충분히 바쁘기 때문이다. 이 모든 것의 시작은 자녀 양육이며, 이때 좋은 소식이 있다면 민족지학자들이 아이와 도덕적 사회화 과정에 초점을 맞추는 민족지학자가 적어도 일부 존재한다는 점이다. 더욱 다행인 점은 이들 가운데 가장 뛰어난 두 사람이 부시맨과 이누이트

족 화자의 아이들의 내면화에 초점을 맞추어 각각 연구했다는
사실이다.

　　LPA 수렵 채집자의 도덕적 사회화에 대해서는 그동안 주로
브리그스의 장기간에 걸친 에스키모 아이들에 대한 집중적인
연구와 팻 드레이퍼의 부시맨 연구 덕분에 여러 가지가 밝혀졌다.
하지만 실험실 환경에서 현대 사회 속 아이들의 도덕적 발전에
대해서는 사실 지난 수십 년 동안 다양한 학자들이 열심히
연구했는데,[17] 이들은 심리학자 제롬 케이건Jerome Kagan의 선구적인
작업을 이어받아 상당한 성공을 거둬 왔다.[18] 그리고 오늘날의
아이들을 대상으로 연구를 한 결과 발전 과정이 선천적이었기
때문에 인류는 동일한 유전자를 공유한다는 점에서 그 과정은 수렵
채집 부족의 아이들에게도 적용된다.

　　학자들은 성인에게 일어나는 더 심화된 내면화 과정
역시 거의 당연하게 받아들인다. 캠벨이 다뤘던 초기 문명에서
일어나는 이타주의로 이끄는 도덕적 설교를 봐도 이것은 인류에게
보편적이라는 사실을 알 수 있다.[19] 나는 이미 LPA 수렵 채집
무리에서 통계상으로 흔한 이런 성인을 대상으로 한 설교에 대해
살핀 적이 있지만, 여기서는 도덕적 내면화가 유용하다는 보다
직접적이고 개인적인 증거에 대해 다루겠다.

　　성인을 다룰 때, 어쩌면 가장 훌륭한 증거는 (기본적으로
내면화를 당연하게 여기는) 보통의 민족지학적 일반화가 아니라
인류학자 토착 부족의 생활에 적극적으로 참여했던 엘리너
리콕Eleanor Leacock의 기록일지도 모른다.[20] 북아메리카의 크리 족은
리콕의 연구가 진행되기 전 모피 무역에 무척 의존했기 때문에 LPA
채집 수렵 사회라고 할 수는 없다. 하지만 내가 지금 인용하려는
이야기는 전형적이며, 깊이 내면화된 이타주의적인 증여가 혼자

지내는 사냥꾼들에게 실제로 존재한다는 사실을 알려 준다는
점에서 크게 도움이 된다.

리콕은 정보원인 토머스와 함께 사냥 여행을 떠났는데 멀리
들판에 나가 있는 동안 안면이 있는 정도의 두 남자와 만났다.
이들이 무척 배고파했기 때문에 토머스는 갖고 있던 밀가루와
돼지비계를 내줬다. 다음은 토머스가 이 일에 대해 적당한 수준의
영어로 설명한 내용을 리콕이 더 확실하게 정리해 묘사한 글이다.

> 그렇게 하느라 토머스는 계획했던 것보다 일찍 돌아와야
> 했고 가져올 수 있는 모피의 양도 줄어들었다. 나는
> 토머스에게 약간이라도 짜증이 나거나 주저하는 마음이
> 들지 않았는지, 아니면 적어도 조금 늦게 돌아오고 싶지
> 않았는지 물었다. 그러자 토머스는 내게 그동안 거의 보지
> 못했던 인내심을 잃은 모습을 보였다. 그러고는 화를
> 억누르면서 낮은 목소리로 이렇게 말했다. "그들에게
> 밀가루와 돼지비계를 주지 않았다면 내 마음속은 죽은
> 것이나 다름없어요." 사건 자체보다 흥미로웠던 것은 엄중한
> 토머스의 말투와 자기의 행동에 이의를 제기했다는 이유로
> 토머스가 나를 비인간적이라 여겼다는 점이었다.[21]

'죽은 것이나 다름없는' 느낌은 깊은 내면화가 이뤄졌다는
사실을 암시한다. 또 토머스가 단지 얼굴을 아는 정도의 지인에게
너그럽게 행동했기 때문에 이것은 가족 외부인을 대상으로
너그럽게 베푼 사례일 수도 있다. 하드자 족을 대상으로 한 비슷한
예에서 모험적인 뉴욕 출신 조경사로 오랜 기간 이 부족과 함께
북부 탄자니아를 여행하며 사냥을 다녔던 제임스 스티븐슨^{James}

Stephenson은 언젠가 덤불 멀리서 굶주린 이방인들을 만났는데 부족 사람들이 꽤 손해를 많이 보면서 식량을 나눠 줬다고 보고했다. 스티븐슨에 따르면 부족민들은 몸에 밴 듯 자연스럽게 행동했다.[22] 사실 하드자 족은 LPA 수렵 채집 집단인데, 내가 민족지학자가 아닌 사람이 기록한 이 일화에 대해 언급하는 이유는 리콕의 주장과 맞아 떨어지기 때문이다. 내 바람과는 달리 이런 기록은 보통 표준적인 민족지학적 자료의 형태로 남아 있지 않다.

나는 성인의 가치 내면화에 대한 추가적인 직접 증거를 찾고자 계속 늘어나는 자료를 조사했지만 너그러움에 대해서는 이 두 가지 일화에 비견하는 사례를 찾지 못했다. 다만 20세기가 막 시작되었을 즈음 도덕적 감정에 대해 예민하게 분석했으며 민족지학을 능숙하게 활용했던 핀란드의 사회학자 에드워드 웨스터마크Edward Westermarck가 '내면화'라는 단어를 사용하지 않은 채 그것에 대해 다뤘던 바가 있다.[23] 웨스터마크는 정주성 부족 사회에서 여러 사례를 가져와 사람들이 감정적으로 깊게 부족 집단의 관습을 자신과 동일시한다는 것을 보여 주었다. 또한 그는 LPA 집단에 대한 다음과 같은 한 가지 사례를 기록했다. "한번은 호위트 씨가 오스트레일리아 원주민 청년과 성인식 기간에 음식을 먹으면 안 되는 관습에 대해 대화를 나눴다. '하지만 만약 자네가 배가 고픈데 암컷 주머니쥐 한 마리를 잡았다면 나이 든 사람들이 보고 있지 않은 이상 동물을 잡아먹을 수 있지 않은가?' 그러자 젊은이는 이렇게 대답했다. '그럴 수 없습니다. 옳지 못한 행동이니까요.' 젊은이는 자기 부족 사람들의 관습을 무시할 수 없다는 이유만을 댈 수 있을 뿐이었다."[24]

이런 세 가지 일화는 적어도 무언가를 암시하는 바가 있다. 실제로 리콕과 스티븐슨의 설명은 크리 족과 하드자 족의 경우

가족 외부인을 대상으로 하는 너그러움이 마음속 깊이 배었다는
점을 설득력 있게 사실처럼 말해 준다. 그리고 내가 그런 판단을
하게 해 주는 근거는 수백, 아니 아마도 수천 시간 수렵 채집자
사회의 민족지학 자료에 대해 읽었던 데다 여전히 소규모 협동
공동체를 이루는 비 수렵 채집 부족인 나바호 족, 세르비아
사람들과 여러 시간을 함께 보냈기 때문이었다. 수많은 민족지학
자료들 속에서 앞서 살핀 것 같은 흥미로운 사례들을 찾을 수
있기를 바랄 뿐이다.

　　　너그러움을 다루지 않는 호위트의 일화에 대해, 나는
민족지학적 직관에 따라 그가 사정을 상세히 다루지는 않았을 수도
있다고 생각한다. 문화적 집행자(나이 많은 사람들)가 부재할 때 음식
관련한 중요한 금기를 깨는 문제에서는 또 다른 집행자가 작동할
가능성도 충분하다. 우리는 앞서 LPA 집단 안에서 초자연적인
제재가 널리 받아들여지며, 몰래 금지된 주머니쥐를 잡아먹는
행위는 그런 힘에 의해 발각될 수 있다고 밝혔다. 젊은이는 만약
그런 경우라면 자기 또는 집단 전체가 지독한 벌을 받게 되리라고
생각했을 것이다. 초자연적인 제재에 대한 믿음은 규칙의 내면화에
도움이 될 수 있다.

　　　물론 커다란 사냥감과 관련해 일상화된 집단 수준의
보편적인 분배 패턴이라는 아주 다른 종류의 증거도 존재한다.
사람들은 관습에 따라 그 패턴에 연루되며 이 과정에서 갈등은
별로 없는데, 사람들이 가치와 규칙을 내면화했다는 이유에서다.
가장 생산성이 높은 사냥꾼들은 이런 체계에 참여하는 것을 즐겁게
생각하는 듯하며, 아주 가끔 속임수가 존재하지만 그럼에도 별다른
주저함 없이 기본적으로 자기가 잡은 사냥감을 내놓는 듯 보였다.
더욱 강력한 사례는 부상을 당했거나 장애를 입은 집단 구성원들이

고기 분배에서 친족이 아닌 다른 구성원들의 도움을 받는 경우다. 여기에는 곤란한 사람을 도와야 한다는 집단의 이념과 정신이 바탕이 되어 있다. 11장에서 살필 예정이지만 이런 도움은 어느 정도 과거의 너그러운 행동에 기초해 의존적으로 나타난다.

대체로 내면화 효과는 다소 미묘한 것처럼 보이며, 고기 분배와 관련한 다른 동기들과 분리하기 힘든 것처럼 여겨진다. 다른 동기란 예컨대 자기가 인색한 것처럼 보일까 걱정하며 평판을 신경 쓴다든지 극단적인 경우에 심한 처벌을 두려워한다든지 하는 것들이다. 앞서 등장한 크리 족의 덫 치는 사냥꾼인 토머스는 만약 굶주린 사람들을 내친다면 그들이 또 다른 지인들에게 자기를 욕할 테고 결국 너그러운 사람이라는 평판에 금이 갈 것이라는 점을 확실히 알았다. 또한 비용이 많이 들었던 너그러운 행동은 아마도 토머스가 야영지에 돌아왔을 때쯤이면 사람들에게 알려졌을 가능성이 높고, 그에 따라 우호적인 평이 퍼지면서 무리 안에서 존경을 받을 터였다. 하지만 이런 사회적인 편의에 따른 개인적인 고려는 토머스가 언급했던 '죽은 것이나 다름없는' 느낌의 무거운 중대성을 설명하지 못한다. 확실히 토머스는 분배와 관련한 자기 문화의 가치를 흡수했고, 실제로 마음속 깊이 내면화한 끝에 이기적인 행동은 상상도 할 수 없게 된 것이다.

내면화에 동반되는 감정의 깊이에 대해서는 일찍이 부시맨을 연구했던 학자들 가운데 하나인 팻 드레이퍼 역시 강조한 바 있다. 드레이퍼는 !쿵 족의 한 젊은 여성이 부끄러움을 느꼈던 예를 하나 드는데, 이 사례는 부끄러움이라는 감정이 가치와 규칙의 내면화와 어떻게 관련되는지를 알려 준다.

규범을 깨서 자신에 대한 집단의 감정이 나빠졌을 때 그가 대응하는 방식은 서구의 관찰자가 보기에 매우 극단적이다. 더구나 잘못을 저지른 사람이 비판에 대처하는 방식을 보면 사회적 규범이 개인에게 무척 잘 내면화되었음을 알 수 있다. 예를 들어 17살이고 결혼하지 않은 누!카라는 한 젊은 여성이 자기 아버지를 모욕한 적이 있다. 이 사회에서는 17살이 미혼으로는 늦은 나이였기 때문에 이 여성의 아버지는 딸이나 친척들과 종종 적당한 남자가 없는지 이야기하곤 했다. 하지만 누!카는 반항적이었고 아버지가 언급한 나이 많은 남성들에는 관심이 없었다. (그러는 동시에 집단에서 자기 나이 또래지만 훌륭한 남편감이 되기에는 너무 어리다고 평가받는 젊은 남성들과 시시덕거리는 중이었다.) 누!카가 건방진 태도로 아버지에게 욕을 퍼붓자 아버지는 혼을 냈고 이 소식은 즉시 여러 사람들을 놀라게 했다. 그러자 누!카는 화가 났지만 동시에 사람들의 격렬한 반응에 부끄러움을 느꼈다. 그리고 다음과 같은 형태로 반응을 보였다. 자기 담요를 붙들고 둥근 오두막에서 70야드 떨어진 나무를 향해 박차고 나갔던 것이다. 나무 그늘 아래서 누!카는 담요를 머리부터 뒤집어 써서 몸을 완전히 가린 채 하루 종일 앉아 있었다. 이것은 못마땅함을 표현하는 부시맨 족만의 방식이었다. 누!카는 화가 났지만 도망쳐 혼자만의 시간을 갖는 방식 말고는 분노를 더 분출하지 않았다. 그리고 마음속에 화를 담아둘 뿐이었는데 마침 여기에는 약간의 개인적인 대가가 따랐다. 당시에 담요를 뒤집어쓰지 않았다면 그늘 속이어도 기온이 섭씨 40.5도까지 올라갔기 때문이다.[25]

아이들을 도덕적인 사람이 되도록 기르기

나는 학자로 경력을 쌓던 초반부터 도덕적 사회화에 대한 관심을
가졌다. 하지만 이 관심은 내 초기 학문적 경력의 궤적을 생각할
때 인류학적인 비극이라 부를 법했다. 부족 생활을 하는 문명과 먼
정주성 집단의 경우에는 수렵 채집 집단과는 대조적으로, 부족민
또는 농부를 대상으로 한 소규모의 초기 민족지학 자료들이 아이의
도덕적 사회화에 초점을 두어 다뤄 왔다.[26] 일종의 작은 사고가
없었다면 나 역시 이런 작업에 보탬이 되었을 것이다. 정치적으로
힘든 이국적인 환경에서 현장 작업을 하려 애쓰는 민족지학자들을
따라잡는 과정에서 벌어진 일이었다.

　때는 1972년, 나는 도덕을 기반으로 한 256개 단어의 1만
개가 넘는 정의를 바탕으로 박사 논문을 끝마쳤다. 세르비아에
사는 40명의 친구들과 어퍼 모라차 족인 그들의 이웃을 대상으로
한 연구였다.[27] 1975년에 나는 몬테네그로로 돌아와 다양한
연령대의 아이들에게 비슷한 인터뷰를 수행했는데 그 목적은
도덕적인 개념의 발달 단계를 부분적이거나 완전히 밝혀내는
것이었다. 하지만 불행히도 내가 현장에 막 돌아왔을 때 미국
유명 대학 출신인 동료 한 사람이 전 유고슬라비아의 다른 곳에서
연구자로서의 특권을 심각하게 남용했다는 혐의로 고발당했고
나는 몬테네그로에서 현장 연구를 할 수 없도록 금지되었다. 이
일은 정말로 충격적이었지만 그 결과 나는 관심사를 야생 침팬지
연구로 돌릴 수 있었다. 이 결정에 대해서는 결코 후회하지 않지만
내가 세르비아 인들의 양심 형성을 비롯해 가치와 규칙 내면화에
대해 더 연구했다면 무엇을 알게 되었을지는 여전히 궁금하다.

　전 세계 LPA 수렵 채집 사회는 행위 규칙 측면에서

심각하게 도덕주의적이며 이것은 이들이 저변의 가치를 내면화
했다는 사실을 드러내는 훌륭한 일반적인 방식이다. 하지만
누!카는 정확히 어떤 방식으로 도덕적 민감성을 가진 칼라하리
족의 개인으로 성장했을까? 우리 문화권에서 아이들을 대상으로
실험실에서 연구하는 과학자들은 규칙의 내면화가 언제 어떻게
일어나며 양심이 언제부터 형성되기 시작했는지 보여 주었다.[28]
그러는 동안 나는 그 목적을 위해서는 실험보다는 민족지학적으로
훨씬 입증하기 어려운 도덕적 삶의 보편적인 측면에 다가가야
한다고 믿었다.

　　미국 어린이들은 약 2살 정도에 거울 속 자신을 인식할 뿐만
아니라 당혹스러운 일에 얼굴을 붉히며 창피스러운 감정을 처음
경험한다.[29] 역시 비슷한 나잇대 또는 조금 더 이르게 발달하는
곤란한 사람들을 돕는 경향성과 이런 패턴이 결합되면서,[30] 우리는
적절한 문화적 환경이 갖춰졌을 때 가족 외부에서 나타나는
너그러움과 도덕을 무척 잘 진화시킨다. 이런 몸에 깊이 밴
발달상의 통로는 무척 예측 가능하기 때문에 LPA 수렵 채집자들은
분명 동일한 발달 잠재력을 가졌을 것이다.

　　하지만 우리는 동시에 아이들이 도덕적으로 사회화되는
방식에는 약간의 문화적인 다양성이 존재한다고 가정할 수
있다. 이런 점에서 보면 이누이트 족의 도덕적 사회화를 연구할
때 브리그스의 역할은 실험자가 아닌 세심한 기록자였으며, 그
과정에서 이누이트 족이 아이들에게 인생에서 나중에 부딪칠
심각한 도덕적 문제들에 대해 아주 어린 시절부터 고민하도록
강요한다는 놀라운 발견을 해냈다. 실제로 이들 부족은 무척
빈번하게 아이들에게 이렇게 강요했고, 우리가 보기에는
스트레스를 유발하는 괴롭힘처럼 보일 정도였다.

이들 부족이 했던 일은 아이들이 가설적인 도덕적 딜레마들을 제대로 접하게 하는 것이었다. 그 고약한 정도는 하버드 대학교의 철학자들이 성인들을 대상으로 MRI를 찍어 반응을 살폈던 연구와 비슷했다. 이때 두 가지의 서로 대조되는 고삐 풀린 전차 딜레마 문제가 설계되었는데 그 목적은 서로 다른 정도의 심리학적인 스트레스를 유발해 뇌의 서로 다른 영역에 불이 켜지도록 하는 것이었다. 실험 대상자들은 뚱뚱한 남자를 다리에서 밀어내 적극적인 방식으로 사망에 이르게 하거나, 스위치를 눌러 전차를 멈춰 한 명을 희생시키는 대신 다섯 명의 목숨을 구할 수 있는 상황에 놓였다.[31] 반면에 연구 논문의 제목이 '왜 어린 남자형제를 죽이지 않는가? 캐나다 이누이트 주거지 속 평화의 동학'이었듯, 브리그스가 연구했던 딜레마는 완전히 자연스러운 맥락에서 나온 것이었다.[32] 이렇듯 아이들을 놀라울 만큼 반사회적인 감정을 포함한 자기감정에 직접 대면하게 하는 일은 외딴 북극 지방의 여러 지역에서 벌어진다. 그런 만큼 단지 이 부족만의 이상 사례는 아니었다. 여기에 대해 브리그스는 다음과 같이 말한다.

> 이 게임은 작은 규모에서 자발적으로 일어나지만 그 형태는 고도로 정형화되어 있다. 한 아이가 하나 또는 그보다 많은 사람과 대화를 나누는데 그 대상은 성별 상관없이 나이 많은 아이거나 어른이다. 가끔씩 나이 많은 쪽이 아이에게 정해진 방식으로 질문을 던지며 괴롭힌다. "네 아버지 왜 안 계시니?", "넌 누구의 아이니?", "네가 사랑받을 자격이 있다고 착각하는 거 아니야?", "내가 널 입양할까?", "네 고약한 늙은 어머니를 때려 줄까?" 그리고 가끔은 아이가

나쁜 행동을 하도록 유혹하는 방식으로도 진행된다. "네가
그 사탕을 가졌다고 여동생에게는 말하지 마. 그게 마지막
사탕이거든. 그러니 전부 네가 다 먹어라." 이런 게임은
종류가 무척 다양하며 모든 사람이 언제나 수행한다. 이런
형태가 사람들이 어린아이들과 이뤄지는 상호작용 가운데
무척 많은 비중을 차지한다. 가장 흥미로운 점은 서로 접촉이
없던 이누이트 부족들 사이에서 이 게임이 거의 변동 없는
형태를 띤다는 사실이다. 대대로 이 형식은 안정적으로
보존된다. (…) 아이들과 두드러진 충돌을 빚는 과정은
위험에 대한 감각을 형성하고, 궁극적으로는 가치에 대해
헌신하는 데 도움이 된다.[33]

여기서 가치에 대한 헌신은 내면화를 의미한다. 브리그스는
행동의 가치와 규칙에 대한 감정에 기초한 내면화가 어떻게
이누이트 족 아이들이 나중에 어른이 되어 사회생활에 순응하도록
준비시키는지 보여 준다.

이런 모든 장난 같은 메시지는 엄청나게 생생하고
개인적이며 호들갑스런 형태로 전달된다. 이 과정에서
아이들은 모순적인 감정을 통해 제기된 문제들을 직면하고,
행동상의 잘못된 선택이 야기하는 치명적인 결과들을
감정적으로 지각하고, '나쁜' 기분을 통해 스스로 그들에게
주어진 제재에 취약하다는 사실을 느낀다. 확실히 이
메시지를 전달하는 매개체는 그저 게임에 지나지 않지만
실생활에서 그들을 괴롭히는 모순에 대처할 훈련한 방식을
제공한다. 그리고 동시에 또 다른 수준에서는 그것이 정말로

하나의 게임에 불과한지에 대한 의심이 생기며 어쩌면
그렇지 않을 수도 있다는 위험한 가능성이 제기된다. 그에
따른 공포는 아이들로 하여금 자기가 제재에 취약하다고
느끼지 않았을 때보다 집단에 보다 열심히 순응하도록 만들
것이다.[34]

브리그스에 따르면 이런 내면화는 경합하는 감정들 사이의
상호 작용에 대한 것이다.

여기에 더해 가치들 자체가 그것을 둘러싼 위협 때문에
감정적인 고조를 불러일으킨다. "그 셔츠 내가 가질 수 있게
너는 죽는 게 어떠니?"라는 질문을 받은 아이는 셔츠를
소중하게 생각하고 아끼기 시작할지 모른다. 아니면 반대로
자기 물건을 베푸는 데 높은 가치를 부여하게 될지도
모르는데, 아끼는 무언가를 누군가에게 주는 것은 어려운
일이기 때문이다. 그리고 아이가 셔츠를 비롯한 물건을 주면,
받은 사람 역시 어려운 결정을 했다는 것을 알기에 선물을
귀하게 여길 것이다. 아니면 아이는 비슷한 다른 질문을 받을
수도 있다. "네 남동생을 죽이면 어때?" 이런 질문을 들은
아이는 동생을 더욱 많이 사랑하고 그렇게 하는 데 가치를
더 둘 것이다. 애정을 느끼는 동시에 마음속에서 인식한
혐오감을 벌충하려 하기 때문이다.[35]

이런 임상적인 분석은 우리가 상식적으로 알고 있는 바와
일치한다. 인류는 스스로 수행하는 여러 사회적 선택에 대해
양가감정을 가진다.[36] 한편에는 우리에게 유용한 자기중심적이고

이기적인 경향이 있다면 다른 한편에는 이타주의적이고 너그러운 충동이 존재한다. 이것 역시 적응도에 도움이 될 수 있는데, 그 이유는 이타주의와 감정이입 능력이 우리 동료들에게 높은 평가를 받기 때문이다. 양심은 우리가 사회적으로 용인되는 방식으로 이런 딜레마를 해결하도록 해 주며, 이누이트 족 부모들은 아이들이 양심을 단련하도록 의도적으로 유도해 도덕적으로 사회화된 어른의 일원으로 키우는 듯하다. 브리그스가 연구했던 컴벌랜드 만의 이누이트 족의 사례에서 특히 그랬다.

　　　　아이들을 일부러 스트레스를 유발하는 고약한 가상의 딜레마로 유도하는 행위가 수렵 채집 유목민들 사이에 보편적이지는 않다. 하지만 앞으로 니사의 사례에서 살피겠지만 일상생활에서도 도덕적 딜레마가 형성되며 여기에는 칼라하리 사막에 사는 부족민의 아이들도 예외가 아니다. 이것은 브리그스가 나중에 무척 면밀하게 수행한 추비 마타라는 북극 동부에 사는 이누이트 족 출신의 세 살짜리 아이의 사례에서도 마찬가지다.[37] 이 연구는 6개월에 걸친 집중적인 관찰의 산물이었다. 이 외딴 정착지에서 도덕적으로 교훈을 주는 '괴롭힘'은 우트쿠 족보다도 빈번하게 일상적으로 일어났으며 사회화 과정의 일부였다.

　　　　다른 LPA 수렵 채집 집단에 대해서는 이렇듯 초점을 잘 맞춰 진행된 연구의 사례가 존재하지 않는다. 하지만 그렇다고 그동안 수렵 채집 부족의 어린 시절에 대한 연구가 아예 없었던 것은 아니다. 예컨대 최근에 무척 다양한 연구를 실은 『유년기의 수렵 채집 부족Hunter-Gatherer Childhoods』이라는 제목의 두터운 학술서적이 편찬된 바 있다.[38] 그렇지만 1세기 가량 도덕적 사회화라는 주제에 소홀하다가 최근에야 주목이 이뤄지는 과정에서 예컨대 수렵 채집을 시작하는 아동의 연령, 모유 수유와 젖떼기가 주로 어떤 방식으로 이뤄졌는지, 누가 부모를 대신했는지, 어머니의 역할이 유용했는지, 아이들이 무슨 놀이를 했는지, 또 아이들이 죽음을 어떻게 생각했는지 같은 주제들이 관심사가 되었다. 이것들은 모두 도움이 되고 매력적인 주제다. 하지만 도덕적 발전의 단계들, 더 구체적으로 말하면 규칙과 가치에 대한 내면화에 대해서는 그 자체로 더 자세히 탐구할 필요가 있다.

최근 인류학자이자 의사인 멜빈 코너Melvin Konner는 여기에 대해 『유년기의 진화The Evolution of Childhood』라는 방대한 저서를 펴냈다.[39] 코너는 !쿵 족 부시맨에 대해 일찍이 연구했던 꽤 많은 학자들 군단 가운데 한 사람이었기 때문에 수렵 채집 부족에 대한 정보를 필요한 곳마다 잘 활용했다. 그리고 스위스 아동이 규칙을 습득하는 데 어떤 단계를 거치는지에 대한 장 피아제의 선구적인 작업을 논의하면서, 코너는 물리적인 처벌에 대해서도 살핀다. 그리고 그가 내린 결론은 일반적인 의미에서 평등주의자인 사람들은 처벌을 훨씬 적게 활용하는 반면, 위계적이거나 전쟁 중인 사람들은 보다 많이 활용한다는 것이었다. 전자는 확실히 LPA 수렵 채집 집단에 적용되는데 그 이유는 이들이 항상 평등주의적이기 때문이다. 최소한 최근의 홀로세라는 조건에서는 이들에게 집단 간의 갈등은 상당히 선택적이었다. 즉 대부분의 평등주의적 수렵 채집 집단에서 아이들이 규칙을 내면화한다고 할 때, 그 과정은 회초리를 심하게 자주 활용하기보다는 거의 부드럽지만 단호한 지도를 통해 일어났을 가능성이 높다.

이때 우리는 수렵 채집자들에 대해 자료가 풍부하지 않은 상황에서 서로 다른 문화권마다 아이를 양육하는 전략이 몇몇 측면에서 꽤 다양할 것이라 가정해야 한다. 이 장의 뒷부분에서 우리는 !쿵 족의 부모가 실생활에서 부딪치는 젖떼기 문제를 어떻게 다루는지 살필 것이다. 하지만 동시에 나는 어른들에 의한 아이의 사회화가 언제나 앞서 언급했던 선천적인 도덕적 발전 단계들, 그리고 규칙에 대한 내면화와 맞물려 돌아간다는 점을 강조할 것이다.

이제 우리는 LPA 수렵 채집자들이 어떻게 규칙을 내면화하는지에 대해 경험에서 우러난 몇 가지 추측을 할 수 있다. 첫째, 아이들은 양육자에게 반응하면서 자연히 어떤 행동이 승인되고 어떤 행동이 그렇지 않은지를 이해하게 된다. 육체적인 처벌은 불필요할 수도 있지만, 우리가 !쿵 족의 사례에서 살피겠지만 설득과 위협, 창피 주기가 제 역할을 하지 않을 때는 가끔씩 사용된다. 둘째, 양육자들은 의도적으로 아이에게 규칙과 가치들을 심어 줄 수 있다. 배울 준비가 된 아이에게 자기들의 방식으로 조작을 가하는 것이다. 그리고 젖먹이 아이 단계는 곤란에 빠진 타인을 자발적으로 돕는 경향성을 발전시키기에 이른 시기인 만큼, 이론상 이 아이들에게 타인에게 너그러울 것을 가르친 결과는 꽤 클 것이다. 하지만 코너에 따르면 서구 문화권에서는 아이가 만 3세가 되면 자기의 소유물을 비축하려는 경향이 있다. 비록 이런 어린 나이에는 이타주의적인 관점에 따라 자발적으로 도움을 주는 단순한 행동을 하도록 선천적으로 준비가 되어 있는데도 그렇다. 5세가 되어서야 물건을 공유하려는 경향은 비로소 훨씬 커진다.[40] 만약 이 시기가 수렵 채집 집단에 따라 다르다면 흥미로울 것이다. 일상에서 물자를 널리 공유해야 했던 특별한 필요성 때문에 이들 집단의 사회화 과정은 오늘날의 우리와 달랐을 것이기 때문이다.

니사가 겪은 고통스러운 상황

이누이트 부족들과 중요한 점에서 비슷한, 아이들을 괴롭히는
도덕적 대치 상황은 실생활에서 분류상의 문제를 일으켰다.
유아기를 한참 지난 칼라하리 부족의 아이 니사도 그랬다. 어린
동생이 곧 태어날 예정이었는데도 젖떼기를 피하고자 했던 니사의
적극적인 투쟁은 그 자체로도 대단한 일이었지만, 내 생각에는 !쿵
족 부시맨이 자기 부족 아이들에게 사회적 통제를 가하는 방식에
대한 중대한 실마리를 제공한다. 그뿐만 아니라 그 문화권에서
행위 규칙들이 어떻게 내면화되는지도 알 수 있다. 결국 어머니에
의해 니사는 훨씬 커다란 딜레마와 맞닥뜨렸다.

　　아직 보살핌을 받아야 하는 아이였던 니사는 젖떼기가
시작되었지만 무척 끈질기게 거부했고 그 결과 앞으로 태어날
동생에 대해 상당한 애증을 갖게 된 것처럼 보였다.[41]

> 어머니가 쿰사를 임신했던 때가 기억난다. 아직 조그만
> 아이였던 나는 어머니에게 이렇게 물었다. "엄마, 지금
> 뱃속에 있는 아기가 태어날 때 엄마 배꼽으로 나오는
> 건가요? 아니면 그 아기는 계속 몸이 자라 나중에 아빠가
> 엄마의 배를 칼로 갈라야 하는 건가요?" 그러자 어머니가
> 대답했다. "아니, 아기는 그런 식으로 나오지 않는단다. 네가
> 태어날 때 넌 여기서 나왔지." 어머니는 성기를 가리켰다.
> 그리고 이렇게 말했다. "이 아기가 태어나면 넌 꼬마
> 남동생을 데리고 다닐 수 있단다." 나는 대답했다. "네, 제가
> 데리고 다닐 거예요!"
> 　나중에 나는 어머니에게 요청했다. "저에게 젖을 계속

주시겠어요?” 하지만 어머니는 이렇게 답했다. “너는 더 이상 젖을 먹어서는 안 돼. 그러면 넌 죽을 거야.” 나는 그대로 어머니의 곁을 떠나 한동안 혼자서 놀았다. 그러다가 다시 돌아가 젖을 달라고 또 부탁했지만 역시 어머니는 허락하지 않았다. 어머니는 드차 식물 뿌리로 반죽을 만들어 젖꼭지에 문질렀다. 나는 그 맛을 보고 어머니에게 쓰다고 말했다.

체벌은 바로 이 지점에서 등장한다.

어머니가 쿰사를 임신했던 무렵 나는 항상 울었다. 그리고 젖을 달라고 보챘다. 한때 덤불 속에서 살면서 다른 사람들과 떨어져 지내던 시기에 나는 특히 울음을 많이 터뜨렸다. 나는 계속 울어 댔다. 아버지가 나에게 자꾸 그러면 죽도록 때리겠다고 얘기한 게 이때였다. 하지만 내 얼굴에는 눈물이 가득했으며 끊이지 않고 울었다. 아버지는 한 손에 큼직한 나뭇가지를 쥐고 내 몸을 콱 붙들었지만 때리지는 않았다. 단지 나를 겁주려고 했을 뿐이었다. 나는 울부짖었다. “엄마, 이리 와서 나 좀 도와줘요! 엄마! 이리 와요! 도와주세요!” 그러자 어머니가 와서 이렇게 말했다. “그러지 말거라, 가우. 너는 남자잖니. 니사를 때리면 니사가 아플 거야. 이제 니사를 내버려 두렴. 필요하면 내가 니사를 때릴 거야. 나는 아이를 심하게 다치게 할 만큼 힘이 세진 않아. 남자인 너의 힘으로 때리면 아이가 다칠 거야.”
마침내 울음을 그쳤을 때 나는 목구멍이 무척 아팠다. 눈물이 흘러들 때마다 목이 아팠다. 나중에 아버지는 나를 덤불 속에 데려가더니 혼자 내버려 두었다. 한 마을을 떠나 다른 마을로 이동하던 중에 잠을 자기 위해 중간에서 멈췄던 때였다. 밤이 오자 나는 울기 시작했다. 나는 울고, 울고, 또 울었다. 아버지가 나를 후려쳤지만 나는 계속 울었다. 밤새 울었는지도 모르겠다. 결국 아버지는 일어서더니 이렇게 말했다. "너를 덤불 밖으로 끄집어 내 하이에나가 널 죽이도록 할 테다. 도대체 왜 그러니! 네 동생이 먹을 젖을 네가 먹으면 넌 죽어!" 아버지는 나를 들어 올리더니 야영지 밖으로 데려가 덤불 속에 내려 주었다. 그러고는 외쳤다. "하이에나들아! 여기 고깃덩이가 있어. 하이에나들아! 여기 와서 고기를 물어 가!" 아버지는 등을 돌려 마을로 발걸음을 옮겼다.

아버지가 떠나자 나는 무척 겁을 먹었다! 나는 울면서 뛰기 시작했고 아버지를 앞질렀다. 그리고 계속 울면서 어머니에게 돌아가 옆에 드러누웠다. 아버지는 돌아오더니 이렇게 말했다. "오늘 나는 널 정말로 혼쭐 낼 작정이었어! 엄마 배가 저렇게 불렀는데도 아직도 젖을 달라고 하는구나." 나는 다시 울기 시작했고, 울고 또 울었다. 그러다가 다시 울음을 그치고는 드러누웠다. 그러자 아버지가 말했다. "좋아. 거기 조용히 누워 있어라. 그러면 내일 네가 먹을 뿔닭을 잡아 주마."

니사의 아버지는 그 말이 효력이 있기를 바랐지만 그렇지 않았다. "다음 날 아버지는 사냥을 나가 뿔닭 한 마리를 잡았다. 그리고 돌아와 나를 위해 뿔닭을 요리했다. 나는 요리를 먹고, 먹고, 또 먹었다. 하지만 다 먹고 나서 나는 여전히 어머니의 젖을 먹고 싶다고 말했다. 아버지는 가죽 끈 하나를 쥐고 나를 때리기 시작했다. '니사, 대체 제정신이니? 이해 못하겠어? 네 엄마 가슴을 내버려 둬!' 나는 다시 울기 시작했다."[42]

　여기까지 보면 스트레스를 유발하는 중대한 딜레마에 아이들을 빠뜨리는 이누이트 식의 가설적 상황에 대한 활용 방식이 떠오르지만, 니사가 처한 딜레마는 단지 가설인 것과는 거리가 멀었다. 실제로 니사의 어머니는 어린 동생이 태어난 직후에 영아 살해를 고민하고 있었다. 그리고 어린 니사를 보호하기보다는 무척 직접적으로 연루시켰다.

　어머니의 배는 무척 커졌다. 그날 밤 분만통이 처음 시작되어 동틀 무렵까지 이어졌다. 그날 아침에는 모두 모였는데 어머니와 나는 뒤에 남았다. 우리는 한동안 가만히 앉아 있었고 그러다가 내가 다른 아이와 놀러 나갔다. 나중에 나는 돌아와 어머니가 까 준 견과류를 먹었다. 어머니는 일어나 나갈 준비를 시작했다. 나는 말했다. "엄마, 목마르니 우물에 가요." 그러자 어머니가 대답했다. "응, 응. 몽곤고 열매를 따러 갈 작정이었단다." 나는 같이 놀던 아이에게 그만 가겠다고 말했고 어머니와 함께 나섰다. 주변에 다른 어른들은 없었다.
　우리는 짧은 거리를 걸었고 그러다가 어머니가 커다란 넨 나무 아래에 앉아 등을 기댔다. 동생 쿰사가 태어난 게 그때였다. 나는 처음에 그저 바라보고만 있다가 앉아서 바라보았다. 그리고 이렇게 생각했다. '이런 식으로 아기가 태어나는 걸까? 그냥 앉아 있으면 아기가 알아서 나온다고? 나 역시 이렇게 태어났을까? 내가 제대로 이해한 걸까?'

여러 수렵 채집 집단에서 영아 살해가 일어난다. 이 일을 도덕적으로 실시하는 방식은 갓난아기를 아직 인간이라고 여기기 전에 즉시 처리하는 것이다. 니사가 목격하고 깜짝 놀란 장면이기도 했다.

아기는 태어난 직후 그대로 누워서 울었다. 나는 아기에게 인사했다. "안녕, 안녕, 내 남동생아! 이제 나도 남동생이 생겼네! 나중에 함께 놀자꾸나." 하지만 어머니는 이렇게 말했다. "이게 뭐라고 생각하는 거니? 왜 그렇게 말을 걸고 있니? 이제 어서 일어나 마을에 가서 땅을 팔 때 쓰는 뾰족한 막대기를 가져오렴." 나는 말했다. "어디를 파려고요?" 어머니가 대답했다. "구멍을 팔 거야. 아기를 그 안에 파묻을 거란다. 그러면 니사 너는 다시 젖을 먹을 수 있을 거야." 나는 거부했다. "내 남동생을요? 조그만 아기를요? 엄마, 이 아기는 내 동생이에요! 안아서 마을로 데려가요. 나는 엄마 젖 안 먹을 거예요!" 그리고 덧붙였다. "아빠가 집에 오면 이를 거예요." 어머니가 말했다. "아빠한테 말해선 안 돼. 어서 달려가서 막대기를 가져오렴. 아기를 파묻어야 너에게 다시 젖을 주지. 너무 몸이 말랐잖니." 나는 마을에 가고 싶지 않아 울음을 터뜨렸다. 그 자리에 앉은 채 눈물을 떨구며 울고, 또 울었다. 하지만 어머니는 나에게 어서 마을에 가 달라고 했다. 젖을 먹고 내 뼈가 튼튼해지기를 바란다는 것이었다. 그래서 나는 울면서 마을로 가야 했다.

니사는 실생활의 딜레마에 연루되었고, 그 상황으로부터 보호받지 못했다. 그리고 지금은 어린 남동생과 유대감을 느끼고 있었다.

나는 울음이 멈추지 않은 채 마을에 도착했다. 그리고
오두막에 가서 어머니의 땅 파는 막대기를 찾았다. 어머니의
여동생이 견과류 나무가 있는 숲에서 막 돌아온 참이었다.
이모는 모아 온 몽곤고 열매를 자기 오두막 근처에 쌓아 놓고
그 자리에 앉아 있었다. 그리고 열매를 굽기 시작했다. 나를
발견한 이모는 이렇게 말했다. "니사, 표정이 왜 그러니?
네 엄마는 어디 있니?" 나는 대답했다. "엄마는 저기 멀리
떨어진 넨 나무 옆에 있어요. 거기까지 같이 갔다가 엄마가
방금 아기를 낳았어요. 그런데 엄마는 마을로 돌아와서
땅 파는 막대기를 가져오라고 했어요. …아기를 그대로
파묻겠다는 거예요! 끔찍해요!" 나는 다시 울기 시작했다.
그리고 이렇게 덧붙였다. "내가 아기에게 인사를 건네고 '내
남동생'이라고 부르니 엄마는 그러지 말라고 했어요. 엄마가
하려는 행동은 나빠요.…그래서 내가 우는 거예요. 이제 이
막대기를 엄마한테 가져다 줘야 하니까요!"
그러자 이모는 이렇게 말했다. "오오…세상에! 그렇게
말하다니 추코 언니가 잘못한 게 분명하구나. 지금 아기와
같이 혼자 있다는 거니? 여자아이든 남자아이든 아기를
살려야 해." 내가 대답했다. "네, 아기는 배 아래쪽에 조그만
고추가 달린 남자아이에요." 이모가 말했다. "세상에! 가자!
나랑 같이 가서 네 엄마와 말을 해 보자꾸나. 가서 아기
탯줄을 자른 다음 데려와야겠다."
나는 막대기를 내버려 둔 채 어머니가 있는 곳으로 뛰어갔다.
어머니는 아직 그 자리에서 나를 기다리고 있었다. 어쩌면

그새 마음을 바꿨는지도 모른다. 왜냐하면 우리가 도착하자 이렇게 말했기 때문이다. "니사, 네가 그렇게 우는 걸 보니 아기를 묻지 말고 데려가야겠다." 이모는 엄마 곁에 누운 쿰사를 향해 몸을 구부린 채 말했다. "추코 언니, 지금 제정신이야? 이렇게 큰 사내아이를 낳아 놓고 니사에게 땅 파는 막대기를 가져오라고 한 거야? 이런 어엿한 큰 아기를 파묻으려고? 우리 아버지는 열심히 일해서 언니를 먹여 살렸어. 언니가 이 애를 파묻으면 이 아이의 아버지가 언니를 죽일 거야. 이런 잘생기고 큰 아기를 죽이려 하다니 언니는 제정신이 아닌 게 분명해."

이모는 아기의 탯줄을 자르고 아기를 문질러 깨끗이 씻긴 다음 털가죽 깔개로 감싸 마을로 데려갔다. 어머니도 이모의 말에 창피를 느끼고는 곧 그 뒤를 따랐다. 마침내 어머니는 이렇게 말했다. "내 마음을 이해하지 못하겠니? 니사는 아직 어린아이야. 니사에게 먹일 젖이 없다니 나는 마음이 편하지 않구나. 니사는 몸이 허약해. 나는 그 애 뼈가 튼튼해졌으면 좋겠어." 하지만 이모는 이렇게 말했다. "언니 남편 가우가 그 말을 들으면 언니를 두드려 팰 거야. 애가 하나 있고 또 다른 아이가 생긴 다 큰 여자가 이렇게 행동하면 안 돼." 마을에 도착하자 어머니는 아기를 들어서 눕혔다.

부시맨을 비롯한 다른 수렵 채집 부족은 이누이트 족이 하는 것처럼 이렇게 어린아이를 사회화하려는 목적으로 이런 가설적인 도덕 딜레마를 체계적으로 활용하지는 않는다. 하지만 이렇게 사생활이 거의 없을 만큼 서로 친밀한 집단에서 생활하는 아이들 역시 직간접적으로 실생활의 도덕적 딜레마에 감정적으로 연루될

가능성이 높다. 나는 이런 상황이 어린아이들로 하여금 집단의
가치를 내면화하고 일상 속에서 그런 가치들을 적용하도록 도움을
주는 보편적인 수단을 제공한다고 제안한다. 그런 점에서 보면
이누이트 족이 활용하는 '가설'을 통한 괴롭힘은 (비록 스트레스를
주기는 하지만) 그저 자연스러운 학습 과정을 조절하고 강화하는
현명한 방식인 셈이다.

이후에 젖을 계속 먹으려는 니사의 경쟁적인 욕망은 니사가
따라야 할 규칙에 따라 처리되었다. 하지만 니사가 동생에 대해
가졌던 양가적인 감정은 아직 완전히 수그러들지 않은 듯했다.

쿰사가 태어난 뒤에 나는 가끔 혼자서 놀았다. 그럴 때면
커다란 털가죽 깔개를 가져다가 그 안에 누워 이렇게
생각했다. '아, 나는 혼자서 놀고 있어. 언제까지 혼자여야
할까?' 그리고 일어나 앉아 말했다. "엄마, 그 털가죽에서
동생을 이리로 데려와요. 같이 놀고 싶어요." 하지만
어머니가 동생을 데리고 오면 나는 동생을 때려서 울렸다.
아직 어린 아기이기는 했지만 그래도 상관없이 때렸다.
그러면 어머니는 이렇게 말했다. "넌 여전히 젖을 먹고
싶겠지만 네 마음대로 하게 두지 않을 거야. 쿰사가 젖을
달라고 보채면 주겠지. 하지만 네가 그러면 내 젖가슴을
손으로 가릴 테다. 그래야 네가 창피를 느끼겠지."

여기서 '창피함'이라는 단어가 분명히 언급되었다. 이것은
니사의 어머니가 행동의 규칙을 도덕적인 감정과 연결 지었다는
뜻이고, 그에 따라 니사의 도덕적인 사회화는 확실한 영향을
받았을 것이다. 수렵 채집자 집단을 더 일반적으로 살펴보면,

어린아이가 규칙을 내면화하는 과정은 아이와 타인의 특정 행동에
대한 부모의 인정이나 반감에 대한 예민하고 고도로 직관적인
자각에서 시작되었을 가능성이 높다. 나중에 이 과정은 부적절하고
창피한 행동에 대한 참고가 되며 어떻게 행동해야 할지에 대한
조작적인 언어적 가르침과 연계된다.

하지만 우리는 니사의 불평 섞인 자서전 형태의 사례를
보고 브리그스의 주장이 약화된다고 받아들여서는 안 된다.
니사는 결국 형제간 경쟁이라는 이 도덕적인 딜레마와 직면해
가족 안에서 너그러움을 선호하는 가치를 내면화하면서 해결했다.
실제로 어른이 되고 나서 니사와 남동생 쿰사는 꽤 가까워졌다.
하지만 어린 시절 니사가 마주했던 딜레마는 현실이었지 가설적인
무언가가 아니었다. 이 딜레마는 니사가 자신의 양가감정에서
발생하는 문제를 풀어 나가고 결국 사회적으로 용인되는 방식으로
행동하도록 도움을 준 듯하다. 이 일은 족벌주의적인 너그러움과
이타주의적인 너그러움이 양쪽 다 공개적으로 확실히 칭찬을 받는
집단 안에서 벌어졌으며, 이런 가치들을 내면화하는 과정에서
니사는 거의 정신적 외상을 받았던 경험을 극복할 수 있었을
것이다.

나는 모든 수렵 채집 사회가 아이들에게 이런 학습 경험을
제공한다고 생각한다. 아이들이 실제 사례 속에 얽혀드는 상황뿐만
아니라 단지 관찰하는 상황을 통해서도 그런 학습이 이뤄질
것이다. 브리그스가 컴벌랜드 만에 사는 이누이트 족이 보여
줬던 일은 우연이 아니다. 그리고 이런 관습은 북극 지방에 널리
퍼진 것처럼 보인다. 아이들은 인생에서 전형적으로 마주하는,
스트레스를 유발하는 도덕적 딜레마에 체계적으로 노출되며, 이런
경험은 종종 가설적인 방식으로 아이들이 집단의 가치를 내면화한

어른으로 자라도록 훈련의 장이 되어 준다.

유전자와 문화의 공진화

선천적인 성향과 문화를 개별적인 존재자로 두고 논의하는 관습은
다윈으로 거슬러 올라간다. 이후로 계속 이어진 이런 경향은
현상을 분석하는 데 유용했다. 하지만 인류학자 윌리엄 더햄[William]
[Durham]이 훌륭한 사례를 들어 보여 주었듯이,[43] 유당 불내증에서
근친상간 금지에 이르는 온갖 현상들은[44] 이 두 가지 요소가 조합된
산물로 여겨야 보다 잘 이해할 수 있다. 우리는 다음 장 앞부분에서
근친상간에 대한 더햄의 고도로 섬세한 연구에 대해 살필 것이다.
　　　LPA 수렵 채집 사회에서 일어나는 문화적인 학습의
맥락을 이루는 평등주의적 경향은 도덕적 공동체에서 형성된
유용한 문화적 관습들 사이에서 지속적으로 오래 전부터 발전해
왔다. 그리고 유용한 유전적인 성향들이 이런 관습을 배우기
쉽도록 도움을 주었다. 여기에 대해서는 쉽게 사실로 추정할 수
있다. 인류의 경우에 과학자들은 유전자에 어떤 행동이 각각
대응되는지에 대해 거의 아는 바가 없지만 말이다. 다시 말해
내가 연구했던 50개의 수렵 채집 사회 가운데서 어떤 행동이
보편적이라는 사실을 알면, 그 행동이 유전적으로 상당한 준비가
되어 있을 가능성에 대해 (완전히 '결정되어' 있다고는 하지 않더라도)
묻는 것은 적절하다.[45]
　　　여기에 대한 한 가지 경험적 법칙이 있다면, 만약 어떤
행동이 보편적이고 우리 조상으로 거슬러 올라가 침팬지 속
조상들을 통해 재구성될 수 있으며 그 행동이 갖는 개체에 대한
적응적인 이점을 논리적으로 설명할 수 있다면, 유전자에 의해

준비가 되었을 가능성이 높다는 것이다. 이것은 생애 초기의 언어 습득뿐만 아니라 우리가 아이들을 대상으로 살폈던 예측 가능한 도덕적 발달 단계에 대해서 참이다. 고대 조상에서 물려받은 경향 가운데는 적어도 다음과 같은 것이 포함된다. 아이가 어미를 행동 모델로 활용하는 것, 자기인식을 가능하게 하는 원시적인 능력, 선천적인 기초를 갖는 지배와 복종 경향, 그리고 지배당한 데 대한 강한 원망 등이 그렇다. 예를 들어 오늘날 놀이터에서 노는 아이들을 보면 이들이 서열을 형성할 뿐만 아니라 힘센 개인들의 지배에 대항해 하위 개체들이 적극적으로 연합을 이루고, 가끔은 신참을 괴롭힌다는 사실을 알 수 있다. 나도 어린 시절이 생생히 기억난다.

규칙을 따르는 법을 배운다는 것은 우리가 특정한 지점까지 발전하는 것처럼 곧장 배울 수 있는 무언가가 아니다. 이 점은 침팬지 속의 조상에게도 마찬가지였다. 한편 앞서 언급했던 인류의 도덕적 준비 단계는 영유아로 하여금 부끄럽거나 당혹스러우면 얼굴을 붉히도록 하며 나중에는 아이들 놀이를 하면서 복잡한 행동 규칙을 익히는 데 도움이 된다. 멜 코너에 따르면 피아제가 주장했듯이[46] 이런 어린 시절의 놀이를 통해 규칙에 대한 중요한 학습이 이뤄지며 이런 게임은 보편적으로 나타난다. 실제로 내가 관찰했던 어린 영장류들은 많은 시간을 들여 싸움 놀이를 하는데, 이 놀이는 자신의 공격성을 표출하고 통제하는 방법을 가르쳐 준다. 그리고 이들의 어미는 너무 거칠게 놀지 말라는 등의 '규칙'을 부과한다.

인간 아이들이 하는 놀이와 게임 역시 규칙을 갖고 있는데, 구체적인 게임의 방식과 규칙은 문화에 따라 무척 다르다. 여러분이 놀이터에서 보냈던 어린 시절의 기억을 토대로 생각해

338

보면 게임을 배우는 과정에서 아이들은 신참들이 규칙을 깨닫도록 하고, 초심자나 의도치 않게 규칙을 깬 아이들을 찬찬히 가르친다.

　　　나는 몸이 허약한 1학년 시절에 (게임이나 놀이에 대해서는 전혀 몰랐던) 어머니 손에 이끌려 매사추세츠 케임브리지의 잔디 운동장에 갔던 일이 기억난다. 일요일 아침마다 정기적으로 열리는 미식축구 경기에 참가하기 위해서였는데 같이 뛰는 남자아이의 아버지 한 사람이 여는 경기였다. 미식축구에 대해서는 경험한 적이 없어 규칙을 하나도 몰랐기 때문에, 나는 일단 지켜보다가 경기가 공을 빼앗으려는 혼돈스러운 엎치락뒤치락 하는 경합으로 들어갔다고 생각했다. 그리고 나 역시 그 경쟁에 돌입해, 첫 번째 시합이 끝날 무렵에는 공을 옮기던 아이가 넘어진 틈을 타 반칙으로 공을 빼앗기 위한 몸싸움을 벌였다. 결국 나는 무안을 주지는 않는 방식으로 경기장에서 쫓겨났지만 그럼에도 무리에서 따돌림을 받는 독특한 기분을 느꼈다. 공격적으로 추방되지는 않았어도 무리에서 배제된 것은 사실이었다. 갑자기 모두가 지키는 규칙을 명백하게 어긴 무리의 일탈자가 되었던 느낌은 오늘날까지도 뇌리에 남아 있다. 비록 그로부터 몇 년이 지난 뒤에는 규칙을 익혀 미식축구라는 스포츠를 좋아하기에 이르렀지만 말이다.

　　　아이들은 놀이를 통해 스스로의 지배와 복종 경향을 어떻게 현실에 적용하는 방법이라든지 정치적인 동맹을 이루는 방법을 비롯해 상당히 많은 것들을 배운다. 이때 아이들은 가끔 자기들의 권력을 증대시키는 방식으로 행동하지만 가끔은 속임수나 괴롭힘의 형태로 일탈자들을 벌주기 위해 동맹을 형성한다. 다시 말해 게임은 아이들이 성인들의 행동 규칙에 대한 경험을 제공하는 작은 도덕 공동체를 이루도록 한다. 하지만 규칙에 대한 내면화는 어린 시절에 국한되어 나타나지는 않는 듯하다. 앞서 꽤 길게 다뤘지만, 성인들이 보이는 이타주의에 대한 활발하고 보편적인 언어적 확장 역시 어린 시절과 무척 비슷하게 타고난 경향성을 해소한다. 이것은 타인에 대한 너그러움으로 이끄는 생애 초기의 가르침을 강화하며, 도둑질, 속임수, 괴롭힘에 대한 처벌에 참여하는 행동 역시 이런 강화 효과가 있다.

세푸가 사람들을 마주했을 때, 평소처럼 모닥불 옆에 앉아 있던 음부티 족 사냥꾼들은 이 사기꾼을 원래 자리로 되돌려 놓기를 거부하는 행동이 무슨 뜻인지 정확하게 알았다. 이들은 처벌을 가하는 집단에 가담하는 것처럼 행동했고, 고기를 공평하게 분배해야 한다는 규칙이 이들의 정신에 깊숙이 뿌리 박혔던 만큼 이 규칙을 어기고 사람들을 속였다는 죄에 대해 특별히 강렬한 느낌을 가졌다. 세푸의 속임수는 무리의 모든 구성원들이 지키던 잘 학습되고 강하게 신뢰받던 분배 윤리를 어겼고, 그 결과 집단적이고 체계적인 창피 주기와 추방이라는 실질적인 위협이 이어졌다.

이런 유형의 경험 속에서 생각하면 유전적인 준비와 문화적인 입력 값은 서로 긴밀히 얽혀 있어서 분리하기가 꽤 어렵다. 하지만 문화라는 장갑은 유전적 요인이라는 손에 무척 잘 들어맞기 때문에, 사회적 선택은 여러 세대에 걸쳐(사실상 수만 년에 걸쳐) 집단의 사회생활과 유전자 풀 모두에 지속적인 영향을 끼칠 수 있었다.

9장.
도덕적 다수가 하는 일

잡담과 소문의 독재

도덕은 집단적으로 형성되지만 개인들이 사회적 압력을 이끄는 경우가 종종 있다. 특히 일탈자들에 대한 좀 더 단호한 제재를 시작할 때 그렇다(실질적으로 처벌을 하지는 않는다 해도). 이 과정에서 핵심적인 것은 말하기이고 잡담은 특별한 유형의 말하기다. 우리는 여기서 잡담에 대해 많이 다룰 예정이다. 그 이유는 언어와 잡담은 수렵 채집 무리에서 보편적으로 충분히 발전되었을 가능성이 높으며, '여론'에 대한 꽤나 부정적인 표현이기는 하지만 소규모 미개 사회에서 같이 생활했던 인류학자들이 무척 자주 언급했던 요인이기 때문이다.

　　잡담과 소문에 대해서는 오늘날의 사회뿐만 아니라 수렵 채집 사회에서도 악명이 높은 경향이 있다. 비록 사람들의 여론이 소문의 대상이 가진 흠집뿐만 아니라 긍정적인 자질에 대해서도 집중할 수 있지만 말이다. 물론 대부분의 이런 '이야기'는 그 취지가 부정적인 것이 사실이다. 존 해빌랜드John Haviland는 마야 농촌에서 이뤄진 터무니없고 요란한 뜬소문에 대한 언어 연구를 통해 이 점을 인류학적으로 보여 주었다.[1] 이들이 좋아했든 그렇지 않았든, 이런 소문은 유카탄 반도에 살던 사람들의 사회적 평판을 형성했다. 소문은 여론의 법정으로 기능했던 만큼 마야 사람들은 조심해야 했다. 하지만 이 법정은 특별했다. 피고가 자기 혐의로 사람들 앞에 서지 않았으며 스스로 변호할 방법이 전혀 없는 경우가 많았기 때문이었다.

이런 두드러진 수동성은 사냥 집단에서도 똑같이 나타났다. 중요한 역할을 하는 여론의 법정은 양측의 균형을 유지하고 공평하게 청취하는 일에는 관심이 없고, 대신 해당 개인이 무엇을 감추려 할지 알아내려 했다. 인류학자 폴리 비스너는 개인적인 과실에 대한 칼라하리 부시맨들의 대화를 자세하게 연구했다. 비스너에 따르면 이 대화는 집단의 사회적 압력 또는 처벌의 전주곡이 될 가능성이 있었다.[2] 이런 수렵 채집 집단에서 이뤄지는 잡담은 해빌랜드가 연구했던 농촌 지방의 소문이라든지 내가 몬테네그로에서 매일 지대한 관심을 갖고 들었던 (사실은 무척 재밌기도 했던) 세르비아 부족민들의 잡담과 비슷해 보인다.

비스너가 30년 넘게 연구했던 !쿵 족에서는 곤란한 일이 생겨 집단적인 행동이 필요할 때 잡담과 소문이 집중적으로 나타났다. 유례없이 장기간에 걸친 비스너의 자료에는 이들 부족에서 어떤 내용이 사람들 입에 오르내렸는지, 중요한 사회적인 문제가 무엇이었는지가 드러난다. 비스너가 '거물'의 문제 행동이라 꼽은 29가지의 사례 패턴은 모든 평등주의적 사회에서 사회적으로 큰 말썽을 일으키는 것들이었다. 우리가 앞서 4장에서 살폈듯이 과도하게 지배적인 행동이 타인의 개인적 자율성을 심각하게 위협하면 목숨을 빼앗는 처형으로 이어질 수 있다. 전 세계의 평등주의적 수렵 채집 집단은 문제 행동에 대해 조금만 낌새가 드러나도 열렬한 관심을 갖고 잡담을 하거나 소문을 퍼뜨렸다. 그런 행동을 중간에 저지하는 것이 가장 좋기 때문이었다.

집단에서 말이 돌아 단체 행동을 유발할 수 있는, !쿵 족에서 나타난 다른 문제 행동들을 발생 빈도순으로 정리하면 다음과 같다. (1) 인색함과 탐욕, 또는 게으름, (2) 말썽꾸러기처럼 행동하는 개인, (3) 정치적이거나 토지 이용에 따른 논쟁, (4) 은둔해서 반사회적으로 행동하는 개인이다. 부적절한 성적인 행동을 포함한 여러 문제들도 있다. 가장 빈번하게 일어나는 두 유형인 '거물의 부적절한 행동'과 '인색함과 탐욕, 또는 게으름'은 둘 다, 타인에게 너그럽고 선량한 주민들을 이용하는 무임승차 행위로 간주할 수 있다. 즉 비스너의 연구는 (내가 앞서 언급했던) LPA 집단이 무임승차 행위를 줄이고자 애쓴다는 사실을 훌륭하게 확증한다.

이런 비스너의 연구는 사회적 일탈자들이 발견되고 사람들이 그들에게 대응하고자 연합한다는 사실과 정보를 수집해 이뤄졌다. 이때 소문과 잡담이 사적으로 안전하게 퍼지지 않으면 무임승차자에 대한 억압은 그렇게 효과적이지 않았을 것이다. 특히 남을 괴롭히는 불량배의 경우가 그런데, 이때 서로 합심한 무리만이 안전과 확신을 제공하며 구성원들의 의견 일치가 이뤄져야 그런 정치적 연합이 가능하다. 그뿐만 아니라 서로 끊임없이 의사소통이 이뤄져야만 누가 도둑이고 사기꾼인지 빠르게 집어낼 수 있다. 즉 무리의 구성원들이 서로 신뢰하는 상황에서 사적으로 의사소통을 할 때 징벌적인 사회적 선택이 효과를 볼 수 있다.

폴리 비스너가 !쿵 족 부시맨을 30여 년 동안 지켜본 결과 대체로 1년에 한 번쯤은 거물의 문제 행동이 심각한 사태를 일으킨다는 것을 의미했다. 그 행동은 구성원들의 우려를 사기에 충분하며 서로의 대화를 통해 집단행동을 일으킬 수도 있었다. 무임승차자 억압과 관련해 이것은 다음 두 가지를 뜻했다. 첫째, 남을 괴롭히는 무임승차자들은 집단과 맞서야 할 수 있으며, 그 경험은 끔찍한 결과에 이르기 전에 마음을 다시 먹고 행동을 멈출 기회가 될 것이다. 둘째, 동일한 반사회적 경향을 지닌 사람들이 이것을 본보기 삼아 교훈을 얻고 특정 사냥꾼 남성들이 본성적으로 타고 난 강압적이고 거만한 행동 양식을 얼른 그만둘 수 있다. 진화적인 양심을 갖게 되면서 인류는 이렇듯 보다 쉽게 자기에게 필요한 계산을 하게 되었다.

이런 방식으로 집단은 남을 괴롭히며 무임승차하려는 성향이 특히 큰 개인들을 종종 가로막아, 처형을 비롯해 단호하게 부상을 입히는 제재 때문에 이들의 번식적인 손실이 심각해지는 단계에 이르지 않도록 한다. 하지만 아무리 무리에 의한 집단행동이 개인의 행동을 고친다 해도 그렇게 교정된 일탈자들은 약간의 비용을 치르는데, 그 이유는 집단의 협동에서 일시적으로 배제되거나 이후 평판의 손실을 감당해야 할 수 있기 때문이다. 남을 괴롭히는 무임승차자가 될 잠재력이 있지만 유전적으로 불리한 결과를 치르지 않는 개인들의 경우에는 진화적인 양심이 효과적으로 작동한다. 일단 스스로를 효율적으로 억제하고 다른 사람을 위협하지 않으며 괜찮은 평판을 유지하는 것이다.

앞서 살폈던 것처럼 남을 잘 겁주는 진 브리그스의 이누이트 족 양아버지 이누티악은 그 지역에서 확실히 문제를 겪고 있었지만 권력을 확장하려는 자신의 변덕스런 잠재적 경향을 억누를 수 있었다. 유별나게 단호한 성격의 이누티악이 정치적으로 곤란한 상황을 피하기 위해서는 집단의 구성원들이 자기를 조심스레 지켜보고 있으리라는 사실을 염두에 둬야 했다. 이들 구성원들은 이누티악이 공격적인 성향을 조절하고 있는지 확실히 알고자 은밀히 서로 의견을 교환할 것이었다.

다시 말해 남을 괴롭히는 행동을 저지르는 성향을 지닌 개인에게는 다양한 결과가 기다리고 있었다. 분명 몇몇은 죽임을 당해야 할 테고, 상당수는 조롱과 책망을 당해 행동을 고쳐야 할 것이다. 하지만 상당수의 사람들에게는 양심이 있어서 선을 벗어나지 않으며 집단의 제재가 필요하지 않을 정도로 이 작업을 능숙하게 한다. 소문에 대한 두려움이 바로 이 장면에서 등장한다. 사람들이 은밀하게 나누는 이야기가 불량배나 사기꾼을 불문하고 일탈자들에게 중대한 사회적 결과를 가져올 수 있기 때문이다. 그리고 모두가 소문에 접근할 수 있는 만큼 집단 구성원들은 다들 자기 역시 이런 사적인 담화에 취약하다는 사실을 잘 안다.

사적인 잡담과 소문이 반드시 안전하지만은 않다. 잡담을 주고받는 사람들은 자기들이 하는 말에 주의를 기울여야 하는데, 만약 부정적인 선언이 반복되거나 누군가 그것을 엿들으면 잡담하는 당사자들과 집단 전체에 실질적인 문제로 번질 수 있기 때문이다. (이런 기밀 누설 문제는 미국의 정치가 애런 버와 알렉산더 해밀턴 사이의 악명 높은 결투를 촉발한 적이 있다.) 소문은 한 개인의 평판을 심각하게 손상시킬 수 있으며 나쁜 소식이 일단 퍼지기 시작하면 그 속도가 얼마나 빠른지에 대해서는 모두가 안다. 나는 수렵 채집 사회를 조사하면서 북극의 한 부족민이 고질적으로 소문을 퍼뜨린다는 이유로 집단 구성원들에게 살해당한 사례를 하나 발견했다. 아마도 사람들은 그 개인의 입에서 나온 악의적인 이야기가 불필요하게 심한 갈등을 일으킨다고 여겼을 것이다.[3]

나는 이런 소문과 잡담에 대해서라면 따로 책 한 권을 쓸 수 있다. 문화 인류학자라면 자기가 연구하는 집단의 잡담 연결망에 닿아야만 비로소 그 집단에서 사회적으로 어떤 일이 일어나는지 조금이라도 이해할 수 있다는 사실을 안다. 나와 아내가 1960년대 중반 몬테네그로의 세르비아 부족민에 대해 현장 연구를 진행할 때도 잡담을 끌어내는 것은 조사 과정의 일부였다. 우리는 잡담 연결망에 접속할 때마다 엄청나게 즐거웠는데 그 이유는 마침내 부족에서 일어나는 사건에 대한 '진짜 사정'과 사람들의 도덕적 평판을 접했기 때문이기도 했지만, 그런 친밀함과 신뢰를 바탕으로 한 대화를 나눌 수 있다는 것은 우리가 연구하기로 선택한 사람들에게 진정으로 받아들여지고 있음을 뜻하기 때문이다. 우리는 친구가 되어 가는 중이었고 신뢰하는 친구 관계에서는 자연스레 잡담과 뒷소문을 말한다.

　　우리가 생활하던 긴밀하게 망처럼 연결된 정착지에서는 이런 '이야기' 가운데 일탈적인 행동을 했다고 의심되는 개인들에 대한 부정적인 소문이 확실히 더 많았다.[4] 뒤르켐 식으로 말하면 정착지의 사실상 모든 거주민들이 타인이 자기에 대해 뒷소문을 퍼뜨릴 때의 (그릇되거나 옳은 결론을 성급하게 내리는) 사회적인 파장을 겁내 무언가를 숨겨야 한다고 느끼는 것처럼 보였다. 이런 두려움이 현실적인 이유는, 이런 사적인 대화에는 반드시 질투를 동반한 사회적인 '탐정 업무'가 포함되었고 그에 따라 자신의 평판이 낮아질 수 있기 때문이었다. 결과적으로 사람들은 무언가를 알게 된다는 이유로 잡담과 소문 퍼뜨리기를 좋아하기도 하지만, 동시에 타인이 자기들에 대해 몰래 말하고 다닌다는 사실에 대해 강렬하게 분개하기도 한다.

　　우리가 연구했던 부족 가운데 한 남자는 원래 이름은 밝힐 수 없지만 '프레프리찰리차'라고 불렸는데, 말 뜻 그대로 하면 '무언가를 거듭해서 말하는 사람'이었다. 어쩌면 '연쇄 뒷소문범'이라고 옮기는 게 더 정확할지도 모르겠지만 말이다. 50대인 이 남자가 하는 행동은 이 부족의 기준을 벗어났다. 그 이유는 그가 다른 사람의 뒤를 캐고 다니며 나쁜 소문을 퍼뜨리는 행동을 분명 즐기기도 했지만, 그러면서도 신뢰하는 가까운 친구 사이의 사적인 작은 연결망에서만 조심스레 그 이야기를 한 것이 아니기 때문이었다. 남자는 참가자들이 가득한 큰 저녁 사교 모임에서 불참한 개인들에 대한 정보를 마치 둘만 마주앉은 상황에서처럼 떠벌렸다. 집단 구성원들은 이 남자에 대해 뭔가 조치를 취하겠다는 말은 하지 않았지만 그를 지독하게 싫어했다. 남자 역시 무모하게 뒷말을 퍼뜨려 타인의 평판을 공개적으로 위태롭게 했다는 이유로 뒷말의 대상이 되었다. 비록 평생에 걸친 이런 행동으로 자기 평판을 심하게 더럽히기는 했지만 이 남자 '스베토자르'는 결코 사람들의 반발에 부딪친 적이 없었다. 아마도 그 이유는 남자가 지껄이는 말이 그가 사는 정착지에 심각한 해를 끼치지는 않았기 때문이었을 것이다. 사실 사회적으로 일이 진행되도록 이끄는 것은 엄청나게 대단한 악의보다는 단순한 말과 행동이지만 말이다.

보통의 잡담과 뒷소문은 간접적으로 사회를 통제하는 행위자로 기능한다. 그리고 많은 사람들이 발각 가능한 일탈 행위를 충분히 두려워한다는 사실과는 별개로, 뒷소문은 또 다른 사회적인 이득을 준다. 시간이 지나면서 집단 수준의 합의가 이뤄지기 전까지 소문을 통해 몹시 유용한 사회적 정보가 널리 퍼지는 것이다. 예를 들어 어떤 절도 범죄에 대해 처음부터 용의선상에 오른 다른 여러 후보들이 있는 상황에서 주된 용의자 하나를 두고 천천히 조사가 이뤄질 수 있다. 나는 연구 대상이었던 외딴 세르비아 부족민들의 정착지에서 이 모습을 지켜봤는데, 그 과정은 몇 달에 걸쳐 집요하게 이뤄졌다.

이제 무리로 돌아가자. 만약 심각한 문제가 일어나면 집단은 특정 사건에 대한 실제 사실에 대해 공유하는 규칙과 합의를 조합해 세푸 같은 일탈자를 만장일치로 처벌한다. 또는 적어도 일탈자의 가까운 친족은 한쪽으로 물러선 채 대규모로 연합한 도덕적 다수자들이 되기도 한다. 이렇듯 목적이 단일해지는 것이 중요한 이유는, 만약 행동에 들어가기 전에 의견의 합치가 이뤄지지 않았다면 효율적인 집단적 제재의 한 사례가 되었을 일이 순전한 분파 갈등으로 변모해 양쪽 편 모두 도덕적 정직성을 내세울 수 있기 때문이다. 그러면 확실히 집단의 사회적인 짜임새를 해치는 결과로 이어진다. 반면에 집단의 이름으로 심각하게 일탈적인 행동 패턴을 억누른다면 그 짜임새가 상당히 개선될 것이다.

친밀한 잡담과 소문 연결망에 끼어드는 것이 개인에게 적응적인 이득을 준다는 점은 확실하다. 인류가 상징 언어를 갖춘 채 사적인 정보 교환을 통해 타인을 겁주거나 발견하기 힘든 일탈자들을 체계적으로 찾아내고 처리한 이후부터 그랬다. 그에 따라 일탈자들을 피하기 쉽게 만들고 그들의 약탈 행위에 대가를 치르게 했을 것이다. 더구나 부모가 뒷소문을 나누는 내용을 몰래 들을 때 아이들의 발달 중인 양심은 가치와 규칙, 올바른 행동에 대한 정확한 정보를 갖추게 된다. 그 말은 언어가 도덕의 진화와 가치 내면화에서 절대적으로 반드시 필요하지는 않다 해도 중요한 역할을 한다는 뜻이다. 알파 개체들의 지배에 저항하는 과정에서 도덕을 갖추지 않은 침팬지 속 조상들은 적어도 정치적인 합의에 이를 잠재력을 갖고 있었는데, 신체 언어와 비상징적 음성 표현, 사회적 맥락에 대한 빈틈없는 독해를 활용할 수 있었기 때문이었다.

이런 능력은 프란스 드 발이 제시했던 집단 제재 사례에서 명백하게 드러난다. 사로잡힌 침팬지 무리에서 만장일치가 일어났을 때 암컷들은 알파 수컷에 대해 항의의 목소리를 높였으며 알파 수컷은 자기가 다른 개체를 계속 괴롭히면 신체적인 공격을 당할 수 있다는 사실을 알았다. 이것은 잡담이나 뒷소문과는 거리가 있는데, 그 이유는 이런 감정적인 격분이 완전히 공개적인 '의견 공유'에서 비롯되었고 상징 언어를 통한 표현은 결여되었기 때문이다. 그렇지만 전체적인 사회적 맥락을 보면 이 의사소통은 공유된 사회적 판단과 적개심을 통해 확실한 의미를 갖고 있었다. 불량배에 대해 들고 일어나 항의하는 데 성공했던 과거의 경험이 이 공유된 의미의 일부가 되었다. 나는 대형 영장류에서 이런 분노하는 의사소통의 기능을 집단화했다고 생각한다. 이것은 인류가 잡담과 소문을 나누는 행위와 적어도 약간의 기본적인 유사성을 지닌다. 명시적으로 공유된 가치와 규칙에 기초한 도덕적인 합의가 서로 비슷한 사회적인 통제로 이어졌다.

초기 인류는 상징을 통해 사적으로 의사소통하는 일이 완전히 불가능했기 때문에, 오늘날 우리가 알고 있는 도덕 공동체와 비슷한 무언가가 진화되었을 가능성은 낮다. 개인이 위험을 감당하거나 갈등하지 않더라도 조용히 굳건한 여론을 조성할 수 있으며 고도로 구체적인 상징이 위험한 불량배를 상대할 때 엄청난 사회적 도구가 된다는 사실은 행동할 때가 되었을 때 외과 수술처럼 문제를 해결하는 데 활용되었다.

앞서 잠깐 언급했지만 소문과 잡담은 인류 사회가 현대화되는 과정에서 위력을 이어 간다. 수렵 채집자들의 문화적인 관습에 따라 단순히 습관적으로 보존되는 것만은 아니다. 실제로 적어도 4만 5,000년 넘게 다른 사람의 뒤에서 행동거지에 대해 이러쿵저러쿵 떠들었던 개인이 적응도가 높아지면서, 사회적으로 평가를 실시하는 이런 신중하고 친밀한 '이야기'는 도덕적으로 행동하는 우리 인류의 진화된 능력의 일부가 되었다. 규칙의 내면화가 확실히 그 능력의 일부인 것과 다를 바가 없다. 즉 소문과 잡담은 과거 조상들에게 그랬던 것처럼 오늘날의 우리에게도 같은 기능을 한다.

하지만 내가 소문과 잡담을 담당하는 단일한 유전자가 있다거나 정보를 공유하며 험담하는 (가끔 '모듈^{module}'이라 불리는) 특정한 두뇌 영역이 있다고 주장하는 것은 아니다. 내가 말하고 싶은 것은 이런 행동이 오랜 옛날 우리 조상에서 비롯했을 뿐만 아니라 선천적으로 꽤나 잘 준비되었을 가능성이 높다는 것이다. 보다 우수한 소문과 잡담 연결망에 참여한 개인들은 특정한 이득을 얻는다는 점이 바로 그 이유다. 이들은 심각한 갈등에서 한발 벗어날 수 있는 데다 조심해야 할 사회적 포식자가 누구인지에 대해 남보다 잘 안다. 소문과 잡담은 일상에서 유용한 매혹적인 정보를 생산하며 적응도에도 도움이 된다. 그렇기 때문에 그토록 지속적으로 널리 존재해 온 것이다. 또 그런 이유로 오늘날의 수많은 여성들이(또한 생각보다 많은 남성들이) 왜 자기들이 그렇게 쉽게 사로잡히는지에 대해 잘 모른 채 텔레비전 드라마를 애청한다.

일탈자들과 거리 두기

사람들이 무리 지어 모여 사는 한 가지 이유는 커다란 사냥감을 공유해야 하기 때문이다. 하지만 다른 이유도 존재한다. 인류는 천성적으로 사교적이기 때문에 유목민이라도 단지 여럿이 함께 있는 게 좋다는 이유로 무리를 짓는다. 그래야만 포식자들로부터 몸을 잘 보호할 수 있기도 하다. 더구나 무리는 사람들을 자원과 연결한다. 두 무리가 무척 익숙한 특정 천연자원 가운데 각자 무엇이 집단적으로 필요한지에 대해 인지하는 것은 양쪽 무리의 생존에 도움을 준다. 어떤 무리의 최소 인원이 20명에서 30명이라는 점과 특정한 목표에 의견이 통일되는 데는 이런 모든 요인이 영향을 미친다.

이때 집단은 놀라울 만큼 잘 협동하기 때문에, 우리는 이들 구성원들이 상당한 수준으로 조화를 이루며 생활한다고 여기는 경향이 있다. 하지만 아무리 보통 수십 명의 개인이 같이 야영하면서 물리적으로 가까이 지내며 덩치 큰 먹잇감을 사냥하면서 생존 여부의 운명을 같이 한다 해도, 집단에서 몇몇 가족은 특정 가족과 더 가까운 곳에 살 것이다. 이것은 물리적인 공간을 의미하지만 이들은 동시에 다양한 방식으로 사회적인 '거리'를 설정할 수 있다.

사회적 거리 두기에 대한 이론은 오늘날의 부족 집단이 타인을 '국외자'로 여기는 관점에 대한 연구에서 비롯했다. 하지만 나는 이 이론을 확장해 집단 내부의 개인이 다른 구성원을 국외자로 취급하는 상황을 포함시킬 것이다.[5] 집단 내부의 분파와 관련해, 세푸는 호전적인 태도로 자기와 친밀한 소규모의 무리를 피그미 집단의 나머지 구성원들과 분리했다. 그리고 이들은 실제로 그 결과에 따라 거처를 꾸렸다. 칼라하리 사막의 부시맨들이 사는 오두막의 입구는 사회적인 친밀함이나 거리감에 따라 방향이 달라졌다.[6] 또한 브리그스에 따르면[7] 한 우트쿠 부족에서 가족들이 소규모 무리의 나머지 구성원들과 공간적으로 거리를 뒀던 이유는 어떤 가족의 구성원인 니키라는 여성의 성격에 문제가 심각했기 때문이었다. 니키는 타인에게 너그럽지 않고 무임승차하려 했으며 사회적 기술이 부족했고, 전반적으로 보아 감정이 변덕스러웠는데 이런 점은 부족의 다른 구성원들이 혐오하는 특징이었다. 비록 니키의 가족 전체가 외진 곳에 거주했지만 니키는 여전히 어느 정도 배척당했다.

집단 전체에 의한 적극적인 사회적 거리 두기는 집단의 다른 구성원들을 성가시게 하거나 화나게 하고 또는 구성원들을 위협하는 일탈자들을 대상으로 한다. 여기에 대한 예측 가능한 반응에 대해서는 이미 기술한 바 있다. 이런 거리 두기는 먼저 일상적인 의사소통을 줄이는 사회적 냉담함에서 시작한다. 예컨대 집단 구성원들이 해당 개인에게 일상적인 인사를 덜 건네는 것이다. 이렇듯 말을 줄이는 행동은 개인 간의 갈등에서도 나타나는데 둘 사이의 다툼이 심화되지 않게 막는 한 가지 방법은 서로 말을 안 하는 것이기 때문이다. 집단 구성원 전부가 인사나 언어적 소통을 줄이면 일탈자가 협동을 위한 연합에 참여할 기회가 줄어든다. 동시에 이런 사회적인 박탈은 스트레스를 일으키는 큰 원인이기도 하다. 다른 무리로 이사를 가면 문제가 해결되겠지만 그런 해결 방안이 실행 가능할지는 미지수다.

비록 LPA 수렵 채집자 사이에서 이런 사회적인 배척이 꽤 자주 일어나며 보편적인 것은 분명하지만 구체적으로 어떤 모습으로 일어나는지에 대해서는 잘 알려지지 않았다. 그렇기 때문에 우리가 20명 안 되는 외딴 이누이트 거주지에서 사회적 배척을 당했던 진 브리그스의 경험담을 들을 수 있다는 것은 행운이다. 이 배척이 언제로 거슬러 올라가는지에 대해서는 딱

집어 말하기가 힘든데, 이들 무리는 결정적인 사건이 일어나기 훨씬 전부터 브리그스가 감정을 표출하는 방식에 화가 나 있었기 때문이다. 예를 들어 이글루의 지붕이 녹아 질편한 눈 덩어리가 타자기에 떨어지면 브리그스는 화풀이로 (예컨대 칼 같은) 뭔가를 꼭 내던졌다. 우트쿠 족 사람들은 이 행동을 보고 겁을 먹었는데 이들이 보기에는 브리그스가 그러다가 나중에 사람을 죽일 것 같았기 때문이었다.[8] 물론 브리그스의 고향인 뉴잉글랜드 문화에서는 그런 행동이 단순히 언짢음을 표현할 뿐이었지만 말이다.

나는 『숲속의 평등』에 브리그스가 겪은 불행하지만 우리에게 알려주는 바가 많은 시련에 대해 꽤 간략하게 간추려 실었다. 한편 이 무리의 비공식적인 수장은 자기주장이 강한 성격으로 문제가 되었던 이누티악이었다.

> 수상비행기를 타고 와 낚시를 즐기는 사람들은 우트쿠 족이 만든 약하지만 귀중한 카누 2대를 빌려 갔다. 우트쿠 족 사람들은 백인들과 약간의 교역을 하기는 해도 이런 약탈 행위에는 분개했다. 그렇지만 이들은 이런 요청이 있을 때마다 침묵했다. 이런 화나는 일에 대해 개인적으로 이야기를 들었던 브리그스는 백인들이 우트쿠 족의 카누 한 대를 망가뜨렸지만 마지막 남은 한 대를 쓰겠다고 고집을 부리자 적극적으로 개입하는 실수를 저질렀다. 하지만 브리그스가 백인들에게 우트쿠 족이 얼마나 카누에 의존해 생활하고 있는지에 열변을 토하자 백인들의 여행 가이드는 만약 부족이 카누 없이 살 수 없다면 아예 처음부터 빌려 주지 않았을 것이라고 대꾸할 뿐이었다.

브리그스에 의해 곤란한 상황에 놓인 이누티악은 백인들이
자기 부족의 마지막 카누를 낚시에 사용하도록 허락했다.
그러자 브리그스는 양측에 분노를 감추지 못했다. 그리고는
현장에서 성큼성큼 떠나 자기 천막으로 돌아와 울었는데
그때까지만 해도 그 행동에 사건을 해결할 마지막 희망이
있다고는 깨닫지 못한 채였다….
이런 사건 뒤에도 부족민들은 소란을 일으킨 방문객들에게
계속 너그럽고 다정하게 행동했다. 하지만 브리그스는
사람들이 이전에 비해 자기에게 훨씬 덜 다가오는 데다
자기에게 와도 잠깐만 머무른다는 사실을 알게 되었다.
머지않아 부족민들은 미묘한 방식으로 브리그스가
방문하는 것을 좌절시키기 시작했다. 브리그스가 니키처럼
배척당하고 있다는 사실은 명백했다. 하지만 이 기간
동안에 우트쿠 부족민들 사이에서 브리그스가 스스로
갱생하도록 돕자는 의견도 있었다. 실제로 브리그스가
이따금 부정적인 감정이 일어나지 않도록 피하고 자기를
통제하는 모습을 보이자 부족민들은 긍정적으로 반응했다.
문제는 브리그스가 무언가를 따져 물어야 할 상황에서
평정을 유지하지 못했다는 점이었다. 그러면 사람들은
브리그스에게서 거리를 두었는데 그런 상황은 마음의
상처가 되었고, 그렇다고 브리그스가 참지 못하고 좌절감을
표출하면 더욱 거리감이 조성될 뿐이었다.
우트쿠 부족민들은 제재를 가하는 과정에서 더욱 배척을
일으키는 순전한 적대감을 신중하게 피하려 한다.
기본적으로 브리그스는 방문객도 거의 들르지 않는 자기
천막에서 혼자 지내야 했고 그런 방문조차 형식적이어서

왕성한 사회활동을 하던 이전과는 몹시 비교되었다.
사람들은 무례하게 굴지는 않았지만 엄청나게 거리감을
두었다. 하지만 다행히도 그로부터 몇 개월이 지난
시점에 제3자가 우트쿠 부족민들에게 어째서 브리그스가
백인들에게 카누를 제공하려 하지 않았는지에 대한 약간의
통찰을 주었다. 브리그스가 화를 낸 것이 부족민들의 행복에
대해서는 전혀 신경 쓰지 않는 부주의한 백인들에 대항해
자기들 편에 서기 위해서였다는 사실을 깨닫자, 부족민들은
마침내 그동안 신중하게 쌓아 유지했던 사회적인 장벽을
허물었다.[9]

이 사례에서 브리그스가 마치 펜실베이니아 랭커스터
카운티의 아미시 사회처럼 모든 사회적인 교류를 강력하게
거부당하며 사람들의 외면을 받았던 것은 아니다.[10] 하지만 우리
문화와 무척 상이한 문화에서 절제되었지만 여전히 적대적인
방식으로 사회적인 외면을 당하는 사례는 쉽게 상상하기 어렵다.
사회적인 외면을 행하는 사람들은 감정적으로 괴롭지만 대개 해당
개인에게 갱생을 허락하는 방식으로 그를 통제하려 하는 경향이
있다. 이것은 사회적 외면과 배척의 특징이기도 한데 둘 다 영원히
지속될 필요가 없다는 것이다. 영구적인 수단은 사회적 추방이다.
저서 『결코 화난 적 없는』에서 브리그스는 이렇듯
사회적으로 거리 두는 행동이 잠재적으로 폭력적인 감정에 대한
우트쿠 부족의 두려움에서 비롯되었다고 해석했다. 이들 부족은
그런 감정을 신중하게 통제한다. 하지만 여기에 하나 더 덧붙일
또 다른 요소가 있다. 집단의 결정에 맞서는 과정에서 브리그스는
평등주의적인 무리 전체를 위해 개인적으로 뭔가를 결정하려

하는 사람으로 비쳤을 텐데, 구성원의 의견이 일치된 이들 집단은 개인이 그런 행동을 하도록 허락하지 않았다. 브리그스는 자기 분노를 표출하는 데 확실히 거리낌이 없었고 우트쿠 부족의 눈에는 브리그스가 본인이 집단 전체를 대변한다고 일방적으로 가정하고 결국 집단의 뜻을 거스르는 모습이 마치 권위적인 거물처럼 행동한 것처럼 보였을지도 모른다. 그에 따라 브리그스가 치렀던 대가는 몇 개월에 걸쳐 예의바르지만 단호한 방식으로 정상적인 사회적 접촉을 거부당하는 것이었다.

사회 과학자들은 이런 거리 두기를 외면, 배척, 일시적인 집단적 거부, 영구적인 추방의 순서로 단계적으로 범주화한다. 하지만 사실 진정으로 최종적인 사회적 거리 두기의 수단은 처형이다.[11] 물론 불필요하게 집단 구성원의 목숨을 빼앗는 것은 강력한 도덕적 금지 대상이지만, 집단 차원에서 가한 처형은 예외다. 비록 민족지학 자료가 불완전하기는 하지만 나는 무리를 이룬 어떤 사회든 이런 처벌이 절박한 최후의 수단으로 잠재적으로 존재하는 게 거의 확실하다고 믿는다. 다시 말해 사회적인 거리 두기는 보통 교정과 교화의 방향으로 흐르지만 앞서 살핀 것처럼 최후의 단계까지 갈 수도 있다.

'사회적인 흉물'의 행동들

고기를 분배할 때 이뤄지는 노골적인 속임수와는 달리, 몇몇 도덕적인 일탈 행위는 모든 집단 구성원들의 이해관계를 직접적으로 위협하지는 않는 것처럼 보인다. 그럼에도 이런 행위들 역시 목숨을 빼앗는 폭력에 대한 집단적인 반응을 보여 줄 수 있는데, 그것은 전문적이지 않은 용어로 사회적인 괴물이기

때문이다. 문화에 따라 그 범죄를 정의하는 방식이 상당히
다양하기는 해도 가까운 사이에서 벌어지는 근친상간 역시 종종
그런 취급을 받는다. 이런 다양성은 해당 사회가 근친 교배에 따른
결과를 얼마나 알아차렸는지에 따라 어느 정도 달라질 것이다.

진화 인류학자 윌리엄 더햄은 약 50곳의 사회를 표본으로
해서 근친상간에 대해 연구했다. 이들 사회의 대부분은 부족을
이뤘지만 수렵 채집 무리도 약간 섞였는데, 이 표본의 거의
절반에서 근친상간 금기가 생겨났다는 증거가 존재했다. 그
이유는 사람들이 과거의 어느 시점에 근친 교배에 따른 기형아
출생에 대해 알아차렸기 때문이었다.[12] 여기에 더해 역겨움을
일으키는 일반적인 인류의 능력이 이런 강한 도덕적인 반응과
엮였을 가능성이 있다.[13] 하지만 나는 비록 금기가 가장 강력하기는
하지만 어머니와 아들 사이의 근친상간 같은 무척 구체적인
관계에 대한 선천적인 공포가 존재하는지에 대해서는 확실히
의견을 보류한다.

한편 형제자매 사이의 근친상간도 대개 혐오의 대상이지만
고대 문명에서는 귀족 사이에서(다른 계층에서도) 남매 결혼을
사회적으로 승인했던 사례가 드물게 기록으로 남아 있다. 특히
부족 사회에서는 사촌 간의 결혼을 종종 진심으로 지지했고 그런
결혼이 인기가 있었으며 강하게 제도화되었다. 다시 말해 우리가
전 세계의 모든 사회를 훑어보면 근친상간에 대한 금기는 다소
유연하게 적용된다는 사실을 알 수 있다. 그래도 여전히 부모와
자식 간의 결혼은 언제나 '법에 어긋났지만' 말이다.

하지만 여기에 웨스터마크 효과가 문제를 복잡하게
만든다.[14] 이 효과에 따르면 친족 관계가 무척 가깝든 그렇지 않든
형제자매처럼 양육된 아이들은 서로 성적인 이끌림이 사라지는

거리낌이 생기며 그에 따라 서로 결혼할 확률이 극단적으로
낮아진다. 이 효과는 통계적으로 입증되었으며[15], 서로 난교를
벌이는 대형 유인원에서도 어미와 아들 사이나 형제자매 사이의
친밀한 관계는 둘 다 자연스럽게 꺼리는 비슷한 효과가 나타났다.[16]
하지만 인류에서 이런 진화된 억제가 작동한다 해도 아버지와
딸 사이의 관계에 대해서는 그렇게 극단적으로 강하게 금지되는
것 같지는 않다. 다들 잘 아는 애팔래치아의 사례를 포함해[17]
이런 관계가 오늘날 미국 사회에서 나타나는 빈도는 주목할 만한
정도이기 때문이다. 다른 한편 오늘날의 사회는 무리를 지어 살던
시절에 비해 사생활이 훨씬 많이 보장된다는 차이가 있다.

더햄은 부족 사회에서 정의하는 근친상간을 저지르면
이들은 사회적 외면이나 신체적 공격 같은 적극적인 제재를
비롯해 심지어 처형까지 가한다는 사실을 발견했다. 초자연적인
제재는 이보다 적게 등장하는 사회적 통제의 수단이었다. 예컨대
근친상간을 하면 가공의 존재에 의해 기형아가 태어난다는
두려움이 있었을지도 모른다. 몇몇 문화에서는 개인이
근친상간이라는 죄악을 저지르면 이런 무시무시한 가공의
존재가 집단 전체에 벌을 준다고 여겼기 때문에, 집단 구성원들은
근친상간이 모두에게 심각한 위협을 준다고 여겼고 그에 따라
심하게 처벌했다.

근친상간에 대한 알려지지 않은 수수께끼의 답이 무엇이든,
격분한 도덕적 다수자들은 두 가지 요소에 기반해 괴물 같은
행위에 대해 처벌하는 것처럼 보인다. 하나는 일탈 행위가 집단의
다른 구성원들 모두에게 현실적이든 초자연적이든 명백한
위험을 야기한다는 점이다. 그리고 다른 하나는 그 행위가 단지
도덕적으로 불쾌함을 주는 데 그치지 않고 정도가 훨씬 심하다는

점이다. 이런 의미에서 근친상간과 고기를 분배하는 데 심하게
남을 속이는 행위는 둘 다 위의 기준을 모두 충족한다는 점에서 꽤
비슷할 수 있다.

정신적으로 문제가 있는 일탈자들을 죽이기

도덕적인 부정행위가 없는데도 사람들은 집단적으로 적극적으로
치명적인 벌을 가하라는 의견을 가질 수 있다. 드문 사례지만 몇몇
개인들이 자신의 행위가 타인에게 어떤 해를 끼치는지 이해할 수
없다는 점이 확실한 경우는 집단에 의해 처리되어야 한다. 그리고
보통 이럴 때 집단 구성원들은 목숨이 심하게 위협받는다고
느낀다. 폭력적 기질을 지닌 정신이상자가 살인을 저지를 수도
있는 경우가 그렇다. 여기에 대한 사례는 에스키모와 부시맨에서
모두 존재한다. 다음은 발리키가 연구한 이누이트 부족의 한
사례사다.

> 얼마 되지 않아 아르나크타르크가 자기 이글루로 돌아왔고
> 그날 밤 그는 아내 카코르팅네르크의 배를 찔렀다. 아내는
> 아이를 어깨에 태운 채 도망쳤고 큰 야영지에 도착해 어떻게
> 된 일인지 사정을 밝혔다.
> 사람들은 아르나크타르크가 그들이 사랑하는 누군가를
> 다시 칼로 찌르지 않을지 두려워하기 시작했고 어떤
> 조치를 취해야 할지 논의했다. 가족들이 함께 토론을 한
> 결과 아르나크타르크가 그들에게 위험하기 때문에 죽여야
> 한다는 결론이 나왔다. 그의 형제인 코콘와트시아르크가
> 직접 처단하겠다고 하자 사람들은 동의했다. 늙은 아버지

아올라주트는 자기 아들을 직접 죽일 수는 없었고,
코콘와트시아르크가 어떤 이유가 있어 죽일 수 없다면 그
다음으로 나이가 많은 형제인 아블로세르드주아르크가
그 작업을 할 것이었다. 이렇게 결정이 나자
코콘와트시아르크는 역시 두려움에 떨고 있던 친족 아닌
사람들에게 결론을 통지했다. 달리 대안이 없었기 때문에
사람들은 다들 동의했다.

이후 기존의 야영지는 해체되었다. 아올라주트,
코콘와트시아르크, 아블로세르드주아르크, 네르론가조크,
이기우크라라크는 아르나크타르크의 이글루로 갔고,
그키미트시아르크는 여자와 어린이를 포함한 나머지
사람들을 이끌고 떠나 해안에 새로운 야영지를 세웠다.
사람들은 아르나크타르크의 이글루에 도착했고 나머지가
바깥에 서 있는 동안 코콘와트시아르크가 이렇게 말했다.
"네가 이제 더 이상 잘 알지 못하게 되었으니(네 마음을
통제하지 못하게 되었으니) 이제 나는 너를 '가질' 거야." 그런
다음 코콘와트시아르크는 형제의 심장을 겨누고는 총을
발사했다. 그리고 사람들은 해안으로 떠난 일행에 합류했다.
아르나크타르크의 무덤은 멀리 보이는 윌레르스테트
호숫가에 만들어졌다.[18]

이것은 네트실리크 족에서 일어난 대리 살인의 슬픈 사례다.
집단 구성원들이 동의했고 가족이 직접 수행했기 때문이다.
하지만 이때 일탈자가 자기가 무슨 행동을 저지르는지 몰랐기
때문에 처형은 도덕이 바탕이 되었다기보다는 하나의 편의적인
방편이었다. 또 예외적일 만큼 민족지학적 자료가 자세하고

풍부한 !쿵 족 부시맨들의 사례도 하나 있는데, 여기에 대해서는 이 장의 뒷부분에 소개할 예정이다. 다만 이 사례에서는 살인자가 정신병자로 간주되었는지 여부가 조금 불명확하며, 점잖게 말해 처형의 방식은 앞선 사례보다 훨씬 덜 정돈되었다.

많은 세월이 흐르다 보면 어떤 무리든 살인을 저지르기 쉬운 정신적으로 불안정한 개인 때문에 문제를 겪기 쉽다. 그리고 비록 이런 사회에서 다들 무리 안에서 일어나는 살인을 엄하게 금지하는데도, 문제를 겪는 집단의 구성원들은 아마도 처형을 통해 문제를 해결해야 했을 것이다. 영아살해 또는 쌍둥이를 대상으로 빈번하게 일어났던 살인의 경우는 도덕적 불법행위가 개입되지 않았기 때문에 처형이 아니다. 하지만 이누이트 족의 앞선 사례는 처형과 유사해 보이는데, 그 이유는 살해 행위가 당사자의 가족 구성원에게 위임되었으며 무리의 모든 구성원에게 심각한 위협이 된다는 점에서 그 행위가 공동체의 지지를 받았기 때문이다.

이성적이지만 다루기 힘든 이기적인 방식으로 남을 괴롭히는 개인이 주변 동료들에게 제거되었을 때도 사회적이고 정치적인 역학은 동일하다. 하지만 여기에 도덕적인 요소가 부가된다. 표 1에서 우리는 이런 처형이 정신병자를 죽이는 경우보다 훨씬 많이 일어났다는 사실을 알 수 있다. 즉 이것 역시 LPA 사회에서 보편적이라고 추정할 수 있을지 모른다. 어떤 집단이라도 수백 년 지속되다 보면 지배적인 성향을 가진 난폭한 한 남성이 분명 언젠가 나타나며 그에게 조치를 취해야 한다. 가끔은 그를 죽이는 것이 유일한 해결 방안이다.

평화라는 달성하기 힘든 임무

과학자들은 종종 수렵 채집자들에서 나타나는 폭력성의 수준을
우리의 유전적 천성을 들여다보는 창문처럼 간주하는 경향이
있다. 물론 이때 표본으로 사용한 수렵 채집자들이 덜 폭력적일 때
우리는 인류가 다행히도 지독하지 않은, 괜찮은 본성을 가졌다고
여긴다. 부시맨 족에 대한 초기 연구들은 『무해한 사람들The
Harmless People』이란 제목의 책에서 정점에 도달하는데, 저자인
엘리자베스 마셜 토머스는 논쟁을 좋아하는 !쿵 족 사람들이
독화살이 날아올까 봐 항상 걱정한다는 사실을 알면서도 이 부족
안에서 살인은 드물다고 기술했다.[19] 비록 당시에 이들 부족의 살인
발생률이 뉴욕이나 로스엔젤레스와 맞먹었지만 말이다.

　　이 책에서 토머스는 !쿵 족을 집단적인 의견에 민감하고
갈등을 해소하고자 열심인 사람들로 정확하게 묘사했다. 실제로
갈등이 적게 벌어지는 이유는 이들이 종종 무아지경에 빠져 밤새
춤판을 벌이기 때문이다. 집단의 전체 구성원들이 함께 노래하고
춤추며 이들이 중요하게 여기는 사회적인 조화를 회복한다. 하지만
우리가 앞서 살폈듯 토머스의 정보는 심각한 갈등이나 살인이
벌어지는 빈도에 대해서는, 민족지학이라는 과학적인 기술을
활용하는 다른 여러 사람들과 마찬가지로 심하게 불완전했다.[20]

　　나중에 리처드 리가 마침내 !쿵 족의 정보원 몇몇을
설득해 집단 안에서 벌어지는 살인에 대해 솔직히 얘기하도록 한
다음에야 부시맨 족 내부에서 벌어지는 살인에 대한 정보가 쏟아져
나왔다. 이들은 비록 마음속 깊이 갈등을 피하는 것을 귀중하게
생각하는데도 살인 발생률은 분명 꽤 높아 보였는데, 그 이유는
이들이 쉽게 평정을 잃는 데다 덩치 큰 포유동물을 사냥하는 데는

전문가였기 때문이었다. 토머스가 알아낸 부시맨 족이 마음 통제를 통해 갈등을 상당히 억제한다는 측면은 단지 시작일 뿐이었다. 나중에야 리처드 리가 민족 역사학을 활용해 이런 초기의 갈등이 조심스럽지만 잘 기억된다는 점이 이들 부족의 전통적인 사회 조직의 두드러지는 일부라는 사실을 기술할 수 있었다.[21]

다른 모든 수렵 채집 사회와 마찬가지로 !쿵 족 역시 개인적인 차이를 표출하는 그들만의 문화적인 양식이 있었다. 이것은 사소하지만 이후에 심각하게 번질 소지가 있는 논쟁으로 시작하지만 이때는 다소 적대적인 농담에 국한되며 그 긴장감을 떠들썩하고 유쾌하게 해소한다. 그러다 다음 단계에서는 더 화가 난 당사자들이 유머라는 겉치레를 벗어 던지며, 논쟁이 더욱 격화되면서 폭력적인 갈등이 빚어질 가능성이 생긴다. 다음 단계는 당사자들이 '자'라고 불리는 성적인 모욕을 주고받는데 이것은 위태롭게도 폭력 사태가 가까워졌다는 뜻이다. 남성에게 최고의 성적인 모욕은 '죽어서 포피가 쭈그러들어라'인 반면 여성의 경우는 '네 질이 죽어 없어져 버려라'이다.[22] !쿵 족 문화에서는 신체 부위에 대한 노출이 수치스럽게 여겨지기 때문에 이런 '언어에 의한 노출'은 부끄러움을 일으키며 그에 따라 이런 모욕은 상반된 방향으로 비화된다. 하나는 놀랍게도 자살인데, 아마도 분노가 개인 내부로 돌아간 결과일 것이다. 그리고 보다 예측 가능한 또 다른 하나는 자기를 조롱한 사람에 대한 폭력적이며 무척 위해가 될 수 있는 앙갚음이다.

부족 남성들은 독화살을 항상 갖고 다니기 때문에 언어적인 갈등이 '자' 단계에 도달할 때마다 치명적인 공격이 급작스레 일어날 수 있다. 이런 일이 발생하면 집단 구성원들은 빠르게 자리에서 흩어지는 경향이 있는데 왜냐하면 곧 살인이

벌어지리라는 사실을 모두가 알고, 네트실리크 족을 비롯한
모든 수렵 채집자들이 그렇듯[23] 복수의 명목으로 살인이 더 많이
벌어지기 쉽기 때문이다. 모든 LPA 수렵 채집자 사회에서 갈등을
해소하는 일차적인 방법은 회피다. 그 이유는 이들이 유목민적인
생활양식을 가졌고 개인이 어떤 무리에 거주하는지에 대해
유연하게 생각하기 때문에 물리적으로 분리시키는 것이 갈등을
해결하는 실용적인 전략이기 때문이다.[24]

　　반면에 농경으로 토지를 활용하는 데 묶인 부족민들은 살던
곳을 정리하고 옮기는 일에 대한 비용이 훨씬 크다. 그래서 이런
정주성 평등주의자들은 부족장에게 갈등을 해소하는 제한적인
권위를 부여하는 것이 더욱 효과적이다. 하지만 !쿵 족은 무척이나
열렬한 평등주의자들이라 이런 일은 벌어지지 않는다. 리에 따르면
무리에서 존경받으며 평화를 사랑하지만 권위는 없는 한 남자가
신체적인 다툼으로 번진 '자' 수준의 갈등에 끼어들어 싸움을
말리려다가 거의 살해당할 뻔했다고 한다.[25]

　　여러 LPA 수렵 채집 사회와는 달리 !쿵 족은 고기 분배를
놓고 항상 다툼이 있는 듯하다. 이런 점은 내가 앞서 주장했던
감정이입에 근거한 너그러움, '공평한' 고기 분배, 나눔의 즐거움,
갈등 회피에 대해 의문이 들지 모른다. 하지만 실제로 !쿵 족에서는
그런 일이 벌어진다. 커다란 동물의 사체는 처음에 무리의
핵심적인 인물들 사이에서 공유되며 이들이 크거나 작은 가족
구성원들에게 고기를 더 나누는데, 이때가 되면 고기는 관습에
따라 집단의 소유물에서 개인의 소유물이 된다.[26] 이런 더 나아간
공유는 선택 사항이다. 비록 그런 공유에 대한 기대와 희망이
존재하고 그 과정에서 고기를 달라는 요청이 점점 많아지며 동시에
인색함에 대해 비난이 가해지는데도 그렇다. 그래도 기본적으로

일단 구성원 전체가 고기를 얻게 되며 사람들은 이런 전체적인
체계를 인정하고 이해한다.

고기를 둘러싸고 심각한 분쟁이 발생하는 경우는 무척
드물다.[27] 리는 간통이 원인이 되어 살인이 벌어진 갈등의 한 가지
사례사를 드는데 이 사건을 처음 유발한 것은 고기 분배에 대한
의견 충돌이었다. 하지만 아무리 !쿵 족처럼 다툼이 항시적으로
발생하는 사회라 해도 수렵 채집자들 사이에 고기 문제로
노골적인 갈등이 빚어지는 일은 그렇게 자주 발생하지 않는다. 팻
드레이퍼는 가끔 논란을 촉발하는 부시맨 족의 분배 양식에 대해
다음과 같이 분명히 말한다.

> !쿵 족에게 언어적인 공격은 흔한 일이다. 사실 재화가
> 공평하고 거의 지속적으로 분배되는 이유는 못 가진 자들이
> 자기들의 요구를 큰소리로 밀어붙이기 때문이다. 이들은
> 조화로운 공동체에서 살아가며 모두에게 기꺼이 분배를
> 할까? 꼭 그렇지도 않다. 어떤 문화든 의미에 대한 해석은
> 이런 종류의 애매모호함에 의해 필연적으로 실패한다.
> 하나의 분석 수준에서는 재화가 순환하며 따라서 부의
> 불공평함이 존재하지 않고 집단 내부와 외부에 평화로운
> 관계가 형성된다. 하지만 또 다른 수준에서는… 사회 행동이
> 현재 진행형인 난투극처럼 보일 것이다. 이것은 종종
> 우호적이지만 가끔은 매섭도록 진지하게 수행된다.[28]

이누이트 족에서 일어나는 갈등에 대해서는 부시맨
족 못지않게 그동안 집중적으로 연구되었다. 게르트 반 덴
스텐호벤Geert van den Steenhoven은 리가 했던 것처럼 나이 많은

정보원을 인터뷰하거나 이전에 탐험했던 사람들의 보고서를 활용해 캐나다 중부에서 벌어진 과거의 살인 패턴에 대한 믿을 만한 설명을 제공하고자 했다.[29] 그리고 아센 발리키는 이 자료에 효과적으로 의존했다. 발리키는 이누이트 족에서 분노를 동반한 갈등이 어떻게 일어나는지 자세하게 살폈는데, 비록 이들 부족의 방식은 칼라하리에서 일어나는 양상과는 꽤 달랐지만 그동안 쌓인 공공연한 갈등을 해소하는 사회적인 메커니즘이 확대되는 모습은 비슷했다.

소규모 무리에서 갈등은 스트레스를 동반하는 동시에 경제적으로 비용이 따를 수 있다. 두 사회에서 갈등은 쉽게 타인의 목숨을 빼앗는 데까지 번질 수 있는데 그 이유는 두 집단 모두 다툼에 끼어들어 화난 남성들 간의 연쇄적인 싸움을 당장 멈출 만한 권위를 가진 지도자가 탄생하도록 하지 않기 때문이다(남성 수렵 채집자들은 덩치 큰 포유동물을 사냥해 죽이는 만큼 무척 효과적인 사냥 무기로 무장하고 있다는 사실을 염두에 두자). 여기에 대해 발리키는 다음과 같이 서술한다.

> 네트실리크 족은 다툼을 중재하는 여러 가지의 다소 형식화된 기술에 대해 알고 있다. 이런 기술들은 보통 갈등을 공개하고 명확한 방식으로 해소한다는 의미에서 긍정적이다. 예컨대 주먹 싸움, 북 대결, 공인된 처형이 그렇다.
> 남자들은 어떤 이유에서든 다른 사람과 주먹 싸움에 도전할 수 있다. 이들은 보통 윗도리를 벗으며 도전자가 먼저 첫 번째 주먹을 상대한다. 주먹은 관자놀이나 어깨를 겨냥해 매 순서마다 한 번씩만 날릴 수 있다. 두 사람은 방어 자세를

취하지 않은 채 서서 번갈아 가며 주먹을 휘두르고 한 사람이 많이 맞아 항복할 때까지 경기는 계속된다. 이 과정은 다툼을 진정시키는 것처럼 보이는데 예컨대 한 정보원은 이렇게 말했다. "이렇게 싸움이 끝나면 이제 다 끝난 거예요. 한 번도 싸운 적 없는 것처럼 말이죠."

…노래 대결은 원한을 가진 두 남자가 갈등을 해결하는 관습적인 수단이다. 두 사람의 아내가 노래를 미리 만들고 익힌다. 준비가 되면 집단 전체가 의례용 이글루에 모이며 그런 다음 전령이 경쟁자들을 불러들인다. 그러면 북 반주에 춤을 출 때 으레 그렇듯 아내들이 차례로 노래를 부르고 남편들은 공동체 전체가 지켜보는 가운데 이글루 바닥 한가운데에서 춤을 추면서 북을 친다. 관중은 공연에 상당히 관심을 보이며 근친상간, 수간, 살인, 탐욕 행위, 간통, 사냥 실패, 공처가 같은 행동, 남자다운 힘이 부족하다는 등의 다양한 이유에서 서로를 부수고자 하는 북 치는 대결자들에 대해 실컷 농담을 하고 웃어 댄다. 두 대결자들은 집단이 인정하는 가운데 상대를 이기려고 온갖 지혜와 재능을 동원한다. (…)

이런 노래 대결이 대결자 개인에게 카타르시스를 준다는 점은 의심의 여지가 없으며 이런 의미에서 갈등은 '해소된다.' 그래도 가끔은 대결자 가운데 한 명 또는 둘 다 대결이 끝난 뒤에도 적대감을 계속 가질 수 있다. 이런 경우에 이들은 이번에는 주먹으로 싸움을 재개한다. 이러면 상황은 확실히 종결된다.[30]

두 문화에서 살인은 빈번하게 일어나며, 이런 갈등과 갈등

해소의 패턴은 문명과 접촉하기 전인 LPA 수렵 채집 사회에 꽤
흔했을지도 모른다. 이것과 관련해 이누이트 족 거주지를 일찍이
탐험한 사람들은 아직 이들 부족이 그런 문제에 대해 입을 다물기
전 이들에 대한 가장 좋은 자료를 수집했다. 앞서 살폈듯, 나머지
50곳 사회에 대한 자료에서는 처형에 대한 민족지학적인 보고가
실제보다 심하게 적게 표시되는 경우가 많았다. 심지어 여러
민족지학 자료에는 처형에 대한 언급이 아예 없기도 했다. 마치
부시맨들이 리처드 리가 그들의 과거에 대한 획기적인 연구를 하지
못하게 막는 듯했다.

여기에 대한 내 추측은 다음과 같다. 선사시대에는 목숨을
앗아가는 갈등이 잠재적으로 심각한 문제였다. 아무리 해당 지역의
조건과 문화 전통의 차이 때문에 살인 발생률이 확실히 낮다 해도
그랬다. 예를 들어 네트실리크 족은 여성에 대한 영아살해율이
무척 높아서(부모가 늙었을 때 보살펴 주는 것은 사냥꾼인 아들이라
여겨졌다) 일부 남성은 아내를 찾기 힘든 나머지 다른 남성을 죽이고
여성을 빼앗아야 했다.[31] 이런 상황이 살인 발생률을 높였지만
성격이 서로 부딪치는 남성들이나 자기주장이 강하고 호전적인
사냥꾼 사이에서도 살인이 벌어졌다. 부시맨 족의 경우 아내로
삼을 여성의 숫자가 그렇게 적지는 않았지만 그럼에도 구애를
둘러싼 다툼이 벌어졌다. 이보다 더 흔하게 다툼을 일으키는
상황은 간통이었는데 그러다가 살인이 벌어지기도 했다.[32]

복잡한 살해 사례

토착민들에게 살인은 괴물 같은 행동으로 여겨졌다. 그럼에도
이누이트 족 남성이 아내를 빼앗고자 같은 무리의 남성을 살해했을

때 그가 속한 무리는 도덕적으로 격분하기는 해도 집단적으로 아무런 조치도 취하지 않는 경우가 많았다. 집단 구성원들은 희생자의 가까운 남성 친척이 복수를 할 것이라는 사실을 알기 때문이었다. 그 결과 살인자와 그 가족은 뻔뻔하게 무리 안에 더 머물렀다가는 죽임을 당할 가능성이 높기 때문에 재빨리 마을을 벗어나는 경우가 많았다.[33]

다시 말해 처음 규칙을 위반한 사람은 집단 전체에 의한 처형이 아니라 친족의 손에 보복 살해당하는 것을 두려워해야 한다. 비록 우리가 가진 자료가 불완전하지만 이 점은 LPA 수렵 채집 사회에서 일반적으로 사실인 것처럼 보인다. 이런 보복의 패턴과 그에 따른 사회적 회피는 널리 퍼져 있으며[34], 가까운 친족 남성(드물게는 여성)을 잃고 살인을 저지르는 일이 예측 가능한 이유는 격심한 상실감과 슬픔에 마음속 깊이 자리한 복수심이 결합했기 때문일 것이다.[35]

비록 살인은 분명 용납되지 않는 행위지만 초범의 살인은 모든 집단 구성원들에게 일반적으로 위협이라 여겨지지는 않는 듯하다. 하지만 만약 어떤 개인이 두 명 이상의 희생자를 낸 연쇄 살인범이 된다면, 집단 구성원들은 즉각 확률적으로 자기들도 위험할 수 있다고 느낄 테고 그에 따라 집단행동이 나타나기 쉽다.

4장과 7장에서 살핀 것처럼 집단 전체가 여러 건의 적극적인 처형을 동시에 실시하는 경우는 드물게 보고된다. 이런 사례가 자세하게 기술되는 일도 드물다. 하지만 다행히도 리처드 리가 !쿵 족 부시맨에서 일어나는 살인을 대상으로 구체적인 연구를 수행한 적이 있다.[36] !쿵 족은 칼라하리 사막의 딱정벌레에서 뽑아낸 독을 화살 끝에 묻혀 사냥하는데 이 독화살에 맞으면 기린처럼 덩치 큰 동물도 며칠 만에 죽는다. 그리고 상처가 깊은데 피부를 절개해 독을 얼른 제거하지 않으면 훨씬 빨리 사망한다. 이들 부족은 이 독화살이 아이들의 손에 닿지 않게 조심하는데 그러지 않으면 아이들끼리 다투다가 목숨을 잃을 수도 있기 때문이다. 그뿐만 아니라 둘 이상의 성인 남성들 사이에 심한 싸움이 벌어지면 옆에서 지켜보던 사람들이 얼른 말리는데, 그러지 않으면 그중 한 사람이 흥분한 나머지 활을 들어 다른 사람을 쏘거나 손에 든 독화살을 상대에게 찌를 수 있다.

리의 철저한 인터뷰는 우리가 기술하고 있는 통계적인 패턴에 민족지학적인 풍부함을 더한다. 또한 어째서 일탈자에 대해 집단적인 공격이 일어나는 대신 친족이 대리 처형자가 되는 경우가 많은지 확실히 알려 준다. 비록 두 가지 방식 모두 남성 친족에 의한 복수를 사라지게 하지만 말이다. 여기서 명심해야 할 점은 우리가 덩치 큰 동물을 사냥하는 데 전문가인 데다 이미 사람을 죽인 적이 있는 두려운 연쇄 살인범을 죽이는 문제를 다루고 있다는 사실이다. 또 이 부족은 독화살을 사용하기 때문에 살인범은 죽어 가면서도 다른 사람을 해칠 수 있다.

리의 체계적인 연구는 1920년대에서 1950년대까지 서로 다른 4개 지역에 거주하는 !쿵 족 유목민들을 아우른다. 또한 그가 다루는 사례사에는 원래의 살인 사건과 친족에 의한 보복 살인, 연쇄 살인범에 대한 집단의 뒷받침을 받는 처형, '자' 수준으로 번진 다툼을 말리려다 의도치 않게 살해당한 선한 사마리아인의 사례들이 포함된다. 그렇게 인원수가 많지 않은 집단에서 40여 년 동안 도합 22건의 살인이 일어났는데 이 사건들은 복수의 연쇄를 가져오며 혼란을 일으켰다. 여기서 내가 다시 강조하고자 하는 것은 보츠와나 정부가 모든 살인범에게 징역형을 내리기 이전에 벌어진 살인 사건이나 살인범에 대한 처형에 관여한 정보원들의 신뢰를 얻었다는 이득을 리가 누렸다는 점이다.

　　정부에서 이런 식으로 살인에 대해 무척 적극적으로 대응하기 시작하자 !쿵 족의 소규모 유목 무리에서는 살인 사건이 사실상 사라졌다. 이 점은 앞서 살폈듯 수렵 채집자들이 문명과 접촉한 이후에 자기들의 처형 관습에 대해 침묵했다는 사실을 뒷받침한다. 조직화된 권위가 존재한다는 인식은 평등주의자들에게 커다란 영향을 줄 수 있었다. 비록 이들이 집단 구성원들 사이에서 권력을 공유하며 일반적으로 일탈자들을 독자적인 방식으로 처리하지만 말이다.

　　다음에 인용할 글은 정보원들이 리를 신뢰하게 된 이후 그와 인터뷰를 했던 내용을 교차로 구성한 것이다. 독화살을 활용하는 데서 시작해 집단 처형이 서툴게 집행되는 모습이 그려져 있다. 리는 아무리 부시맨 족이 사냥할 때 활을 잘 쏜다 해도 다른 사람과 다투는 과정에서 독화살을 겨냥하는 솜씨는 그렇게 대단하지 않다고 지적한다. 이 유례없이 자세한 묘사 속에는 처음에 대리 처형으로 시작했던 것이 결국 전면적인 집단 살인으로 번지는 모습이 나타나 있다. 이 과정이 무척이나 혼란스러운 만큼, 수렵 채집자들이 보통 효율적으로 친족에게 맡겨 일탈자를 매복했다가 빠르게 죽이는 방식으로 처형하는 이유가 쉽게 납득된다(!쿵 족의 이름 앞에 있는 느낌표와 마찬가지로 아래 글에는 부시맨 족의 언어에 존재하는 음소인 '혀 차는 소리[흡착음]'를 나타내는 발음 구별 기호가 표기되었다).

　　집단적 살인에 대한 가장 극적인 사례는 1940년대에 남자 두 명을 죽였던 악명 높은 살인자인 /트위에 대한 내용이다. 여러 사람들이 그를 죽여야 한다고 결론을 내렸다. 다음

이야기를 들려 준 정보원은 /트위의 남동생인 =토마다.
우리 형은 응//오!카우(/두/다 지역) 남서부에서 죽임을
당했다. (…) 사람들은 형 /트위가 많은 사람을 살해했기
때문에 창과 화살로 죽여야 한다고 말했다. 형은 이미 두
명을 죽인 상태였고 사람들에게 죽임을 당하던 날에도 여자
한 명을 찌르고 남자 한 명을 죽였다.

맨 먼저 형 /트위를 공격한 사람은 크사쉬였다. 그는
야영지 가까이에 숨어 기다리다가 형의 엉덩이에 독화살을
쏘았다. 이후 두 사람은 드잡이를 하다가 형이 /크사쉬를
넘어뜨렸는데 그런 다음 칼로 손을 뻗는 순간 /크사쉬의
장모가 형을 뒤에서 붙들고는 이렇게 외쳤다. "도망쳐! 이
남자는 모두를 죽일 거야!" 그래서 /크사쉬는 도망쳤다.
형 /트위는 엉덩이에서 화살을 뽑은 다음 자기 집에 가서
앉아 쉬었다. 사람들 몇몇이 모여 형의 상처를 절개하고 독을
뽑는 것을 도우려 했다. 그러자 형은 이렇게 말했다. "이 독이
나를 죽이고 있어. 난 그냥 오줌을 눌 거야." 하지만 오줌을
눈다는 것은 속임수였고 대신 형은 창을 쥐고 마구 휘둘렀다.
그리고 창은 //쿠쉬라는 여자의 입속으로 들어가 뺨을
뚫고 나왔다. //쿠쉬의 남편 응!에이시가 아내를 도우러
오자 형은 그 남자 역시 속여 등 뒤에서 독화살을 쏘았고,
응!에이시는 피하려다가 결국 화살에 맞아 쓰러졌다.
이제 모두가 몸을 피하거나 /트위에게 활을 쏘았다. 다들
형을 죽이겠다고 결정한 채였기 때문에 아무도 형을 돕지
않았다. 형은 화살을 쏘면서 계속 반격했지만 더 이상 아무도
맞추지 못했다.

그러다 형은 마을로 발길을 옮겨 한복판에 앉았다. 다른

사람들은 마을 가장자리에 몰래 도망쳐 숨었다. 형 /트위가 외쳤다. "아직 다들 내가 무서운가? 난 이제 끝장났고 목숨이 없는 것이나 마찬가지야. 이리로 와서 날 죽여. 내 무기가 두려운가? 이제 난 무기를 손에서 뗄 거야. 건들지 않을게. 그러니 와서 날 죽여."

그러자 사람들은 일제히 형에게 독화살을 쏘았고 형의 몸은 고슴도치처럼 변했다. 이윽고 형은 넘어져 쓰러졌다. 사람들은 여자고 남자고 다들 형을 둘러싸고는 형이 죽었다는 사실을 알면서도 창으로 계속 찔렀다.

그러고 나서 형의 시체는 땅에 파묻혔다. 사람들은 이후에 더 싸움이 날까 봐 두려워서 각자 갈라져 제 갈 길을 갔다. 논평하자면 유례없이 시각적으로 생생한 이 사례는 극적인 행동을 불러일으켰다. 살인자가 화살을 잔뜩 맞은 나머지 고슴도치 같았다는 묘사는 협동을 하지 않는 비위계적인 사회에서도 집단적으로 책임을 져서 행동할 수 있다는 사실을 보여 주는 놀라운 이미지를 제공한다. 나는 죽은 /트위의 어머니와 아버지, 여동생을 비롯해 그가 죽인 희생자들의 친족들과 인터뷰를 했다. 이들은 다들 /트위가 위험한 사람이라고 인정했다. 어쩌면 그에게는 정신병이 있었을지도 모른다.[37]

흥미롭게도 이런 상황을 처음 이끌어 낸 사람은 /트위가 죽인 남자가 아니라 옆에서 지켜보다가 상처를 입었던 여자의 남편이었다.

만약 '공동체적' 처형의 잘못된 사례가 있다면 이것일 것이다. 이런 이유로 대개 가까운 친족이 위임을 받는다. 앞장에서 살폈듯 가까운 남성 친족이 처형하는 대상은 강압적으로 남을 괴롭히는 범죄자인데, 그 가운데는 악의를 가진 다루기 힘든 주술사(만약 존재한다면)를 비롯해 도둑과 사기꾼, 정신병을 앓지 않은 일탈자들이 가끔 포함된다. 7장의 표 4는 10개의 LPA 수렵 채집 사회 가운데 6곳에서 처형 집행자의 역할을 맡기로 나선 한 명의 구성원이 있었다는 점을 알려 준다. 그에 따라 우리는 이런 전략이 오늘날의 수렵 채집자들 사이에서 두드러지게 나타나며 4만 5,000년 전에도 무척 널리 퍼졌을 것이라 추측할 수 있다.

이런 궁극적인 유형의 사회적 거리 두기는 빈틈없는 사회적 문제 해결 능력과 부합했다. 이 수렵 채집 사회에서는 누군가를 죽이는 일이 필요한 특정 상황에서만 이러한 궁극적인 사회적 거리 두기에 관여했기 때문이었다. 세푸처럼 상대적으로 다루기 쉬운 일탈자의 경우 사람들은 개인적 교정을 시도한다. 하지만 오늘 연쇄 살인을 저지른 범인은 내일도 똑같은 짓을 할 확률이 높고 그러면 이들을 처리하는 확실한 방법은 하나뿐이다.

이런 맥락에서 사회적으로 제거되어야 했던 대상은 일반적으로 남성이었고 이들은 보통 집단의 모든 구성원에게 이득을 주는 사냥꾼이었다. 이런 사냥꾼을 잃는 데 따르는 실용적인 불이익이 명확했기 때문에 집단 구성원들은 살인이 벌어지기 전에 다툼을 말려야 했다. 그리고 문제를 해결할 다른 방식이 존재하지 않을 때 비로소 처형을 활용하도록 자제했다.

집단의 기능을 심각하게 동요시키는 일탈자를 교정할 가능성은 딜레마를 해소하는 과정에서 감정이입이 중요한 역할을 하는지에 달려 있다. 타인을 가엽게 여기는 감정이 있으면 사회적 유대 관계가 있는 보통의 사람을 조직적으로 죽이기 어려워진다. 따라서 공감은 모든 수렵 채집 사회와 더 나아가 인간 사회

전반에서 발견되는 살인을 방지할 보편적인 처방에 포함된다. 하지만 이때 살인이 무엇인지는 지역마다 다르게 정의될 수 있다. 또 감정이입이라는 느낌은 대부분의 도덕적 다수자들이 사형이라는 방식을 꺼리게 해서 달리 방법이 없을 때만 활용하도록 영향을 끼친다.

수렵 사회에서 이런 소규모 도덕적 다수 집단은 사회적 문제를 해결하는 방식이 꽤 일관적이다. 상당수의 일탈자들은 지금 당장은 어쩌다 실수를 저질렀지만 교정이 가능한 하나의 인간으로 취급된다. 세푸 같은 일탈자에게 사회적 외면과 수치 주기 같은 방식이 쓰였던 것도 그런 이유에서다. 반면에 고질적으로 남을 괴롭히는 불량배, 연쇄 살인범, 적극적으로 이기적인 행동을 하거나 악의를 갖고 엇나간 주술사를 비롯해 집단 구성원들 대부분 또는 전부의 생활과 안녕, 도덕적 감수성을 심각하게 위협한 사람들은 죽임 당하거나 추방된다.

앞서 살폈듯이 처형은 일탈자의 번식적 성공에 심대한 영향을 미치며, 사형 집행자들은 자연선택과 관련해 자기 일을 계속 해 왔는데 나중에는 그들이 이득을 보기 때문이었다. 큰 잘못을 저지른 악당을 죽이면 평균적으로 평등주의적 집단의 모든 구성원들은 그 과정에서 얻은 자원을 공유할 것이다. 고기 분배를 두고 상습적으로 사기를 치는 자와 사실상의 도둑에게도 똑같은 원리가 적용된다. 선량한 시민과 일탈자 사이의 경쟁은 종종 제로섬 게임이기 때문에 공동체에서 이뤄지는 처형은 훌륭한 성과를 낼 수 있다. 또 이때 집단의 경제에 공헌하는 보다 덜 심각한 일탈자들에 대해서는 교정이 이뤄진다.

앞장에서 살폈던 남을 괴롭히거나 속이는 무임승차자에 대한 처형은 도덕의 기원 시나리오에서 중요한 역할을 담당했다.

첫 번째 시나리오는 가치의 내면화를 동반한 옳고 그름에 대한
양심적인 감각의 등장을 포함한다. 이것은 에덴동산 없이도
도덕의 기원을 설명한다. 이때 양심의 획득은 극심한 사회적인
통제의 결과인데 여기에는 자기 통제력이 심하게 결여된 개인들을
신체적으로 제거하는 것뿐 아니라, 더 가벼운 제재를 통해 사회적
일탈자들의 적응도에 타격을 주는 일이 포함된다.

　　일단 양심이 효과적으로 진화하고 나면 심각한 집단적
처벌에 대한 위협은 무임승차자들의 잠재적인 포식 행동을
억누르는 데 주된 역할을 하며 이에 따라 이전과 꽤 다른 효과가
나타난다. 이런 변화와 발전은 그렇게 대단하지는 않지만
사회적으로 상당한 정도의 이타주의가 유전적으로 진화되는 길을
열었으며, 그에 따라 양심이 작동하고 전반적인 사회생활을 하는
데 필요한 상당한 수준의 너그러움이 생겨났다.

　　이러한 두 종류의 발전이 가능했던 이유는 먼 옛날 전적응에
따른 연합 덕분에 인류 조상이 대규모 집단을 꾸려 사회 문제를
해결하기 위해 행동할 수 있었기 때문이다. 처음에는 정치적인
다수가 이런 일을 했지만 일단 양심이 자리를 잡으면서 이
다수자들은 도덕을 갖췄다.

도덕적 다수의 삶

무리 구성원들의 마음속에서 사회적 제재는 집단에서 비롯한
것이었으며 이때 집단 전체가 진정한 합의에 도달했는지, 아니면
(종종 일탈자들의 친족인) 몇몇이 한쪽으로 물러나 중립을 지키는
가운데 도덕적 다수가 의지를 행사했는지는 상관없었다. 또한 한
명이나 몇 명의 개인이 집단을 대표한다고 나서는지 여부에도

크게 상관없다. 중요한 점은 이들이 자기들 뒤에 집단이 (도덕적 다수가) 있다는 사실을 알고 있는가이다. 만약 모른다면 제재를 가하려는 시도는 단지 편을 가르는 분쟁이 될 뿐이다. 이런 분쟁은 모든 구성원이 누리는 사회생활의 질을 저하시키며 앞서 살폈듯이 집단을 분열시키기 쉽다.

적당하게 잘 통합된 도덕적 다수를 이루는 것은 모든 평등주의적 무리의 사회생활이 계속 유지되는 데 대단히 중요하다. 그 이유는 개인적인 중재자들에게 격렬한 다툼을 멈출 만큼의 권위가 허락되지 않으며, 몇몇 일탈자들은 위력이 대단해서 도움이나 지원 없이는 처리되기 어렵기 때문이다. 경찰이나 판사, 배심원이 없는 소규모 무리의 구성원들은 이런 역학에 대해 잘 이해한다. 이들은 영구적인 한 사람의 우두머리를 인정하지 않는 경우가 많다.

무리의 다수를 성가시게 하거나 심각하게 위협하는 동시에 도덕적으로 강하게 뒷받침되는 규범을 위반한 일탈자는 분명 화를 자초하게 된다. 일탈자든 징벌자든 전에 제재를 경험한 사람이 있다면 여기에 따라 당장 나타날 집단의 반응이 어떨지 예측하기 쉽다. 또한 단순히 뒷소문이나 잡담에 참여하는 것만으로도 대체적인 집단의 여론이 어떻게 흘러가는지 지속적으로 알 수 있다. 이렇듯 타인을 평가하는 공동체는 인류의 사회생활이 갖는 결을 도덕적으로 만들며 이런 공동체는 지난 수천 세대에 걸쳐 예측 가능한 방식으로 자리를 잡아 왔다.

10장.
플라이스토세의 흥망성쇠

인류의 본성과 유연성

문화는 어떻게 보면 맹목적인 관습이지만 동시에 사람들로 하여금 문제를 해결하게 하는 측면도 있다. 사회생활의 상당 부분이 공동체의 의식적인 욕구와 목적을 감안해서 유연하게 구성되는 만큼, 지역 환경이 변화하면 사람들이 신중하고 통찰력 있게 자기들이 생각하는 대로 욕구를 충족하기 위해 관습을 변경한다 해도 놀랍지 않다.

　　　이제 우리의 문화적으로 현대적인 선조들이 얼마나 도덕적으로 유연했는지에 대해 생각해 볼 때다. 호의적일 뿐 아니라 동시에 예측 불가능하고 위험했던, 극단적으로 변화하는 선사시대의 환경에서 말이다. 또한 우리는 이런 유연성이 어떤 방식으로 우리가 진화했던 구조적으로 모순적인 사회적 자연에 결부되어 있었는지 살필 것이다. 왜냐하면 가끔은 이기주의가 족벌주의와 갈등을 빚기도 하지만 이기주의와 족벌주의 모두 가족 외부 사람에게 너그러운 경향과는 갈등 관계이기 때문이다. 우리에게 중요한 주제는 적당하거나 풍요로운 시절에서 빈곤하고

완전히 기아 상태에 이르는 시기에 각각 식량 분배가 어떻게
이뤄지는지에 대한 것이다.

분배는 얼마나 다양한가

부시맨이나 네트실리크 족을 비롯해 내가 조사했던 48개의 다른
LPA 사회에서 처음으로 일어났던 고기 분배 방식 같은 보통의
사례에서 사람들은 앞서 살폈던 다양한 관습을 통해 (적어도 고기가
분배되기 전에는) 기본적으로 커다란 사냥감이 모두의 소유물이라는
것처럼 행동했다. 이런 방식으로 커다란 사냥감이 전용되는 것은
대체로 여론의 압력에 의해 지속되지만, 특정 개인이나 그들의
가족이 고기를 독점하는 일을 막기 위해 만약 필요하다면 물리적
힘이 가해질 수도 있다.

    사회적 압력과 적극적인 제재가 결합하면 이기적이거나
몹시 친족주의로 기운 사냥꾼의 오만함을 통제하는 데 꽤
효율적이다. 그 사냥꾼들이 자기 집에 자랑스레 먹을 것을
가져다주고 으스대는 유형이라면 특히 더 그렇다. 이런 제로섬
게임의 즉각적인 승자는 무리의 다른 모든 구성원들이며 이때
이들에게는 큼직한 사냥감이 달려 있는 한 그들의 무리는 하나의
큰 협동 단위라는 생각이 밑에 깔려 있다.

    이런 패턴은 덩치 큰 사냥감을 잡는 것이 쉽지 않고 획득
여부를 예측할 수 없는 평상시에 적용된다. 하지만 그렇더라도
사냥감은 꽤 풍족해 해당 집단이 생존하는 데에는 무척 유용하다.
그 결과 우리가 여태껏 길게 다뤘던 효율적이고 문화적으로
정형화된 고기 분배 체계가 생긴다. 그렇지만 모든 시기가
이렇지는 않았으며 플라이스토세에는 끔찍하게도 이 점이

반복해서 명백하게 드러났다. 가끔씩 우호적이었던 환경은 종종 나쁜 방향으로 극적으로 바뀌었으며 그럴 때마다 우리 조상들은 지독하다고 할 만큼의 결핍에 시달렸다.

사정이 좋은 시기의 다양한 공유 방식들

하지만 먼저 우리는 계절에 따라 자원이 풍족하게 집중된 드문 시기에는 어떤 일이 벌어지는지 알아봐야 한다. 서로 협력하는 개체군은 보통의 고기 분배 체계를 활용하기에는 통제하기 힘들 만큼 꽤 큰 규모까지 뭉칠 수 있다. 캐나다 중부의 먼 북쪽 지방에 사는 네트실리크 족은 매년 이런 가능성을 실현시키는데 우리는 이제 바다표범의 사체를 공평하게 분배하는 이들의 놀라운 체계에 대해 더욱 자세히 살펴볼 것이다. 이것은 알렉산더의 간접적 호혜성을 대규모로 보여 주는 멋진 사례라 할 수 있다. 겨울이 되면 소규모 무리 꽤 여럿이 해빙 위에 살면서 바다표범의 고기로 여러 달을 불편 없이 보내는데 이 무리의 구성원은 60명에서 80명을 넘을 수도 있다. 바다표범이 얼음에 뚫은 숨구멍을 뒤져 가며 사냥하기란 결과가 어떻게 될지 알 수 없는 고도의 예측 불가능성을 동반한다. 우리가 보통의 소규모 무리의 사례를 통해 살폈듯이, 네트실리크 족은 가족들의 고기 섭취량에 크게 변동이 생기지 않는 훌륭한 고기 분배 체계를 만들었다.[1]

바다표범의 몸을 일곱 개의 주요 부위로 나누는 도축자의 도표를 상상해 본다면 이 체계의 기초를 살피는 데 도움이 될 것이다. 사냥에 참여한 사냥꾼이 바다표범을 잡으면 항상 정해진 협력자에게 서로 다른 부위를 준다. 예를 들어 물갈퀴는 물갈퀴를 주기로 정해진 사람에게 준다. 그러면 그도 운이 좋아 바다표범을 잡으면 보답을 할 것이다.[2] 이런 체계에서는 항상 모두가 바다표범 고기를 조금씩 먹을 수 있다. 그리고 30명 정도로 구성된 보통의 무리에서는 사냥꾼이 7명이면 사냥감을 잡아서 고기를 분배하는 대략적인 담당자의 수로 적절하다.

무리의 구성원이 60명인데 이들이 한 마리의 바다표범을 가지고 나눈다는 것은 확실히 말이 되지 않는다. 하지만 만약 이 네트실리크 부족의 가족들이 스스로 각자 사냥을 한다면 어떨까? 아무리 솜씨 좋은 사냥꾼과 그 가까운 친족이라도 어떤 달은 바다표범 2마리를 잡았다가도 운이 조금만 나쁘면 다음 달에는 전혀 잡지 못할 수 있다. 다시 말해 확률적으로 생각했을 때 이런 '고기 보험' 체계에 따르면 7명의 분배 협력자들은 분산 감소를 통해 고기와 지방을 그렇게 많이 얻지 못하는 경우가 종종 있더라도 언제나 적당한 양을 먹을 수 있다. 이런 협력자들은 전부 서로 친족이 아니다. 한편 확대가족의 테두리 안에서 친족끼리는 자동적으로 식량을 나누기 때문에 고기의 섭취량을 조절하는 이런 체계가 필요하지 않다.[3]

또한 정말 다행히도 식량이 넘쳐나는 시기에는 무척 다른 종류의 문화적 유연성이 나타난다. 보통의 무리에서 생활하는 사람들이 뜻밖의 횡재를 하면 친족이 아닌 가족들 사이의 공평한 분배는 모습을 감출 수 있다. 폭이 좁은 하천에서 카리부 순록 떼를 가로막아 여러 마리를 한꺼번에 죽이는 것이 그런 예다.[4] 고기가 넘쳐나면 고기를 분배하는 일의 의미가 없어진다. 언젠가 고기 공급이 다시 산발적으로 바뀔 때까지 그렇다. 이 시점이 되면 평상시의 분산 감소 체계가 다시 작동하기 시작해 가족별 고기 섭취량을 효과적으로 균일하게 맞출 것이다.

공유의 논쟁을 초래하는 측면

하지만 이 체계에는 동전의 양면이 있다. 사냥감이 평소와 달리 무척 드물 때 그렇다. 하지만 이렇듯 수렵 채집자들이 지독한 궁핍에 놓일 때 어떤 일이 벌어지는지 알아보기 전에 분배 행위에 놓인 동기에 대해 좀 더 설명할 필요가 있다. 분배의 패턴에 영향을 미치는 기본적인 동기는 복잡할 가능성이 높은데 그 이유는 앞서 살폈듯이 그것들이 뒤섞여 있기 때문이다. 먼저 너그러운 분배의 경우에는 사회적으로 유대관계를 맺은 타인이 무엇을 필요로 하는지 감지하고 감정이입에 의해 이해했기 때문에 일어난다. 이때 그 타인은 무척 친숙한 사람일 수도 있지만 단지 얼굴만 아는 사람일 수도 있고 가끔은 같은 인류의 구성원이라는 것 말고는 전혀 모르는 사람일 수도 있다. 또한 공유를 해야 한다는 마음속 깊이 내재화된 의무감 때문에 나누기도 한다. 그뿐만 아니라 수치심을 피하고 좋은 평판을 얻기 위해 나누거나, 미래의 이득을 위해 나누기도 한다. 우리는 앞으로 이런 복잡한 동기를 가진 분업뿐 아니라 수렵 채집자들이 가진 한계에 대해서도 살펴볼 것이다.

먼저 20~30명의 북적이는 무리로 이뤄진 보통의 LPA 집단에서 고기의 분배 이후 어떤 일이 생길지 다시 생각해 보자. 일단 분배하고 나면 고기는 사적인 소유물이 된다. 이것은 이 고기를 가족 외부의 타자에게 주는 것은 선택 사항인 반면, 비록 질투나 다툼이 생길지 몰라도 가족 내부에서는 기본적으로 당연히 자동적으로 분배가 일어난다는 것을 뜻한다. 이때 일반적으로 인색함은 지양되며 너그러움이 고취된다. 또한 선택 사항이지만 사적으로 고기를 나눌 때 비친족 가족들 사이에서 분배가 이뤄질 수도 있다. 비록 이때 그런 분배의 일부에는 이기적이고 족벌주의적인 경향이 깔려 있어 가족 외부를 대상으로 일어나는 너그러움을 촉진하는 경향과는 반대로 작용하기 때문에 모순이 생길 수 있지만 말이다.

드물게 이런 모순은 고기를 두고 벌어지는 심각한 사회적 갈등을 일으킨다. 예를 들어 적법하다고 간주되는 요청이 완전히 거부되거나 예상되었던 비공식적 보답이 자발적으로 이뤄지지 않았을 때 그렇다. 이누이트 족[5]과 칼라하리 족[6] 모두 이런 갈등에 대해 기록하고 있다. 예컨대 브리그스가 연구했던 우트쿠 족에서 문제를 야기할 정도로 인색한 성격이었던 니키라는 여성은 방해가 된다는 이유로 자신이 부분적으로 사회적 외면을 당하고 있다는 사실을 알았다.[7] 이런 문제가 LPA 수렵 채집자 사이에서 일반적으로 발생할 수 있다는 점은 분명하다. 하지만 이때 비공식적인 가족 간의 고기 분배의 맥락에서는 (무리를 분열시킬 정도의) 아주 심각한 다툼은 몹시 드물다는 사실도 염두에 둬야 한다.

우리는 앞서 수렵 채집자 사이의 고기 분배를 침팬지를 대상으로 모형화된 개념인 '묵인된 절도'에 빗대는 잘 알려진 학계의 주장에 대해 알아봤다. 이런 다소 냉소적인 모형은 인류의 식량 분배에 대한 몇 가지 사실들과 꽤 잘 맞아떨어지는 것처럼 보인다. 첫째, 일부이기는 하지만 그럼에도 다수의 LPA 수렵 채집 사회에서 앞서 살폈던 분배가 '공유화'되는 흐름은 일상적이자 지속적인 더 많은 고기에 대한 수요를 동반한다.[8] 이런 특징은 관습적인 규칙의 불공평함에 대해 직간접적으로 비판하는데 어쩌면 그 밑에 깔린 적대감이 분배를 일으키는 동기가 될 만큼 위협적일 수도 있다. 하지만 아무리 어떤 집단에서 분배를 둘러싸고 논쟁을 자주 일으킨다 해도 커다란 사냥감은 항상 구성원들에게 분배되기 때문에 모두가 주기적으로 고기를 얻을 수 있다. 또 이런 다툼이 잦은 집단의 구성원들 역시 다함께 먹는 데서 즐거움을 찾는 데다 (반복하지만) 심각한 다툼은 아주 드문 편이다.

비록 이런 분배에 따르는 다툼의 정도가 무척 다양하지만 나는 이것들 전부가 가족 외부로 향하는 너그러움을 칭찬할 때 사용하는 보편적인 묘사와 비슷하게 간주될 수 있다고 생각한다. 이런 다툼은 문화적으로 관례화된 방식으로 가족 외부를 향해 너그럽게 행동하려는 다른 사람들의 상대적으로 미약한 경향을 '비트는' 역할을 하지만 이것은 단지 비트는 정도에 지나지 않는다. 모든 구성원이 부담스럽고 무리를 분열시킬 수 있는 싸움을 하고자 안달이 나 있지는 않다.

가족 외부로 향하는 너그러움을 이렇듯 의도적으로 확대하려는 시도는 너그러운 행동을 촉발하려고 잔소리를 하거나 앞서 길게 살폈던 것처럼 집단 내부에서 너그러움을 명시적으로 요청할 때 분명하게 드러난다.[9] 하지만 동시에 남을 속이는 사냥꾼이나 분배의 규칙을 심각하게 어기는 약삭빠른 도둑들을 처벌할 때도 보다 간접적으로 나타난다. 이런 모든 조작적 조치들이 있다는 것은 이 귀중한 물자를 공유하고 분배하는 일이 상당한 모순과 부딪쳐 가며 달성한 성과라는 사실을 암시한다.

이때 중요한 한 가지 교훈이 있다면 비록 유전적 성향의 수준에서 이타주의가 분명 이기주의나 족벌주의보다 떨어진다 해도, 이타주의를 증진하는 보살핌과 너그러움의 감정은 갈등이 생길 가능성을 줄일 수 있다는 것이다. 왜냐하면 기본적으로 이런 감정들은 식량을 두고 벌어지는 개인적인 갈등을 일부 약화시키기 때문이다. 실제로 나는 사람들의 너그러움이 협동이라는 바퀴에 기름칠을 하며 사람들은 이 점을 직관적으로 이해한다고 믿는다. 그렇기 때문에 너그러운 성향은 끊임없이 모습을 달리 하며 나타난다. 그리고 그 결과는 모두에게 좋을 수 있다. 이것은 먹을 것이 풍족하거나 적당한 시기에는 사람들이 꽤 효율적으로 협동하게 이끈다. 그래서 가끔은 앞서 살폈던 다듬어지지 않은 구석이 나타나지만 사람들은 기꺼이 너그럽게 행동한다. 즉 오늘날 비친족을 향한 너그러운 행동에 따르는 긍정적이거나 부정적인 압력은 다양하며 이것은 사실상 4만 5,000년 전부터 (어쩌면 그보다도 이르게) 문화적으로 현대적인 인류의 분배 체계에서 무척 중요한 요소였을 것이다.

오늘날 !쿵 족과 네트실리크 족은 둘 다 가족 내부에서 일상적으로 자원을 공유하며, 두 문화권 모두 사람들은 가끔 굶주림에 시달린다. 그런데 !쿵 족은 전 세계에서 가장 다툼이 잦고 논쟁적인 문화를 가진 것처럼 보인다. 집단 수준에서 공유화된 고기를 초반에 분배하는 문제뿐 아니라 나중에 사유화된 고기를 다른 가족의 구성원들이 요청할 때 다툼이 생긴다. 그에 따라 일반적으로 !쿵 족 구성원들은 무척 말이 많으며 어쩌면 개인 간에 격한 갈등이 생기기 쉬울지도 모른다. 이들 역시 다른 LPA 수렵 채집자들처럼 너그러움을 중요하게 여기며 갈등을 줄이고자 애쓰는데도 그렇다.

또 덧붙여야 할 점은 팻 드레이퍼의 연구에 따르면 이렇듯 논쟁적인 대화 방식을 가졌음에도 !쿵 족은 꽤 효과적으로 자원을 분배하는 것처럼 보인다는 사실이다. !쿵 족과 오스트레일리아의 특정 원주민들[10], 그리고 분배 방식이 무척 호전적인 몇몇 부족들의 독특한 특징이 있다면 고기의 공평한(이누이트 족을 비롯한 여러 수렵 채집 부족들처럼 공평한) 배분에 대한 자기들의 모순과 걱정을 숨기려 애쓰지 않는다는 점이다. 내 생각에는 문화가 호전적일수록 공평한 분배에 대한 불안을 공공연하게 드러내며 이 불안감이 널리 퍼진다. 이런 문화에서는 이기주의와 족벌주의가 이타주의를 쉽게 능가하기 때문이다.

너그러움의 감정이 어떻게 협력을 뒷받침하는가

인류의 본성에 대한 나의 주장은 다음과 같다. 간접적 호혜에 따른 고기 분배 체계가 발명되고 유지되도록 이끈 사람들 마음속의 너그러운 감정이 결정적으로 중요하다는 것이다. 동시에 다음과 같은 사실 또한 참이다. 기본적으로 이런 이타주의적인 경향은 무척 미약해서 수렵 채집자들의 분배 제도는 강력한 문화적인 지지를 끊임없이 요구한다는 것이다. 지나치게 많은 갈등 없이 협력의 혜택을 거둬야 한다면 말이다. 어떤 의미에서 이런 선천적으로 너그러운 성향은 일을 감당하지 못하는 셈이다. 이때 문화적인 수준에서 일을 마무리하기 위해 심각하고 지속적인 집단의 반감과 적극적인 제재가 지나친 갈등 없이도 비친족 사이에서 간접적 호혜성의 체계를 만드는 데 공헌한다. 상당한 크기의 무리에서 생활한다는 사실이 효과가 있다는 사실과 심각한 갈등은 무리를 분열시킬 수 있다는 사실을 단순히 자각하는 것 역시 도움이 된다. 너그러움에 호의적이고 긍정적인 설교뿐 아니라 가끔은 타인을 통제하려는 적대적인 잔소리도 그렇다.

만약 이렇듯 인류의 본성을 바람직한 측면으로 변경하려는 시도가 필요하다면, 우리는 다음과 같은 질문을 던져야 할지도 모른다. 이런 분배 가운데 얼마큼이 '진정한' 감정에 따라 이뤄지는가? 다시 말해 너그러움이라는 실제 감정에 중요하게 기초하고 있는가? 여기에 대한 답은 분명 분배하는 사람의 성격이나 분배가 이뤄지는 상황과 맥락에 따라 다를 것이다. 또 분배하는 사람과 받는 사람 사이의 유대관계가 어느 정도인지와 친족이 관여하는지 여부에 따라서도 달라진다. 하지만 평상시에 사람들은 분배를 꽤 효과적으로 실시하며 이것은 홀로세에 보통 하나의 패턴이었다. 그렇다면 기후가 변덕스럽게 바뀌고 종종 생물이 살기에 잔혹하며 무척 위험했던 플라이스토세 후기에는 어땠을까?

지독한 결핍이 공유의 종말을 불러온다

우리가 이런 이기주의와 족벌주의, 그리고 넓은 의미의 너그러움의 분업을 고려할 때, 식량이 모자라는 시기에 어떤 일이 벌어지는지는 큰 흥밋거리다. 이때 덩치 큰 사냥감을 획득하기가 무척 어려워지고 발견한다 해도 심하게 살이 빠진 개체일 경우 이런 효과를 일으킨 기후 조건은 인류가 식물이나 덩치 작은 사냥감으로도 생계를 잇기 어렵게 만든다는 점을 기억해야 한다.
물론 북극에서는 사냥감이 잡히지 않는다고 식물을 대신 섭취한다는 대비책 자체가 없다. 이 지역에서는 얼리는 것이 주된 식량 저장법이지만 이 방식을 사용하지 못하게 하는 장애물도 존재한다. 예컨대 목적이 뚜렷한 늑대나 힘센 곰 같은 육식동물들은 고기가 있는 곳을 돌멩이로 덮어 둔다 해도 그 은신처를 습격할 수 있다. 은신처가 너무 깊이 자리하면 영구 동토층을 힘들게 파 들어가야 한다는 문제도 있다. 네트실리크 족은 가끔 여분의 고기를 얼려 놓기도 하는데 앞으로 살피겠지만 그런다고 해서 무척 혹독한 겨울을 견디기에는 충분하지 않다.

고고학자 로런스 킬리는 식량이 부족한 시기에 대한 정보를 입수할 수 있는 북아메리카의 수렵 채집 사회 40곳을 조사한 적이 있다.[11] 그 4분의 1은 내가 앞서 LPA 집단이라 부른 사회였는데 대부분은 이누이트 족이었다. 이때 13곳이 사람들이 굶어 죽을 만큼의 기근을 흔하게 경험했는데, 이 가운데는 네트실리크 족처럼 캐나다 내륙에 살며 이누이트 어를 말하는 부족을 비롯해 모피 무역을 하며 LPA 집단이 아닌 태평양 북서부의 아타파스카 내륙 한대수림에 거주하는 여러 부족들이 포함되었다. 그리고 가끔 기근을 경험하는 집단은 아북극의 내륙 숲 지대에서 얻은 모피로 교역하는 12곳의 비-LPA 집단도 있었다. 기근에서 자유로웠던 15곳의 사회는 거의 캘리포니아에 살았으며 정주성 집단이었다. 킬리는 자신의 연구 표본에 대평원에 사는 기마 사냥꾼들은 포함시키지 않았다.

여기서 한 가지 중요한 발견은 일부 지역은 꾸준하고 변함없이 생계를 꾸리는 반면에 일부 지역은 시간에 따른 자원 획득량의 변동 폭이 커서 앞으로 기근이 닥칠 것이라 예측할 수 있었다. 이때 흥미로운 사실은 기근에서 자유로운 지역이 자원이 풍부하고 밀집되어 있어 대부분의 수렵 채집자들이 보통의 유목 무리보다 대규모로 모여 사는 캘리포니아 지역이라는 점이었다. 이들은 일단 정착지에 영구적으로 머물렀으며 가족 단위로 식량을 저장했다. 이런 형태는 1만 5,000년 전의 기본적인 유목 생활 패턴에서 벗어난 모습이다. 비록 당시에도 이런 예외가 아예 없지는 않았을 테지만 말이다.

북아메리카에서는 건조하고 기후가 변덕스러운 그레이트베이슨에 사는 사람들에게도 기근이 닥쳤는데 이 지역은 역시 비슷한 식량 부족을 겪는[12] 칼라하리 사막, 오스트레일리아

내륙의 사막과 유사했다. 하지만 수렵 채집 사회의 기근에 대한 우리의 주된 설명은 북극 중부와 동부, 그리고 아북극 한대수림 지역에서 비롯하는데 그 이유는 이곳에서는 고기가 공급되지 못할 때 식물성 식량(또는 작은 사냥감이나 곤충)이 큰 대체재가 되지 못하기 때문이다.

이들 사회에서 일단 기근이 가까워지면 식량 배분은 두 가지 단계로 나뉘는 것처럼 보인다. 이 결론에 도달하는 과정에서 나는 다소 양적으로 부족한 수렵 채집 사회에 대한 자료뿐 아니라[13] 이들과 비슷하게 작은 무리를 지어서 생활하는 농경 부족민에 대한 보다 풍부한 정보를 활용했다. 농경민들이 비록 장기간 식량을 저장하지만 가끔 가뭄이 들면 기근에 직면하기 때문이었다.[14][15] 기근이 다가와도 이들 무리의 여러 가족들은 식량이 풍족할 때와 다를 바 없이 내부에서 식물성 식량이나 작은 사냥감의 고기를 계속 분배할 수 있다. 그렇지만 덩치 큰 사냥감에 대한 소비는 다음과 같은 세 가지 이유로 줄어들 것이다. 사냥감이 드물어지고, 사냥꾼들이 굶주려서 사냥할 기력이 없으며, 덩치 큰 사냥감을 잡아도 동물이 야위어서 고기의 양이 훨씬 줄어들기 때문이다. 더구나 변동의 폭이 늘면서 집단 수준에서 공유하는 것은 통계적인 이유로 점점 타당성을 잃기 시작한다.

이렇듯 영양학적으로 부족해지는 맥락에서 족벌주의적인 경향은 비친족과 식량을 공유하려는 이타주의적인 경향을 단호하게 억누를 것이라 예상할 수 있다. 그리고 궁핍이 실제 굶주림으로 이어지면서 당장 다음에 일어나는 일은 전혀 사소하지 않게 된다. 가족 안에서 이기주의적인 경향은 점차 족벌주의를 억누르기 시작하며, 아무리 서로 가까운 핵가족이라 해도 식량 공유량은 극적으로 줄어든다. 극단적인 상황에서는 가족 안에서 식인이 벌어지기도 하는데 주로 북극에서 그런 사례들이 나타났다.[16] 인류는 강력한 이기주의와 강한 족벌주의, 그리고 상대적으로 미약한 이타주의를 지닌 만큼 다른 지역에서도 수렵 채집자들이 죽음을 목전에 둔 상황에서는 무척 비슷한 행동을 보일 것이라 예측할 수 있다.

플라이스토세의 아프리카에서 식량 부족이 나타났을 때 대비책인 식물성 식량이 부재하지는 않았다. 하지만 주기적으로 극단적인 가뭄이 급작스럽게 나타나 동식물 전부에 영향을 끼친다. 또한 오늘날에 비해 어려운 시기가 훨씬 자주 닥쳤으며 주기적으로 반복되는 상황에서, 식량을 공유할 기회에 고도로 유연한 반응을 보였던 인류는 이런 지역적인 기후의 변동에 대응하는 데서 큰 적응적 이점을 가졌다. 당시에는 50년 정도면 풍족한 시기에서 위험할 만큼 부적절하거나 더욱 심각한 시기로 바뀌었다.

오래 전 유스티스 폰 리비히Justis von Leibig라는 농학자는 환경에 대한 '최소량의 법칙'을 발표한 적이 있다.[17] 이 법칙에 따르면 유전자 풀에 미치는 자연선택의 효과는 평상시보다는 특정 자원들이 무척 희소하고 한정될 때 강력해진다. 즉 극북 지방에서 포유동물과 어류는 인구에 대한 제한요인인데 그 이유는 눈과 얼음을 통해서만 물을 구할 수 있기 때문에 식물이 자라기에 덜 적합하기 때문이다. 반면에 칼라하리 사막에서는 물을 구할 수 있는지의 여부가 주된 제한 변수다.

이제 이런 통찰은 선사시대의 인류가 병목 효과를 겪었고 그러는 동안 전체 인구가 꽤 적었을 것이라는 사실과 결합한다.[18] 동물과 식물에서 비롯한 식량이 둘 다 단기적으로 부족해지면 해당 지역의 인구가 멸종할 확률이 높으며[19] 선사시대에 적어도 한 번은 전체 생물 종의 멸종도 실제로 일어났을 가능성이 있다.[20] 이런

맥락에서 우리가 지금껏 논의했던 공유와 분배의 폭넓은 유연성이
갖는 이점은 인류 집단과 가족, 개인들에게 큰 변화를 가져왔을 수
있다. 사람들은 자원을 어떻게 언제 공유할 것인가에 대해 무척
상반된 결정을 내리는 경우가 종종 있기 때문이다.

플라이스토세 후기에 우리 인류처럼 도덕적 감수성을
지닌 문화적으로 현대적인 존재가 극단적이고 잔인하게 건강이
나쁜 주변인을 분류해야 할 상황에 종종 놓였다는 점은 안타까운
일이다. 이들에게는 (이타주의를 통해서든 족벌주의를 통해서든)
타인을 도와야 한다는 마음속 깊이 내면화된 도덕적 가치들을 제쳐
두어야 하는 상황이 거듭 닥쳤다. 그것은 가족의 이득을 위해서,
심지어는 개인적인 생존을 위해서였다. 막상 일이 닥치면 집단
수준의 분배와 공유는 거의 사라졌는데 그 말은 집단이 전체적으로
협력하기를 멈추면서 굶주린 가족이나 개인들이 선택의 단위가
될 가능성이 무척 높아졌다는 뜻이다. 이때는 누구든 가족 단위의
협력을 보였다. 어떤 맥락에서는 부모들이 희귀해진 식량을
자식에게 나눠 주거나 각자 나눠 먹는 것이 재생산 측면에서
성공적이었을 것이다. 그리고 더욱 압박이 심한 상황에서는 각자
생존해야 하기 때문에 식량을 서로 나누지 않을 수도 있고 이때는
개인이 선택의 단위가 된다. 캐나다 중부의 네트실리크 족이
역사적으로 마주했던 최고의 딜레마는 이런 상황에서 식인을 할
것인지 여부였다. 한 가지 사례에서[21] 부모들은 자식을 잡아먹고는
다음과 같은 이유로 자신의 행동을 합리화했다. 부모 자신이
스스로 목숨을 끊어 자기 몸을 자식들에게 내주더라도 야생에서
사냥감을 다시 찾을 수 있을 때 자식들은 사냥을 통해 생계를 잇지
못한다. 반면에 자식을 잡아먹고 부모들이 살아남으면 나중에
자식을 더 가질 수 있고 그에 따라 가족이 계속 견뎌나갈 수 있다는

것이다.

　　　이 사례는 우리로 하여금 인간의 양심과 적응적인 유연성에 대해 다시 생각해 보도록 한다. 양심이 지나치게 강하다면 이렇듯 스트레스를 유발하면서 상황에 적응하는 방안을 생각도 할 수 없을 것이다. 하지만 유연한 양심을 가진 사람이라면 자기가 직면한 상황에 따라 도덕 규칙에 순응하는 방식을 조절할 테고, 이기주의나 족벌주의가 이타주의적인 공감 능력을 능가할 경우 이들은 필요한 행동에 들어갈 것이다.

　　　이제 기근이 점점 심각해지면서 고기를 얻을 수 있는 양도 변동의 폭이 커질 때, 융통성 있는 유연한 양심을 가지면 이런 조건적인 반응을 보이는 데 도움이 되는 이유에 대해 알아보자. 첫째, 같은 무리 안의 비친족과 임시로 식량을 공유하면 즉각적인 비용이 너무 높은 데다, 잠재적인 공유자가 미래에 닥칠 우연한 상황이 오기도 전에 죽을 수 있기 때문에 이런 공유는 의미를 잃는다. 둘째, 가족 내부의 공유와 분배가 깨지기 시작하면서 식량을 누구에게 줄 것인지에 대한 대상자 분류가 더 심해질 수 있고, 그러면 절박하게 굶주린 개인의 이기적인 결정이 선천적으로 강력하며 문화적으로 지지되는 족벌주의적인 충동을 이길 수 있다. 이렇게 이기주의가 궁극적으로 승리를 거두면서 근처의 사체에 대한 식인 행위가 벌어지며 더 나아가 몸이 너무 약해서 수렵과 채집을 할 수 없는 사람들을 적극적으로 죽여 잡아먹기도 한다.[22]

　　　만약 우리가 식량을 공유하는 데 따르는 전반적인 문제에 대한 전체적인 범위의 해답을 생각한다면 이기주의와 족벌주의, 이타주의 사이에 상호작용이 일어난다는 점은 분명하다. 또한 분명한 것은 문화가 친족과 비친족 모두에 대한 너그러움을 강하게 촉진하지만 실제로는 절대적이지 않다는 점이다. 문화적인 가치는 기근에 직면했을 때 순전한 이기주의를 용납하며, 실용적인 이누이트 족 개인들이 가족 내부에서 벌어지는 식인 행위라는 최후의 수단이 나중에 사회적으로 처벌받지 않는다는 사실을 안다는 점에서도 그런 것처럼 보인다.[23]

양가감정을 지닌 공유자들

이제 일상적으로 매일 무리 속에서 생활하지 않는 오늘날의 몇몇 수렵 채집자의 사례로 돌아가 보자. 이들은 일상적으로 빈번하게 식량의 결핍에 직면하기 때문에 여러 가족으로 이뤄진 무리에서 고도로 상호 의존적으로 생활하는 보통의 방식이 오랜 세월에 걸쳐 거의 사라졌다. 이런 일은 사냥감이 희귀하고 곤충과 도마뱀이 영양상 중요한 미약하게 생산적인 환경인 오스트레일리아 반사막에서 불가피한 일이었다. 이와 비슷하게 북아메리카 북서부의 건조한 그레이트베이슨 지역도 사냥할 사슴이 얼마 되지 않으며 쇼쇼니 족 가족은 수확량을 예측하기가 힘든 잣에 의존해야 한다. 이들 부족은 단백질과 지방을 얻기 위해 제한적으로 얻을 수 있는 토끼 고기에 기댄다.[24] 이런 상황에서는 가족 내부의 분배와 공유가 효과적으로 유지될 수 있으며 이들 가족은 흩어져 살아도 보다 넓은 범위에서 서로 만나 어울리고 고기를 분배할 수 있다. 대규모의 잣 수확이 있으면 이들은 최대 일 년 동안 정주성 무리를 이루고 지낼 수도 있다.[25] 하지만 영양을 충분히 얻는 것이 무엇보다 중요하기 때문에 세월이 지나면서 소중한 무리 수준의 사회생활은 상당한 시간 동안 거의 사라졌을 것이다.

인류는 무리 생활을 사랑하기 때문에 가족보다 집단을 사회적으로 선호하지만 앞서 살폈듯 수렵 채집자들은 환경에 적응할 수 있다. 이 말은 플라이스토세에는 종종 미미하지만 독자적인 생존을 가능하게 하는 환경에 대한 적응이 흩어진 가족들로 하여금 일시적으로 어려운 시기를 간신히 극복하도록 했다는 뜻이다. 무리 안에서 뭉쳐 지내는 것은 생존을 훨씬 불확실하게 했는데 그 이유는 가족에 비하면 무리에서는 제한된 식량을 훨씬 빨리 소모했기 때문이었다.

10여 년 전에 고고학자 릭 포츠[Rick Potts]는 플라이스토세의 기후적인 불안정성에 대한 놀라운 자료를 새로 접하고 적응적 유연성이 인류의 생존에 중요한 핵심이었다고 주장했다. 인류 두뇌가 엄청나게 커진 것도 크게 보아 빈번하고 도전적인 환경의 변화와 그것을 영리하게 극복해야 할 필요성 때문이라고 여길 수 있을 정도였다.[26] 여기서 나는 포츠의 가설과 리비히의 법칙을 선천적으로 모순적인 인류의 본성에 대한 가설과 결합하고자 한다. 그리고 여기에 궁핍에 대응하기 위한 인류의 도덕적으로 유연한 방식들을 더했는데, 이것은 사람들이 무척 굶주리고 일부는 살아남을 수 없는 상황에서 인류의 중요한 유전학적 진화가 제때에 이뤄져야 했다고 제안하기 위해서였다.

선사시대의 어려운 시기에는 우리가 지금까지 다뤘던 생물문화적인 요소들의 전체적인 혼합체가 인류가 적어도 소규모의 친족 무리로, 아니면 그저 개인으로 살아갈 수 있는 놀라운 유연한 방식을 제공한다. 다시 말해 이런 단위는 자연선택의 단위로 무척 적절한 반면에, 여러 가족으로 구성된 집단은 방어할 수 있는 자원을 놓고 활발한 갈등이 이뤄지지 않는 한 일시적으로 선택의 단위로 적절성이 떨어진다. 동시에 자원이 적당한 시기에는 이런 행동적인 잠재력이 인류가 무리 안에서 진정으로 번성하도록 하는 방식을 제공한다. 다음 번 위기가 찾아오기 전까지 조금씩 사람 수를 늘리기 때문이다.

물론 적응의 측면에서 유연성이 주는 이러한 이점은 홀로세라는 훨씬 안정적이고 더욱 안락한 경우가 많았던 최근의 시기에도 역시 유용했다. 그렇지만 플라이스토세라는 조건에서는 분명 이런 적응적 유연성이 훨씬 결정적이며 무척 잦았을 테고 지역 전체의 상황이 악화되면서 사람들은 지독한 굶주림에 맞서고 문화적으로 강화된 너그러움을 억제해야 했을 것이다.

가끔 나는 이렇게 한때 빈번했던 환경적인 결점과 여기에 대한 과거와 현재에 살았던 수렵 채집자들의 유연한 반응이 과학적 분석에 의해 적절하게 밝혀졌는지 궁금하다. 고고학자들이 민족지를 작성할 때면 하나의 문화를 전체론적으로 기술해야 한다는 벅찬 작업 탓에 사람들의 사회생활과 자원 분배에 대해 '정규화된' 서술이 나타난다. 하지만 이런 서술은 더욱 드물게 나타나는 우연한 비상사태를 충분히 고려하지 않는데[27] 아무리 무리 안의 나이 든 사람들이 그런 사건들을 기억하고 있다 해도 그렇다. 더구나 일시적으로 나타난 지독한 궁핍과 특히 그 사회적인 결과에 대한 고고학적인 증거는 본래 다소 희박하다. 이런 이유들 때문에 우리는 오늘날의 수렵 채집자들을 이상화해서는 안 된다. 민족지학 보고서에 주로 등장하는 사정이 좋은 시절의 서술만 보고 이들이 영양이 풍부하고 소중한 자원인 덩치 큰 사냥감의 고기를 일상적으로 분배했다고 여겨서는 곤란하다.

아무리 상황이 좋고 완벽한 동기를 갖췄다 해도 사냥감을 분배하는 문제에서는 거의 자동적인 너그러움이 발생하지 않으며 대상이 가족 외부인일 때는 특히 더 그렇다. 앞서 우리는 이렇듯 저변에 놓인 양가감정이 적극적으로 드러날 수 있다는 사실을 알아봤다. 그리고 남에게 도움을 주는 이타주의가 사회적으로 가능한 경우는 이런 잠재력이 너그러움에 대한 지속적인 요청을 통해 문화적으로 강화될 때뿐이라고 강조했다. 물론 외부자가 이런 친사회적인 메시지를 읽어 내는 한 가지 방법은 해당 개인이 천성적으로 무척 너그럽고 타인과 잘 협동하는 것이다. 황금률 역시 이런 점을 반영하는 듯 보인다. 하지만 또 다른 경우는 수렵 채집 사회의 분배 체계가 무척 취약한 나머지 상당하고 지속적인 강화를 필요로 하는 것이다.

이런 '전투'가 그렇게 버겁기만 한 것은 아니다. 생애 초기부터 이런 개인은 이타주의적인 너그러움을 촉진하는 문화적인 가치들을 내면화해 왔으며 따라서 친사회적인 메시지에 천성적으로 잘 반응한다. 하지만 이런 점이 !쿵 족 구성원들이 고기의 분배에 대해 불평하는 것처럼 앞서 살폈던 다양한 난점들에 가려져 무색해져서는 안 된다. 그런 불평은 단지 이기주의와 족벌주의의 예상 가능한 발현이며 문화적 전통에 따라 강하게 표출되었을 뿐이다. 전 세계 LPA 수렵 채집 사회의 기준에 부합하는 부족은 아마도 이들보다 훨씬 덜 호전적인 네트실리크 족일 것이다.[28] 하지만 이들이 자기 몫을 배분받겠다고 반복해서 요청하지 않는다 해도 고기를 분배하는 어려운 임무를 맡은 네트실리크 족의 여성과 남성은 분명 가까이서 감시를 당할 것이고 자기 일을 제대로 하지 못했을 때 큰 원망을 들을 수 있다. 이것은 그렇게 풍족하지 않아 몹시 귀중한 덩치 큰 사냥감을 분배해야 하는 어느 집단이든 마찬가지다. !쿵 족의 사례는 인색함에 대한 구성원들의 염려에도 불구하고 분배 체계가 아주 효율적으로 작동할 수 있다는 사실을 보여 준다.

니사

인류의 유전학적 본성과 너그러움을 증폭하는 이런 문화적인
패턴들 사이의 상호작용을 다루는 과정에서 우리는 다시 한 번
개인의 사례를 가까이 들여다봐야 한다. 앞서 살폈듯이 불평이
많은 !쿵 족은 오늘날의 일반적인 LPA 수렵 채집 집단 가운데서도
무척 예외에 속할지도 모른다.[29] 이런 맥락에서 !쿵 족 여성인
니사의 자전적인 이야기는 이 부족이 분배에 대해 어떤 감정을
가지는지에 대해 자세한 통찰을 줄 것이다. 이 내용은 우리가
간접적으로 부시맨 부족민의 마음속에 들어가 그 안에 깔린
심리학적인 스트레스를 느껴보도록 해 줄 것이다.

니사는 전형적으로 양가감정을 지닌 배분자라고 간주할 수
있으며 이런 경향은 어렸을 때부터 시작되었다. 물론 이 문제에
대한 니사의 생애 최초 기억은 어머니가 동생을 임신한 무렵 젖을
뗄 때로 거슬러 올라간다. 수렵 채집 사회에서는 아이가 꽤 나이를
먹을 때까지 젖을 주는 것이 일반적이며 수유는 배란을 억제하는
경향이 있기 때문에 아이들 사이의 나이 터울이 길어지고 이것은
유목민들의 생활방식과도 적합하다. 아기 둘은 무엇보다도 큰 짐이
되기 때문이다. 내가 감히 추측하자면 우리 문화에서도 본인이
젖을 뗀 시기를 아는 사람이 무척 드물 테지만, 니사는 나이가 좀
들고 나서 어머니가 주는 따뜻함과 자양분을 갑자기 거부당했기
때문에 기억에 남는 진짜 정신적 외상을 겪었다. 이 경험은 니사가
동생이 태어나기 전과 후에 부모가 싫어하는 행동을 하도록
이끌었다.

마저리 쇼스탁의 인상적인 이야기에는 인색한 타인에게
분노했던 어린 시절과 성인 때의 기억이 가득하다. 니사는

슬픔이나 분노에 차서 똑같이 복수하고자 바랐다. 사실 지나치게 너그러웠던 한 일화를 제외하고 니사가 기억하는 자신의 행동 패턴을 모든 부시맨 부족으로 일반화해서 적용하면, 우리는 이들 부족이 애초에 분배를 어떻게 해 왔던 것인지 궁금해지게 된다.

이때 하나의 자전적인 사례로 연구하는 것은 위험이 따르며 우리의 자민족 중심주의적인 경향 역시 해결해야 한다. 나는 이런 자료에 따르는 민족지학자들의 통찰이 없었다면 이런 이야기에 의존할 생각을 못했을 것이다. 사실 쇼스탁에 따르면 다른 부시맨 족 아이들도 비슷한 문제를 갖고 있다. "!쿵 족의 경제는 분배와 공유에 기초해 있으며 아이들은 아주 어렸을 때부터 타인과 나누라고 격려 받는다. 아이가 처음으로 배우는 단어가 '나(그걸 내게 줘)'와 '인(이걸 가져)'일 정도다. 하지만 아이가 나눠 갖기를 배우기는 쉽지 않은데, 특히 싫어하거나 원망하는 누군가와 물건을 나눠야 할 때 그렇다. 자기가 가진 음식이나 물건을 주지 않거나 주는 것은 타인에 대한 분노와 질투, 원망 그리고 애정을 표현하는 강력한 방식이다."[30]

비록 니사가 실제로 보였던 먹을 것을 둘러싼 질투가 통상적인 수준이라 해도 과거의 박탈과 갈등에 대해서는 꽤 잘 기억하는 것처럼 보인다. 쇼스탁은 다음과 같이 계속 말한다. "무언가를 원할 때 그것을 단순히 가져가지 않도록 배우는 것도 어렵다. !쿵 족 아이들은 굶주리는 경우가 드물었다. 아무리 가끔 먹을 것이 부족한 시기라 해도 아이들은 우선적으로 대접받는다. 간혹 음식을 낭비하거나 버리면 처벌의 하나로 먹을 것을 주지 않기도 하지만 이런 벌이 오래 가지는 않는다. 그럼에도 상당수의 어른들은 어린 시절 먹을 것을 '도둑질'당했다고 회상한다. 그런 일화에는 !쿵 족 사람들이 식량 공급에 대해 가지는 일반적인 걱정뿐 아니라 먹을 것을 얻었을 때의 즐거움이 반영되어 있다. 양쪽 모두 어린 시절 이미 존재하는 감정들이다."[31]

니사의 자전적인 이야기에는 음식과 관련한 내용이 가득하다.[32]

어머니가 동생 쿰사를 임신했을 때 나는 항상 울었다. 왜 안 그랬겠는가? 나는 한동안 울다가 울음을 그치고 조용히 앉아 평상시 먹던 음식을 먹었다. 닌 열매를 비롯해 탄수화물이 많은 구근인 콘과 클라루처럼 우기의 먹을거리였다. 그러던 어느 날 나는 이것들을 다 먹고 배가 부른 채 이렇게 말했다. "엄마, 젖 조금만 주면 안 돼요? 부탁이에요." 그러자 어머니는 이렇게 외쳤다. "세상에! 내 젖이 문제구나! 이 젖은 토사물 같고 냄새가 지독해. 이건 마실 수 없어. 만약 마시면 너는 '우웩, 우웩' 이러다가 토하고 말 거야." 나는 이렇게 대답했다. "아니에요, 토하지 않아요. 젖을 원할 뿐이에요." 하지만 어머니는 내 요청을 거부하고는 이렇게 말했다. "내일 네 아버지가 덫을 놓아 토끼를 잡아 올 거야. 잡아서 너에게 먹으라고 줄 거란다." 그 말을 듣자 나는 다시 행복해졌다.

다음 날 아버지는 토끼를 잡아 왔다. 나는 집에 오는 아버지의 모습을 보고는 이렇게 외쳤다. "오오, 아버지! 오오, 아버지가 왔어! 아버지가 토끼를 죽였어. 아버지가 집에 고기를 가져올 거야. 이제 엄마한테는 주지 않고 이 고기를 먹어 치워야지." 아버지가 고기를 손질해서 요리를 마치자 나는 먹고 또 먹었다. 그리고 어머니에게 말했다. "엄마가 젖을 아껴서 나한테 안 줬으니 나도 고기를 아껴서 안 줄 거예요. 엄마 젖가슴이 대단하다고 생각하죠? 사실은 그렇지 않아요. 끔찍한 존재라고요." 그러자 어머니가 말했다. "니사, 내 말 좀 들어보렴. 네가 엄마 젖을 먹어서 더 이상 좋을 게 없단다." 나는 대꾸했다. "세상에! 난 더 이상 젖을 원하지 않아요! 대신 고기를 먹을 거라고요. 더 이상은 엄마 젖을 거들떠보지도 않을 거예요. 아빠와 다우가 사냥해 온 고기를 먹으면 돼요."

언젠가 니사는 오빠 다우가 사냥한 다이커 영양의 고기를 어머니에게 나눠 주지 않겠다고 거부한다.

오빠는 영양의 가죽을 벗겨서 발을 나에게 주었다. 나는 그것을 받아 석탄 위에 올려 구웠다. 그 다음으로 오빠는 송아지 고기 약간을 나에게 주었고 나는 그 고기도 석탄 위에 구웠다. 요리가 끝나자 나는 먹고 또 먹었다. 어머니가 다가와 조금 달라고 말했지만 나는 거부했다. "전에 젖이 아깝다고 나에게 안 주었잖아요! 내가 젖을 달라고 말했는데도 말이에요! 그러니 이 고기는 나만 먹을 거예요. 엄마한테는 한 점도 줄 수 없어요!" 그러자 어머니가 말했다. "네가 먹고 싶어 하는 젖은 네 남동생 거야. 아직도 엄마 젖을 먹고 싶니?" 내가 대답했다. "오빠가 이 영양을 사냥해서 가져다 줬어요. 하지만 엄마한테는 주지 않을 거예요. 조금도요. 오빠가 나머지 사냥감을 잘게 찢어서 나 먹으라고 걸어서 말릴 거예요. 엄마는 남동생을 주려고 나에게 젖을 주지 않겠다고 했죠. 그런데도 고기를 나눠 달라고 하는 거예요?"

다음 단락은 질투심에 찬 니사가 몰래 어머니의 젖을
가로채서 먹으려는 장면을 묘사한다. 결국에는 니사의 아버지가
체벌을 가하겠다고 협박하면서 니사를 확실히 타이른다.

언젠가 어머니가 쿰사와 함께 누워 잠들어 있을 때였다.
나는 어머니가 알아채지 못하게 살며시 다가갔다.
그러고는 쿰사를 오두막의 반대쪽에 멀찌감치 데려다 놓아
어머니에게서 떨어뜨린 다음 어머니 옆에 누웠다. 나는
어머니가 자는 틈을 타서 젖꼭지를 가져다 입에 넣고 빨기
시작했다. 나는 어머니 젖을 먹고, 먹고, 또 먹었다. 어쩌면
어머니는 잠결에 남동생이라고 착각했는지도 모른다.
하지만 쿰사는 내가 젖을 먹는 동안 여전히 내가 데려다
놓은 곳에 누워 있었다. 어머니가 잠에서 깰 즈음 나는 이미
엄청나게 배가 부르기 시작했다. 어머니는 나를 보더니
울음을 터뜨렸다. "말해 줘. …남동생에게 무슨 짓을 한
거니? 쿰사 어디 있니?" 그 순간 쿰사가 울기 시작했고 나는
대답했다. "저기 있네요."
어머니는 나를 움켜잡고는 세게 밀어서 멀리 떨어뜨렸다.
나는 그 자리에 누워 울었다. 어머니는 쿰사에게 가서 들어
올린 다음 옆에 뉘였다. 어머니는 내 성기를 두고 욕했다.
"너 미쳤니? 이 거시기 큰 녀석아, 대체 뭐가 문제니?
쿰사를 데려다가 다른 데 눕혀 놓고 네가 누워 젖을 빨다니
제정신이니? 거시기 큰 녀석아! 미친 게 틀림없어! 난
쿰사가 젖을 먹는 줄 알았다고!" 나는 바닥에 누워 울었다.
그리고는 대꾸했다. "난 이미 젖을 먹어서 배불러요.
이제 엄마 아기 젖 먹여도 돼요. 난 놀러 갈 거예요." 나는

일어나서 놀러 나갔다. (…)

나중에 아버지가 숲에서 돌아오자 어머니가 말했다. "당신 딸이 제정신인 것 같아요? 어서 저 애를 때려서 혼내요! 무슨 짓을 했는지 듣고 혼 좀 내요. 당신 딸이 쿰사를 거의 죽일 뻔했어요! 이 조그만 어린 아기, 내 옆에 누웠던 이 작은 것을 저 애가 데려가서 다른 곳에 던져 놓았다고요. 나는 아기를 안고 누운 채 잠들어 있었고요. 니사가 아기를 데려가서 혼자 내버려 뒀어요. 그리고는 나에게 와서 옆에 누운 다음 젖을 빨지 뭐예요. 이제 당신 딸을 좀 때려 주세요!"

나는 거짓말을 했다. "뭐라고요? 엄마 말은 사실이 아니에요! 아빠, 나는 엄마 젖을 먹지 않았어요. 쿰사를 데려다가 혼자 내버려 두지도 않았고요. 정말 안 그랬어요. 엄마가 아빠를 속이는 거예요. 거짓말을 한다고요. 난 젖을 먹지 않았어요. 더 이상 엄마 젖을 원하지도 않고요." 그러자 아버지가 말했다. "이런 얘기가 한 번만 더 들리면 널 때릴 거다! 비슷한 짓 두 번 다시 하지 말거라!" 나는 말했다. "네, 저 애는 제 남동생이잖아요. 아직 조그만 아기이고, 저는 이 아기를 사랑해요. 다시는 그런 짓을 하지 않을게요. 쿰사는 이제 혼자서만 젖을 먹을 수 있어요. 아빠가 지금 여기 안 계셔도 엄마 젖을 빼앗아 먹지는 않을게요. 젖은 다 쿰사 거예요." 그러자 아버지가 말했다. "그래, 딸아. 하지만 만약 네가 엄마 젖을 한 번만 더 먹으려고 하면 정말 제대로 때릴 거다." 나는 말했다. "음, 이제부터 저는 아빠가 가는 곳만 따라 다닐게요. 덤불에 가시면 따라 갈 거고요. 우리 둘이서 함께 토끼를 죽이거나 덫을 놓아 뿔닭을 잡은 다음에 저에게 고기를 전부 주세요."

나중에 니사는 자기가 사는 지역의 분배 윤리 측면에서
먹을 것에 대해 곤란에 빠지고 계속해서 걱정하는 유치한 도둑이
되었다. 내 연구에서 보여 준 것처럼 가족 내부와 외부 구성원
둘 다에 대해 너그러울 것을 강조하는 윤리였다. 그리고 가족
안에서 니사의 유치한 '일탈' 패턴은 특히 어머니에 의해 엄격하게
다뤄졌다.

　　역시 내가 식량을 훔치던 때의 일이었다. 비록 가끔 가다
한 번씩만 일어났지만 말이다. 가끔 나는 아무 것도 훔치지
않고 아무런 잘못을 저지르지 않은 채 마을에 머물며 놀기만
했다. 하지만 가끔 사람들이 나를 마을에 두고 떠나면 물건을
훔치거나 부쉈다. 사람들은 소리를 지르며 나를 때릴 때 철이
없다고 말했다.
　　나는 온갖 종류의 먹을 것을 훔쳤다. 달콤한 닌 열매나
클라루 구근을 훔치기도, 몽곤고 열매를 슬쩍하기도 했다.
나는 이렇게 생각했다. '흠, 흠, 사람들은 나에게 이런 걸 주지
않을 거야. 내가 훔치면 때리긴 하겠지만.' 가끔은 어머니가
채집을 하러 나가기 전에 먹을 것을 가죽 주머니에 넣어
오두막 안의 나뭇가지에 높이 걸어 두기도 했다. 클라루
구근은 껍질을 벗겨서 안에 넣었다.
　　하지만 어머니가 떠나자마자 나는 주머니 안에 든 것을
훔쳤다. 지금까지 봤던 것 가운데 가장 큰 구근을 발견하고
손에 넣었다. 그런 다음 주머니를 다시 가지에 걸어 둔 채
다른 곳에 앉아 구근을 먹었다. 어머니는 돌아와서 이렇게
말했다. "오! 니사가 여기 와서 구근을 전부 훔쳐 갔어!"
어머니는 나를 때리면서 소리 질렀다. "도둑질 하지 말라고

했지! 그렇게 도둑질을 하다니 대체 넌 뭐가 문제니? 멋대로
가져가지 마! 네 머릿속엔 왜 항상 이런 생각뿐이니?"

어느 날은 사람들이 마을을 떠난 뒤 어머니가 주머니를 걸어
놓은 나무까지 올라가 그 속의 구근을 꺼냈다. 그런 다음
주머니를 제자리에 걸어놓은 뒤 구근에 물을 붓고 절구로
찧었다. 그리고 반죽을 솥에 넣고 요리한 다음 훔친 내용물을
남김없이 먹어 버렸다.

또 다른 날에는 클라루 구근을 조금 훔친 다음 갖고 다니며
천천히 먹었다. 하지만 그러다가 돌아온 어머니에게 들키고
말았다. 어머니는 나를 붙잡고는 때렸다. "니사, 도둑질
그만 하랬지! 클라루를 먹고 싶어 하는 사람이 너뿐인 줄
아니? 난 이제 남은 구근을 가져다 요리해서 사람들에게
먹여야겠구나. 정말 이걸 전부 너 혼자서 먹어 치울
생각이었니?" 나는 대답을 하지 않은 채 울기 시작했다.
어머니는 나머지 클라루 구근을 구웠고 가족 전부가 그것을
먹었다. 나는 앉아서 울 뿐이었다. 어머니는 이렇게 말했다.
"오, 이 아이는 철이 없어서 그 구근을 전부 먹을 작정이었어.
내가 껍질을 벗겨 주머니에 넣어 둔 건데. 이 아이는 생각이
있는 걸까?" 나는 울면서 말했다. "엄마, 그렇게 말하지
마요." 어머니는 나를 때리고 싶어 했지만 아버지가 말렸다.

또 언젠가는 어머니, 아버지, 오빠와 함께 식량을 채집하러
나선 적이 있다. 시간이 흘러 나는 어머니한테 말했다. "엄마,
클라루 좀 주세요." 어머니가 대답했다. "이건 껍질을 벗겨야
해. 그런 다음 마을로 가져가서 사람들과 먹을 거야." 나도
클라루 구근을 캤고 마을에 가져가야 했지만 대신 내가 캔
것은 전부 먹어 치웠다. …그리고 사람들이 근처에 모여

있는 동안 나는 나무 그늘 속에 앉아 있었다. 사람들이 멀리 떠나자 나는 그들이 주머니를 매달아 놓은 나무에 올라가 그 속에 가득 든 클라루를 훔쳤다.

하지만 이렇듯 마구 훔쳐서 먹어 치우는 유치하고 반사회적인 행동은 체벌을 불러일으켰다.

"니사, 네가 클라루를 먹었구나! 이번엔 변명이 뭐냐!" 나는 대답했다. "음, 음, 먹지 않았어요." 그러자 어머니가 말했다. "두들겨 맞아 아플 텐데 겁나지도 않는 거니!" 나는 말했다. "음, 음, 내가 먹을 게 아니에요." 어머니가 말했다. "네가 먹었어. 분명 네 짓이야. 계속 그러면 안 돼! 왜 자꾸 훔치는 거니?"
오빠가 말했다. "엄마, 오늘은 니사를 벌주지 말아요. 오늘 이미 너무 많이 때렸잖아요. 일단 혼자 내버려 둬요."
"뻔히 보이잖아. 얘는 자기가 클라루를 훔치지 않았다고 하지만 그럼 대체 누가 먹었다는 거야? 여기 또 누가 있어?" 나는 울기 시작했다. 어머니는 나뭇가지 하나를 꺾어서 나를 때렸다. "훔치지 마! 무슨 말인지 못 알아듣겠니? 몇 번이고 말하는데 귀담아 듣지 않는구나. 내 말을 제대로 듣는 거니?" 나는 말했다. "음, 음, 지금 엄마 때문에 너무 오랫동안 기분이 안 좋아요. 난 이제 할머니랑 지낼 거예요. …할머니랑 살고 싶어요. 할머니가 가는 곳마다 따라 가고 주무실 때 같이 옆에서 잘 거예요. 그리고 할머니가 클라루를 캐러 갔다 오면 가져온 걸 내가 먹을 거예요."

니사의 할머니는 채집 활동을 하기에는 나이가 너무 많았기 때문에 니사를 돌보기에는 무리였다. 먹을 것을 둘러싼 탐욕이나 쉽게 고마워하지 않는 니사의 행동은 확실히 심각하게 문제가 있었다. 그리고 이 문제 행동이 어쩌면 보통의 !쿵 족 부시맨 동료들보다 조금 더 심한 형태로 니사의 성인기까지 이어졌을지도 모른다. 하지만 니사는 상당 부분 전형적이었고 그런 만큼 니사의 행동은 부시맨 족의 마음속에 깔린 식량에 대한 걱정을 꽤 잘 반영한 결과였다. 부시맨 족의 성인들은 식량 부족을 종종 겪었고 타인의 것을 나눠 받지 못할 것이라 예상되면 소리 높여 분개했는데 이런 태도가 나타난 행동이기도 했다.

흥미롭게도 니사는 인터뷰를 할 때 결코 자신의 너그러움을 강조하지 않았다. 그 결과 니사의 이야기 방식을 살피면 유치한 행동 패턴이 계속될 것처럼 보인다. 하지만 쇼스탁이 무척 사적으로 녹음한 니사의 지속적인 불평이 실제로 니사가 사회생활에서 겪었던 바를 얼마나 잘 표현하는지는 알기 힘들다. 예컨대 어른이 된 니사는 남편으로부터 지나치게 너그러운 것 아니냐는 불평을 듣기도 했다. 이런 너그러운 성격은 거의 빙산의 일각처럼 잠깐 나타나는 것처럼 보였다. 니사가 마조리와 함께 니사의 남편인 보에 대해 이야기할 때가 그런 예였다. 마조리가 먼저 이렇게 대화를 시작한다.

나는 이렇게 물었다. "당신들 둘의 마음은 서로를 향해 있나요?" 그러자 니사가 대답했다. "네, 우리는 서로를 사랑하고 마음이 서로를 향해 있어요." "싸우지는 않나요?" "우리는 거의 싸우지 않아요. 싸운다면 대부분 먹을 것 때문이죠. 내가 너무 많은 사람들에게 베풀거든요. 그러면

남편은 이렇게 말해요. '지금 모든 사람에게 먹을 걸 나눠
주는 거야? 그 사람들이 우리에게 보답을 할 것 같아?
우리가 음식을 갖고 있으면 우리만 먹으면 돼.' 나는 이렇게
말하죠. '당신은 소리쳐 화만 내고 있어.' 그러면 남편이
말해요. '당신이 나쁜 거야. 이 사람을 보면 이 사람에게, 저
사람을 보면 저 사람에게 먹을 걸 주잖아. 우리에게 식량이
있으면 당신과 우리 아이를 위한 거야. 아이가 배불리 먹을
수 있게 말이야. 이런 식으로 하다가는 아무 것도 남지
않을 거야.'" "큰 싸움이었나요?" "아뇨, 별것 아닌 사소한
다툼이었죠. 우리는 살짝 싸우다가도 그만두고 다시 서로를
사랑하거든요."[33]

이런 특정 개인의 성격이 반영된 부족민의 자전적인
이야기가 진화론적인 분석에 유용할까? 화자가 잘난 척하는
태도를 보인다면 분명 왜곡이 존재하겠지만 마조리가 신뢰할
만한 친구였기 때문에 니사는 그러지 않았던 것처럼 보인다. 만약
이런 개인적인 이야기 수십 개를 수집했다면 부시맨 족의 주된
성격 패턴을 보다 쉽게 알아낼 수 있었을 것이다. 또 구성원들이
굶주리는 일이 거의 없거나 고기 분배를 둘러싸고 서로 불평하지
않는 LPA 사회에서 수집한 또 다른 수십 개의 이야기를 살피는
것도 무척 흥미로웠을 것이다. 하지만 사실 마저리 쇼스탁이
수고롭게 니사의 개인적인 이야기를 끌어내 기록한 것만 해도
우리에게는 행운이다. 이 이야기는 우리에게 큰 도움이 되기
때문이다.

적응

사실 니사의 모순된 모습은 일반적이며 꽤 예측 가능한 부시맨 족의 특성을 반영한 것이다. 먼저 고려해야 할 사실은 이들 부족이 기나긴 건기 동안 심한 기근을 일상적으로 종종 경험한다는 것이다. 가끔은 국지적인 소규모 가뭄 때문에 굶주림에서 벗어나기 위해 먼 거리를 이동해야 하는 경우도 있다.[34] 여기에 더해 고려해야 할 사실은 앞서 살폈던 근본적인 갈등에 대해서인데, 이것은 이들이 기껏해야 보통 수준으로 이타주의적인 유전적 본성과 도덕적으로 유연한 양심을 가졌다는 사실에 기인한다. 이들 부족과 네트실리크 족 같은 LPA 수렵 채집자들이 찾아냈던 사회적인 해답은 문화적으로 현대적인 인류가 환경의 부침이 극심했던 플라이스토세 후기를 어떻게 헤쳐 나갔는지에 대해 상당히 많이 알려 준다. 그뿐만 아니라 비록 '주변화된' 환경이 적어도 꽤 꾸준히 지속되었지만 비교적 자원이 풍부했던 홀로세에 이들이 어떻게 살아갔는지도 알 수 있다.

이때 우리는 어린 시절의 학습이 완료된 이후에도 가족 내부의 구성원에 대해 너그럽게 행동하도록 하는 족벌주의적 가치의 내면화가 극심한 기근과 맞물리면, 강력한 이기주의적인 동기를 완전히 상쇄하지는 못할 것이라 가정할 수 있다. 비친족에게 너그러워질 것을 배우도록 돕는 생물학적인 성향은 여전히 약한데, 그렇기 때문에 기근이 다가오기 시작하면 비록 평상시의 도덕적인 믿음에 의해 무리 전체에 걸친 분배 체계가 강화되었는데도 이 체계는 조금씩 전체적으로 허물어지기 시작한다.

이것을 유연성이라는 개념으로 다른 식으로 표현할 수도

있다. 이 수렵 채집자들은 경쟁하는 동기들의 위계와 다양한 환경 조건의 영향을 받는 사회적인 체계를 세운다. 그리고 고기 분배 같은 제도는 집단 수준의 간접적 호혜성의 체계에서 언제 이득을 얻을 것인지, 언제 참여하지 말아야 할 것인지에 대한 실용적인 문제를 반영한다. 인류가 가족 외부의 구성원에 대한 너그러운 행동을 하는 데 자연선택에 따라 상대적으로 제한적인 동기를 가진다는 점을 생각하면, 인류가 이렇게 분배와 공유를 한다는 점은 가끔 놀라울 정도다. 그렇게 대단하지 않지만 몹시 중요한 이타주의적인 경향은 문화적으로 증폭되며, 이것이 이런 제도가 어떻게 유지되는지에 대한 해답의 상당 부분을 제공한다. 이때 우리가 공을 돌려야 할 대상은 언어의 도움을 받은 문화적인 강화가 애초에 발전할 수 있게 한 사회적으로 정교한 인류의 마음이다.

　이런 인류의 마음은 매일 일상적으로 이미 확립된 토착 부족의 분배 체계를 이해하며, 자기에게 이득이 될 때 사람들은 지속적으로 이 체계가 잘 작동하도록 애쓴다. 평상시에는 그것이 자기들의 생활수준을 상당히 높이기 때문이다. 물론 드물게 풍족한 시기가 되어 집단 수준의 분배 체계가 여유가 넘치고 넉넉해지면 이 똑같은 마음이 꽤 다른 모습의 적응적인 반응을 보인다. 그리고 마침내 지독한 기근이 닥치면 사람들은 너그러움과는 정반대인 노골적으로 잔인한 결정을 내린다. 비록 감정이입을 하면서 고통을 겪고 자기들이 내려야 하는 도덕적인 타협에 대해 예민하게 느끼겠지만 말이다.

똑똑해서 유연한

이 장에서 우리는 가족 사이에서 나타나는 협동을 기반으로
한 너그러움이 일상적으로 어떻게 표출되는지를 살폈다.
그리고 이런 너그러움에 대해 이기주의와 족벌주의의 형태로
존재하는 잠재적으로 굳건한 장애물이 있다는 사실을
알아보았다. 플라이스토세 후기에는 인류가 종종 그랬던 것처럼
협동을 일으키는 이타주의에 대한 성향이 상대적으로 약해야
도덕적이었다. 이때 양심에 기반을 둔 내면화는 중요했는데,
니사가 어른이 되어 연구자 마저리 쇼스탁을 개인적으로 신뢰하는
상황에서 항상 원망하면서 불평했지만 그래도 너그러움을
넘칠 만큼 보일 수 있었던 사람이 되었던 것도 이처럼 가치를
내면화했기 때문이었다. 또한 중요한 점은 앞서 종종 언급되었던,
가족 외부를 향한 너그러움에 대한 의도적인 사회적 강화다.
인색함을 좋지 않게 여기는 도덕주의적인 집단 구성원들은 이러한
유형의 베풂을 칭찬한다. 이들은 남을 괴롭히는 불량배나 사기꾼을
처벌할 준비가 되어 있는데, 보통의 간접적 호혜성 체계가
작동하는 가운데 이런 심각한 무임승차자들이 다들 원하는 희귀한
자원을 지나치게 많이 가져가려고 하는 경우에 그렇다.

인지적인 능력도 중요하다. 문화적으로 현대적인 우리
인류의 조상들은 사람들의 너그러움을 강화하고 심각한
무임승차자들을 억누르면서 자기들이 사회적으로 무슨 일을 하고
있는지 정확하게 알았을 가능성이 높다. 특별하게 위급한 상황에
대처하기 위해 이들이 부분적으로 사회적 포식자의 생존 전략을
추구하는 과정에서 이런 '사회적 공학'을 실천하는 문화적인 능력은
환경이 적당한 시기에 굉장히 잘 작동하는 효율적인 고기 분배

체계를 발전시키도록 했다. 그리고 이 체계는 아마 식량 사정이 지독하지는 않더라도 아슬아슬한 시기에도 꽤나 잘 작동했을 것이다.

이런 전략적인 결정을 내리는 능력은 굶주린 네트실리크 족이 식량이 무척 부족한 시기에 그들만의 분배 관습을 거부하도록 했다. 장기적인 간접적 호혜성에 기반한 신뢰가 생명을 위협할 만큼 기근이 심한 시기였다. 이 시점에서 이런 체계를 지속시키는 집단의 사회적 통제는 사라지기 시작하는 반면, 가족 내부의 협동은 여전히 더욱 중요해진다. 정말로 지독한 기근이 찾아오지 않는다면 그렇다. 만약 그런 경우라면 다른 시기에는 말도 안 되는 심한 처벌이라고 여겨질 사회적인 행동도 동료 도덕주의자들의 이해를 받을 수 있다.

우리가 가진 서로 경쟁하는 본능들이 모인 '의회'는[35] 진화된 양심에 의해 매개되는데, 이 양심은 상황에 따라 분배와 공유를 완전히 중단해도 좋다고 허락한다. 또 개인들의 양심과 비슷하게 집단의 도덕적 믿음들도 유연하다. 예를 들어 이런 집단적 믿음은 동료를 잡아먹지 않으면 자기가 굶어죽는 극도로 곤궁한 상황에서 일어난 불행한 식인 행위에 대해 처벌해야 한다고 요구하지는 않는다. 따라서 플라이스토세 후기의 인류는 생존에 문제가 없는 풍족한 시기에는 비친족을 대상으로 자기가 대접받고 싶은 대로 대접하는 행동이 꽤 잘 작동했다. 홀로세 대부분의 시기에 많은 장소에서 그런 일이 벌어졌듯이 말이다. 하지만 환경적으로 변동이 심했던 플라이스토세에 우리 같은 문화적으로 현대적인 인류가 고기와 식물성 식량, 물이 심각하게 부족한 상황에서 어떻게든 살아남기 위해서는 상당한 정도의 유연성이 필요했다.

오늘날 인류가 보이는 너그러움의 범위는 여전히 환경에

따라 고도로 조절이 가능하다. 그 이유는 바로 우리가 그런 방향으로 진화하지 않았다면 과거에 살아남지 못했을 것이기 때문이다. 슈퍼마켓에 가면 먹을 것을 구할 수 있는 미국인들이 보기에는 음식에 대한 니사의 열망과 염려는 집착에 가깝게 보일 수 있다. 하지만 그것은 주기적으로 기근이 찾아오는 문화에서 나타난 현상일 뿐이다.

플라이스토세에 살던 모든 사람들은 환경이 변덕스럽게 좋아졌다, 나빠졌다 하면서 종종 전혀 견딜 수 없는 상황까지 치닫는 동안 훨씬 심하고 잦은 위기에 직면했다. 반면에 오늘날의 LPA 수렵 채집자들은 플라이스토세의 수렵 채집자들이 맞닥뜨렸던 것처럼 급작스럽게 반복되며 이어지는 환경의 부침에 직면할 일이 드물다. 하지만 초기 인류가 생존을 이어 가게 했던 역량의 배합은 현대인이 아닌 이들 과거의 인류에서 진화되었다. 우리가 여전히 자기 자신과 친족, 사회적으로 유대 관계를 맺은 비친족에게 너그러운 행동을 하도록 하는 조절 가능한 역량들은 적절히 배합되어 초기 인류가 플라이스토세 후기를 헤쳐 나가게 했다. 유전자 풀의 연속성 덕분에 우리는 오늘날까지도 무척 비슷한 동기들의 배합을 경험한다.

11장.
평판에 의한 선택 가설 시험하기

평판에 의한 선택

최고로 실력이 뛰어난 사냥꾼들이 매일 위험을 감수하고 대단한
에너지를 들여 거의 비친족으로 구성된 집단 전체에 식량을
공급했던 이유가 무엇일까? 여기에 대해 알렉산더의 평판에 의한
선택 이론은 다음과 같은 이유로 상당히 설명력이 높은 것처럼
보인다. 첫째, 알렉산더가 제안했듯이 집단에 협조하는 선행을
보인 식량 공유자들은 무리의 훌륭한 일원이라는 상당히 좋은
평판을 얻는 반면, 이기적으로 남을 괴롭히는 불량배를 비롯해
역시 이기적인 사기꾼과 도둑들은 반대로 나쁜 평판을 얻는다.
둘째, 앞서 내가 덧붙였듯이 무임승차자들을 억누르는 것 또한
선택에서 주된 역할을 한다. 그 말은 심각한 문제 행동을 보이는
못된 구성원들은 집단이 그들에게 가할 가능성이 있는 잔혹한
처벌에 의해 추가적인 적응도의 손실을 겪게 된다는 뜻이다. 이때
잊지 말아야 할 점은 이런 적극적인 처벌은 종종 장기간 이어진
규칙 위반에 대한 반응이며 여기에는 부정적인 평판에 따른 선택이
포함되어 있다는 것이다.

기본적으로 평판에 의한 선택 모형은 타인의 이례적으로 매력적이거나 매력적이지 않은 사회적인 특성에 대해 사람들의 직관이 (또한 이들의 의식적인 계산이) 어떻게 반응하는지를 설명하는 데 적합하다. 하지만 이타주의적인 너그러움에 대해서라면 문제는 복잡해질 수 있다. 앞서 우리는 니사가 지나치게 너그러운 행동을 보였다는 이유로 남편의 불평을 들었던 사례를 보았다. 또 내가 동료 폴리 비스너에게 이 주제에 대해 묻자 비스너는 일반적으로 식량을 나눌 때 지나치게 너그러운 부시맨 족의 개인은 자원을 '낭비한다는' 이유로 형편없는 협력자로 간주된다고 답했다. (서양 문화에서 비슷한 예를 찾자면 술집의 모든 사람에게 반복해서 한턱을 내면서 가족의 재산을 낭비하는, 강박적으로 너그러운 '거물'이 그런 경우일 것이다.) 반대로 정말로 인색하다는 사회적인 평판을 듣는 개인 역시 부시맨 족 동료들의 굉장한 미움을 산다. 다시 말해 부시맨 족의 타인에 대한 평판에 대해 정리하자면, 해당 개인이 지나치게 이타적이면 그의 협력자들이 애를 먹는 반면에 지나치게 이타적이지 않으면 집단 전체를 심하게 괴롭힌다.

　　훌륭하게 협조적인 협력 관계를 이끌어내는 개인 간의 끌림에 대해 분석하고자 할 때, 우리는 타인에 대한 너그러움을 이끄는 감정이입에 대해서도 고려해야 한다. 이것은 '이타주의'와는 다른데 이 용어는 이 책에서 단지 유전자 빈도에 영향을 주는 선행의 척도와 연관될 뿐이기 때문이다. 하지만 이때 문제는 타인에 대한 베풂의 이면에 너그러운 감정이 깔렸다는 직접적인 증거를 민족지학 자료로는 거의 얻기 힘들다는 점이다. 비록 수렵 채집인들은 황금률에 대해 어려운 상황에 놓인 타인을 보고 감정이입에 따라 반응하는 것이라고 보편적으로 생각하는데도 그렇다. 이런 감정이입과 공감은 확실히 무척 다양하게 나타나기 때문에 민족지학 자료로 밝혀내기 어렵지만 나는 감정이입이 굉장히 중요하다고 생각한다.[1] 다행히도 우리에게는 이 감정을 실제로 평판의 효과에 따라 측정했던 체계적인 현장 연구 하나가 있다. 그뿐 아니라 결혼 배우자 선택에서 공감 능력이 높은 상대가 사회적인 이득을 얻는다는 점을 강하게 암시하는 또 다른 연구도 존재한다.

아셰 족을 대상으로 한 전략적 연구

알렉산더는 부시맨 족을 염두에 두고 평판에 의한 선택 이론을 발전시켰다. 하지만 비록 그동안 부시맨 족에 대한 연구가 충분히 이뤄졌어도 감정이입에 의한 너그러움과 그것의 사회적인 효과에 직접 초점을 맞춘 연구는 존재하지 않는다. 그럼에도 다행히 이런 성과를 직접적으로 건드리는 놀랄 만한 체계적인 연구가 하나 존재하는데, 바로 남아메리카에서 여전히 평등주의적 수렵 채집인으로 살아가는 아셰 족을 대상으로 한 연구다. 이들이 최근에 보인 적응 가운데는 선교 임무에 참여하고 원예 일을 하는 것이 포함되지만 그래도 아셰 족이 하는 일의 상당 부분은 수렵과 채집이다. 이 문제의 협동 연구는 개인이 너그럽다는 평판을 지니게 되었을 경우의 효과에 주목하는데, 이것은 알렉산더의 간접적 호혜성 가설뿐만 아니라 공감에 의해 타인에게 무언가를 주는 행위에 대한 이 책의 관심사에 완벽하게 부합한다. 이 연구가 알렉산더의 이론을 언급하지는 않는데, 그 이유는 아마도 아셰에서 일하는 인류학자들이 혈연 선택이나 호혜적 이타주의, 값비싼 신호 이론 같은 보다 단순한 모형을 선호하기 때문일 것이다. 하지만 이 연구에서 제시한 자료들은 평판에 의한 선호 이론을 훌륭하게 시험하며 그 발견 결과는 긍정적이다.

이 정교한 연구는 두 가지 변수에 집중하는 것으로 시작한다. 하나는 사람들이 생계를 유지하기 위해 얼마나 생산적인가를 나타내고, 다른 하나는 이들이 평상시에 얼마나 자유롭게 식량을 공유하는지를 나타낸다. 연구의 목표는 이들 무리의 구성원들이 열대 지역 수렵 채집인들의 생활방식을 일시적으로 괴롭히는 전형적인 특정 위험이 닥쳤을 때 얼마나 폭넓게 서로에게 도움을 주는지를 알아보는 것이다. 이런 위험 가운데는 짧은 기간에 걸친 질병, 곤충이나 뱀에게 물리는 것, 개인적인 부상, 사고가 포함되는데, 이것들은 전부 해당 개인이 생계를 잇는 효율에 심각한 영향을 줄 수 있다. 이런 위험을 경험할 확률은 꽤 높은 편이라 아셰 족 생활의 예측 가능한 일부라 할 만했다.

다음은 이 연구에서 제안한 과학적인 가설인데 이것이 이 책에서 전개하는 이론에서 무척 중요한 만큼 전부 인용하고자 한다. "우리는 일시적인 장애가 발생했을 때, 식량 부족을 겪지 않으며 신체적으로 장애가 없는 개인일수록 너그럽다는 평판이 높은 사람과 생산력이 높은 사람에게 먹을 것을 제공하거나 도움을 베풀 가능성이 높다고 제안한다."[2]

사려 깊게 진행된 이 연구는 다음과 같은 네 가지의 정식화된 '유형'에 기초한다.

1. 자선가: 이들은 몹시 너그러울 뿐 아니라 동시에 생산적이어서 이들이 타인에게 자선을 베푸는 전체적인 양은 막대하다.
2. 선의를 가진 사람: 이들은 무척 너그럽지만 생산성은 무척 떨어진다. 그 결과 분명 친사회적인 의도를 가졌음에도

이들이 타인에게 줄 수 있는 것은 아주 제한적이다.

3. 탐욕스런 개인: 생산량은 꽤 많지만 인색하기 때문에 남에게는 상대적으로 적게 베푼다.

4. 아무 짝에도 쓸모없는 사람: 생산량도 적으면서 인색하다.[3]

아셰의 연구에서 표본 대상들은 그들이 무능력해졌을 때의 여러 일화에 대해 세심하게 인터뷰를 했는데 이때 이들의 일상적인 공유 행동은 직접적인 관찰에 의해 평가되었다. 그 결과 이들이 얼마나 생산적인지, 평상시에 이들이 얼마나 많은 식량을 타인에게 내주며, 이들이 스스로 식량을 구할 수 없을 때 타인으로부터 얼마나 도움을 받는지에 대해 정량적으로 알아볼 수 있었다.

그 결과 너그러운 평판은 확실히 나중에 성과를 올린다는 점을 보여 준다. 놀랍지 않은 사실이지만, 곤란한 시기에 타인으로부터 가장 큰 도움을 받는 유형은 후하게 너그러운 자선가들이었다. 흥미로운 점은 겉으로는 무척 너그럽지만 베푸는 양은 적은 '선의를 가진 사람' 유형이 그 다음 두 번째로 많은 도움을 받았다는 점이었다. 그 뒤를 잇는 유형은 인색한 성격이지만 최소한 그렇게 행동하는 이유가 있는 '아무 짝에도 쓸모없는 사람' 유형이었다. 마지막은 '탐욕스런 개인'이었는데 이들은 사정이 좋으면서도 무척 인색하게 구는 사람들이었다. 이 결과는 사람들이 너그러운 평판을 가진 개인들과 협력하며 상호작용하는 것을 선호하는 반면 인색하다고 알려진 개인들은 꺼린다는 알렉산더의 가설과 잘 맞아떨어진다. 또한 이 결과는 감정이입에 따라 타인이 무엇을 필요로 하는지 잘 아는 것이 사회적으로 중요하다고 제안한다.

이 연구에서 개인들이 무능력했던 기간은 짧았다. 하지만 아셰 족은 식량을 저장하지 않았기 때문에 아무리 곤란한 상황이 고작 며칠이라 해도 타인의 기부를 통해 식량을 즉각 조달받는 것이 번식적 성공 측면에서 중요했다.[4] 즉 앞의 네 가지 유형은 전부 그들이 무능력해지자마자 도움이 필요했다. 이런 맥락에서 공감을 잘 하는 두 유형(생산력이 높은 '자선가'와 생산력이 무척 떨어지는 '선의를 가진 사람')은 나머지 이기적인 두 유형에 비해 적응도 측면에서 이득을 누린다. 공감을 잘 하는 유형은 감정이입에 따라 이들을 도우러 나선 사람들의 수나 그렇게 받은 도움의 양에서 이기적인 유형을 상당히 억누른다.

이 흥미로운 연구는 토착 부족민들이 우연히 '안전망'처럼 타인의 도움이 필요할 때, 너그럽거나 이기적인 개인 유형이 가진 자원과 동기를 고려한다는 점을 보여 준다. 또한 이러한 중요하지만 일시적인 도움은 그것을 받는 개인의 평판에 따라 충분히 주어지기도 하고 풍족함과는 거리가 멀게 주어지기도 한다. 예컨대 '탐욕스런 개인'들은 비록 (타인에게 공감하지만 그것에 비해 실제로 베푸는 양의 측면에서 효율성은 훨씬 떨어지는) '선의를 가진 사람'들에 비해 타인에게 일상적으로 더 많은 양을 베풀더라도, 곤란하고 무능력해진 시기에 더 많은 도움을 받는 유형은 전자보다는 후자다. 이러한 '너그러움은 그 자체로 보상을 받는다'는 가설은 값비싼 신호, 또는 '과시' 가설과 대조된다.[5] 값비싼 신호 가설은 기본적으로 최고로 실력이 좋은 사냥꾼이 배우자를 만날 기회를 가장 많이 가진다고 예측하지만, 이때 개인이 지닌 너그러움의 정도는 번식적 성공과 유관한 변수에 포함되지 않는다.

아셰 족에서 나타난 패턴은 우리에게 너그러운 행동을 하면 곤란할 때 보상을 받는다는 유익한 교훈을 준다. 보상이 이뤄지는 부분적인 이유는 먼저 양적인 측면에서 타인에게 베풀었던 데다,[6] 사람들이 이전에 일상 속에서 타인이 다쳤을 때 그에게 도움을 준다는 사실을 인식하면 긴급 상황에서 남을 돕는 일이 늘어나기 때문이다. 이 결과는 타인의 곤란함을 인식하고 여기에 반응하는 능력에서 온 상당한 너그러움이, 평판에 의한 선택이라는 맥락에서 인류가 진화하는 데 한 역할을 담당하며 작동했을 가능성이 있다고 제안한다.

플라이스토세의 증거

민족지학에 대한 상식에 따르면, LPA 수렵 채집인들은 추가적인 도움을 줄 가치가 있는 배우자라든지 일과 교역의 협력자, 무리 구성원들을 선택하는 과정에서 집단의 일반적인 가치들의 인도를 받을 것이다. 그 가치들은 너그러움을 강력하게 옹호하는 반면 인색함은 날카롭게 비난한다. 하지만 불행히도 이 작업가설을 시험하는 데 (LPA 사회의 범주에 완전히 속하지 않는) 아셰 족을 대상으로 한 초점이 잘 맞춰진 연구에 비견할 만한 다른 정식 연구는 존재하지 않는다.

일찍이 이 문제를 탐색하는 과정에서 내가 처음으로 한 일은 로버트 켈리의 『수렵 채집 사회의 스펙트럼The Foraging Spectrum』을 살피는 것이었다. 이 저서는 수렵 채집인들의 사회경제적인 행동을 한데 어우른 지금까지 나온 것 중 가장 포괄적인 개요서다. 하지만 켈리는 수렵 채집인 생활을 이어가는 데 따르는 여러 위험을 인식했음에도, 앞서 아셰 족을 대상으로 살폈던 사회적 안전망의 이점에 대한 구체적이고 정량적인 분석은 하지 않았다.

켈리는 다음과 같이 말했다. "여러 수렵 채집인들 사이에서 분배와 공유가 실패하면 사실 악감정을 낳는데, 그 부분적인 이유는 한쪽이 식량이나 선물을 얻지 못했을 뿐만 아니라 분배의 실패가 자원을 받지 못한 사람들에게 강력하고 상징적인 메시지를 보내기 때문이다."[7]

아셰에서의 연구는 여기에 대한 증거를 제공한다. 곤란할 때 가장 도움을 적게 받는 사람들은 평상시에 충분히 가졌으면서 타인과 공유하는 양은 무척 한정적인 '탐욕스런 개인'들이기 때문이다. 아셰의 연구 결과는 심리학적인 뉘앙스를 더해 긍정적으로 표현될 수도 있다. 감정이입으로 인한 너그러움은, 특히 그것이 비용이 많이 들 때 친사회적인 동료들로부터 가장 많은 이득을 얻는다. 하지만 아무리 켈리가 너그러움의 감정이 중요하다는 사실을 인식했다 해도 기본적으로는 공유의 패턴이 식량에 대한 요구와 수요 모두를 불러일으키는 의무의 그물망에서 온다고 생각했다. 이것은 분명히 사실이다. 그렇지만 아셰에서 이뤄진 연구는 여기에는 차등제가 적용되며, 심리학적으로 분명히 드러나는 너그러움 또는 인색함이 평판에 의한 긍정적이거나 부정적인 선택 양쪽을 포함하는 방식으로 상당 부분 고려된다는 것을 알려 준다.

내 생각에 이 발견은 모든 LPA 수렵 채집 집단에 대해 적용되어야 한다. 그 이유는 아셰 족이 일반적으로 이뤄지는 공유와 특별하게 곤란한 사람들에게 이뤄지는 공유 모두를 뒷받침하는 기본적이고 전통적인 가치들을 계속 지니고 있기 때문이다. 몇몇 개인들로 하여금 다른 사람들보다 훨씬 너그럽도록 이끄는 이런 동일한 황금률은 집단 구성원들이 이런 개인들을 어떻게 받아들이는지에 대해 영향을 주며, 이것은 평판이 쌓이는

428

방식의 일부다.

탄자니아 하드자 족의 배우자 선택

알렉산더는 평판에 의한 선택이 결혼할 배우자를 선택하는 과정을
통해 이타주의를 뒷받침할 수 있다고 강조했다. 여기에는 너그러운
개인들이 선호를 받을 것이라는 가정이 깔려 있었다. 또 인류학자
프랭크 말로는 LPA 수렵 채집 집단으로 여겨지는 하드자 족 개인
85명에게 배우자가 갖추기를 바라는 특징이 무엇인지 질문을
던졌다. 그리고 살을 붙여 확장하는 방식을 사용해 하드자 족
사람들이 자기들의 말로 대답하도록 했다.[8] 수십 년에 걸쳐 하드자
족을 연구했던 말로는 이 대답을 민족지학적으로 의미가 있는
각각의 범주로 나누었다.

　　　하드자 족은 부모의 축복을 바라기는 하지만 부모가 미리
주선한 형식적인 결혼을 하지는 않는다. 그런 만큼 원칙적으로
배우자를 선택하는 데 상당한 재량을 갖는다. 표 6은 말로가 하드자
족 개인을 대상으로 배우자 선택의 기준을 비슷한 것들끼리 묶은
결과다. 나는 이것들 가운데 너그러움과 관련한 응답에 별 표시를
했다. 너그러움은 하드자 족이 일반적으로 중요하게 여기는 개인적
특징이다.[9]

　　　여기서 나는 말로가 정리한 결과를 그대로 실었다. 말로는
이 부족이 배우자를 선택하는 기준이라고 답한 유효한 응답
전부를 8개의 범주로 정리했다. 바람직한 배우자의 기준으로
성격(16번 언급됨)을 꼽은 정보원들이 가장 많았고, 외모(11번),
수렵 채집 능력(9번), 정조(6번) 역시 두드러졌다. 성격 항목 가운데
'아이를 잘 돌봄'이라는 대답에서는 족벌주의적인 너그러움이

표 6. 하드자 족 사람들이 미래의 배우자에게 중요하다고 대답한 특징들

성격	외모	수렵 채집 능력	정조	생식력	지성	젊음
*성격이 좋음	키가 작음	*뛰어난 사냥꾼임	다른 사람을 원하지 않음	아이를 가질 수 있음	지성	나이가 어림
*친절함	마름	*식량을 가져올 수 있음	집에 머무름	아이를 가진 적이 있음	사고력이 뛰어남	
때리지 않음	몸매가 좋음	*열심히 일함	평판이 좋음	아이를 가질 예정임	똑똑함	
*사이좋게 지낼 수 있음	덩치가 큼	*물을 가져옴	나를 좋아함	아이가 많음		
*마음이 따뜻함	가슴이 큼	*나무를 가져옴	집안을 신경 씀			
*이해력이 뛰어남	잘생김	*먹을 것을 가져다 줌	나만을 원함			
온화함	치아 건강이 좋음	떠돌이 생활을 할 수 있음				
느긋함	생식기가 매력적임	*일을 도울 수 있음				
대화를 해서 서로 싸우지 않음	외모가 매력적임	*요리할 수 있음				
*좋은 사람임	섹시함					
*좋은 영혼임	얼굴이 매력적임					
*아이들을 잘 돌봄						
욕을 하지 않음						
같이 살 수 있음						
죄를 짓지 않음						
마음에 끌림						

* 너그러움을 포함했을 가능성이 높은 특징들

• 이 표는 2004년 출판된 말로의 글에서 가져온 것이다.

두드러진 반면, '성격이 좋음, 친절함, 사이좋게 지낼 수 있음, 마음이 따뜻함, 이해력이 뛰어남, 좋은 사람임, 좋은 영혼임' 같은 대답은 이타주의적인 너그러움을 함축하는 듯했다. 수렵 채집

능력 항목에서는 모든 응답이(별 표시가 달린) 너그러움을 강하게
암시했는데 이것들은 결혼 상대자가 생계에 기여하는 능력과
연관이 있었다. 여기에 더해 정조 항목에서 '평판이 좋음'이라는
응답 역시 비록 성적인 평판에 초점이 맞춰졌음에도 너그러움과
관련이 있는 것처럼 보였다.

　　　이렇듯 응답을 확장 가능한 방식으로 정리하는 것의 장점이
있다면, 민족지학자가 이질적인 범주를 끌고 와 자료를 왜곡할
위험이 없다는 것이다. 반면에 토착민들이 자기들에게 명백한
내용에 대해서는 언급을 하지 않는다는 점은 골칫거리다. 나는
말로가 정보원들에게 너그러움과 관련된 선택지들을 미리 제공한
것이 아닌지 의심할 정도인데 그만큼 이 항목은 선호하는 특징으로
빈번하게 나타난다. 그 이유는 모든 수렵 채집인 집단에서
너그러움은 마음가짐의 주된 덕목이기 때문이다.[10] 하지만 현
상황에서는 적어도 너그럽다는 평판이 사회적 선택의 중요한 한
가지 유형과 강하게 관련되어 있다는 큰 힌트를 준다는 점에서 이
연구는 대부분의 다른 민족지학 자료를 훨씬 앞선다.

　　　마저리 쇼스탁의 연구는 아프리카 부족을 대상으로 한 또
다른 사례를 제공한다. 논문의 본문을 보면 !쿵 족이 어떤 사람이
딸의 결혼상대로 유망하다고 평가하는지 알 수 있다. "사위를 고를
때 부모들은 나이(남자가 딸보다 지나치게 나이가 많아서는 안 된다)와
결혼 상태(이미 결혼해서 두 번째 아내를 찾는 남자보다는 결혼하지
않은 남자가 선호된다), 사냥 실력, 가족을 먹여 살릴 책임을 기꺼이
감당하는지의 여부를 본다. 타인과 잘 협력하고 너그러우며
공격적이지 않은 품성을 지녔는지도 살핀다."[11]

　　　이 민족지학 자료에서는 너그러움에 대해 직접 언급한다.
이 !쿵 족 부모들이 지지하는 기준은 딸을(그리고 자기들을) 잘

돌보아 줄 것인지에 대한 것이며 각자 배우자를 찾는 하드자 족 남녀 개인들이 지지하는 기준과 부합한다. 비록 내가 LPA 수렵 채집인에 대해 정리한 자료는 결혼 상대를 비롯한 협력자를 선택할 때 두드러지는 선호 기준들을 구체적으로 나타내지 못하지만, 비록 많은 민족지 자료들이 이 주제를 다루지 않는다 하더라도 서로 친척 관계가 아닌 이 두 아프리카 부족이 보여 준 선호도는 보다 넓게 적용될 수 있을 것이다.

덜 직접적인 증거

인류가 감정이입을 바탕으로 한 이타주의를 보여 줄 능력을 갖췄다는 사실을 크게 뒷받침하는 평판에 의한 선택 이론에 대해 정말로 확실한 사례를 들기 위해서는, 상당한 후속 연구가 필요할 것이다. 나는 앞서 살핀 아셰 족 연구를 다른 상황에서 되풀이하는 반복 연구가 우선순위 측면에서 먼저 수행되어야 한다고 생각한다. 하지만 불행히도 2012년에는 상당수가 여전히 경제적으로 독립된 생활을 하는 하드자 족 같은 LPA 수렵 채집 부족이 굉장히 줄어들었다.

이 예비적 분석이 궁극적으로 제안하는 바는 다음과 같다. 수렵 채집인들의 공유 패턴은 이기적인 팃포탯 방식의 호혜적 이타주의, 원망을 듣지만 용인되는 고기 절도, 최고의 사냥꾼들에 의한 값비싼 신호, 집단선택의 효과가 조합 이상으로 설명할 내용이 훨씬 많다는 것이다. 분명 이런 모형들은 유용하지만, 이들 가운데 일부는 공유와 남을 돕는 행동을 순전히 경제적인 사리사욕으로 축소시키는데 이것은 민족지학적인 직관에 어긋난다. 인류의 공유 행동과 그것의 진화를 완전히 이해하기 위해서는, 문화적으로 정의된 너그러움을 비롯해 감정이입에 따른 너그러움에 기초한 사회적 평판의 역할이 더욱 직접적인 역할을 해야 한다.

한편 우리는 문화적으로 현대적인 우리 자신에 대한 지식에서 시작할 수도 있다. 우리는 흥미롭고 중요한 패턴을 되풀이하며, 종종 지구 반대편의 형편이 나쁜 아이들을 도와 달라는 텔레비전 프로그램의 호소에 응답하는데 이때 익명으로 이 행동을 한 만큼 너그러움이 그 동기일 수밖에 없다. 또 크리 족 사냥꾼인 토머스와 하드자 족의 소규모 집단은 둘 다 심하게 형편이 좋지 않은 사람을 만나면 반드시 식량을 나눠 줄 것이라고 생각할 수도 있다. 아무리 우연히 나눔을 받은 사람이 다른 집단에 속해 있어 보답을 받은 가능성이 극히 낮다고 해도 그렇다. 이런 사례는 단지 '일화적'일 수도 있다. 하지만 체계적으로 정리된 정보가 부재한 상황에서는 일화도 쓸모 있는 역할을 한다.

중요한 점은 아셰 족 사례에서는 생각, 더욱 적절하게 표현하면 느낌과 감정이 중요한 것처럼 보인다는 사실이다. 그렇다고 해서 수렵 채집인 집단에서 공유 행동이 과거의 책임이나 물질적인 혜택에 따라 강하게 이끌리지 않는다고 말하는 것은 아니다. 또 개인이 '보험에 의한 혜택'을 누리는 간접적 호혜성의 체계에 참여할 때 이기적인 사리사욕이 중요하지 않다고 말하는 것도 아니다. 내가 주장하고자 하는 바는 감정이입이라는 느낌에 기초한 너그러움 또한 이 전체적인 과정에 상당히 공헌한다는 것이다. 그리고 이런 반응은 자기들의 작동뿐 아니라 이런 체계가 작동하도록 돕는 의도적이며 개인에게 잘 내면화된 친사회적인 가치들과 무척 잘 부합한다는 것이다.

이런 점에서 황금률은 단지 물자를 한 개인에서 다른

개인으로 옮겨 교환이 일어나도록 하는 역할 이상을 한다.
황금률은 너그러움의 정신을 육성해 더 많은 너그러움이
생겨나도록 한다. 그리고 이것을 권하는 설교는 다음 두 가지
방식으로 보편적이다. 하나는 사람들이 사회적인 인간관계가 더욱
즉각적으로 긍정적으로 변하게 만드는 황금률의 효과를 믿는다는
것이다. 그리고 다른 하나는 황금률이 간접적 호혜성이라는
체계가 잘 돌아가게 기름을 쳐서 모든 사람을 대상으로 더욱
부드럽게 작동하고 장기적으로 심각한 갈등이 덜 생기게 해서
집단이 번성하도록 하는 더욱 일반적인 기능을 갖는다는 점이다.
나는 두 번째 효과가 해당 행위자들에게 의식적으로 명백하게
나타나는지에 대해서는 그렇게 확신하지 못하지만, 수렵
채집인들이 사회적 조화 자체의 가치를 적극적으로 인정한다는
점은 사실이다.[12]

내가 제안하고자 하는 바는 비록 감정이입과 호혜성에
기초해 곤란한 타인을 돕는 행동을 과학적으로 계측하기는
어렵지만, 이런 행동은 인간에서 나타나는 협동 행위의 주춧돌이며
이것이 반드시 팃포탯 방식의 정확한 교환에 기초하지는 않는다는
점이다. 네트실리크 족에서 독특하게 나타나는 바다표범 공유
행동은 아마도 간접적인 호혜성에 기초한 체계에 임시로 나타나는
무척 정확한 호혜성이 결합된 결과에 가까울 것이다. 하지만
네트실리크 족이 만들어 낸 연결망에 기초한 놀랄 만한 체계는
특별한 사회적, 생태학적 환경의 산물인 것처럼 보인다. 반면에
문화적인 이웃인 우트쿠 족은 이런 체계를 갖지 않는다.

여기서 네트실리크 족이 여러 달에 걸쳐 60명 이상으로
구성된 무리를 꾸려 생활할 때 이들이 바다표범 고기 전체를 집단
구성원 모두와 나누지는 않는다는 사실을 강조하는 것이 좋을

듯하다. 그보다 이들은 대여섯 명의 사냥꾼을 아우르는 작은
연결망을 만들고, 역시 비슷한 수의 사냥꾼을 가진 비슷한 30명
정도의 집단과 분산 감소 체계를 이룬다. 초기의 고기 분배를
위한 LPA 집단의 분배 체계는 훨씬 형식을 덜 갖추고 있다. 이
체계는 누가 생산하고 누가 무엇을 얻는지에 대한 집단 전체에
걸친 체계의 상당히 우연적인 속성을 모두가 이해하고 수용한다는
점에 의존한다. 일시적으로 도움이 필요한 사람들에게 특별히
도움의 손길을 내놓는 일 또한 비슷하게 작동한다. 하지만 이것은
너그럽거나 인색하다는 개인에 대한 평판에 상당히 영향을 받는다.
반면에 덩치 큰 사냥감이 잡히면 무리에 대한 의무를 이행한
구성원이라면 전부 동등하게 고기를 분배받을 수 있다.

아셰 족을 대상으로 한 연구에서 드러난 안전망 유형의
분배 방식이 평판을 기초로 한다는 점은 분명하다. 그리고
이런 사례에서 집단생활은 개인의 너그럽거나 인색함에 대해
좋거나 나쁜 평판이 쌓이는 사회적인 장이 된다. 앞서 언급했던
진화경제학 분야에서 이뤄진 게임 이론 실험들은 여기에 대한
증거를 제공한다. 한 사람의 유망한 협력자가 어떤 개인이
너그럽고 호혜적이며 협동을 잘 한다는 사실을 깨달으면 협력
관계가 형성될 수 있다.

평판에 의한 선택이 이타주의를 지지한다

우리가 최근에 「사이언스Science」지에 실렸던 것처럼[13]
지리학적으로 널리 이곳저곳 분포한 수십 곳의 수렵 채집 사회들을
자세히 살펴본다면, 그리고 LPA 수렵 채집 무리 범주에 맞는
3분의 1의 집단에 초점을 맞춘다면, 집단의 크기나 구성이 무척

다양하지만 그 가운데서도 우리가 이 책에서 발전시킨 이론의 관심사가 되는 몇몇 강력한 중심 경향이 있다는 사실을 알게 될 것이다.

하나는 사람들이 같은 집단에서 얼마 안 되는 가까운 친족과만 동거한다는 경향성이다. 그 말은 이 집단이 친족 단위와는 거리가 멀다는 뜻이다. 그런 만큼 내가 말했던 것처럼 혈연선택 모형은 플라이스토세 후기에 집단 전체에 걸쳐 일어난 협력 체계를 설명하는 데 제한적으로만 적용할 수 있을 뿐이다. 3장에서 살폈던 '업히듯 미끄러지는' 요인이 중대한 경우가 아니라면 말이다. 이것은 이동성 무리의 특징이기도 하다. 사람들은 한 집단에서 다른 집단으로 옮겨 가는데 이 과정에서 집단에 구멍이 생기면서 기계적인 힘에 따라 작동하는 유전적인 집단선택의 위력은 감소한다.[14] 하지만 그럼에도 나는 이 선택이 꽤 중대한 공헌을 한다고 생각한다.

우리가 고려해야 할 또 다른 사실은 오늘날과 마찬가지로 대부분 일부일처제 결혼으로 구성된 몇몇 형태가 초기 LPA 수렵 채집 사회에서도 보편적이었다는 점이다. 평판에 의한 선택은 너그러운 협력자들이 짝짓기나 아이를 양육하는 데 이득을 볼 뿐만 아니라 생계에도 도움이 되도록 두 가지 방식으로 작용했다. 여기에 대해서는 앞서 살폈던 하드자 족을 대상으로 한 연구에서도 강하게 암시된 바 있다. !쿵 족 연구에서는 이 점이 훨씬 명시적으로 드러났다. 다시 말해 우리는 평판에 의한 선택, 호혜적 이타주의, 혈연선택, 유전학적인 집단선택이라는 이 모든 메커니즘을 한꺼번에 모델링할 필요가 있다. 이런 작업에 대해 살펴보는 데 거의 할애되었던 3장에서 이런 개별 모형들은 대부분 서로에 대해 상당히 독립적으로 운용할 수 있다는 점을

알아보았다.[15]

이 여러 모형들에 혈연선택을 더해야 하는 이유는 족벌주의가 가족 내부에서 일어나는 강한 너그러움의 경향성을 설명하기 때문이다. 또한 우리는 가족 테두리 밖에서 나타나는 너그러움에 대한 조지 윌리엄스의 주장을 명심해야 한다. 이런 가족 밖에서 나타나는 너그러움은 가족 내부에서 일어나는 너그러움과 중요한 방식으로 유사하다. 실제로 진화론적으로 설명하면 족벌주의는 이타주의가 진화론적으로 발전하기 위한 전적응 역할을 할 수 있다.

하드자 족에 대한 연구는 이타주의적 요소가 배우자 선택에서 바람직한 특징으로 간주된다는 점을 강하게 시사한다. 하지만 어쨌든 이런 평등주의적인 무리의 구성원들은 타인이 공감 능력이 있는지, 식량을 분배하는 데 너그러운지, 열심히 일하는지, 믿을 만한지, 비열하거나 인색하고 게으르며 교활하지 않은지에 대해 상당히 관심을 기울인다.[16] 그리고 이들은 그 결과에 따라 동료를 선택하며,[17] 누구를 집단에 받아들일지, 집단 내부의 안전망이나 결혼 준비, 집단 내부의 가족들 사이에서 결혼 관계 밖에서 나타나는 일상적인 생계상의 협력, 장거리에 걸친 안전망이나 교역 기회를 다지기 위한 다른 무리 구성원들과의 협력에도 적용된다.[18] 흔치 않게 나타나는, 그래서 주목할 가치가 있는 너그러움은 이런 모든 인간관계에서 중요한 요인이 될 수 있다.

이때 훌륭하고 너그러운 성격과 특징은 중요하지만 이것이 전부는 아니다. 현재 진행형인 친족 관계라든지 과거나 현재의 인척 관계를 포함해 협력자를 선택할 때 순전히 구조적인 제한 요인이 다양하게 존재하기 때문이다. 하지만 아무리 어떤 개인이 가까운 친족이나 인척이 생활하는 무리에 합류할 가능성이 높다 해도, 동시에 인색하거나 생산성이 떨어지고 또는 둘 다에 해당하는 친척보다는 보다 너그럽고 생산성이 높은 친척을 선택하려 할 가능성도 높다. 아셰 족이나 !쿵 족이 중시하는 특성처럼 말이다. 유전자 선택의 관점에서 생각하면 이때 이타주의자들은 친족과 비친족 모두와 보다 성공적인 협력을 할 가능성이 높다. 그리고 만약 이타주의자 둘이 서로를 선택한다면 양쪽 다 적응도 측면에서 이득을 얻을 것이다.

이론적인 관점에서 보면, 우리가 여기서 수렵 채집인들의 협동에 대한 다소 연구하기 까다로운 측면의 하나로서 다루는 대상은 타인과 그들이 겪는 곤란함에 대한 공감에 기초한 너그러움이다. 만약 특정 기준들이 충족된다면 이런 너그러움의 기초는 유전자의 수준에서 지속될 수 있다. 아무리 개인이 너그러운 행동을 할 때마다 이타주의의 정의상 적응도의 손실이 일어날 수 있지만 말이다. 이러한 기준의 하나는 다음과 같다. 3장에서 다뤘던 다섯 가지 메커니즘 가운데 적어도 하나의 작용에 의해 어떻게든 이타주의가 보상을 받는다는 것이다. 이 메커니즘 가운데는 두 가지의 가능한 '등에 업기' 모형, 일회용 호혜주의와 장기적인 호혜적 이타주의 모형, 그리고 평판에 의한 선택 모형이 포함된다. 또 이때 이런 여러 모형에서, 그리고 집단선택 모형에서는 무임승차자들에 대한 억제가 효과를 거둬야 한다.

내가 보기에 LPA 수렵 채집 집단에서는 보상에 대한 이런 기준이 거의 충족되고 있다. 바로 평판에 따라 얻는 이득의 형태를 통해서다. 따라서 무임승차자 억제와 함께 결합할 때, 수렵 채집인들의 사회적으로 중요한 이타주의에 대해 제한적이지만 훌륭한 사례로 뒷받침되는 설명에 주된 공헌을 할, 내가 내세웠던 후보는 평판에 따른 선택이었다. 이런 두 가지 사회적 선택 메커니즘에 우선권을 주는 이유는 이유가 하나 있다. 평판에 의한 선택에 기초한 사회적 선택은 바로 그 과정이 선택에 기반한다는 이유 때문에 특별한 위력을 가질 가능성이 높다. 이에 따라 이 과정은 다윈주의적인 성 선택과 유사해지지만, 수렵 채집인 무리에 미치는 효과 측면에서는 사실 평판에 의한 선택이 성 선택에 비해 더 낫다.

상호 작용 효과들

만약 진화론적인 수학에 능숙한 누군가가 앞서 다뤘던 모든 메커니즘들을 조합해 한꺼번에 모델링할 수 있다면 그 결과는 유용할 것이다. 지난 4만 5,000년 넘는 세월에 걸쳐 인류의 유전자 풀에 이타주의적인 유전자가 지속되는 데 끼쳤을 공헌도에 따라 각 모형에 가중치를 두어 조합한다면 말이다. 하지만 내가 여기서 제안하는 작업가설은 평판에 의한 선택 모형이 특히 강력할 가능성이 높다는 것이다. 그 이유는 이 사회적 선택의 유형이 초점이 잘 맞춰진 지속적인 선호에 따라 추동될 뿐 아니라 양방향의 선택 과정을 포함하기 때문이다. 하드자 족이나 !쿵 족은 배우자를 선택하거나 같이 일할 상대를 찾을 때 이런 과정을 따른다. 이들의 선택 행동이 갖는 주된 효과는 너그럽고 공평한 협력자들이 그와 비슷하게 이타적인 타인을 선택하는 데 성공할 위치에 놓일 테고, 그에 따라 양쪽 모두 적응도 측면에서 이득을 얻는다는 것이다.[19]

　　만약 감정이입 능력이 있는 이타주의자들이(열심히 일하고 신뢰할 만한 사람들을 포함해) 자기들과 마찬가지로 사회적으로

바람직한 특성을 갖는 타인들과 짝을 지어 협력하는 경향이
있다면,[20] 그에 따라 사회적으로 덜 바람직한 사람들은 자기와
비슷한 사람과 짝을 지을 테고 덜 효과적인 협동의 불이익을 겪을
것이다. 확실히 이때 이득을 누리는 사람들은 더 나은 협력의
과실을 거두는, 그럴 자격이 있는 개인들이다. 동시에 이들은
무임승차자들에게 피해를 볼 가능성도 적다.

이것은 보다 우월한 유전자를 지니고 있어 암컷에게
번식상의 성공을 가져다 줄 화려한 수컷들을 일방적으로 선택하는
칙칙한 공작 암컷들이 보이는 패턴과는 상당히 다르다. 한편 다른
조류들은 암컷과 수컷 모두 우월한 적응도를 뽐내기 위해 매력적인
꼬리 깃털을 갖추며, 수컷이 최고의 깃털을 가진 암컷을 선택하는
동안 수컷들도 똑같은 기준에 따라 선택의 대상이 된다. 이런
경우라면, 놀랄 만큼 대단하다고 널리 알려진 성 선택의 위력은
여전히 보다 강력할 것이다. 암수 양쪽이 동시에 우월한 적응도를
전시하고 상대를 선택할 수 있기 때문이다.[21]

유전학자 로널드 피셔는 성 선택에 대한 다윈의 주장과
이런 선택에 기초한 과정이 '과장되어 보이는' 형질을 낳는다는
점에 매혹되었고, 비용이 많이 드는 공작 수컷의 꼬리 깃털을 '고삐
풀린 선택'이라는 용어로 설명할 수 있다고 주장했다. 이 선택은
유전적으로 우월한 수컷이 보내는 신호에 대한 암컷들의 민감한
상호작용이 크게 발달하면서 나타났다.[22] 나는 양쪽의 형질이 둘
다 선택 대상이고 선택하는 개체들이 방정식의 양변에 포함되어야
이런 효과가 더욱 강화된다고 생각한다. 수학적인 모델링은
이런 가설을 입증하는 데 쓸모가 많지만, 이것은 확실히 문화
인류학자인 나의 강점이 아니다.

여기에 대해 리처드 D. 알렉산더는 평판에 의한 선택에

440

내재적인 선택 행동의 이런 양방향적인 요소를 고려하는 과정에서, '성 선택'과 '호혜성 선택'을 구별했다. (나는 후자에 대해 현상을 더욱 잘 묘사하며 일반 독자들에게 더 선명하게 다가올 '평판에 의한 선택'이라는 용어를 사용해 왔다.)

> 성 선택은 독특한 유형의 고삐 풀린 선택이다. 그 이유는 상호작용하는 쌍이 협동해서 자손을 생산하면서 이 과정이 가속되기 때문이다. (⋯) 하지만 고삐 풀린 선택을 정의하는 특징은 이런 가속화가 아니다. 그보다는 이 과정이 적응을 훨씬 넘어서까지 영향을 미치는 경향이다. (⋯) 통합된 유기체를 형성하고 지속하는 과정에서 경합하는 적응적 형질 사이에 수많은 타협이 나타나는 보통의 경우와는 다르다.
> 고삐 풀린 선택의 이런 측면은 호혜성 선택에도 적용될 것이다. 호혜성 선택에서는 성 선택과는 달리, 양측이 극단을 선택할 뿐 아니라 극단을 나타내는 경향을 가질 수 있다.⋯ 사회적 선택에서 한 개인은 선택하는 자와 선택되는 자의 양쪽 역할을 다 할 수 있다.[23]

물론 알렉산더가 호혜성 선택에 따른 형질이 "적응을 훨씬 넘어선다"고 했을 때 의미한 바 가운데 한 가지는, 비용이 많이 드는 이타주의적 형질들이 이런 유형의 선택에 뒷받침된다는 것이다. 그뿐만 아니라 개인에게 부적응적인 것처럼 보이는 다른 형질들도 상호 간의 평판에 의한 선택과 긍정적으로 연관될 수 있다. 이것은 아마도 인류의 이타주의를 설명하는 측면에서는 지금껏 최고의 가설 가운데 하나일 것이다. 하지만 내 생각에, 그러기 위해서는

내가 이 책에서 내내 강조해 왔던 무임승차자에 대한 효과적인
억제와 결합되어야 한다.

어째서 무임승차자들은 간단히 사라지지 않는가

도덕주의적으로 공격적인 집단이 자기들이 탐지 가능한
사기꾼들을 무척 호되게 벌한다는 트리버스의 제안은 옳았다.
하지만 나는 초기 인류, 그리고 그보다 더 이른 시기의 침팬지
속 조상의 경우에 경쟁적인 활동에 의해 주로 무임승차를 하는
것은 이기적인 불량배들이며 이들의 유전자가 이득을 보는 반면,
덜 이기적이고 힘이 약한 희생자들의 유전자는 손해를 본다고
제안했다.

　　4장에서 우리는 50곳의 LPA 사회에서 이런 불량배들이
도둑이나 사기꾼들에 비해서 자주 처형되며 성 범죄자들에
비해서는 훨씬 더 그랬다는 사실을 살폈다. 그 말은 이들의
이기적인 공격 행위가 집단에 심각한 문제를 일으켰다는 뜻이다.
또한 이런 강력한 무임승차 행동에는 적응도의 손실이라는 커다란
대가가 따랐다. 그리고 우리는 초기 인류가 평등주의에 기초한
육체적 처벌이라는 사회적 선택에 열중했고 이 선택은 아마도
오늘날에 비해 훨씬 강력하게 작용했으리라는 점을 살폈다. 초기
인류에게는 불량배들을 제어하는 데 도움이 될 양심이 존재하지
않았기 때문이었다.

　　따라서 이런 무임승차자 억제의 초기 단계는 가혹했을
가능성이 높으며, 이기주의에 이끌린 위험을 감수하는 알파 유형의
개체들이 심한 처벌을 꽤 빈번하게 받아야 했을 것은 합리적인
가정이다. 양심이 진화되어 이들이 스스로를 통제할 수 있고 그에

따라 그런 끔찍한 결과를 회피할 수 있기 전까지는 그랬을 것이다. 이렇듯 남을 괴롭히는(또는 사기를 치는) 유형의 무임승차자들이 점점 처벌을 받을 행동을 하지 않도록 스스로를 통제하면서 이들은 번식상의 손해를 점점 적게 받게 되었다. 그렇기 때문에 효과적인 자기 통제가 존재했다면, 이들 무임승차자들의 유전자가 완전히 폐업했다거나 그 상태에 가까워졌으리라 믿을 이유가 없어진다.

또 우리가 명심해야 할 사실은 아무리 LPA 무리가 고도로 평등주의적이라 해도 이것이 이들 구성원 사이에 경쟁이 없었다는 뜻은 아니라는 점이다. 남성들은 사냥 실력을 두고 경쟁을 벌였으며, 양쪽 성은 짝짓기 상대를 두고 경쟁을 벌였다. 실제로 평등주의 자체는 몇몇 강한 개인들과 여기에 대항해 연합하는 하위 개체들 사이의 경쟁에 기초한다. 즉 어떤 사람이 자신의 경쟁적인 경향을 사회적으로 용인된 방향으로 돌린다면, 그리고 그 경향에 대한 표현을 억제해 적응도를 감소시킬 처벌을 받지 않는다면, 이기적이고 경쟁적인 성향은 적응도에 꽤 유용할 수 있다.

공격적인 행동을 전략적으로 억제하는 것은 앞선 이누티악의 사례에 잘 드러난다. 이누티악의 의식적이며 효율적으로 진화된 양심은 그가 자신의 사회적인 딜레마에 직관적으로 닿도록 했다. 또한 그가 동료 우트크 족 사람들이 심각하게 걱정해 어쩌면 엄청난 대응을 불러일으킬 수도 있을 공격적인 행동의 상당 부분을 전략적으로 억제하도록 했다.

하지만 폭군 같은 남성들이 다들 자기의 성향을 이렇게 효과적으로 억누를 수 있는 것은 아니다. 사실 스칸디나비아 출신의 탐험가들이 처음으로 그린란드에 사는 한 에스키모 부족과 접촉했을 때, 이들은 연쇄적으로 사람을 죽였던 무척 지배적인 성격의 주술사가 주변 사람들에게 대단한 존경을 받는다는 사실을

알아챘다.[24] 하지만 사람들은 그가 죽임을 당하기 전에 자리를
피했고 비록 그래서 목격자는 없었지만 그 주술사는 분명 어떻게든
처리되었을 것이다. 또 우리는 앞에서 칼라하리 사막에 사는 !쿵
족들이 비슷한 방식으로 처형하는 모습을 간접적으로 목격한 바
있다. 이누이트 부족들도 이런 개인들을 죽였다.

7장의 표 4는 이런 처형이 꽤 널리 나타난다는 사실을 보여
준다. 하지만 이런 독재자가 될 만한 개인들이 자기의 성향을
억누르는 데 성공하든 그렇지 않든, 이들이 가진 무임승차자로서의
잠재력은 (장기적으로 이타주의자를 비롯한 타인들을 이용해 이득을
얻을) 무척 제한적이다. 무임승차 행동을 할 것이라 염려되었던
이누티악이라든지 공격적인 성격의 !쿵 족 구성원인 /트위 같은
개인은 공격적인 무임승차 행동을 지나치게 심하게 보였을 경우에
살해를 당할 것이다.

이것은 강조할 필요성이 있는 한 가지 중요한 이론적인
지점으로 이끈다. 무임승차자와 이타주의자에 대한 조지
윌리엄스의 수학적인 묘사는 무임승차자들이 (진화적인 과정에 따라)
이타주의자들을 착취하도록 설계되었고 그에 따라 이타주의자들은
유전자 측면에서 손해를 본다고 가정했다.[25] 그 결과 이타주의자들의
유전자는 우리가 관심이 있는 유전자 풀 안에서 결코 일정한
고정점에 도달하지 못한다는 것이다. 그리고 만약 돌연변이에
따라 새로운 이타주의자의 유전자가 나타난다면, 금세 돌연변이를
거친 무임승차자의 유전자도 나타나 이타주의자의 유전자를
무력화시킨다.

그렇지만 우리가 적응도 측면에서 행동적 경향성이
효율적으로 발현되도록 하는 고도로 정교화된 수단을 양심이라고
간주한다면, 이 시나리오는 급격한 변화를 겪는다. 시간이

지나면서 강한 무임승차 경향을 지니게 된(하지만 무척 효율적인 자기통제가 가능한) 개인들은 적응도 측면에서 손해를 보지 않는다. 이들의 포식자 같은 성향이 잘 억제되기 때문이다. 그리고 만약 이들이 자신의 공격성을 사회적으로 용인되는 방식으로 표출한다면, 이런 행동은 사실상 적응도에 도움이 된다.

내가 무임승차자 유전자와 이타주의 유전자가 둘 다 동일한 유전자 풀 안에서 공존하면서 문제없이 잘 발현될 수 있다고 믿는 이유가 바로 이것이다. 남을 괴롭히는 무임승차 행동을 이끄는 유전자는 쓸모 있는 경쟁적인 충동을 낳기 때문에 유용할 수 있다. 반면에 이타주의적인 행동도 평판에 따른 이득을 비롯해 앞서 논의했던 메커니즘에 따라 보상을 받기 때문에, 이타주의를 이끄는 유전자 또한 유용할 수 있다.

이런 유용한 자기억제가 언제나 완벽하지는 않다. 오늘날의 수렵 채집 무리를 보면 여전히 남을 괴롭히거나 속이는 행동이 가끔 나타나는데, 이들은 자기들이 비행을 저질러도 처벌을 모면할 수 있으리라는 무모한 낙관주의를 지닌 채 중대한 무임승차 행위를 한다.[26] 그 이유는 이들이 남을 지배하거나 속이도록 이끄는 충동을 가졌기 때문이거나, 이들의 양심이 제공하는 피드백이 잘못되었기 때문이다. 또한 우리가 앞서 살핀 바에 따르면 사회적으로 더욱 문제가 되며 더 빈번하게 일어나는 것은 남을 괴롭히는 행위였다. 수치에 대해 다시 살펴보자. 예컨대 4장의 표 1을 보면 남을 괴롭히는 행위('집단을 위협함')는 처형을 일으키는 여러 죄목 가운데서 두드러진다. 또 7장의 표 3을 보면 사회적 포식 행동 가운데 가장 빈번하게 보고된 유형은 위협자들의 지배 행위다(10개의 사회를 통틀어 461곳에서 발견됨). 반면에 남을 속이는 행위는 42번 언급되는 데에 그치며 10개 표본 사회의 절반에서만 나타난다. 비록 그 중심적인 경향성이 꽤 주목할 만하지만 말이다.
따라서 1971년에 트리버스가 이들을 유명하게 만든 이후로 남을
속이는 무임승차자들 유형이 학계에서 중심 무대에 오르긴 했지만,
인류의 경우에 주된 무임승차 유형은 정치적으로 강압적이고
이기적인 지배자들에 의해 행해진다. 이들의 피해자 가운데는
이들과 비슷한 권력을 가졌지만 훨씬 덜 이기적인 너그러운
이타주의자들뿐 아니라, 타인을 지배할 수 있는 능력이 덜하고
그런 성향도 덜한 모든 사람이 포함된다.

　　　　오늘날의 LPA 사회에서 공격적으로 이기적인 행동 유형은
여전히 널리 퍼진 것처럼 보인다. 개인에 따라 다양하게 나타나는
공격적으로 이기적인 경향이 여전히 우리에게 존재한다는 점은
명백하다. 만약 이런 경향을 타고난 사람들이 사회적인 억제 없이
자기 성향을 자유롭게 표출한다면, 공평함과 너그러움에 추동되는
간접적 호혜성 체계는 간단히 작동을 멈출 것이다. 인류의 협동과
관련해, 이런 공격적으로 이기적인 성향이 자기 내부와 외부에서
벌어지는 통제에 놀랄 만큼 민감하다는 점은 다행이라 할 수 있다.
인류의 마음속에서 진화된 양심은 꼭 필요했던 자기 통제력을
제공했으며, 마음 바깥에서는 대개 집단 수준의 제재가 스스로를
통제하지 못하고 그렇게 하지도 않을 지배자나 사기꾼들을
제어했다.

진화에 따른 연속적 사건들

이 시점에서, 나는 고대의 출발 지점에서 시작한 역사적인
장면들을 순서대로 보여 주려 한다. 앞서 살폈던 내용을 간추릴
뿐 아니라 도덕의 기원이 지닌 자연사에서 역사적 측면을 더욱

부각시키겠다는 약속을 지키기 위해서다. 먼저 지적해야 할 사실은 침팬지 속 조상에서 나타나는 원시적인 '이타주의적 인자'는 오늘날의 보노보나 침팬지와 마찬가지로 어느 정도는 위력을 발휘했다는 점이다. 하지만 우리 인류가 타고난 감정이입에 기초한 이타주의 성향의 정도와 비교하면, 이런 유인원 무리는 황금률을 통해 협동 행동을 증폭시킬 수는 없었다.

　　　인류의 행동을 재구성해 보면, 이 조상이 (도덕에 따르지 않은) 집단적 사회 통제를 일으키는 주목할 만한 원시적인 잠재력을 지녔으며, 이 잠재력은 이기적이고 경쟁적이며 타인을 착취하는 무임승차자라는 즉각 식별 가능한 유형의 불량배들을 배제하도록 발전했다는 사실을 알 수 있다. 그 말은 비록 고대의 사회 질서가 기본적으로 꽤 위계적이었음에도 특정한 공격적인 개인의 이기적인 행동들은 억제될 수 있다는 것을 뜻한다. 이 조상들은 자기 인식 능력이 상당했지만, 진화된 양심이 부재했기 때문에 이들의 자기 통제는 단지 복수에 대한 두려움과 복종 능력에만 기초할 뿐이었다.

　　　우리는 도덕이 진화했던 그 다음 시기가 얼마나 갑자기 시작되었는지에 대해서는 확신하지 못한다. 다만 힘센 개인들이 그들의 기회주의적인 무임승차에 따른 지배 행동으로 인해 이득을 얻는 대신 상당한 대가를 치르게 될 때까지 반위계적인 사회적 통제가 강력해지는 과정을 동반할 것이다. 그리고 그에 따라 새로운 무언가에 관여하는 자기 통제 능력이 향상되는 방향으로 유전자의 선택이 일어난다. 비록 하위 개체 연합의 복수에 대한 두려움이 이런 불량배들의 행동을 계속해서 억제할 테지만, 이때 원시적인 양심이 발전할 테고 이런 상황에서 내 가설은 개인들이 규칙들을 내면화기 시작하며 그에 따라 개인의 행동을 집단의 선호도에 더욱 민감하게 끼워 맞출 수 있게 되리라는 것이다.

　　개인이 규칙에 대해 감정적으로 동일시하는 능력이 언제 사회적인 행동의 전체적인 패턴에 심각한 영향을 미치기 시작하며 그에 따라 선택의 결과에도 영향을 주는지에 대해 확실히 추측하기란 불가능하다. 상대적으로 커다란 뇌를 가졌던 호모 에렉투스라면 적어도 이런 가능성이 있었다. 하지만 내가 지금 개진하려는 관점에 따르면 지금으로부터 25만 년 전에는 이런 사회적인 선택이 꽤나 확실히 발전하기 시작해야 하는데, 이 시점은 역시 커다란 두뇌를 가졌던 고대의 (여정의 끄트머리를 향해 가던) 호모 사피엔스가 발굽 달린 커다란 포유동물을 사냥하고 그 고기에 의존해 생계를 꾸리기 시작했던 때였다. 무리의 구성원들이 이 일을 무척 효율적으로 하게 되면서, 이들은 꽤 공평하게 고기를 분배해야 했을 가능성이 높다. 이런 효율성은 이 무리에게 반드시 필요했고 기후 변화로 국소적인 환경이 불리해질 때 해당 지역에서 생존하는 데도 필요했다. 앞서 살폈듯 단호한 제재가 불러일으킬 수 있는 효과는, 권력을 잃은 알파 개체들이 자기 무리의 여성들을 번식적으로 마음대로 통제할 수 없다는 것이다. 그러면 일부일처제를 바탕으로 한 암수 쌍의 결합이 발전하기 시작하거나 계속해서 발전하는 계기가 될 수 있다.

　　나는 앞에서 정말로 강력한 양심이 진화하기 시작했을 가능성이 높은 시기로, 지금으로부터 25만 년 전을 꼽았다. 하지만 새로운 사실이 밝혀지면서 이 가설을 수정해야 할 필요가 생겼다. 만약 우리가 40만 년 전에 몇몇 고대 인류가 활발하게 사냥을 하고 여기에 의존해 생활했다는 증거를 찾았다면, 25만 년 전 대신에 이 시기를 택해야 할 것이다. 또 만약 호모 에렉투스가 100만 년 전에 덩치 큰 유제류들을 체계적으로 사냥했던 장소를 발견한다면 역시 그에 따라 시기를 조정해야 한다. 비록 당시 호모 에렉투스의 두뇌는 지금보다 무척 작았을 테지만 말이다. 그렇지만 문제가 하나 있는데, 지금으로부터 40만 년 전에서 20만 년 전 사이에 고대의 호모 사피엔스가 여럿이 뭉쳐 사냥하는 대신 혼자서 사냥하게 되었다는 사실과 이렇게 조정된 가설들을 조화시키기가 어렵다는 것이다.

이런 연대표는 확정될 수 없다. 그래도 내가 그 다음으로 제안할 이론은 다음과 같다. 도덕이 진화되었던 첫 번째 단계가 진화적인 양심을 불러일으켰으며, 일단 우리가 도덕적인 존재가 된 다음에는 두 가지의 새로운 패턴이 발전하기 시작했다는 것이다. 하나는 이타주의자를 선호하는 평판에 의한 선택이고, 다른 하나는 도덕주의적인 버전의 무임승차자 억압이다. 후자는 남을 괴롭히는 불량배뿐 아니라 도둑과 사기꾼들 역시 그 대상으로 했다. 그리고 이 시점에서 우리는 이타주의자들이 다른 이타주의자들을 선별해 함께 짝을 짓기 시작했다는 가설을 세울 수 있다. 그리고 진화한 양심의 도움을 받아, 더욱 정교한 전략을 갖춘 사회적 통제에 따라 사람들은 이런 일탈자들을 다치게 하고 죽이거나 추방하는 대신 집단의 규칙과 바람에 더욱 순응적인 사람으로 탈바꿈할 수 있었다.

새로운 증거가 발견되지 않는다면, 인류가 문화적인 현대성을 갖췄을 무렵 우리의 도덕적인 삶은 기본적으로 완성되었다고 할 수 있다. 오늘날 LPA 수렵 채집자들을 통해서나 우리 자신을 통해서 알고 있는 바처럼 말이다. 우리는 도덕적 덕목과 수치스러움을 일으키는 대상에 대한 감각을 갖췄으며, 인류가 가진 너그러움이 얼마나 중요한지에 대해 이해한다. 그 결과 인구가 희박했던 과거의 지구라는 환경에서 황금률이라는 예측 가능한 규칙을 널리 퍼뜨렸다. 우리 인류는 스스로의 엄청난 이기성을 중요한 방식으로 정복해 왔다. 비록 그 정복 과정에서 끊임없는 경계와 앞서 언급했던 종류의 활발한 조정이 필요했지만 말이다.

12장.
도덕의 진화

'도덕의 기원'이란 정확하게 무엇인가?

앞서 살폈던 것처럼, 사람들은 무언가의 시작에 대해 흥미가 있다. 우리의 두뇌가 어떻게든 그런 방식으로 생각하도록 설정되었을 가능성도 높다. 사람들은 다들 인류가 어떻게 해서 중요한 도덕적인 문제에서 다른 동물과 차이를 빚게 되었는지를 궁금해 하기 때문이다. 우리 마음속에는 직관적인 철학자가 있어서, 무언가가 언제부터 시작되었는지에 대해 자연스레 관심을 갖는다. 반대로 무언가가 영구적으로 존재해야 한다고는 가정하지 않는다. 인류가 어떻게 도덕이라는 영역에 발을 들이게 되었는지에 대한 질문의 대답은 다양하다. 그뿐만 아니라 매혹적이고 풍부한 이야기가 그 안에 들어 있다.

성경에 관심이 있는 독자를 위해 이야기하자면, 도덕의 기원에 대한 질문은 낮은 나뭇가지에 달려 있어 손을 뻗으면 곧장 닿을 수 있는 과일을 두고 고민했던 아담과 이브 이야기를 떠오르게 한다. 금지되었지만 유혹적인 지식을 주는 과일이었다. 이들은 결국 타락했고 외음부를 드러내는 것이 부끄럽다는 사실을 알게 되어 근처의 무화과 잎으로 가렸다. 르네상스 시대의 그림에서 많이 접할 수 있는 이미지다. 하지만 이런 이야기가 글로 옮겨지기 훨씬 전부터 전 세계 모든 곳에서 비슷한 사람들의 호기심을 충족시키기 위해 비슷한 전설을 계속 만들어 구전하고 있었다.

인류학자들은 우리에게 다음과 같이 공언할 수 있다. 오늘날 민족지학적으로 기술된 사실상 모든 미개 사회에서 사람들은 무언가의 기원에 대해 깊이 고민하기 시작했고(그것이 물리적 세계에 대한 것이든, 사람이나 도덕에 대한 것이든), 수사학에 재능을 가진 전문가에게 기억에 기초해 자기들의 기원 이야기를 하도록 촉구했다는 것이다. 무척 상상력 넘치고 상세한 나바호 족의 신화가 이 점을 예시한다. 그리고 인류의 초기 발달 단계를 나방에 빗댔을 뿐 아니라 도덕의 기원을 근친상간에 대한 터부와 그것이 어떻게 생겼는지에 관련해서 살피게 했던 '이카' 이야기 역시 그렇다. 1930년대에 슬림 컬리^{Slim Curly}라는 이름의 재능 있는 나바호 족 신화 작가가 소개한 이야기다.

이렇듯 보편적으로 나타나는 인류의 기원에 대한 관심은 LPA 수렵 채집자들 사이에서도 자연스레 나타났다. 즉 이런 모닥불 곁에 둘러앉아 나누는 듯한 신화에 대한 접근은 시간적으로 꽤 멀리 거슬러 올라간다. 에덴동산 이야기, 도덕의 기원에 대한 다윈의 개인적인 관심, 그리고 이 책을 쓰게 된 것 역시 지금으로부터 4만 5,000년 전 이상으로 거슬러 올라가는 아프리카의 신석기 시대의 문화적인 전적응에 따른 것이다. 이렇듯 항상 호기심을 잃지 않는 문제 해결력이 뛰어난 마음의 기능이 우리 인류로 하여금 오늘날의 특정 작가들과 정확히 동일한 질문을 던지도록 했다. 이제 곧 살펴볼 몇몇 과학소설 작가들을 포함해 도덕의 기원에 대한 대중적인 저서들을 내놓았던 작가들 말이다.

이런 구전에 따른 이른 시기의 신화들은 최초의 인류라든가 이들이 자연히 도덕을 갖췄다는 주장이 완전히 허위로 날조된 것이라는 사실을 알려 준다. 같은 이유로 마침내 생겨난 형식적인 종교 체계, 즉 아담과 이브가 갑자기 돌연 나타난 놀라운 신화적 인물들이라는 이야기 역시 근거가 없다. 여기에 비해 자연선택 이론은 우리에게 조금 다른 종류의 해석을 제공한다. 생물학적 진화는 아무리 그것이 단속적으로 일어났을 경우에도 이전의 성취 위에 점진적으로 쌓여 가는 과정이기 때문이다.

유전자 돌연변이가 지속적으로 생겨난다는 사실은 적어도 전례 없는 참신한 결과가 생길 수도 있다는 점을 암시한다. 하지만 돌연변이 유전자와 무작위적인 유전자 부동은 다윈주의의 전체적인 과정에 먹이를 제공하는 자연적인 방식일 뿐이다. 기본적으로 완전히 맹목적이며 꽤 점진적인 방식으로 시간을 따라 흐르면서 자기 자신의 조상 위에 축적되는 과정이다. 에른스트 마이어 같은 생물학자는 이런 현재 진행형인 과정이 정의상 역동적인 동시에 연속적이라고 주장했다.[1] 그럼에도 우리는 상식에 따라 어떤 진화적인 사건이 새로운 동시에 중요하면, 그것의 기원을 찾는 경향이 있다. 다윈이 1859년 『종의 기원』이라는 제목의 첫 책을 출간했을 때도 그랬다. 이 놀라운 자연주의자는 도덕의 기원에 대해서도 깊숙이 파고든 게 분명했다. 비록 과학적 추론에 대한 기준이 상당히 높아 다른 저서 『인간의 유래』에서도 그것의 잠정적인 역사적 발전 순서에 대해 제안하지 않았지만 말이다.

즉 '도덕의 기원'은 우리의 과학 용어 모음집에서 존중할 만한 품목이지만, 명심해야 할 점은 이 기원이 전적응에 기초를 두며 이때 신화 작가들의 '순전히 지어낸 이야기'는 마땅히 배격해야 한다는 점이다. 돌연변이 유전자는 분명 중요하지만, 기본적으로 자연은 언제나 오래된 집짓기 블록을 새로운 블록과 결합하기를 좋아하며 그 결과물을 더 새로운 블록과 결합하려 한다. 그에 따라 마이어가 언급했던 연속성이 생겨난다.

나는 도덕의 기원이 수천 세대에 걸쳐 점진적으로 발생했다고 제안했다. 인류에게 수치심의 감각을 포함한 양심을 선사한 자연선택을 통해서였다. 자연선택에 따른 다른 사건들과 마찬가지로 여기에는 전적응과 함께 중대한 환경적인 변화가 따랐을 가능성이 아주 높다. 내가 제시하는 가설은 다음과 같다. 수치심에 따른 양심을 직접 만들어 낸 행위자는 처벌에 의한 사회적인 선택이고, 따라서 사실상 두 종류의 환경이 도덕의 기원을 모양 지우는 데 도움이 되었을 수 있다. 이것은 6장에서 제안했던 세 가지의 연대순의 가설 가운데 어떤 것이 작동했는지에 따라 달라진다.

이때 조금 더 먼 곳에는 변화가 심한 자연 환경이 있었는데, 이 환경 덕분에 사람들은 풍부한 영양을 제공하는 맛좋고 덩치 큰 유제류를 사냥할 뿐만 아니라 훌륭한 사냥용 무기를 제작할 재료, 채집할 식물성 식량, 마실 물, 머물 곳을 주었다. 어쩌면 약초를 얻기도 하고 가끔은 스트레스를 받는 시기도 맞았을 것이다. 하지만 이보다 더욱 직접적인 선택의 힘을 제공했던 것은 사회적인 환경이었다. 그리고 이런 사회적인 적소는 부분적으로 인류 자신에 의해 만들어졌다.[2] 처벌에 기초한 본래의 사회적인 선택은 우리에게 양심을 주었지만, 효율적인 무임승차자 억압을 제공하는 과정에서 이것은 나중에 지금처럼 강력한 이타주의적인 형질이 진화하도록 했다.

도덕은 언제 탄생했는가?

도덕의 기원에 대해 사실에 근거한 구체적인 방식으로 설명하는 문제와 관련해, 철학자 메리 미즐리^{Mary Midgley}는 1994년에 『윤리적인 영장류^{The Ethical Primate}』라는 제목의 저서에서 다소 비관적인 관점을 개진한 적이 있다.

> 우리는 실제로 우리의 먼 조상이 양심의 가책을 받게 되었던 때가 언제이고, 어떤 경위로 그렇게 되었는지 궁금해 할 수 있다. 또 우리는 이들이 어떻게 해서 자유로운 선택을 내릴 수 있다는 사실을 자각하게 되었는지, 어떻게 해서 오늘날 모든 인간 사회와 똑같은 정도로 도덕적인 관심사를 발전시켰는지에 대해서도 궁금하다. 하지만 우리는 이런 별난 과정에 대해 감질날 만큼 미약한 암시도 얻기가 쉽지 않다. 이런 암시는 우리를 도울 뿐 아니라 동시에 쉽게 잘못 인도할 수 있다. 이것들이 우리가 오해하게 만드는 것은 양적으로 희소할 뿐만 아니라 우리가 그 증거로부터 멀리 떨어져 있기 때문이다. 아무리 우리가 어떻게든 결정적인 순간에 귀를 기울이고 언어의 (또는 원시적인 언어의) 도움을 받는다 해도, 그 상황은 우리가 상상할 수 없을 만큼 별나기 때문에 제대로 파악하기가 무척 힘들다. 따라서 우리는 이런 점에서 다른 역사적인 사례들과 마찬가지로, 메워야 할 틈새를 가졌다. 기껏해야 우리는 전후 관계나 다른 종과의 세심한 비교를 통한 간접적인 증거를 얻을 수 있을 뿐이다.[3]

나는 아마도 도덕의 기원을 진화론적으로 재구성하는

문제에 대해 미즐리보다는 조금 더 낙관적일 것이다. 하지만 나는 지난 10년에 걸쳐 미즐리가 요구했던 종류의 비교를 실시하고 연결 고리를 얻고자 침팬지와 보노보, LPA 수렵 채집자들에 대한 자료에 푹 빠져 보내야 했다. 이 과정에서 나 역시 미즐리가 직면했던 장벽을 인식했고, 그런 이유로 원시 단계의 양심에 대해서는 그 존재를 인정하는 것 이상으로 자세히 기술하려 하지 않았다.

동시에 나는 그동안 다른 고고학자들이 제안했던 바를 조심스레 살폈다. 앞서 살폈던 메리 스타이너의 두 가지 연구는 이 책에서 제시했던 더욱 구체적인 이론에서 결정적인 역할을 했으며, 10년이라는 비슷한 기간에 걸쳐 발표되었다. 이 연구들이 말하는 바는 지금으로부터 25만 년 전에 인류는 덩치 큰 동물들을 죽이는 사냥꾼들의 작업을 무척 중요하게 여기게 되었으며 이들의 사냥법 또한 사회적으로 의미 있는 방식으로 바뀌었다는 것이다. 여기에 대한 내 관점은 만약 이런 다양한 종류의 간접적 증거가 하나로 통합될 수 있다면, 그리고 만약 이런 가설을 전체적으로 입증하는 데 활용할 과학적인 기준이 상대적인 개연성을 갖게 된다면, 적어도 우리 인류가 어떻게 도덕을 갖췄고 어째서 인류만 도덕적인지에 대한 보다 완전한 이해로 나아가는 중요한 시작점에 이르게 될 것이라는 점이었다.

나는 도덕의 기원이 위계적으로 살아가던 생물 종에서 열렬한 평등주의자로 변모했던 초기 인류의 주된 정치적 이행과 맞물려 있다고 여겼다. 내가 제안했던 이론은 다음과 같이 간단히 진술될 수 있다. 이런 무척 단호한 평등주의를 단단히 자리 잡게 한 것은 원망을 사는 알파 수컷의 행동을 처벌하고 그를 추방했던 정치적으로 통합된 집단의 힘이었다. 이 효과는 막대했는데, 그 이유는 이 방식을 통해 자기 통제 능력은 진화적으로 가치 있게

되었고 인류에게 독특한 방식으로 무임승차자들을 억누르기
시작했기 때문이었다.

현재의 증거를 통해 구체적으로 밝히지 못하는 것이
있다면, 인류가 막 덩치 큰 유제류를 사냥하기 시작했던 무렵에도
여전히 유인원 조상들처럼 거의 위계적인 사회에서 살았는지
아니면 평등주의로 향한 이행이 이미 진행 중이었는지에 대한
답이다. 하위 계급의 수컷들이 개인의 자율성을 더 바라거나
교미할 암컷에게 더 쉽게 접근하기를 바랐던 것과는 상관없이,
이미 일찍이 추가적인 요인에 의해 어떤 사냥감을 잡아 도살하든
그것을 더욱 효율적으로 분배하기를 바라는 욕망이 생겼다. 사냥감
가운데는 커다란 동물도 있었지만 분명 침팬지 속 조상이 사냥했던
더 작은 동물도 포함되었을 것이다.[4]

이런 초기의 시나리오가 무엇이든, 나는 평등주의로 향하는
이 전체적인 이행이 상당히 가속화되었으며 인류가 적극적으로
활동하는 사냥꾼이 되어 갈 즈음에는 이 과정이 문화적으로
확실하게 제도화되었으리라고 생각한다. 그리고 영양분을 얻는
과정에서 분산 감소가 중요한 역할을 했기 때문에 사람들은 꽤
많은 사냥꾼과 함께 무리를 지어 생활해야 했다. 이들은 어떻게든
효율적으로 덩치 큰 동물을 사냥해야 했지만 지나치게 커다란
동물은 죽일 수가 없었는데, 이들이 꾸리는 사냥 무리가 사냥하는
데 일상적으로 무척 많은 에너지를 들였기 때문이었다. 이
가설들은 구체적이고 경험적인 자료로 뒷받침되며 일반적으로
개연성을 갖췄다. 하지만 실제로 얼마나 그럴 듯한지에 대한
판단은 독자의 몫이다.

또한 우리는 두뇌의 크기에 대한 다소 투박한 고고학 증거를
통해 이런 평등주의적인 발전의 실마리를 얻을 수도 있다. 두뇌가

커질수록 자율성을 사랑하는 하위 남성 개체들이 고기를 배분받는 데 대해 계급이 높은 지배자나 여성들에 대해 경쟁적인 우위를 얻고자 효과적으로 힘을 모을 수 있다고 생각하는 것이 논리적이기 때문이다. 하지만 이렇듯 사회적으로 단호하고 안정적인 평등주의적 질서를 일구기 위해 두뇌의 기능이 얼마나 강력해야 하는지는 단정 짓기가 힘들다.

나는 앞에서 지금으로부터 25만 년 전에 고대의 호모 사피엔스가 활발하게 사냥하기 시작하면서 이미 완전한 평등주의를 받아들였을 가능성이 있다고 제안했다. 만약 그런 경우라면 우리는 상황을 반대로 해서 단호한 평등주의가 활발한 사냥이 이뤄지도록 길을 깔았고, 그 반대가 아니라는 이론을 세워야 한다. 그렇지만 도덕의 기원 문제에서 이것은 그렇게 중요하지 않다. 그보다는 일찍이 평등주의적 질서를 만들어 냈던 강한 사회적 통제가 인류에게 양심의 진화를 이끌었을 수 있다는 사실이 중요하다.

이 가설에서 내가 가장 자신 있는 부분은 지금으로부터 25만 년 전 고대의 인류가 무리 생활을 하던 무렵, 이들이 확실히 효율적인 고기 분배를 필요로 했으며 오늘날과 비슷하게 알파 수컷들의 행동을 전반적으로 활발하고 효율적으로 억제하는 데 참여해 상당한 이득을 보았다는 점이다. 이것은 무임승차자에 대한 대단히 공격적인 억압을 통해 가능했으며, 이때 많은 개인들이 알파 개체의 성향을 강하게 지니고 있을 뿐 아니라 사기나 도둑질 같은 반사회적인 경향을 가졌을 가능성도 무척 높았다. 이런 반사회적인 경향은 공평하게 효율적으로 이뤄지는 고기 분배를 통해 크게 저해되었을 것이다. 이런 행동은 여러 가족으로 이뤄졌으며 선호하는 식량을 서로 공유하고, 재앙까지는 아니라도 주기적으로 찾아오는 기근 탓에 이런 공유와 분배가 무척 중요했던 무리 안에서 사람들의 분개를 샀을 것이다.

'평등주의로 향한 이행'라 불릴 만한 과정이 시작되면서, 자연적으로 등장한 지배자들이 자기에게 반발하는 집단에 굴복하는 일차적이며 원시적인(조상의 것에 가까운) 심리학적 메커니즘은 바로 공격을 받는 데 대한 두려움이었다. 그리고 분노에 가득 찬 집단과 이들의 덜 억제된 지배자 사이의 물리적인 갈등은 오늘날에 비해 빈도가 훨씬 덜했을 가능성이 높고, 이에 따라 양심의 진화를 강하게 촉진하는 사회적 선택을 이끌었을 것이다.

규칙의 내면화에 바탕을 둔 자기 통제에 따라 진화한 양심은 더욱 효율성을 갖추었고, 메리 미즐리나 여러분, 내가 알아챘을 만큼 진화를 거친 양심은 분명 두뇌의 변화를 수반했을 것이다. 이 변화는 최소한 1,000세대 정도 걸렸을 확률이 높은데 이 기간은 짐작건대 종종 꽤 잔인했던 초기 과정 속에서 사회적 선택이 얼마나 강력했는지에 달려 있었다. 그에 따른 기간은 겨우 2만 5,000년인데, 어쩌면 이보다 더욱 설득력 높은 수치는 2,000세대에서 4,000세대에 걸친 5만~10만 년일 것이다. 하지만 앞서 살폈듯 우리의 세 가지 시나리오는 전부 최대 8,000세대라는 수치를 허락한다.

우리는 현대적인 양심에 가까운 무언가가 진화했을 때 도덕의 기원에 대해 확실히 얘기할 수 있다. 여기에는 수치심에 따라 얼굴을 붉히는 반응이나 규칙을 감정적으로 내면화하는 행위가 포함된다. 사람에게 순종적이며 두려움에 따라 자기를 통제하는 길들여진 개라든지 늑대와 보노보, 침팬지가 보이는 반응과는 대조적이다. 우리가 일단 완전한 도덕적인 감각을 획득하고 나면서 차이는 더욱 막대해졌다. 사회적으로 매력적인 덕목이나 수치스러운 악덕에 따라 사고하고, 주변 동료에 대한 소문과 험담을 퍼뜨리고, 도덕적인 자아에 대한 감각을 갖추는 것이 여기에 포함되었다.

다음 가설은 이 책 앞부분에서 소개했던 세 가지 잠정적인 주장과 전부 부합한다. 첫째, 화가 나서 타인을 처벌하는 집단의 사회적인 선택이 우리에게 처음으로 물리적으로 진화된 양심을 주었다. 둘째, 이것이 가능해진 이유는 반사회적인 충동을 제어하지 못하는 개인과 무임승차자 불량배들이 자기가 저지른 '범죄'에 대해 유전적으로 대가를 치르게 했기 때문이다. 나중에는 이제 도덕을 갖춘 이런 비슷한 힘이 무임승차자가 될 수 있는 개인들의 행동을 활발하게 지속적으로 억눌렀다. 그리고 이에 따라 이타주의적인 형질들이 유전적으로 진화하기가 훨씬 쉬워졌다. 이런 단계는 도덕의 진화에서 두 번째 시기에 해당하며 아마도 최소한 지금으로부터 20만 년 전 쯤에 시작되었을 테지만 이것은 추측일 뿐이다. 그리고 이타주의자들이 무임승차 행위에 맞서 스스로를 지켰을 뿐만 아니라 다른 이타주의자들과 짝 지어 협동했기 때문에, 이타주의적 형질을 유전적으로 선호하는 선택의 힘은 고작 수천 세대 만에 우리 인류를 오늘날처럼 완전히 이타주의적인 존재로 만들 만큼 충분히 강력할 수 있었다. 그에 따라 우리가 해부학적으로 현대적인 아프리카의 인류가 문화적 현대성을 거의 획득하기 직전이라고 간주할 수 있는 최소한의 시기인 지금으로부터 약 15만 년 전이 되면, 인류는 도덕적인 존재이자 먼 조상에 비해 상당히 이타주의적인 존재가 되는 도상에 올랐다.

이 시나리오는 전체적으로 얼마나 '참'인가?

이것이 내가 지금 얻을 수 있는 정보를 한데 취합해 엮을 수 있는 도덕의 기원에 대한 이야기다. 이전에 흔히 회자되던 이야기와는 무척 다르다. 어쩌면 이 설명을 제안하는 과정에서 나는 과학자처럼 대담해야 할지도 모른다. 여기서 다루는 질문들이 인류에게 무척 중요할 뿐 아니라 본질적으로 매혹적이기 때문이다. 하지만 내가 이렇게 하기 힘들었던 이유가 있다면, 여기서 발전시켰던 다면적이고 전체론적인 시나리오가 명쾌한 '반증'을 포함하는 과학적 기반 위에서 쉽게 시험을 거칠 수 없기 때문이다.

물론 부품이 되는 가설들 가운데 상당수는 곧장 검증 대상이 된다. 절약성의 원칙에 기초해 조상들의 행동을 재구성하는 것이나, 4만 5,000년 전 인류 수렵 채집자들의 문화적으로 현대적인 행동들을 재구성하는 문제가 그렇다. 여러 영역들 가운데는 대안적인 접근이 가능한 경우가 있는데, 도덕성의 정의 그 자체라든지 수치 반응이 어디에 초점을 두고 있는지 하는 것, 그리고 내가 활용했던 진화적 양심에 대한 다소 광범위한 정의가 이런 예다. 하지만 만약 우리가 이 책에서 제안한 대로 도덕의 기원 이론을 통합된 전체로 바라본다면, 이 이론을 시험하고 입증하는 가장 좋은 방법은 그저 도덕의 진화에 대한 다른 이론들과 비교해 전체적인 개연성을 판단하는 것뿐이다.[5]

도덕의 기원에 대한 다윈 이후의 이론들

도덕의 기원을 다루는 과학적인 영역은 범위가 꽤 넓다. 광범위하면서도 상대적으로 그동안 다뤄지지 않은 주제라면 마땅히 그래야 하듯 말이다. 하지만 여기서 내 관심사는 사회학자 허버트 스펜서나 토머스 헉슬리를 비롯한 최근의 몇몇 학자들이 다뤘던 진화론적 윤리학까지 확장되지는 않는다.[6] 이 책이 다루는 범위는 수치와 덕목, 가족 외부 구성원을 향한 너그러움, 도덕주의적인 집단의 사회적 통제의 진화적인 발전 과정에서 작동하는 메커니즘들을 포함한다. 도덕의 기원이 지닌 자연사를 역사적 관점에서 날카롭게 서술하기 위해 내가 해야 했던 작업은, 이런 기원에 선행해서 일어난 사건의 세부 사항과 그 이후에 인류의 사회생활에 어떤 일이 벌어졌는지에 대해 충분히 주의를 기울이는 것이다.

　　도덕의 기원이라는 주제에 대한 한 가지 흥미로운 전개는 100여 년 전에 프리드리히 니체Friedrich Nietzsche가 펴낸 『도덕의 계보학On the Genealogy of Morals』이다.[7] 이 유명한 저술가는 철학자의 관점에서 다윈의 관점을 따라 진화론의 색채를 강하게 드러내며 도덕의 기원에 대해 말한다. 니체의 시나리오는 구체적이며, 다소 상상력을 가미하기는 했지만 내 시나리오와 마찬가지로 꽤 정치적 측면에 기초했다. 하지만 기본적으로 이 시나리오는 도덕이 어떻게 나타났는지에 대해서보다는 권력을 비롯해 '누가 뺨을 때리면 반대쪽 뺨도 내밀어라'는 말의 취약성, 그리고 반 기독교적인 주장에 대한 것이다. 어떤 의미에서 보면 권력이라는 주제가 니체의 저서와 내가 이 책에서 했던 작업을 서로 연결하기는 한다. 그렇지만 수렵 채집자들의 평등주의가 갖는 아름다움이 있다면, 약한 사람들이 힘을 모아 강한 사람들을 통제해 스스로 강해지는 과정이다.

　　한편 고고학자 제임스 브레스테드James Breasted가 『양심의 여명The Dawn of Conscience』에서 했던 주장은 제목부터 굉장히

464

전도유망한 것처럼 보이지만,[8] 여기에 담긴 아이디어는 도덕의 진화에 대한 연구에서 이득을 얻으려면 단지 고대 이집트인에게 주목하면 될 뿐이라는 것이었다. 다윈은 이 생각에 동의하지 않을 테고 나 역시 그렇다. 반면에 다윈은 핀란드의 사회학자 에드워드 웨스터마크가 기념비적인 저서『도덕적 사상의 기원과 발전The Origin and Development of the Moral Ideas』에서 주장한 바에 대해서는[9] 진심으로 동의할 것이라 생각한다. 이 저서는 브레스테드의 책이 나오기 전, 다윈이 사망하고 고작 25년 지났을 무렵에 출간되었다.

웨스터마크는 당시 풍부하게 입수할 수 있었던 미개 사회의 민족지학 자료를 활용해 이런 놀라운 분석을 해냈다. 여기서 웨스터마크는 도덕적 감정(이타주의를 포함한), 양심, 처형을 비롯해 내가 이 책에서 집중적으로 다뤘던 몇몇 주제를 다룬다. 이 분석은 무척 통찰력 넘치지만, 오늘날에는 이 흥미로운 작업의 전체적인 훌륭함보다는 웨스터마크가 거의 즉석에서 세운 (앞장에서 언급했던) 근친상간에 대한 가설에 대해서만 주로 알려져 있다.[10] 오늘날 감정에 초점을 맞춘 진화심리학의 선구자 격인 이 강력한 통합적 연구는 사람들에게 더욱 높은 점수를 받을 자격이 있다. 하지만 웨스터마크는 진화적인 분석에 역사적인 차원을 강력하게 도입하는 다윈의 전반적인 접근 방식을 따르지는 않았으며, 당시에는 관련한 정보들을 입수하기도 무척 힘들었다.

나는 연구하는 과정에서 역사적인 차원이 도덕의 기원을 완전히 해명하는 데 중대한 역할을 한다는 것을 지도 원리로 삼았다. 다윈이 양심이 진화적 '부산물'이었다고 주장할 수밖에 없었던 이유는 단지 필요한 정보가 부재했기 때문이었다. 오늘날에는 많은 학자들이 도덕의 기원 문제를 활발하게 탐구하고 있지만, 주로 역사적인 관점이 빠진 '적응적 설계'의 관점에서 연구가 이뤄진다. 이 관점 또한 다윈에서 비롯했지만 말이다. 하지만 나는 그동안 고고학적 지식이 많이 쌓였음에도, 그리고 조상의 행동을 믿을 만하게 재구성하는 능력이 발전했음에도 연구자들이 그동안 이런 역사적 차원을 제쳐 두었다는 사실이 흥미롭다.

아마도 여기에 대한 대답의 일부는, 양심이라는 문제를 고민하는 과정에서 다윈이 하나의 선례가 되었고 충실한 다윈주의자와 과학자들은 다윈을 무척 존중한 끝에 이런 문제에서 역사적 차원을 논외에 두기로 가정했다는 것이다. 하지만 이 퍼즐의 또 다른 조각은 다윈이 경계를 넘나드는 호기심을 보였던 반면 오늘날의 학자들은 각 분야의 전문가일 뿐이라는 점이다.

에드워드 O. 윌슨은 고전적인 다학제적 연구의 산물인 자신의 저서 『사회생물학Sociobiology』를 인류의 사회적인 진화에 대한 잠정적인 역사적 분석으로 끝맺었다. 이타주의를 초점에 놓고 도덕 문제를 분석하는 과정도 여기에 포함되었다.[11] 하지만 몇 년 뒤 출간된 『인간 본성에 대하여』에서 윌슨은 인류의 도덕성을 더욱 직접적으로 다뤘음에도 역사적인 관점을 더욱 발전시키지는 않았다.[12] 나는 윌슨의 이 두 번째 저작이 이후 매트 리들리Matt Ridley, 로버트 라이트Robert Wright, 제임스 Q. 윌슨James Q. Wilson, 마이클 셔머Michael Shermer로 이어지는 유명한 저술가들의 대중적인 저작에 하나의 전범이 되었다고 여긴다.

리들리의 인기 있는 과학서인 『이타적 유전자The Origins of Virtue』는 기본적으로 혈연선택과 상호 이타주의 같은 모형에 집중하는 사회생물학 소책자다.[13] 로버트 라이트의 저서 『도덕적 동물The Moral Animal』[14]과 마찬가지로, 리들리의 책에는 깊이 있는 역사적 차원이 근본적으로 결여되어 있다. 보다 인문학에 가까운 저술인 제임스 Q. 윌슨의『도덕적 감각The Moral Sense』[15] 역시 마찬가지다. 이 책은 진화심리학 분야의 더 전문적인 저작들과 다를 바 없이, 다윈이 자연사 저술에서 보여 주었던 바와 비교하면 몰역사적이다. 마이클 셔머의『선악의 과학The Science of Good and Evil』도[16] 이론적으로 더욱 광범위한 분야를 다루지만 사정은 마찬가지다. 그래도 이 책은 한 가지 측면에서 이런 사회생물학의 전통을 깨고 있다. 에른스트 마이어와 데이비드 슬로언 윌슨이 제안했던[17] 집단선택 이론을 진지하게 다루기 때문이다. 하지만 근본적으로 몰역사적인 점은 같다. 도덕적 기원에 대해 기본적으로 언어학적인 접근 방식을 취하는 마크 하우저Marc Hauser의『도덕적 마음Moral Minds』도[18] 역사적 관점이 부재하기로는 마찬가지다.

한편 레오나드 캐츠Leonard Katz가 편집한『윤리의 진화론적 기원Evolutionary Origins of Morality』는[19] 보다 전문적인 책으로, 장장 네 개의 장에 걸쳐 이 분야에서 최근에 이뤄진 다양한 과학적 발견을 훌륭하게 모아 놓았다. 이 책에 실린 제시카 플랙과 영장류학자 프란스 드 발의 글에 대해서는 이미 앞서 언급한 적이 있다. 두 사람은 공감 능력이 도덕의 진화에서 주된 집짓기 블록이었다고 주장한다.[20] 나는 이 책에서 더욱 전문적인 용어인 '전적응'이 그것과 비슷한 역할을 했다고 제안했지만 말이다. 어쨌든 집짓기 블록을 활용한 플랙과 드 발의 관점은 역사적인 진화론적 접근과 잘 맞아 떨어진다. 내가 앞서 공감에 기초한 인류의 감정이입 능력에 대해 상당 부분을 할애했던 것도 이 두 사람의 글을 읽은 덕분이었다.

캐츠의 책에는 플랙과 드 발의 글 바로 뒤에 인류학적 관점을 보여 주는 내 글이 실렸다.[21] 내 글은 선사시대에 도덕적 행동의 자연선택에서 사회적 제재와 갈등 해소가 어떤 역할을 했는지를 다뤘는데, 여기에는 이 책에서 앞서 발전시켰던 무임승차자에 대한 억제 이론의 실마리가 일부 담겨 있다. 3장에서는 철학자 엘리엇 소버와 생물학자 데이비드 슬로언 윌슨이 저서 『타인에게로Unto Others』에서 펼쳤던 주장을 이어간다.[22] 집단선택을 도덕의 진화에서 중요한 하나의 요인으로 확립하고 그 이론적인 지평을 넓히려 했던 것이다.[23] (이들은 중요한 저서 『타인에게로』에 진화론에 기초한 이론을 상당히 포함시켰고 민족지학적 자료를 훌륭하게 활용했지만, 역시 그 자체로는 역사적인 과정을 그렇게 강조하지 않았다.) 그리고 책의 마지막 장에는 진화 철학자 브라이언 스컴스Brian Skyrms의 글이 실렸는데[24] 여기에서는 이 주제와 관련된 수학적 모델링을 많이 다뤘으며 게임이론과 적응적 설계 측면에서 도덕을 설명하려 했지만 몰역사적인 관점이 두드러졌다.[25]

인류의 본성이 중요하다

오늘날 도덕의 진화라는 주제에서 인간 본성에 대한 연구의 대다수는 마지막에 등장한 스컴스의 접근법과 궤를 같이 한다. 이 모형들을 시험하기 위해서는 실험실에서 일차 자료를 얻는 일이 가장 흔하게 이뤄지는데 이때 대상은 아이나 대학생인 경우가 많다. 이때 발견된 결과는 진화적 설계, 다시 말해 앞서 말한 것처럼 다윈에서 직접 연원한 분석 방식을(앞서 말했던) 따랐는지의 기준에 따라 시험을 거쳤다. 취리히에서 연구하는 에른스트 페어를 포함한 수많은 진화 심리학자와 진화 경제학자들이 이런 작업을 하고 있는데, 진화 심리학 분야에서 전체적으로 도덕이라는 주제에 대해 어떻게 다루는지는 「인류라는 종에서 도덕적 성향의 진화」라는 데니스 크렙스Dennis Krebs의 논문 제목이 잘 보여 준다.[26] 하지만 전체론적인 자연사가 아닌 단순한 설계는 전체를 아우르는 접근 방식이 아니다.

진화 경제학이라는 성장하는 분야 안에서, 일찍이 로버트 트리버스에게 영감을 주었던 정교화된 게임이론은 인류의 너그러움과 공평함에 대한 감각, 처벌의 쓰임새, 남을 처벌하지 않는 개인에 대한 처벌 같은 도덕적으로 관련 있는 행동들을 연구하는 데 사용되었다.[27] 여기에 더해 로버트 프랭크는 특히 저서 『이성 속의 열정Passions Within Reason』를 통해 양심과 도덕적 감정에 대한 진화론적인 이해에 상당히 공헌한 바 있다.[28]

내가 제안했던 평등주의적 이론과 일치하는 최근의 한 흥미로운 논쟁이 있다. '불공평한' 제의를 하는 사람을 처벌하기 위해 애쓰는 실험에서 사람들의 동기는 복수를 하려는 악의 또는 분개에 따른 필요성이었다. 아니면 사람들이 불공평함에 대한 혐오감을 표출하는지의 여부에 따라서도 달라졌다.[29] 뒤이은 실험에서 7~8세의 아이들은 이런 후자의 방향으로 느끼고 행동했는데 그에 따라 반위계적인 감정이 인간 본성의 중요한 요소로 진화하는 데 도움이 되었다.

한편 샘 볼스Sam Bowles와 허브 긴티스Herb Gintis 같은 진화 경제학자들은 '강한 호혜성'에 따른 사회적 통제의 영향력을 탐구했다.[30] 이때 볼스는 집단 사이의 다툼을 강조했으며, 여기에 더해 후기 플라이스토세에 집단선택이 이타주의적인 형질을 굳건하게 뒷받침했을 가능성에 대해 연구했다.[31] 그리고 선사시대 인류의 싸움에 더해 수렵 채집 무리들 사이의 유전적인 큰 차이점이 집단선택을 일으키도록 큰 역할을 했다고 제안했다.[32] 여기서 그동안 이 책에서 무척 강조되었던 무임승차자에 대한 도덕적인 억압을 감안한다면, 이것은 이타주의적 형질들의 진화를 설명할 수 있는 다층적인 주된 공식을 제공할 수도 있다.

역사도 중요하다

오늘날 고고학자와 고인류학자들은 인류의 신체적인 진화를
역사적으로 설명하는 놀라운 작업을 하고 있다. 이 기본적인
역사적인 방법론의 실마리는 다윈에서 온 것이다. 또한 이들은
선사시대의 문화적 진화의 인지적인 측면에 대해서도 그것의
긍정적인 효과에 대해 연구했다.[33] 하지만 인류 진화의 도덕적인
측면을 설명할 때 이들을 비롯해 그동안 내가 언급했던 다른
학자들은 다윈 자신이 활용하고자 했던 역사적인 접근법을 기꺼이
채용하지는 않았다.

　　많은 사람들에게 도덕의 자연사를 더욱 역사적으로
기술해야 한다는 내 생각은 구식이거나 심지어 돈키호테처럼
공상적인 의견으로 여겨질 수도 있다. 그렇지만 내 목표는 도덕의
기원에 대해 가능한 한 구체적인 시나리오를 제공하고, 이
과정에서 (적당한 자료를 갖춘 경우) 다윈이 효과적으로 활용하고자
했던 풍부하고 전체론적인 진화적 분석을 동원하는 것이다. 나는
더 좋은 자료를 얻을 수 있었지만 그래도 더 나은 자료를 얻게
되면서 여러 분야에서 도덕의 기원에 대해 앞으로 탐구하게 해
줄 여러 개의 가설을 제공하는 것이 유용하다고 믿는다. 현재의
작업가설 가운데 일부가 결국 변경되거나 더욱 개연성 있는
이론으로 대체되어도 좋겠지만 말이다.

인류의 진사회성은 독특한 특징인가?

앞선 장에서는 우리 행동의 잠재력에 급진적인 변화를 야기하는
도덕의 기원을 훨씬 선명하게 드러냈다. 하지만 그럼에도 우리의
유인원 조상들은 부끄러움이라는 감정이 결여되어 있었음에도
최소한 (개체로서 뿐만 아니라 집단으로서) '규칙'을 도입하고
시행하는 능력은 갖추고 있었다. 아무리 다른 개체들이 부과한
규칙에 반응할 뿐이라 해도 말이다. 고결한 선과 수치스러운
악에 대한 감각은, 이타주의적인 너그러움이라는 보편적이며
상징적으로 표현된 사랑과 함께 우리를 각자 구별 짓는다.

　　도덕의 기원을 밝히는 내 방법론은 동질적인 연속성에
상당히 집중하기는 했지만 동시에 완전한 '참신성'에도 의존했다.
예컨대 상징 언어는 우리가 구체적인 용어를 통해 험담과 소문을
퍼뜨리게 했던 하나의 진전이었다. 수치심에 얼굴을 붉히는 것
또한 이런 의미에서 진화적으로 주된 변칙 현상이었다.[34] 이런 얼굴
붉힘은 다른 개체에게 신호를 보내 개체의 적응도를 어떻게든
높이는 역할을 할 수 있었을까? 아니면 자기가 사회적인 위험을
자초했다는 사실을 그 개체에게 알리고자 진화된 방식이었을까?
언젠가는 여기에 대해 경험적 사실에 근거한 추측이 가능하기를
바란다.

　　사회적인 반응인 수치심이라는 감정과 여기에 동반되는
(자아인식과 밀접하게 연관된) 신체 반응인 얼굴 붉힘은 둘 다
인간에게만 독특하게 나타나는 것처럼 보인다. 선악에 대해 마음
깊이 느끼는 능력을 동반한 집단의 행동 규칙을 내면화하는 능력에
대해서도 마찬가지다. 후자의 능력은 도덕적인 가치 유무에 대한
개인적인 느낌에 기초한다. 하지만 이타주의와 협동 능력을 갖춘

생물 종이 인류 뿐만은 아니다. 우리와 동일한 방식, 다시 말해 부끄러움을 느끼거나 선함에 대한 감각을 발전시키는 방식을 통해 비슷한 능력을 갖추게 된 다른 동물은 없을까? 그리고 협동의 사회적인 기능을 충분히 이해하기 때문에 의도적으로 이타주의를 확장해 발전시킨 동물 종은 없을까?

오랜 세월에 걸친 이타주의의 역설과 관련해, 인류가 지닌 도덕주의적인 유형의 가족 외부로 향한 너그러움은 분명 포유동물에게는 새로운 특징이다. 이런 동물 가운데는 역시 집단선택에 의해 자리를 잡아 친족을 기반으로 진사회성 군락에서 생활하는 벌거숭이두더지쥐 같은 앞서 논의했던 놀라운 사례도 포함된다.[35] 비유적으로 말해 초협력적인 성향을 갖는 벌거숭이두더지쥐는 실제로 인류의 자기희생적인 너그러움을 손쉽게 능가하는데, 이 설치류는 개미와 비슷한 사회적 조직을 이루기 때문이다. 그렇지만 이들은 우리 인류와는 무척 달라 보이는 메커니즘을 통해 이런 조직을 이루고 여기에는 도덕성이 확실히 결여되어 있다. 이런 점은 개미나 벌, 말벌류의 여러 종 같은 사회성 곤충에도 분명히 적용된다.[36] 이런 종들은 '이타적으로' 사회에 공헌한다는 점에서 인류를 능가할지도 모른다. 하지만 인류와 이들 종의 유사성을 자세히 살펴보면 우리는 무척 실망하게 된다. 기본적으로 이런 종들이 사회에 공헌하는 행동을 보일 때 양심을 내면화하거나 험담이나 소문, 집단적인 사회압, 수치심에 따른 얼굴 붉힘, 도덕적으로 격분한 무리에 의한 처형 같은 수단은 전혀 없기 때문이다.

그럼에도 우리가 협동하는 인간의 잠재력이 어디까지 발전할 수 있을지 생각할 때 확실히 가장 먼저 떠오르는 이미지는 벌집이다. 그리고 그런 측면에서 이집트나 다른 곳에서 피라미드를 지은 일꾼이라든지 시골의 후터파 공동체, 히피 무리, 2차 대전 시기에 무척 헌신적이었던(그리고 무자비했던) 나치 독일의 엘리트 군인들을 떠올린다.[37] 그렇지만 사회성 곤충은 단지 겉보기로만 훌륭한 비유일 뿐이다. 집단적으로 행동하는 생물 종은 자연선택에 따라 우연히 하나 이상의 다른 방향으로도 나아갈 수 있다.

그리고 만약 우리가 이런 진사회성 군락 거주 종들과 침팬지 속 조상을 비교한다면, 우리 유인원 조상이 보이는 집단 수준의 협동은 빛이 바래는 것처럼 보일 것이다. 그 이유는 유인원 조상들의 협동은 같은 종의 불량배에 맞서기 위해 서로 뭉치거나 집단적으로 이웃 무리를 위협하는 행동에 주로 국한되기 때문이다. 그럼에도 이렇듯 유인원 조상들의 사회적으로 제한된 행동은, 우리가 이 책에서 다루는 도덕의 기원을 비롯해 인류와 보이는 종류의 협동이 진화하도록 유용한 집짓기 블록을 마련해 주었다.

이렇듯 훨씬 덜 협동적인 침팬지 속 조상은 우리 인류와 다음과 같은 상동 관계가 있다. 예전의 모습을 재구성해 보면 이 종은 자기인식과 다른 개체의 관점을 받아들이는 능력, 지배와 복종 능력뿐 아니라 반위계적이고 지배 개체에 저항하는 연합을 형성하는 능력이 있다. 여기에 더해 어미들은 감정이입을 통해 새끼를 사회화하며 문화적 학습 모형을 제공한다.[38] 이것은 전적응이 놀랍고도 우연히 배열된 결과이며, 이 모든 것들을 이루는 집짓기 블록은 인류 도덕의 진화에 중요하고 심지어 결정적인 역할을 했을 것이다.

그럼에도 이 조상 유인원들은 주로 자기 영역을 지키는 일상적인 시간에 집단 전체가 서로 협동했고, 가끔은 알파 개체를 끌어내리기도 했으며 어쩌면 무리로 뭉쳐 독재자에 대항하기도 했을 것이다.[39] 침팬지 속의 조상과 마찬가지로 오늘날의 침팬지와

보노보는 결코 피라미드를 만든다든지 고기를 기본적으로
공평하게 분배했을 가능성이 없다. 세 종이 과거에 조상을
공유했지만 말이다. 그리고 여기에 내가 앞서 소개했던 심오한
진화론적인 질문이 아직 해결되지 않은 채 남아 있다. 이 침팬지
속의 두 종이 가졌던 양심을, 또는 적어도 수치심에 근거한 선악에
대한 느낌을 발달시킬 수 있는 시간은 약 600만 년으로 우리 인류와
정확히 같았다. 그렇다면 이들 종과 인류가 다들 원시적인 특징을
공유했는데도 우리만 양심을 갖게 된 이유는 무엇일까? 만약
5장에서 했던 분석이 옳다면, 그리고 내가 현존하는 유인원들에
대해 최선의 노력을 기울여 유리한 해석을 하지 않는다면 이들
종은 양심을 발달시키는 데 가까이 가지도 못했다. 그리고 이
책에서 전체적으로 분석한 내용에 따르면 그 이유는 이들 종의
집단적 사회 통제가 무척 제한적이어서 두려움을 바탕으로 한
자기통제 반응이 이 작업을 만족스럽게 해 내기 때문이다.

정교한 의도들이 가져오는 효과

만약 우리가 유전적 속성이 설계된 대로 세 가지의 근본적인(그리고
서로 경쟁하는) '관심사'를 고려한다면,[40] 나는 앞에서 기본적으로
이것이 이기주의에 상당히 유리하도록 만들어졌으며 이기주의
다음에는 족벌주의가 온다고 강조한 바 있다. 개인적인 사리사욕과
가족의 이해관계는 우리의 유전적 잠재력에 직접적으로 선택된
요소이며,[41] 이것들의 힘은 이론의 여지가 없을 만큼 강력하다.
내가 이 점을 반복해서 강조한 이유는, 이것이 무척 기본적인 만큼
진화 생물학자라면 누구나 이런 입장에 반대하지 않을 것이라 믿기
때문이다. 여기에 다윈 이후로 계속 존재해 왔던, 그리고 특히 지난

50여 년 동안 후속 설명을 떠들썩하게 요구했지만 여전히 조금은 비밀스러운 '이타주의 지수'가 있다.

오늘날의 과학자들이 인류가 보이는 행동에 대한 구체적인 기능적 유전자를 밝혀 낸 것과는 거리가 멀고 여기에는 가족 외부로 작용하는 너그러움도 포함될 것이다. 하지만 나는 전반적으로 봤을 때 가족 외부로 향하는 너그러움을 선호하는 선천적인 경향성이 상대적으로 약하다고 제안했다. 여기에 대해서는 아마 사람들의 이견이 없을 것이다. 그럼에도 소버와 윌슨의 작업이 제안하듯이, 이런 보잘 것 없는 이타주의의 가능성은 일상적인 맥락에서 문화적으로 상당히 증폭되어 표출될 수 있다. 만약 조화와 황금률 같은 가치를 중요하게 여기는 사회 공동체에 의해 적극적이고 의도적으로 강화된다면 말이다.[42]

그리고 더 나아가 나는 이런 표현형적인 증폭이 통찰력 있는 기반에 의해 달성되며, 이런 의도적으로 만들어진 입력 값이 특정한 방향으로 유전적 선택 과정을 '집중시키는' 경향이 있다는 점을 강조하고자 한다. 확실히 사람들의 사회생활을 향상시키고 행복감을 주는 이타주의자들은 지속적으로 선호되는 반면, 파괴적으로 행동하는 인색한 개인들은 종종 혐오의 대상이 된다.[43] 이렇듯 의도를 담은 입력 값은 아마도 우리 인류의 대뇌에서 만들어지며, 어떤 의미에서 여기에 관여하는 의도성은 사회적 선택의 과정에 특정한 '목적성'이라는 요소를 도입한다. 그에 따라 자연선택 역시 영향을 받는다. 너그러움에 대한 옹호는 이타적인 유전자들이 평판에 따라 선택을 받도록 돕는다. 동시에 억제 받지 않고 무임승차 행위를 하는 불량배나 사기꾼들에 대한 처벌이 이뤄지면서 이들이 지닌 이기적으로 남을 공격하는 유전자들에 불리하게 작용한다. 이타주의자들이 정치적인 연합을 유지하는 이상 이들은 장점을 가지며, 그에 따라 유전자 풀에 드러나는 이들의 유전자 역시 이점을 누린다.

타인을 처벌하는 동시에 친사회적인 방향을 가진 사회적 선택에 대한 인류의 선호는 유전적인 속박을 상대적으로 강하게 받으며,[44] 이 선호 안에 대안에 대한 유연한 선택이 포함되기 때문에 그 효과는 방향이 꽤나 제각각이며 고도로 임의적이다. 예를 들어 기근이 닥치면, 그에 따른 삶과 죽음, 가족의 존속과 관련한 사회적 딜레마에 대해 머릿속에 틀이 잡힌 사람들만이 자기가 알아낸 대안 가운데 의식적인 선택을 할 수 있다. 또한 이런 사람들만이 확고한 사기꾼에 대해 교정을 시도할지 여부를 둘러싼 딜레마에 대해 논의할 수 있다. 사기꾼의 형제에게 다가가 그를 제거하라고 조용히 부탁하는 대신에 말이다. 높은 지능이 의도성과 결합하면 변화를 일으킬 수 있다.

비록 내가 이렇게 주장해도, 보통 생물학자들은 진화적 과정과 '목적론적인' 언어를 결합해서 사용하지 않는다. 하지만 나는 이 주장을 계속하고자 한다. 이런 생물학자들과 나의 저서를 살펴보면 자연선택은 정의상 기본적으로 맹목적이며 어떤 의도에 따라 인도되지 않는다. 그렇지만 비록 수렵 채집자들의 선호가 유전자 풀에 영향을 끼쳤다 해도, 이것은 전혀 의도적이지 않다. 수렵 채집자들이 즉각 당면한 사회적 방침을 수립하고 시행하는 과정에서 이들은 스스로 어떤 일을 하고 있는지 아는 경우가 많다. LPA 수렵 채집자들이 상징을 활용해 이타주의를 강력하게 증폭하려 했을 가능성이 높다는 점이 이것을 입증한다. 그리고 그 결과 평판에 따른 선택은 유전자 풀의 틀을 만들었을 것이다. 이런 인류의 잠재적인 사회적 선호는 그 자체로 진화 생물학자들이 진지하게 생각할 거리를 제공한다.

476

인류가 지닌 일반적인 문화적 잠재력을 비롯해, 아주 어린 시절부터 학습이 이뤄지도록 유전적으로 준비된 (예컨대 언어를 습득하거나 곤란한 타인을 돕고 불평등을 혐오하는 것 등의) 구체적인 여러 가지는 사회를 특정 방향으로 틀 지우는 흔치 않은 능력을 인류에게 제공하며 이런 일은 진화적인 시간 내내 지속적으로 이뤄졌다. 만약 LPA 수렵 채집자들이 가진 일상적인 문화적 우선순위를 비롯해 무리 속 타인을 강력하게 조종하는 행동에 대해 살핀다면, 이것들은 이타적인 경향성을 상당한 무게로 변형시켜 협동을 보다 잘 일으키는 결과를 냈다. 선천적으로 남을 돕는 경향성은 어린 시절과 그 이후에 강화되며, 나는 LPA 수렵 채집자들이 이 강화 과정에서 자기들이 무엇을 하고 있는지 상당히 잘 알았다고 확신한다.

만약 문화가 생물학적 측면과 그토록 밀접하게 얽혀 있다면, 우리는 어떻게 문화 속에서 의도성이 뚜렷한 요소를 뽑아 내 그것이 유전자 풀에 미쳤을 효과를 알아낼 수 있을까? 내가 분석한 50개 표본 무리 속의 수렵 채집자들은 꽤 주기적으로 이런 변형을 가한다. 예컨대 규칙에 따라 고기를 분배하자고 주장한다든지, 너그러움이라는 덕목을 적극적으로 촉구한다든지, 심각한 무임승차자들을 엄하게 벌준다든지, 구성원들의 분노가 폭발하기 전에 갈등을 중재하는 데 무척 노력한다든지 한다. 이들은 종종 스스로를 과장해서 드러내거나 남을 기만하는 동료의 행동이 피해자를 낳거나 갈등을 일으킬 가능성이 높을 경우 그런 행동을 미리 좌절시킨다.

이런 징벌적인 사회적 선택을 전략적으로 활용하면 모든 구성원들의 재생산 성공률을 높인다. 다만 완전히 지배적이거나 남을 속이는 일탈자들처럼 반사회적으로 이기적인 유형의 구성원은 제외된다. 앞서 나는 여기에 제로섬 게임이 벌어지고 있다고 밝혔다. 고기를 독차지하는 등의 탐욕스러운 일탈자가 손해를 보면, 그만큼 나머지 모든 구성원에게 이득이다. 따라서 영양이나 얼룩말 같이 그렇게 크지 않은 사냥감을 몇몇 알파 수컷들이 독점하지 못하게 하거나 이런 사냥감이 더욱 공평하게 분배되도록 무리 구성원들이 힘을 합쳐 연합하면 모두의 유전자에 이득이 된다.

이때 이론적으로 중요한 사실 가운데 하나는 이런 문화적인 기초를 가진 의도적 입력 값들은 자연선택의 일부일 뿐 아니라 그에 따른 산물이라는 점이다. 그렇기 때문에 그에 따른 효과는 일상의 집단적인 생활을 형성하는 것 이상이다. 이런 효과는 우리의 유전자 풀이 서로 비슷한 친사회적인 방향으로 틀 지우도록 도왔기 때문이다. 나는 우리 인류가 가진 이처럼 강력한 두뇌가 수천 세대에 걸쳐 이런 모든 일을 가능하게 했고, 그에 따라 완전히 뜻하지 않게 나타난 주된 부작용이 바로 양심이며 이 양심이 우리를 도덕적인 생물 종으로 만들었다고 생각한다. 또 다른 효과는 가족 외부 구성원에게 너그러운 행동을 하도록 만든 흔치 않은 경향성인데, 나는 이것이 다양한 메커니즘을 통해 진화되었으며 인류가 더욱 협동 행동을 잘 할 수 있도록 의도적으로 증폭되었다고 제안하고자 한다.

너그러움의 적응력

가족 외부의 구성원에게 너그럽게 행동하는 경향은 자연스럽게 인류가 선천적으로 타고난 이기주의나 족벌주의와 갈등을 빚는다. 아무리 이것이 우리가 지금껏 살폈던 문화적인 관습에 의해 인상적인 방식으로 증폭되고, 사회적 선택에 따라 이것이 적응도에 유용해졌다 해도 그렇다. 수만 년, 수십만 년에 걸쳐 이 세 가지 요인 사이에 일상적으로 나타난 균형 덕분에 인류는 잘 알려진 대로 협동이 가능했다. 그리고 수렵 채집자들의 전반적인 고기 분배 패턴을 살피면, 우리 인류가 지닌 잘 증폭된 선천적인 너그러운 충동은 협동에 따른 사냥과 분배 체계가 잘 작동하도록 바퀴에 기름을 치는 것처럼 보인다. 이것은 개인과 가족, 전체 집단 각각의 이해관계에 상당히 유용했다.

재생산의 성공이라는 관점에서 보면, 이런 협동 체계는 평상시라 할 수 있는 시기에는 훌륭하게 작동했다. 심지어 항상 싸움이 벌어지는 부시맨 족이나 앞서 살폈듯 고기의 공평한 분배를 놓고 일상적으로 다툼을 벌이는 오스트레일리아의 특정 원주민 부족의 경우에도 그렇다. 중요한 점은 모든 LPA 수렵 채집 집단이 덩치 큰 사냥감을 죽이자마자 즉시 구성원에게 분배하기 시작하며, 그 방식이 서로 유사한 데다 아무리 고기가 소중하다 해도 그것 때문에 심각한 갈등을 빚는 경우가 드물다는 점이다. 평상시에는 이런 방식이 작동하며, 아무리 적대적인 압력이 가해진다 해도 이 체계는 모든 구성원에게 분배가 이뤄지도록 돕는 사회적 압력을 만들어 낸다.

이것은 우리 선조들에게 잘 알려진 협동 방식이며 고기의 공급량이 적당한 평상시라든가 적어도 고기 양이 끔찍할 만큼 부족하지 않은 시기에는 문제없이 잘 작동한다. 하지만 나는 인류의 협동에 대한 잘 알려지지 않았지만 역시 중요한 이야기를 들려주었다. 인류라는 종의 경우에는 모든 시기가 이런 평상시와는 거리가 멀었다는 점이다. 우리는 이렇듯 심각한 기근이 일어나는 상황에서는 가족 외부의 구성원을 향한 너그러운 행동이 사라지기 시작하며 심지어는 족벌주의에 따른 도움 행동도 없어질 수 있다는 점을 살폈다.

　　이런 유연성은 우리 종에게 엄청난 도움이 되었다. '상황이 좋은' 평상시처럼 이타주의에 따라 고기를 분배하다가는 굶주려 궁지에 몰린 해당 무리 전체가 한꺼번에 목숨을 잃을 수 있기 때문이었다. 대신에 공평한 분배 체계를 포기하고 족벌주의의 수준으로 내려가 분배를 시행한다면, 적어도 운이 좋거나 생존에 능숙한 몇몇 가족은 계속 살아남아 환경이 개선될 때까지 내부에서 협동을 통해 생존을 이어 갈 것이다. 아니면 조건이 더 좋은 다른 지역으로 이주할 수도 있다. 하지만 상황이 더욱 가혹해지면, 앞서 살폈듯 이기주의에 따라 개인 수준에서 비슷한 방식으로 생존이 일어날 수 있다.

　　이때 리비히의 법칙이 엄격하게 적용되면, 이미 제한된 너그러움의 질은 더욱 심각한 압박을 받고 대체로 자기들이 받은 반응에 적응할 수 있는 개인들만이 적응도 측면에서 이득을 얻는다. 다시 말해 내부에서 협력이 잘 이뤄지는 집단이나 가족에서 개인이 조화를 이루는 것은 적응도에 도움이 되지만, 만약 다른 방법이 없는 경우에는 전략적 후퇴를 감행해 더 이기적으로 행동하는 것 역시 적응도에 도움이 된다. 후자가 적응적인 행동이라는 점은 분명하지만 그래도 우리 종이 계속 겪었던 초기의 고난을 치르던 도덕적인 존재에게는 분명 몹시 감정적으로 스트레스를 주었을 것이다.

　　내 생각에는 상황이 불리해져서 제대로 된 기근이 닥치면, 앞서 살폈던 인간 본성을 세 부분으로 나누는 분업에 대해 더욱 정확하게 입증할 수 있을 것이다. 그리고 이것이 우리에게 말해 주는 바는 다음과 같다. 식량의 공급량이 적당하면 협동은 꽤 훌륭하게 성공을 거두며, 미약한 양이지만 우리에게 선천적으로 준비된 가족 외부로 향하는 너그러움은 실제로 상당한 효력을 보일 수 있다. 왜냐하면 문화적인 강화가 기민하게 이루어져 너그러움의 정도가 더욱 강해지기 때문이다.

그리고 그 결과 협동을 야기하는 효과적이지만 연약한 능력이 생겨나는데 꽤 유연하게 작동하는 것이 이것이 가진 장점이다. 오늘날 인류가 사냥 무리뿐만 아니라 부족이나 종족, 개별 국가 단위에서 효과적으로 협동할 수 있는 이유도 이것이다. 이런 능력이 오늘날 국가들의 전 지구적인 공동체를 만드는 데 도움이 될지는 또 다른 문제인데 여기에 대해서는 '마치며'에서 간단히 다룰 예정이다.

하나의 사고 실험

인류가 사회를 형성하고 그 유전자 풀에 영향을 줄 친사회적인 선택을 할 능력이 있다면, 이것은 우리 종이 이런 방향으로 최대한 진화되었다는 뜻일까? 나는 아마 그렇지 않을 것이라 생각한다. 일단 고려해야 할 사실은 만약 모종의 사건이 발생해 플라이스토세 후기가 약 1만 2000년 전에 완전히 막을 내리는 대신 5만 년 더 지속되었다면, 농경이 결코 시작되지 않았을 것이라는 점이다. 아마도 수렵과 채집에만 할애하는(그리고 종종 몹시 위험한) 2,000세대 가량의 기간이 추가되었다면 인류는 오늘날보다 더욱 원활하게 작동하는 사회 체계를 발전시키도록 유전적으로 진화했을지도 모른다. 어쩌면 그런 경우 우리의 도덕적인 반응은 조금 달랐을지도 모른다. 그리고 너그러움에 기초한 이타주의라는 우리 인류의 미약하지만 중요한 재능은 더 강해졌을 수도 있다.

또는 반대로 약화되었을 수도 있지만 그럴 가능성은 낮다.

따라서 오늘날 인류가 지닌 선천적인 도덕적인 능력은 그저 진행 중인 진화의 결과물로 설명할 수 있다. 비록 진화에 따른 주된 작업이 여러 가지 방식으로 개인의 재생산적 성공에 공헌하며 인류가 생태학적으로 불리한 시기를 극복하도록 돕기도 하지만 말이다. 사실 만약 우리의 도덕적인 잠재력이 계속해서 변화한다면, 이것은 '도덕적인 동물'이라는 우리 자신에 대한 개념과는 잘 맞아 떨어지지 않는다. 이것은 스스로 축하하는 듯한 개념으로 '완제품'이라는 철학적인 함의를 가진다. 진화 인류학자인 나는 이런 식이 아니라 있는 그대로 묘사해야 하지만, 여기에 대해서는 다만 짐작을 할 수 있을 뿐이다.

만약 양심의 진화가 지금으로부터 25만 년 전에 개시된 '평등주의 혁명'에 의해 갑자기 시작되었다면, 다른 변화도 이렇듯 급작스런 진화를 거쳤을 것이다. 반면에 만약 변화가 이보다 훨씬 점진적으로 시작되었다면, 굉장히 오래 전에 권위를 싫어하고 자율성을 사랑하는 호모 에렉투스 또는 아마도 암컷에 더 용이하게 접근하고 싶어 했던 초기의 고대 호모 사피엔스에 의해 도덕의 진화가 더욱 유전학적으로 안정되었을 가능성이 높다. 그러다가 지금으로부터 4만 5,000년 전, 최적화된 양심과 최적화된 '이타주의 지수'라는 측면에서 하나의 균형이 이뤄졌다. 우리는 관련된 모든 사항을 입증할 방법이 없지만 그래도 이것은 흥미로운 탐구 거리다.

물론 플라이스토세의 병목 효과에 대한 과학적인 연구는 아직 완료되지 않았기에[45] 추가적인 발견이 이뤄질 가능성도 있다. 하지만 근처에 사는 동료들이 수십만 명 죽어 나가는 가운데 극소수의 생존자만 남겨진 무척 위험한 분기점에 대해서는

가까스로 어느 정도 조사가 이뤄졌다.[46] 유연성 있게 진화된 인류의
도덕적 능력은 이 구도에서 중요한 역할을 할지도 모른다. 그리고
만약 이런 위급한 상황이 가끔씩 벌어진다고 가정하면, 인류가
우발적으로 환경에 적응한다거나 유연성 있는 사회적인 능력을
통해 어떻게든 종 수준에서 생존을 도모했다고 생각하는 것도
이치에 맞는다.

　　플라이스토세에 이후 5만 년에 걸쳐 지속된 불안전성이
갖는 한 가지 분명한 영향은, 사람들을 아예 전부 죽여 버리는
순전한 불운이 닥쳤다는 점이다. 아무리 '각자도생'이라는 반응을
보인다 해도 그런 잔인한 역경 때문에 소수의 인원도 살아남지
못하는 상황이 가끔 생겼던 것이다. 하지만 반대로 이런 엄청나게
다양한 선택압이 지속되면서, 인류는 환경에 적응할 더 나은(또는
다른) 메커니즘을 발전시킬 시간을 얻게 되었을 수도 있다. 여기에
따라 우리의 도덕적인 능력이 정확히 얼마나 영향을 받았는지에
대해서는 말하기가 힘들지만, 여기에 관련된 선택의 힘은 분명
도덕에 유연성을 부여했을 것이다.

　　우리 종의 진화적인 '운명'은 그동안 기본적으로 우연에 달려
있었다. 여러분이 전능한 신의 손길이 그 모든 과정을 하나하나
보호하며 감독했다고 믿지 않는다면 말이다. 하지만 나는 그렇게
믿지 않는다. 나는 생물학적인 진화가 이뤄지는 과정에 행운이
관여했다고 충실하게 믿는다. 여러분이 스스로 '특별한' 존재이며
누군가의 보살핌을 받는 인간이라고 여긴다면 이런 관점은
그렇게 위안이 되지 않을 것이다. 물론 나는 우리가 어쩌면 지성을
갖춘 의도에 따라 인류가 유전적으로 자연스럽게 도덕을 갖췄을
가능성이 있지만 우리 자신은 결코 그렇게 의도하지 못했으리라고
여긴다. 또 우리는 플라이스토세를 헤쳐 나가도록 스스로

설계하지도 못했을 것이다. 아무리 인류가 생태학적으로 유리할 때는 우연성에 기초한 고기 분배 체계를 계속해서 미세 조정하고, 상황이 불리할 때는 그 체계를 포기할 만큼 현명하다 해도 그렇다.

이 모든 것은 우리가 생물학적으로 영향을 받은 의도에 따라 완성품이나 결과를 내기 위해 현재의 도덕적인 잠재력 또는 환경적인 위기를 극복하는 현재의 능력을 활용할 수 없다는 사실을 보여 준다. 우리는 스스로의 도덕적인 본성이 진화적으로 굉장한 기회의 무대 안에 있다는 사실을 발견한다. 아무리 우리 자신의 즉각적인 의도적 입력 값이 친사회적인 방향으로 흐르는 과정에 영향을 준다 해도 그렇다. 사실 우리가 이런 가설적으로 확장된 플라이스토세를 진화적인 공상의 영역으로 제쳐 두고 현재 우리가 살고 있는 홀로세를 생각한다면, 우리의 도덕적인 능력은 분명 유전자의 수준까지 진화를 이어갈 것이다. 변화한 몇 가지 핵심적인 환경적 제약이나 내가 이 책을 쓰는 순간에도 분명 변화하고 있는 현대인들에 대해 그렇다.

앞으로 등장할 도덕의 진화에 대한 가설들

나는 지금으로부터 4만 5,000년 전에 문화적으로 현대적인 무리를 이룬 인류 사회들이 유전자 풀을 계속해서 틀 지웠고, 이때 사람들은 그들의 조상이 그랬던 것처럼 좋은 평판을 가진 개인을 선호하고 활발하게 활동하는 무임승차자들을 처벌했을 것이라 가정했다. 사회적인 맥락은 보통 4~7개의 가족으로 구성된 서로 협력하는 무리로 구성되었는데, 이 무리는 어느 한 사람이 좌지우지하지 못하는 무척 평등한 집단이었다. 반면에 오늘날 고도로 조직화되고 사회적, 정치적으로 위계화된 거대한 현대 사회는 사회적 일탈이 문제를 빚는 양상이 예전과 달라졌다. 또한 그 일탈이 법과 질서라는 고도로 중앙집권화된 체계들에 의해 처리되는 모습을 보면 앞서 내가 주장했듯 인류의 진화적인 이야기는 꼭 끝나지 않았을 수도 있다. 실제로 그 궤적은 변화하고 있을 가능성이 높다.

한 가지 예를 들어 보자. 비록 형사들과 전산화된 데이터 뱅크가 존재하는데도, 대규모의 익명화된 우리 사회에는 발각되지 않고 돌아다니는 소시오패스들이 많다. 그리고 이론적으로 보면 이들의 무시무시한 유전자의 발자국은 더 증가할지도 모른다. 연쇄 강간범의 사례를 생각하면 된다. 친밀한 주변인들로 이뤄진 사냥 무리에서는 이 범죄자가 쉽게 눈에 띄기 때문에 현실적인 이유로 그런 행동을 표출하는 것을 자제하지 않으면 곧 살해당한다. 하지만 오늘날에는 발각되지만 않으면 이론상 이 강간범은 유전적으로 커다란 이득을 얻을 수 있다. 비록 미국의 이곳저곳에서 중간에 낙태가 이뤄져 이런 경향을 줄이고 있지만 말이다. 무척 다행히도 이런 양심 없는 괴물들의 유전자가 우리 유전자 풀에 쌓이지 않도록 하는 조치가 적어도 일부 이뤄졌지만, 그래도 지난 수천 세대 넘게 이런 이득은 점차 쌓였을 수 있다. 이처럼 지금 당장은 완전히 이해할 수 없지만 여러 가지 방식으로 인류의 진화 경로는 조금씩 바뀌었다고 가정해야 할지 모른다. 현대적인 배경 속에서 진화적인 선택이 이뤄지는 시나리오는 변화되어 왔기 때문이다.

이제 우리는 앞으로의 연구를 위한 게놈상의 기준점을 갖게 되었다. 비록 지금 당장은 하나의 '도덕 유전자'를 집어내지는 못하지만 말이다. 하지만 앞으로 몇 세대 안에는 우리가 이기주의적으로, 족벌주의적으로, 이타주의적으로 행동하도록 하는 유전적 메커니즘의 일부를 발견할지도 모른다. 또 여기에 더해 감정이입에 의거한 너그러움, 지배와 복종, 그리고 수치 반응을 포함해 도덕과 관련 있는 다른 사회적으로 중요한 다양한 행동들의 유전적 메커니즘도 발견될 수 있다. 어쩌면 우리는 사람들이 얼굴을 붉히게 하는 사회적인 성향의 기초와 이것이 어떻게 진화했는지에 대한 몇몇 실마리를 이해하게 될지도 모른다. 어쩌면 이것은 낙관적인 전망에 불과할지도 모르지만, 그렇게 따지면 1950년에는 이중나선의 암호를 곧 해독하리라는 전망도 낙관적으로 보였을 뿐이었다.

그뿐만 아니라 미래의 언젠가 우리는 지금 현재 갖고 있는 게놈을 미래의 게놈과 비교해야 할지 모르지만, 그것이 무척 멀리 떨어진 미래가 아니라면 그 결과가 우리에게 말해 주는 바는 그다지 많지 않을 것이다. 우리가 생각하는 것보다 유전자의 선택이 훨씬 빠르게 진행되지 않는다면 말이다. 이때 우리가 일어날 가능성이 높은 선택의 모든 유형과 수준을 고려하는 작업이 불가능하지는 않다. 쌍방향으로 일어나는 고삐 풀린 사회적 선택, 혈연선택, 친족 관계를 오인한 것과 관련한 업혀 가기, 상호 이타주의와 호혜주의, 집단선택, 선택에 대한 사이먼의 유순함 모형이 여기에 포함된다. 이 모든 것들은 우리가 친족과 비-친족 모두에게 똑같이 너그럽게 행동하도록 해서 우리를 도덕적인 존재로 만드는 형질의 안정화와 더 심화된 진화에 공헌할 수 있다.

또한 우리는 현재의 게놈을 선사시대의 게놈과 비교할 수도 있다. 이때 필요한 DNA는 호모 에렉투스와 고대의 호모 사피엔스, 해부학적으로 현대적인 인류에서 찾을 수 있다. 이 가운데 일부는 이미 가능하며 이런 모든 새로운 정보를 통해 우리는 새로운 질문을 묻거나 이 책에서 내가 고민했던 질문에 대한 답을 구할 수 있을 것이다. 예컨대 양심의 진화가 시작된 시점을 구체적으로 알아내거나, 도덕적 곤경을 겪는다는 표시인 얼굴 붉힘이 인류에서 정확히 언제 또는 어떻게 시작되었는지에 대한 실마리를 얻을 수 있다. 우리에게는 그 복잡성의 정도가 분명 무척 높을 게 분명한데도 여기에 굴하지 않고 사회적 행동에 관여하는 유전자들에 대한 연구로 향하는 문을 열 새로운 왓슨과 크릭이 필요하다.

그리고 새롭고 실질적인 발견이 이뤄지면서 진화론적인 질문들의 뼈대를 만드는 새로운 방법이 알려질 것이다. 그리고 이 책에서 탐구했던 여러 가설들은 과학철학자 칼 포퍼$^{Karl\ Popper}$가 사용했던 용어의 뜻 그대로 더욱 직접적으로 시험 가능하고 심지어는 반증 가능한 가설이 될 것이다.[47] 그리고 나는 여기서 포퍼가 결국에는 엄격한 반증 방식을 사용하는 경우 특별한 사례로 구성된 진화 이론을 시험하기로 결정했다는 사실을 강조하고자 한다. 기본적으로 '진화적인 시나리오 게임을 구축하는' 과학적인 규칙들은 더욱 관대해질 필요가 있으며, 이것이 내가 상대적인 개연성에 대해 그렇게 자주 언급했던 이유다. 또한 내가 과감하게 '평등주의를 위해 필요했던 덩치 큰 동물에 대한 사냥' 같은 잠정적이지만 구체적인 시나리오를 제안했던 이유이기도 하다.

지금으로서는 내가 그동안 의존했던 방식과 정보가 충분해야 하며, 여기서 제안했던 다양한 이론들은 주로 그것이 작업가설로 말이 되는지와 그것이 내가 구축했던 더 큰 그림에 잘 들어맞는지에 따라 평가되어야 한다. 이런 평가는 쉽지 않기 때문에 일부 과학자들은 포기 선언을 하거나 내가 하려는 방식을 하나의 커다란 '그럴 듯한 이야기'이자 속임수에 불과하다고 말하기도 할 것이다. 그렇지만 나는 도덕의 기원 문제가 이렇듯 노력을 투자할 만큼 중요하다고 생각한다. 그뿐만 아니라 여러 작업가설들을 운에 맡겨 서로 조합하면 미래에는 더 훌륭한 작업가설을 낳을지도 모른다.

이런 시나리오들이 비록 부분적으로 틀릴지라도 나중에는 더욱 만족스런 과학적인 설명을 이끌 수 있다는 것이 내가 주장하고자 하는 바이다. 또한 나는 내가 이 책에서 제안한 다윈주의적인 진화 시나리오가 지금으로부터 약 140년 전인 1871년 다윈이 주장한 원래 이야기보다 진보했다고 믿는다. 다윈은 양심을 인류가 지능과 공감 능력을 발전시키면서 불가피하게 따라 나온 하나의 부수 효과이자 가족 외부로 향한 너그러움을 설명하기 위한 방편으로 오직 집단선택만을 살폈다.

실제로 우리 인류의 양심과 그것이 지니는 기능은 지능과 공감능력에 밀접히 연결되어 있다. 하지만 이 책에서 전하고자 하는 메시지는 양심이 사실 자기만의 길로 진화했고, 여기에 대해 오늘날 상대적인 개연성에 기초해 가설을 세울 수 있다는 것이다. 이런 이론은 선사시대의 자연 환경의 변화뿐만 아니라 친사회적인 인간의 선택들에도 상당한 무게를 주는 방식으로 수립되었다. 이 선택은 가끔은 꽤 잔혹하게 우리의 사회적인 환경을 틀 지웠으며 그 결과 인류의 유전자 풀을 형성하는 데 기여했다.

이 마지막 장을 쓰는 과정에서 나는 내가 앞서 제안했던 과학적인 대답들이 앞으로 140년 뒤에 얼마나 설득력이 있을지 곰곰이 생각해 봤다. 나는 단지 이 책의 내 주장이 다윈의 그것과 마찬가지로 불완전하되 완전히 틀리지는 않은, 그렇기에 계속 이어갈 가치가 있는 주장으로 여겨지기를 바랄 뿐이다.

마치며.
인류와 도덕의 미래

이 책은 무척 오래된 호기심거리인 인류의 기원, 더 구체적으로
말하면 도덕의 기원에 대해 다뤘고 그 설명을 순수과학에
한정지었다. 여기에서 나는 적어도 부분적으로 알 수 있는 미래에
대한 진화적인 분석을 간단히 덧붙이고자 한다. 그러면 국가들의
도덕적인 공동체인 오늘날의 세계에 대해 더욱 즉각적이고
실용적인 전망을 내놓을 수 있을 것이다.

하지만 여기서 인류의 유전자 풀이 미래에 어떻게 될
것인지를 점치지는 않는다. 그보다는 플라이스토세의 인류가
가졌던 본성이 문명화된 인류의 도덕적 미래에 본질적으로
어떤 영향을 끼쳤는지를 살필 것이다. 앞으로 미래에 인류의
도덕적 생활이 지닌 현재 진행형인 문화적 측면은 적어도 하나의
심대한 변화를 맞닥뜨릴 것이다. 종종 위험할 만큼 불안정했던
플라이스토세의 환경이 주는 변덕과는 달리, 이 도전 과제는
부분적으로 우리 자신이 만든 것이다. 이것은 우리의 지구 전체를
하나의 커다란 도덕적 공동체로, 다시 말해 협동을 증진하고 일탈

행동을 규제하는 뒤르켐 식의 사회로 바라보는 심화된 진전과
관련이 있다.

지난 1만 2,000년 동안 우리 인류는 작은 무리에서 농경
부족으로, 족장 사회에서 국가로 공동체의 크기를 계속 키웠다.
인류는 이 모든 단계를 기본적으로 꽤 잘 이행했고 파괴적인
내부의 다툼이 지나치게 우리를 지배하거나 모두를 망치지 않도록
일을 처리했다. 오늘날 어떤 국가에 이런 혼돈이 단계적으로
나타난다면 우리는 그곳에 결점이 있고 실패했다고 간주한다.
하지만 대부분의 국가들은 실패한 것과는 거리가 먼데, 그 이유는
이들 국가들에서 공식 법체계가 잘 작동하며 제도가 법과 질서를
지향하기 때문이다. 이런 제도화는 기본적으로 수천 년이 되었으며
섬록암 판에 새겨진 메소포타미아의 함무라비 법전으로 거슬러
올라간다.

여러 가지 중요하고 기능적인 의미에서, 강력한
중앙집권화를 이룬 국가는 여전히 우리가 앞서 길게 논의했던
스스로 규제하는 무리 수준의 도덕 공동체와 꽤 비슷하다. 아무리
소규모 무리가 중앙집권화된 권위 비슷한 것이 나타날 낌새를
보이기만 해도 극히 싫어한다 해도, 국가를 구성하는 사람들은
심각한 내부의 싸움이나 더 나아가 내전을 피하기 위해서는
얼마간의 권위가 필요하다는 사실을 안다.

국가와 마찬가지로 무리 역시 갈등을 몹시 싫어한다. 실제로
분노에서 비롯한 긴장감과 사회적 분열을 혐오하는 경향은 인류가
지금의 모습이 되는 데 중요한 역할을 했다. 그렇지만 갈등을
관리하는 수단은 다양하다. 국가와 마찬가지로 무리는 사회적
압력과 중재에 상당히 의존하지만, 결국에는 간접적인 회피에
의존하기도 한다. 이때 무리는 쪼개지기도 하고 한쪽 편이 단순히

다른 지역으로 자리를 옮기면서 갈등이 종식되기도 한다. 그런데 국가의 경우는 사정이 꽤 다르다. 국가 내부에서 서로 갈등하는 여러 파벌들은 궁극적으로는 공간적인 회피가 불가능할 수 있기 때문에, 나중에는 중앙집권화된 강압적인 힘에 기초한 국가적인 안정성이 필요하다. 이 힘은 사회적인 분열을 조장하는 일탈을 억누르고 내부 갈등이 시작되면 끼어들어 억제하기에 충분해야 한다. 반면에 무리는 설득과 중재, 간접적인 회피로도 꽤 잘 견딜 수 있다.

지구상에 존재하는 문화적으로 다양한 국가들 전체를 다루려면, 국제적인 사회 통제와 갈등 해소를 위한 정말로 효과적인 수단이 필요하다.[1] 실제로 역사상 그 어느 시기든 국가 내외에서 벌어졌던 소규모 전쟁은 놀랄 만큼 많다. 더욱이 상황을 나쁘게 하는 요인은 정말로 큰 전쟁이 터질 가능성이 상존한다는 사실이다. 오늘날의 기준에서 보면 지구상 모든 국가와 국민들의 건강과 삶에 영향을 끼치는 핵전쟁이 이런 경우다. 따라서 국가들의 공동체를 다룰 때는 바로 이런 점에서 정치적인 불확실성이 크다.

실질적인 관점에서 보면, 효과적인 국가 정부와 비슷해 보이는 세계 정부를 조심스레 설계했던 것이 인류가 지금까지 했던 일이었다. 하지만 사람들은 그런 경우 전쟁과 평화라는 정말로 중요한 문제에 대해 단호한 조치를 취하는 데 방해가 될 수 있다는 사실을 확인해 왔다. 확실히 나는 실질적으로 무력한 유엔 총회나 유엔 안전보장이사회에 가하는 열강의 절대적인 거부권을 염두에 두고 있다. 그렇다면 우리는 그동안 중요한 의미에서 일탈하는 국가들을 제재하거나 지구 전체에 심각한 위험 요소가 될 갈등을 중재하는 측면에서 전혀 날카롭게 대응하지 않을 때가 많은 전 세계적인 도덕 체계를 만들어 왔다. 그리고 여기에는 특히 열강들의 심각한 의견 차이가 있었다.

이렇듯 '세계 정부'가 전혀 잠재적인 능력이 없는 상태에서, 우리는 전 지구적인 심대한 정치적 변화를 마주했다. 여기에는 국지적인 집단 학살과 관습적인 전쟁에서 점점 악화일로에 있는 핵확산의 유령, 생화학적 무기를 비롯해 심지어 핵무기를 사용하는 테러리스트들이 제기하는 위협, 그리고 우리가 예측조차 할 수 없는 미래의 여러 문제들이 포함된다. 그리고 우리는 인류가 그동안 경험했던 것보다 더욱 심각한 핵 사고에 의해 지구가 방사능으로 오염될 뚜렷한 가능성에 계속해서 직면한다. 어쩌면 핵무기를 갖춘 국가들 사이에서 일어난 전면적인 핵전쟁 때문에 지구에서 인류가 이용할 수 있는 거주지가 완전히 파괴될지도 모른다.

LPA 수렵 채집 집단과는 달리, 국가들로 구성된 오늘날의 세계는 경제적으로 평등주의적인 것과는 거리가 멀다. 냉전이 끝나고 난 뒤, 중세 십자군 전쟁을 방불케 하는 잠재적인 핵 테러리즘을 포함하는 국제적인 갈등이 일어나며 상황이 그토록 빠르게 바뀔 것이라고는 어떤 현자도 예지하지 못했다. 비록 두 경우 모두 가지지 못한 자가 가진 자를 향해 품은 원망에 중대하게 기초한 긴장 상태가 존재하는 것처럼 보이지만 말이다. 우리는 이렇게 시기에 기초한 갈등을 일으키는 미래의 근원이 예측 불가능한 동시에 서서히 은밀하게 퍼진다고 가정해야 한다. 하지만 우리가 확신할 수 있는 점이 있다면, 중국이 경제와 군사 측면에서 힘을 축적하며 미국이 조금씩 쇠퇴한다는 사실이 꽤 확실해지면서 초강대국 사이의 갈등과 충돌이 예견된다는 것이다. 그에 따라 우리는 효과적인 국제적 통제 수단이 없는 상황에서 예측 불가능한 동력에 민감하게 반응하는, 폭발 직전의 또 다른 '냉전'을 맞닥뜨릴지도 모른다. 이 냉전 역시 예전의 냉전처럼 갈등을 일으키는 양측은 지나칠 정도로 많은 막대한 핵무기를 지니고 있을 것이다.

우리는 전 지구적 도덕과 사회 통제의 향방에 대해서 세심하게 지켜볼 필요가 있다. 왜냐하면 타자에게 막대한 손해를 안기는 수단이 점점 세련되게 발달하고 다양해졌으며 널리 퍼져 곧장 손에 넣어 이용할 수 있게 되었기 때문이다. 그리고 항상 분열되어 있고 명확하게 드러나는 여러 위협을 계속해서 지닌 '국가들의 공동체'는 강력한 것과는 거리가 멀 것이다. 이런 상황에서 전 세계적인 법과 질서의 체계는 점점 더 위태로워진다. 1945년 이래로 전쟁으로 사망한 사람의 수가 통계상 급격하게 줄어들었는데도 그렇다.[2] 이때 등장하는 한 가지 명백한 문제는, 수렵 채집 무리를 연상시키는 전 세계적인 국가들의 이 거대한 공동체가 효율적이고 강력한 유형의 정부 수립에 대해 단호하게 저항한다는 것이다. 성공적인 단일 국가의 중앙집권화된 정부가 국민들에 대해 할 수 있는 것을 전 세계 국가들에게 행하도록 권한을 부여받은 정부 말이다.[3]

어쩌면 오늘날의 세계는 지나치게 거대하고 다양한 데다 위험해서, 잘 통합된 평등주의적인 무리에서 나타나는 희망 섞인 방식으로 형식에 구애받지 않고 자유롭게 일을 처리할 수 없는지도 모른다. 이들 평등주의적인 무리는 필요한 경우에 곧장 서로 연합해 도덕적인 공동체를 꾸리며, 보통은 각자의 편으로 나뉘거나 회피라는 방식에 의지하지 않는다. 기본적인 문제는 전 지구적으로 인류가 맞닥뜨리는 정치적인 단위의 규모와 숫자가 대단한 데다 몇몇 국가들 사이에는 문화적인 차이도 상당하다는 것이다. 또한 인류의 정치적인 본성에 직접 뿌리를 내리는 근본적인 문제도 하나 있다. 무리를 이루는 사냥꾼 개인들과 마찬가지로, 이 국가들은 자국의 주권을 지키는 데 무척 열중해 하나의 커다란 초국가를 수립하지 못한다는 점이다. 다시 말해 국제법이 확실히 군림하게 하고 평화를 보장할 만큼 강력하며 신뢰할 수 있는, 필요하다면 군사적 침입을 활용하는 전 세계적 중앙 정부를 수립할 수 없다.

마지막으로 우리에게 필요한 것은 하나의 실패한 커다란 국가처럼 행동하더라도 잠재적으로 그 정체가 어렴풋이 나타나는, 충분히 무장한 국가들의 세계다. 우리는 1949년에 전통적인 전쟁을 '인도적으로' 통제하고자 하는 제네바 협정을 체결했고 이때 다행히도 전 지구적 공동체에는 법이 완전히 부재하지는 않았다. 비록 이 공동체가 스스로를 지탱하기 위해 구성원 전부를 아우르는 제도화된 중앙집권적 명령과 통제를 창출하는 데는 저항했지만 말이다. 하지만 여기에 두 가지가 따라왔는데, 하나는 진화를 통해 공유된 도덕에 대한 의미였고 다른 하나는 우리들 대부분이 국가를 통해 특정 문제들에 동의했다는 사실이었다. 예컨대 기본적인 인권의 속성이라든지 가난과 질병을 바람직하지 않게 여기는 경향, 민족 자결권에 대한 필요성이 그랬다.

희망 섞인 분위기를 만들어 내는 또 다른 요인은 우리가 수십만 년에 걸쳐 스스로의 사회를 이해하고 그것이 제 기능을 하도록 진화한 종을 이뤘다는 점이다. 이것은 반사회적인 일탈을 억누르고, 이타적으로 너그러운 사람들에게 사회적으로 보상을 주거나, 아니면 우리 자신에게 보다 잘 작동하도록 사회 체계를 수정하는 과정을 통해 가능했다. 앞선 여러 장의 설명을 통해 확인한 충분히 명확한 사실이다. 더구나 인류는 무리 속에서, 그리고 나중에는 더욱 복잡해진 사회 속에서 개인적인 재난에 대한 '보험' 역할을 하는 국가적인 안전망을 확립했다. 그리고 가끔 이것은 사회를 파괴하는 탐욕스러운 무법자인 히틀러나 쿠웨이트를 침략했던 사담 후세인 같은 인물에게 우리가 위협을 느낄 때 도덕적인 다수로 통합을 이루도록 작용한다. 또한 우리는 내부적인 갈등을 관리하고 그 파괴성을 억누르도록 몹시 애썼으며, 전 세계 국가들 역시 갈등을 중재하고자 노력해 왔다.

　　하지만 이렇듯 선사시대나 오늘날 인류의 삶 속에 나타나는 중요하고 가치 있는 특색들은 발생기에 머물러 있으며 국제연합은 심각한 자금 부족을 겪는 데다 고의적으로 영향력을 빼앗기고 있다. 핵무기를 갖춘 열강 5개국이 이 일에 동의하거나 기꺼이 비용을 지불한다면 국제연합만이 이런 작업을 효과적이고도 지속적으로 할 수 있는 위치에 있는데도 말이다. 이런 상황에서 우리는 어떻게든 결국 이런 충분히 진화된 잠재력이 더욱 효과적으로 발현되어 전 세계 국가들의 안정적인 공동체를 형성하기를 희망해야 한다. 이들 국가의 상당수는 핵무기를 지녔지만 이런 방식을 통해 미래의 보다 도덕적인 공동체를 이룰 것이다.

　　어쩌면 현재와 미래의 주된 권력에 대한 과거의 교훈이 있다면 권력에 대한 적용뿐 아니라 너그러움에 대한 연장이 사회적 성공을 이루기 위한 전략일 수 있다는 것이다. 너그러움에 바탕을 둔 접근은 가끔 위험을 동반하지만 결국에는 훌륭한 성과를 올린다. 예컨대 2차 대전이 끝나고 미국이 실시했던 유명한 대규모의 마셜 계획은 유럽의 번영과 갈등의 종식을 돕는 너그럽고 정치적으로 유용했던 접근이었다. 이후 전 세계 다른 지역에도 거의 이타적인 대외 원조가 상당한 규모로 이뤄졌지만 말이다. 미국은 다른 나라의 호의를 받을 자격이 있을 만큼 풍요롭고 너그러운 국가로 여겨졌는데, 이 점은 우리가 앞서 살폈던 무척 생산성이 높고 너그러워 곤란한 상황에서 다른 사람으로부터 상당한 도움을 받던 아셰 족 개인과 마찬가지였다. 하지만 금세기 들어 미국은 이전의 명성을 따를 의지도 예산도 없어 보이며 평판은 저조하다. 그 이유는 이라크에 대한 두 번째 침공이라는 서투른 정치적 권력 게임을 한 번 보이면서 기존의 경제적인 너그러움이 강하게 가려졌기 때문이었다. 전 세계 다른 나라 사람들이 보기에는 이 사건이 타국의 주권을 침해했으며 국제적으로 도덕적 다수의 합의에 기초한 것도 아니었다. 마치 평등주의적인 사냥 무리에서 한 불량배가 멋대로 날뛰는 것과 비견될 만했으며 그에 따라 미국의 국제적 입지는 악화되었다.

　　모두가 동일한 문화를 공유하는 무리에서는, 중요한 의미에서 너그러움에 기초를 둔 간접적 호혜성의 협력 체계는 개인적인 신뢰에 기초할 수 있다. 이 신뢰는 도덕적 공동체라는 집단의 잠재적인 행위에 놓여 있다. 더구나 사람들이 평등주의적이라는 것은 이들이 정치적, 경제적인 파이를 거의 공평하게 분배한다는 의미다. 반면에 자민족 중심주의를 갖고 종교적으로 분열된 거대한 경쟁적 공동체는 가진 자와 그렇지 못한 자 사이의 격차가 엄청나다(그리고 이 격차는 점점 벌어지는 경우가 많다). 이런 공동체는 무척 커다란 도전과제를 안고 있다.

　　만약 수렵 채집 무리와 마찬가지로 오늘날 국가들의 전 세계적인 공동체가 열정적으로 중앙집권화된 명령과 통제 체계를 신뢰하지 않으려 했다면, 우리는 어떻게든 이런 도전과제들이 플라이스토세의 사냥하는 조상들이 보여 줬던 것과 같은 통찰과 현실주의적인 호의를 마주했을 것이라 기대할 수 있다. 사냥꾼처럼 생활하고자 한다면 서로 경쟁하는 관심사를 통합하고 협력해야 하며, 강한 권력을 가진 수장 없이도 이런 작업을 진행해야 한다는 사실을 안다면 말이다. 여기에는 한 가닥 희망이 있다. 낙관주의를 견지할 또 다른 기본적인 이유가 있다면 인류가 공감과 너그러움에 대한 진화적인 재능을 타고 났다는 점이다. 이런 느낌은 우리의 아이들을 비롯한 다른 친족에게 무척 직접적으로 적용되며, 동시에 친구나 사회적으로 친근한 이웃에게도 적용된다. 또한 이러한 우리의 잠재력은 문화적으로 연결되었다고 여겨지는 훨씬 격조한 상대에게도 적용되며, 가끔은 생판 모르는 사람에게도 적용된다.

무척 일반적이고 중요한 의미에서, 나는 인류의 수렵 채집 공동체에서 너그러움과 그에 따른 이타주의적인 행위가 협동을 촉진한다고 주장했다. 그렇지만 오늘날의 전 세계적인 공동체에서 협동에 대한 잠재력이 가정에서 더 멀리 뻗어 나갈수록 그 취지와 대의는 점점 예측 불가능해진다. 예컨대 전 세계 국가들은 자연재해를 맞은 알지도 못하는 희생자들에게 도움의 손길을 뻗칠 수 있지만, 같은 국가 '공동체'의 구성원은 나중에 이웃을 상대로 집단 학살을 저지를 수도 있다. 또는 희생자들이 테러리스트로 지목한 '게릴라'에 의한 악의적인 공격을 조용하게 지원한다든지, 자국이 좋아하지 않는 정부를 무너뜨리기 위해 은밀하거나 공개적으로 공작을 벌일 수도 있다. 이런 일이 벌어지는 이유는 공감과 이타주의에 대한 우리의 잠재력이 상대적으로 미약하며, 그래서 침팬지 속 조상부터 전해진 보다 덜 친사회적인 심리학적 경향성에 의해 이 잠재력이 쉽게 가려질 수 있기 때문이다.

우리 현대인이 수렵 채집인 조상과 비슷한 점이 있다면 갈등에 대한 취약성이다. 어떤 무리가 갈등에 취약해지는 이유는 중앙집권적인 권력을 충분히 허용하지 않아, 갈등을 해소하는 '권위주의적인' 유용한 수단을 발전시키지 않기 때문이다. 보다 큰 권력을 지닌 구성원들이 갈등에 연루될 때 특히 더 그렇다.
국가들의 전 지구적인 공동체 역시 비슷하다. 서로 연합을
거쳐 유엔 안전보장이사회가 거부권을 행사하며 떠들썩하지만
정치적으로 중요한 유엔 총회가 행동을 시작한다. 만약 작은
국가들이 더 큰 국가들과 같은 행보를 보인다면, 언제든 전 세계
'공동체'들이 보이는 현재 진행형의 전쟁은 여전히 믿기 힘들 만큼
많이 벌어질 것이다. 그리고 여기에 핵무기에 대한 심각한 계산
착오의 위협을 추가한다면 우리 행성 지구는 정말로 위험한 장소가
된다. 하지만 불행히도 50년 넘게 이런 지독한 위협에 시달린
나머지 우리는 이런 위협에 익숙해졌다. 그리고 이런 익숙함은
전혀 대책을 세우지 않는 결과로 이어진다.

파괴적인 행동에 대처하는 과정에서 수렵 채집 무리는
꽤 적극적이다. 이 무리는 곧장 힘을 합쳐 하나의 도덕 공동체를
이루는데, 그 이유는 이들이 생물학적, 문화적으로 도덕을
진화시켰기 때문이다. 또한 도덕 공동체 안에서 생활하다 보면
개인들에 대해 잡담과 뒷소문을 퍼뜨리는 직접적인 장이 마련되며,
그에 따라 그들이 직면한 위협을 인정하고 집단 내부의 일탈자들을
처리할 수 있다는 이유도 있다. 그리고 위험한 일탈자에 대한
두려움이 가중되면서 이들은 사회적인 거리를 두게 되고, 만약
정말로 심각한 일반적인 위협을 제기하는 경우에는 무척 사적인
방식으로(그리고 무척 단호하게) 해당 일탈자를 제거하는 데 동의할
것이다. 사회적 회피나 배척, 추방이 효과가 없다면 말이다.

국가들의 전 세계적인 공동체 역시 비슷한 방향으로
불완전한 시도를 벌이는데, 다른 나라를 조종하는 공식적인
보이콧과 가끔 나타나는 적극적인 봉쇄를 통해 나쁜 짓을 저지르는
국가를 교정하려 하기 때문이다. 그렇지만 동맹을 파기하는 행동은

500

종종 효과적인 국제적 배척을 힘들게 만드는 데다 보다 엄중한 조치를 취하는 데도 합의가 이뤄지기 어렵다. 더구나 핵무기를 가진 열강 5개국이 거부권을 행사하면서 이기적으로 면제를 받을 수 있고 불행히도 이들은 한때 핵무기를 보유했던 국가들이 포함된 동맹에도 등을 돌리기 쉽다.

수렵 채집 무리가 정말로 심각한 사회 문제를 해결하는 방식은 일탈자를 죽이는 것이다. 하지만 국가의 수준에서 사형에 해당하는 조치를 취하는 것은 불가능하다. 독재자를 끌어내리는 경우를 제외하면 그렇다. 하지만 어떤 나라의 독재자가 다른 나라에서는 도움이 되는 협력자인 사례가 무척 많은 것도 사실이다. 어찌 되었든 유엔은 국가를 건립할 생각이 없다. 근본적인 문제는 처벌할 능력을 갖춘, 실질적이고 보편적으로 중앙집권화를 거친 권력은 동시에 모두에게 위협이 될 수 있다는 것이다. 그리고 이런 정치적인 단계에서 자주적인 통치 능력이 있는 중요한 불량배들은(20세기 중반에 형성된 핵무기 보유국 클럽 같은) 대부분 정치적인 힘을 잃거나 그것을 잃지 않고자 거부권을 행사한다. 그렇기 때문에 이런 여러 가지 이유로 수렵 채집 무리에 속한 개인들이 일탈자의 행동을 막거나 멈추는 데 훨씬 효율적이다. 특히 심각한 일탈의 사례에서 이들 개인은 오늘날 우리가 살아가는 문화적, 종교적으로 다양한 전 지구적인 국가들의 공동체에 비해 잘 작동한다.

수렵 채집 무리에 속한 사람들은 정말로 큰 장점을 지닌다. 먼저 이들은 문화를 공유한다. 또한 같은 언어로 말하며 서로를 잘 안다. 그리고 함께 잡담과 뒷소문을 나누며 신뢰를 쌓는다. 또한 이들은 만약 해당 지역에 지나치게 갈등이 심해지면 필요에 따라 빠르게 무리를 떠나야 하는 경우가 많다는 사실을 안다. 하지만 문화적으로 이질적인 국가들의 공동체에는 출구가 전혀 없고 전혀 다른 상황이다. 국가들은 공간적으로 고정되어 있어서 만약 그들 사이의 차이점을 다른 방식으로 해소하지 못할 경우에는 싸움을 벌일 수밖에 없다.

전 세계적인 여론이라는 것도 존재한다. 모든 국가의 외무부 장관들은 여기에 대해 잘 이해하고 있는데, 그 이유는 이들이 이 여론을 지속적으로 다루기 때문이다. 사실상 특정한 의미에서 국가들의 공동체는 LPA 수렵 채집 도덕 공동체와 명백하게 비슷하다. 냉전이 벌어지던 시기에는 유엔 총회가 '미국 대 소비에트 연합 쇼'가 열리는 대극장 같은 장소가 되었다. 하지만 이때 두 알파 초강대국에 의해 위태로워지고 있던 나머지 국가들은 여론을 활용해 두 열강에 대해 제대로 고삐를 당겨 제어할 방법이 없었다. 이런 국제적인 도덕적 무대는 오늘날에도 여전히 건설할 수 있고, 가끔씩 모습을 드러낸다. 그렇지만 아무리 이런 공식적인 국제적 장이 부재한다 해도, 도덕적 의견은 전 세계에 걸쳐 융합되어 형성될 것이다. 그 이유는 단순히 종 수준에서 우리가 도덕적이기 때문이기도 하고, 텔레비전이 존재하기 때문이기도 하다.

전 지구적인 인류의 미래에 대한 커다란 질문이 하나 있다면, 우리가 전 세계적인 공동체 전체를 더욱 복잡하며 예측 불가능한 곳이자 아마도 훨씬 더 위험한 장소로 만드는 여러 위협에 잘 대처할 수 있는지이다. 처음부터 두려움을 자아냈던, 20세기 후반 핵무기를 가진 두 열강이 노골적으로 서로 대치했던 상황 역시 어쩔 수 없는 또 다른 현실이었다. 이런 상황이 조성되었던 부분적인 이유는 두 국가 모두 인구가 많았고 막대한 사회 기반시설을 갖추고 있어 여기에 손실을 입을 가능성이 있었던 만큼 긴장이 과도해졌기 때문이었다. 그리고 역사적인 사례에서 교훈을 얻자면 쿠바 미사일 위기는 사실상 진정한 위기였는데, 두 국가의 지도자들은 비록 도덕적이긴 해도 일종의 치킨 게임을 하고 있었다. 이 게임은 갈등을 빚지 않는 외부의 다른 국가들에 엄청난 파괴를 가져올 수 있었다. 지금 생각해 보면 그 결과는 무시무시해서 현실적으로는 상상하기 어려울 정도다.

인도, 파키스탄, 북한이 무대에 등장하면서 핵무기를 두고 벌어지는 위태로운 균형은 여전히 위험해지고 있다. 내가 이 글을 쓰는 시점에 이란이 핵무기를 갖춘 이스라엘을 상대로 무장을 하는 것처럼 보이기 때문에 문제는 더욱 복잡해졌다. 이 모든 것들을 종합하면, 국가들 사이의 잠재적인 위험과 불신이 만들어 내는 전반적인 상황은 어쩌면 더욱 효과적인 국제적 통치 체계가 점진적으로 수립되기에는 지나치게 악화되었을지도 모른다. (전면적인 파국을 일으키지 않는) 특정 사건이 일어나 전 세계 국가들이 행동에 나서도록 충격적으로 경고하지 않는다면 말이다.

냉혹하게 들릴 수 있지만 실제로 전 세계에 걸친 관리와 통치, 안보를 진전시키는 촉매가 있다면, 그것은 사실상 제한적인 국제적인 재난일지도 모른다. 예컨대 소규모의 핵전쟁이 일어나 대기권을 심각하게 오염시켰지만 전 세계 인구와 경제는 대부분 온전한 채 다치지 않은 경우를 상상해 보라. 재앙이었던 2차 대전이 유럽 사람들에게 전쟁을 일으키지 말라는 교훈을 주었다면, 소규모의(그럼에도 동등하게 파괴적인) 핵전쟁은 더욱 안전한 연합을 꾸리라고 전 세계 국가 모두를 자극할지도 모른다.

이것은 사실상 암울한 예언이다. 그렇지만 현실적으로 국가의 주권을 지금처럼 계속 신성하게 여긴다면, 핵무기가 확장일로에 있는 상황에서 더욱 안전한 전 세계 공동체를 수립하기 위해서는 이것이야말로 우리가 기대할 수 있는 최선의 방법일지도 모른다. 그러는 동안 자유무역은 최소한 경제적인 영역에서 우리가 더욱 상호의존을 하도록 만들었고, 우리가 앞서 살폈듯이 경제적인 상호의존은 LPA 수렵 채집인들이 더욱 효율적인 도덕 공동체를 구성해 덩치 큰 사냥감을 활용하도록 통제했다. 이런 의미에서 사회적 촉매였던 현대 자유무역은 인류의 수렵 채집자 조상들 사이에서 이뤄졌던 고기 분배와 기능적으로 유사할지도 모른다. 생계를 꾸리는 필수품을 얻고자 서로에게 의존했던 사람들은 더욱 효율적으로 갈등을 해소했을 가능성이 높다. 또한 이들은 간접적 호혜성에 기초를 둔 상호 부조가 모두에게 유용한 상황에서, 타인을 신뢰하는 유형의 너그러움이 꽤 훌륭하게 성과를 올린다는 사실을 배웠을 것이다.

또 다른 긍정적인 측면이 있다면 우리가 모두 친사회적인 방향성을 지닌 기본적인 도덕 능력을 공유하며 이것은 인류에게 선천적으로 내재한다는 점이다. 최소한 이것은 우리가 사회적 안전망이 필요할 때 거리가 먼 타인에게 도움의 손길을 뻗도록 한다. 또한 우리는 이런 능력이 보통의 양심을 지닌 전 세계 정치 지도자들이 무참한 피해를 일으킬 전쟁을 일으키기 전에 다시 한 번 생각하도록 해 줄 것이라 기대할 수 있다. 다른 사람을 향해 생겨나는 근원적인 공감은 항상 갈등과 다툼에 대항한 균형추로 작용할 것이다. 또한 우리가 앞서 살폈듯 스스로 하나라고 느끼는 어떤 공동체 안에서 공공의 이익을 위해 친사회적인 감정이 체계적이고 효율적으로 증폭되는 이유 역시 바로 인류가 양심을 갖기 때문이다.

이것은 인류가 플라이스토세를 거치면서 무리 생활을 해나갔던 기본적인 방식이었다. 인류가 이후 농경 부족을 이뤄

살아가고 뒤이어 군장 국가와 왕국, 초기 문명, 현대 국가로 이행하는 과정에서 이런 동역학은 계속 효력을 이어갔다. 그러다가 마침내 우리는 국가들의 전 세계적인 공동체 속에서 살게 되었다. 최선의 경우에는 계속 진보하지만 최악의 경우에는 하나의 실패한 국가에 지나지 않을 수도 있는 공동체다. 수렵 채집 무리에서 국가에 이르기까지 모든 사람들은 여러 가지 측면에서 비슷한 도덕 공동체를 발전시킨다. 예를 들어 타인을 비판하고 판단하는 여론이 사회정치적인 모든 단계에 존재한다는 점이 그렇다. 그뿐만 아니라 갈등을 관리하려는 시도들, 구성원들 사이에 합의가 이뤄진 비공식적인 규칙이나 법, 그리고 처벌을 받을 수 있다고 여겨지는 범죄 행위가 나타난다.

진화 심리학자인 스티븐 핑커Steven Pinker는 핵무기 사용이 도덕적인 금기가 되면서 인류가 전쟁을 통해 사람을 죽이는 비율은 한동안 꽤 급격하게 줄었다고 말한다.[4] 이렇듯 뜻밖에 평화를 얻은 효과 가운데 일부는 핵무기가 어느 쪽에도 승리를 가져다주지 못할 것이라는 단순한 두려움에서 비롯했다. 하지만 도덕적인 요소는 무척 중요하며, 특히 도덕 공동체가 불확실한 구조를 가진 채로 자기 역할을 하고 있을 뿐인 세계에서는 더 두드러지게 존재한다.

지금으로부터 1세기 전에 국가들의 연합을(완전히 무력했지만) 만들려고 시도했던 사례는, 우리에게 1920년대에도 도덕에 기초해 명령과 통제를 수행하는 국제적인 센터를 만들어야 할 필요성이 존재했다는 사실을 확실히 알려준다. 이때에 비하면 더 강력한 유엔이 존재하는 오늘날, 우리는 현실에서 되풀이되는 대가가 무척 크지만 사람들이 생존 가능한 대규모 관습적 전쟁을 전면적인 재앙의 위험과 맞바꾸고 있는 듯하다. 즉 최소한 보험 통계적인 의미에서 말하면 오늘날 위험성은 예전보다 더욱 크다.

그렇다면 진화적인 과거에 비해 몇몇 특정 방식을 예측
가능하다는 측면에서 인류가 지닌 국제적인 가능성과 기회는
어떤 것들인가? 어떤 사람들은 온화하고 너그러운 초강대국이
전 세계를 지배하며 지나치게 강력한 통제 없이 정치적인 질서를
부과하는 것이라고 추측한다. 소비에트 연방이 붕괴한 이후 미국이
바로 이런 기회를 누렸다. 하지만 미국이 (심각하게 공격적인 통치자에
의해 지배받던 여러 주권국 가운데 하나였던) 이라크를 두 번째로
침공했던 사건은 이런 도덕적으로 용인되는 이타주의적인 역할이
계속되도록 하는 데 실패했다. 이 사건을 통해 공격적인 부시
정부의 보수파 엘리트는 민주당 주도의 유순한 국회가 별 말없이
따르는 가운데 이후 여러 해에 걸쳐 사람들의 귀중한 재화뿐만
아니라 정치적, 도덕적인 자본을 소모했다.

흥미롭게도 이런 현재 진행형의 정치적인 대규모 사업이
재정적으로 비용이 많이 드는 한 가지 이유가 있다면, 한때
영구적인 군사기지를 (반 이란적인) 세우는 일을 기피했던 미국이
이제 스스로 철수하는 것이 양심적인 상황이 오기 전에 이라크에
안정적인 국가를 건설하는 도덕적인 의무감을 느꼈기 때문이었다.
다시 말해 미국은 주권에 대한 전 세계 공동체의 관습에
기본적으로 반하는 침략을 저질렀던 국가였지만, 적어도 이라크가
심각하게 망가진 이후로 국가를 재건하는 데 값비싼 비용을 지불한
데 대해서는 공적을 인정받았다.

만약 2차 대전 직후 미국이 한동안 왕성하게 너그러운
역할을 맡았다 해도 냉전이 시작되고 여러 국가들이 군사 동맹을
후원하고 대리로 전쟁을 치르는 데 몰두하면서 이런 이미지는
사라졌을 것이다. 그리고 한반도와 베트남에서는 관습적인 방식의
대규모 전쟁이 추악한 복수와 함께 다시 벌어졌을 것이다. 다른

나라를 돕는 문제에서 미국의 외교 정책은 계속해서 몹시 이기적인 정치적 강조점에 의해 지배를 받는다. 미국이 지원하는 대외 원조의 막대한 분량이 국제적인 대규모 분쟁이 지속되도록 하는 전 세계적으로 논란이 많은 정권을 뒷받침하기 때문이다. 그에 따라 민주주의를 진작시킨다는 미국의 이상주의적인 메시지는 약화되며 다른 여러 국가들의 신망을 잃는 경우가 많다. 국제적인 여론 측면에서 미국은 그동안 중요한 도덕적 무형자산을 포함하는 큰 그림을 보지 못해 정치적으로 망가졌다. 또한 미국이라는 국가의 힘에 지나치게 의존했던 반면 너그러움은 많이 보여 주지 못했다.

사물을 한 걸음 멀리 떨어져 바라보는 진화 인류학자인 내 눈에는 근본적인 정치적 문제가 계속해서 눈에 띈다. 우리 인류의 유전자를 진화시켰던 LPA 수렵 채집 무리는 대단히 평등주의적이었으며, 이들이 정치적 평등을 위해 지불했던 대가는 중앙집권화된 명령과 통제가 주는 이득과는 관련이 없다. 사회적인 문제나 갈등이 감당할 수 없을 만큼 커졌을 때, 이런 명령과 통제는 가끔 무리가 뿔뿔이 흩어지지 않게 막았을 수도 있다. 하지만 사냥 무리에서 정치를 분권화하고 계속 그렇게 지속시켰던 것은 사냥꾼 개인들의 전투적인 자주권이었다. 국제 공동체에서는 국가 주권에 대한 선호가 정확하게 같은 일을 한다. 그리고 수렵 채집 무리에서 생활하는 사람들은 기본적으로 경제적으로 평등한 반면에 오늘날 여러 국가들로 구성된 세계는 평등주의적인 것과는 거리가 멀다. 이런 경제적인 불공평함은 국가들 사이의 갈등을 일으키는 특별한 엔진 역할을 할 수 있다. 또한 더욱 효율적인 국제 질서가 수립되지 못하도록 훼방 놓는다.

경제적으로 동등하지 못한, 서로 경쟁하는 핵무기 보유국 사이의 무서운 힘의 평형은 결국 전통적인 유형의 무척 큰 전쟁으로 번질 수 있다. 하지만 이런 도덕적으로 보강된 공포의 균형 속에는 위험이 내재했을 수 있다. 기술적인 오류나 인간적인 오류 둘 다에 의한 이 위험은 핵무기를 보유한 여러 국가들에 의해 더욱 증폭된다. 그리고 자민족 중심주의에 따른 증오가 과도해지면 세계 질서는 걷잡을 수 없게 될 것이다. 인도와 파키스탄, 그리고 가까운 미래에 이란과 이스라엘이 이런 경우가 될 수 있고 여기에 핵무기를 갖춘 다른 나라들이 가세한다면 지구 전체를 심각하게 위협하기에 충분하다. 이렇듯 갈등이 격화되면 쿠바 핵 위기 당시 그랬던 것처럼 핵무기 공격에 대한 '금기'도 사라질지 모른다.

오늘날처럼 무척 정치적인 세계에서 핵확산이 계속 이어지는 이유는, 핵무기를 갖추면 해당 국가의 군사적인 능력이 증진될 뿐 아니라 국제무대에서 기본적으로 정치적인 존중을 받게 될 가능성도 무척 높아지기 때문이다. 오늘날 핵무기를 갖춰 국제무대에서 이런 존중을 이미 받고 있는 다섯 국가가 핵확산을 반대하는 모습은 큰 위선으로 비칠 수 있다. 그들보다 처지가 못한 국가들이 핵무기를 통해 국제적인 입지를 높일 권리가 있다는 점을 부인하기 때문이다.

리처드 랭엄이 침팬지를 대상으로 연구한 결과에서 알 수 있듯이 힘의 균형은 조상대부터 전해져 내려온 특성이다.[5] 이 맥락에서 보면 한 국가가 전 세계를 진정으로 지배한다는 것은 개연성이 떨어진다. 그 이유는 지배자가 될 후보 역시 파괴적인 공격에 취약하기 때문이다. 핵무기에 대항하는 방어 체계에 오류가 생길 가능성이 상존하는 한 그렇다. 즉 핵무기를 갖춘 주요 국가들 사이의 정치적인 역학은 충분히 무장한 사냥꾼으로 구성된 정치적, 경제적으로 평등한 무리에서 나타나는 역학과 비슷하다. 이들 사냥꾼은 다른 사냥꾼의 치명적인 무기를 비롯해 그들이 매복했다가 습격할 수 있다는 가능성을 고려해야 한다. 사냥꾼 가운데 일부가 다른 사냥꾼보다 훨씬 힘이 셀 수 있는데도 여전히 그렇다.[6] 실제로 그동안 핵무기는 일종의 비슷한 현대적인 정치적 평등주의를 만들어 왔다. 하지만 이것은 불규칙적으로 확장하는 핵무기 보유국 클럽에 속한 국가들에만 적용된다.

만약 전 세계에 다행히도 제한적인 핵전쟁으로 인한 재앙이 닥친다면, 아마도 전쟁에서 살아남아 추격에 빠진 국가들은 겁에 질려 자기들의 차이점을 인정하고 각자의 자율성을 타협해서 얻어낼 것이다. 그리고 최소한 더욱 안전한 세계 질서를 창출하는 방향으로 한 걸음 내딛었을 것이다. 논리적으로 보아 이들은 질서정연하고 정치적으로 중앙집권화된 다민족 국가를 자기들의 모델로 삼을 것이다. 이미 존재하는 모델이 있다면 미국 상원과 비슷한 유엔 총회다. 비록 유엔은 힘이 약하지만 말이다. 또한 유엔 안전 보장 이사회의 사례도 있는데, 만약 이곳의 절대 권력이 사라진다면 마치 미국 하원과 비슷하게 기능해서 전 세계 유력 실세를 지닌 국가들에 특별한 대의권을 줄 수도 있다. 우리는 이런 무서운 기폭제가 발동하지 않기를 바라야겠지만 최소한 여기에 대해 생각해 볼 일반적인 모델은 갖추고 있다.

또 다른 가능성이 있다면 의견을 달리 하는 국가들까지 단합시킬 수 있는, 무척 즉각적인 외부의 위협이 존재한다는 것이다. 하지만 변덕스러운 혜성이 나타난다고 예측되는 경우가 아니면 이런 위협은 상상하기 어렵다. 이런 일어날 가능성이 희박한 판타지 속에서 핵을 보유한 모든 국가들은 지구를 구하기 위해 자국의 무기를 사용해야 한다. 아니면 행성 간 지배에 나선 가상의 외계 제국이 위협한다는 순전히 과학소설 같은 사정 때문에 전 세계 국가들이 뭉칠 수도 있다. 서로 경쟁하는 수컷 침팬지들이 순찰을 도는 습관이 서로 다른데도 힘을 합쳐 낯선 개체를 공격하는 사례와 마찬가지로, 오늘날 전 세계 국가들도 그런 가상적인 상황이 닥치면 단합하리라는 것은 꽤 예상 가능한 일이다. 심각한 중대성을 가진 진정한 정치적인 위협이 닥치면 그렇게 될 것이다.

훨씬 더 현실적인 예를 들자면, 전 세계적인 기아를 일으키는 기후 변화는 여러 국가들을 한동안 단합하게 할 것이다. 하지만 상황이 정말로 악화되면, 우리는 궁지에 몰린 수렵 채집 무리의 구성원들과 마찬가지로 사회적으로 '원자화'된다. 즉 모든 국가들이 자국을 보살피는 데 급급해지고 굶주린 이웃 국가들을 두려워할 것이다. 어쩌면 질병의 특성에 따라 달라질 수는 있어도 새로운 유행병이 국가들의 협동을 촉발할 수도 있다. 이것은 적을 설득해 친구로 만드는 방식에 의해서일 수 있는데 다시 말해 우리를 단합시킬 수 있는 또 다른 '외부 위협'이 존재하는 셈이다. 하지만 나는 이런 위협 가운데 가장 개연성 높은 것이 핵무기로 인한 인류의 절멸이라고 생각한다. 그리고 내가 봤을 때 지금껏 인류는 이런 위협을 억누르기 위해 지도자가 없는 평등주의적인 수렵 채집인들의 정치 체제와 독재적이지만 본질적으로 중앙집권화되지 않은 침팬지들의 체제가 합쳐진 혼합물에 의존하려 했다. 그리고 그 과정에서 진정으로 효율적인 전 세계적인 도덕 공동체는 수립되지 않았다.

어쩌면 우리가 품을 수 있는 가장 큰 희망은 자유무역에 의해 번영하는 전 세계적인 경제 체계에 놓여 있을 것이다. 그 이유는 앞서 내가 말했던 것처럼 이런 체계가 만들어 내는 상호 의존성이 새로운 방식으로 심각한 갈등에 대한 비용을 높이기 때문이다. 언급할 만한 또 다른 잠재적으로 긍정적인 요인이 있다면 전 세계적인 통신 매체다. 마침내 여러 국가에서 시청하는 텔레비전, 그리고 특히 인터넷이 전 세계의 문화를 상당히 균질화하는 데 얼마간의 역할을 담당하게 되었다. 그에 따라 국가들 사이의 신뢰를 무너뜨리고 쉽게 갈등을 야기하는 문화적, 종교적인 다양성의 일부가 허물어졌다. 동시에 황금률을 포함해 전 세계 종교들이 공유하는 몇 가지 측면들이 이해관계가 일치된 더욱 큰 도덕 공동체가 생겨날 가능성을 제공했다. 하지만 분명한 점은 현대적인 통신과 조직화된 종교는 우리를 결합시킬 뿐 아니라 동시에 우리를 찢어 놓을 수도 있다. 자민족 중심주의와 결합하거나 외국인 공포증을 조성할 수 있기 때문이다.

인류가 미래에 적어도 전 세계적인 공동체를 이룰 것이라고 예견하게 하는 또 다른 주된 요인이 있다면, 인류의 마음이 정치적인 속성을 지녔다는 점이다. 이 마음이 제공하는 잠재력은 인류가 보다 일찍 평등주의적인 수렵 채집 무리라는 형태로 효율적인 도덕 공동체를 형성했던 때와 정확히 같다. 이때는 중앙집권화된 권력이 강조되지 않았는데 그럴 수 있었던 이유는 회피하는 것만으로 심각한 갈등을 해소할 수 있었기 때문이었다. 이후에 나타난 정치적인 진화에서 이 동일한 인류의 정치적, 도덕적인 마음은 명령과 통제 체계를 수립하고 그것을 받아들였다. 이전보다 훨씬 큰 정주성 사회가 발전되면서 이 사회를 작동시키기 위해서는 중앙집권화된 여러 기능이 필요했기 때문이었다. 다시 한 번, 인류의 잘 알려진 사회적, 정치적 유연성이 작동했고 이번에는 여러 국가들이 제대로 기능할 수 있는 수준까지 가동되었다.

인류에게 유연성이 있다는 것은 우리가 진화적으로 단지 평등을 사랑하는 존재로 설계되지는 않았다는 뜻이다. 사실 인간 본성이라는 측면에서 보면 인류는 한때 다들 지도자들을 축출하기도 했지만 동시에 그만큼 다들 지도자를 따르기도 하는 것처럼 보인다. 이런 기본적인 정치적 경향은 침팬지 속 조상에서도 나타났다. 이들은 위계를 가지며 공격적으로 탐욕적인 알파 수컷들이 무리 안에 갈등이 벌어지면 강압적으로 개입해 진압한다. 그리고 그에 따라 알파 수컷들은 원망을 듣는 동시에 감사를 받기도 한다. 이처럼 우리 인류의 본성 역시 위에서 행사되는 권력에 대해 양가적인 반응을 보이도록 설계되었다. 또한 우리는 지도자들을 제압하기도 하지만, 동시에 혼란을 막는 데 필요하거나 가치가 있다고 여겨지거나 이미지가 너그러운 명령과 통제에 대해서는 인정하는 데 꽤 능하다. 이런 유연성은 우리의 미래에 유용할 것이다. 지금으로부터 4만 5,000년 전과 그 이전의 종종 위험했던 후기 플라이스토세의 환경에서 그랬듯이 말이다. 당시에는 덩치 큰 동물을 사냥하는 과정에서 중앙집권화된 통치를 실시하는 대신 무척 적극적인 유형의 평등주의가 일반적으로 선호되었기 때문이다.

과도한 지배가 일어나는 것을 두려워하는 민주주의 국가들은 이런 모순을 헌법에 의해 해결한다. 정부의 권력이 계속해서 점검을 받고 다른 힘과 균형을 이루도록 하는 것이다. 이런 상황에서 신뢰할 만한 점검과 균형의 방식을 계속 발명하는 것이 오늘날 전 세계 국가들의 과제다. 여기에 더해 오늘날 세계는 지나치게 크고 어쩌면 지나치게 다양해서 한 사람의 지도자에게 모두가 동의하는 데는 무리가 따르는지도 모른다. 올바르고 정말 신뢰할 수 있는 '카리스마를 갖춘' 지도자가 나타나 모든 사람의 신뢰를 얻지 않는 한 말이다. 예컨대 아주 끔찍한 갈등을 겪었던 발칸 반도가 카리스마 있는 지도자 티토에 의해 수십 년 동안 통합된 적이 있다. 또한 사람들의 큰 존경을 받던 조지 워싱턴은 서로 꽤나 이질적이었던 여러 영국 식민지들을 대상으로 간신히 순조로운 출발을 할 수 있었다. 비록 발칸 반도에서 그랬던 것처럼 내전이 발발했지만 말이다. 하지만 불행히도 역사적으로 경쟁자로 갈등을 벌였던 이질적인 국가들 사이에 신뢰를 구축하는 것보다는, 최소한 이론적으로나마 작동할 형식적인 국제 정부 체제를 상상하는 것이 훨씬 쉽다.

나는 앞서 우리가 실제로 살아가는 전 세계적인 체제가 수렵 채집 무리와 침팬지 사회의 잡종과 비슷하다고 주장한 적이 있다. 아무도 누군가에게 이래라저래라 지시하지 않는 수렵 채집 무리와, 덩치 큰 개체가 강압적으로 자원을 독차지하는 동시에 효과적이고 공정한 중재자 역할을 하는 침팬지 사회의 잡종이다. 나는 누구든 국제적인 최고 지배자 역할을 맡은 사람에 대해 사람들이 갈등을 잠재우는 공정한 중재자 역할을 기대한다는 점을 강조하려 한다. 지난 50년 넘게 초강대국 미국이 빈번하게 맞닥뜨렸던 주된 문제는 영토를 확장하고자 하는 교전 중인 이스라엘에 대해 열렬한 지지자 역을 도맡았기 때문이었다. 이것은 이스라엘과 팔레스타인 사이의 진정으로 효과적인 중재자라는 미국의 역할에 엄청난 문제를 일으켰다. 불행히도 이 다툼은 21세기의 두 번째 10년을 헤쳐 가는 오늘날 전 세계적인 갈등의 상당 부분을 추동하는 정치적인 엔진이 되었다.

이것이 오늘날 전 세계 여러 국가들을 통해 본 우리의 모습이다. 우리의 모순적인 속성은 최소한 타인에 대한 이타주의적인 공감을 제공하는데 이 공감은 맥락에 따라 인류 전체로 확장될 수 있는 것처럼 보인다. 또한 우리는 도덕에 대한 감각도 갖추고 있으며, 이 감각은 대단히 큰 규모의 국제적인 이해관계의 공동체를 구축하는 데 상당한 도움을 준다. 이 공동체는 미국의 정치 연합처럼 오래 존속되기 힘들 수도 있고 소비에트 연합처럼 허물어질 수도 있다. 도덕적으로 우리는 전 세계 공동체라는 맥락 안에서 행동한다. 개별 국가들을 옳고 그름의 기준으로 판단하는 것이다. 심지어 우리는 국제 재판소를 운영하기도 한다. 비록 이곳의 사법권이 보편적인 인정을 받지는 못하지만 말이다. 사람들이 공익이 무엇인지에 대해 제한적이나마 합의를 하고 있다는 상당한 증거가 있다. 법적 구속력이 있는 제대로 된 정치적 연합 같은 것이 없이도 말이다.

동시에 오늘날에는 주권을 지닌 수많은 커다란 국가들이 있고 이런 국가들은 종종 충분히 무장했으며 자민족 중심주의에 심하게 휘말리거나 가끔은 날것의 외국인 혐오증을 보이기도 한다. 이런 상황은 날카롭게 경쟁하며 서로 불신하는 국가들의 연합을 낳는다. 또 우리는 도덕에 기초한 이념에도 민감하게 반응하는데, 이런 이념 가운데 일부는 전 세계 국가들의 협동에 파괴적인 역할을 하는 반면 일부는 핵무기에 대한 현재 진행형의 금기처럼 무척 온화한 성격을 띤다. 다행히도 너그러움을 촉진하는 이념은 우리 인류의 본성과 문화에 깊숙이 뿌리박혀 있다. 예컨대 황금률은 적어도 4만 5,000년 전부터 인류에게 보편적으로 나타났고 오늘날까지도 이어진다. 이런 이념들은 신뢰와 상호 의존을 돕는 세계 질서를 낳는 데 상당한 도움을 줄 수 있다. 그에 따라 세계는 적어도 보다 덜 경쟁적이고 덜 위험한 곳이 된다.

구체적으로 보면 전 세계적인 수준에서 인류의 미래는 예측이 불가능하다. 아무리 과거를 통해 미래를 예견할 수 있다고 해도 그렇다. 통계적인 의미에서 최근 과거의 역사가 가르쳐주는 바는 전쟁으로 말미암은 죽음과 파괴가 줄어들리라는 것이다. 그렇지만 이것은 궁극적인 위험 역시 줄어든다는 뜻일까?

인류의 훨씬 심오한 진화적인 과거가 예측의 또 다른 수단을 제공할까? 그리고 여기서 그 과거가 우리에게 말해 주는 바는 인간의 본성이 상당 부분 토대의 역할을 할 뿐 아니라 두려움의 대상이기도 하다는 뜻일까? 미래의 문제를 해결하는 과정에서 나는 우리가 재료로 삼고 작업해야 할 기본적인 사항에 대해 아는 것이 중요하다고 믿는다. 또한 시간이 흐르면서 전 세계 국가들의 공동체와 수렵 채집 무리가 갖는 상당한 유사성이 우리에게 귀중한 생각거리를 제공할 것이라고도 믿는다. 앞서 다뤘던 여러 중요한 차이점도 존재하지만 말이다.

　　앞선 여러 장에서 인류의 도덕적 기원을 찾아 나서기 위해 우리는 대단한 여정을 거쳤다. 어쩌면 우리가 후기 플라이스토세에 대해 알게 된 지식은 이 여정이 계속되면서 우리가 마주할 전 지구적인 문제들에 대해 어느 정도 알려줄지도 모른다. 인류의 도덕적 능력은 우리가 미래에 가져갈 잠재력의 일부다. 또 우리가 보다 위험이 덜한 국제적인 도덕 공동체를 꾸리는 방향으로 움직일 때 우리가 갖춰야 할 한 가지가 있다면, 그것 역시 후기 플라이스토세에 진화했던 당시 문화적으로 현대적인 인류의 오래된 도덕적 본성이다. 이것을 우리의 놀라운 정치적 독창성과 결합한다면 인류에게는 희망을 품을 큰 이유가 생길 것이다.

감사의 말

이 책은 지난 30년 넘게 추구되었던 다양한 연구 관심사들을 통합했다. 그리고 이 분석의 기초 작업은 존 사이먼 구겐하임 재단, 산타페 고등연구소, 미국 국립 인문학 재단, 존 템플턴 재단, 해리 프랭크 구겐하임 재단, L. S. B. 리키 재단의 연구비를 받아 수행되었다.

나는 탄자니아에서 영장류에 대한 관련 현장 연구를 하도록 지원해 준 곰베 연구센터에 감사를 전하고 싶다. 그리고 이 책을 쓰면서 큰 도움이 되었던 선행 연구를 수행한 다음 사람들에게도 감사한다. 제인 에이어스, 나이절 배러데일, 도널드 블랙, 데버라 보엠, 마이클 보엠, 샘 볼스, 세라 브로스넌, 로즈 앤 카이올라, 제임스 프랜시스 도일, 캐럴 엠버, 딘 팔크, 제이 페이어먼, 제시카 플랙, 로저 파우츠, 더그 프라이, 허브 긴티스, 마이클 거번, 조너선 하이트, 크리스틴 하워드, 힐리 캐플런, 레이먼드 C. 켈리, 브루스 노프트, 데이비드 크라카우어, 돈 램, 프랭크 말로, 마이클 맥과이어, 스티븐 모리세이, 마틴 멀러, 루이스 오비에도, 존 프라이스, 칼 렉텐왈드, 피트 리처슨, 앨리스 슐레겔, 제프리 슐로스, 도론 슐치너, 크레이그 스탠퍼드, 메리 스티너, 조너선 터너, 프란스 드 발, 니컬러스 웨이드, 폴 웨이슨, 메리 제인 웨스트-

516

에버하르트, 앤디 화이튼, 폴리 비스너, 데이비드 S. 윌슨, 마이클 L. 윌슨, 그리고 리처드 랭엄이 그들이다.

그리고 더욱 최근에 지금의 원고에 대해 자세하게 논평을 해 준 다음 사람들에게도 감사한다. 샘 볼스, 진 브리그스, 제시카 플랙, 허브 긴티스, 조녀선 하이트, 킴 힐, 짐 호프굿, 멜 코너, 디어드리 멀렌, 랜돌프 네스, 주디 비네거, 폴리 비스너, 프란스 드 발이 그들이다. 또한 '자동 교화'의 예를 들어 선사시대의 처형이 유전자 풀에 미치는 중요성을 강조한 출간되지 않은 원고를 나에게 공유해 준 리처드 랭엄에게도 감사한다.

또 나를 도와준 T. J. 켈러허, 티스 타카기, 콜린 트레이시를 포함한 출판사 베이직 북스의 훌륭한 편집진들에게도 감사를 전한다.

그뿐만 아니라 흠 잡을 데 없는 크리스틴 하워드의 작업은 수렵 채집인 사회를 연구하는 데 도움이 되었으며, 내 딸인 제니퍼 모리세이는 고맙게도 이 책의 색인을 만들어 주었다. 내가 동물행동학 현장에서 활용할 기술을 익히도록 훈련시켜준 제인 구달에게도 각별한 감사를 전한다. 내 에이전트 디어드리 멀렌은 내가 이 글쓰기 프로젝트를 이어가도록 상당한 도움과 지원을 해 주었다. 또 동료 돈 램은 내가 여러 해에 걸쳐 작업을 계속하도록 격려했다.

마지막으로 나는 이 자리를 빌려 작고한 두 스승에게 경의를 표하고 싶다. 한 사람은 인류학자 폴 J. 보넌으로 내가 문화 인류학자로서 영장류학을 익히도록 격려해 주었다. 그리고 다른 한 사람은 내가 이 책을 헌정했던 심리학자 도널드 T. 캠벨이다. 캠벨은 내가 언어 인류학의 영역을 떠나 진화학자가 되도록 제안해 준 사람이다.

미주

1장

1   Richards 1989를 참고하라.

2   Darwin 1859를 참고하라.

3   ibid.

4   ibid.

5   ibid.

6   Campbell 1975를 참고하라.

7   Campbell 1965를 참고하라.

8   Malthus 1985 (1798)를 참고하라.

9   Spencer 1851을 참고하라.

10   Lyell 1833을 참고하라.

11   Flack and de Waal 2000을 참고하라.

12   Darwin 1982 (1871), 71-72를 참고하라

13   Campbell 1975를 참고하라; 또한 Alexander 1974, Wilson 1975를 참고하라.

14   Hamilton 1964를 참고하라.

15   Darwin 1982 (1871)를 참고하라.

16   Williams 1966을 참고하라.

17   Wilson 1975를 참고하라.

18   West et al. 2007을 참고하라.

19   유전적으로 얼마나 준비되었는지에 따라 특정 행동을 무척 쉽게 배울 수 있으며, 유전적 제약이 표현형의 수준에서 행동을 제약할 수 있다는 데 대한 탐구에 대해서는 Wilson 1975를 참고하라.

20   ibid.

21   Boehm and Flack 2010을 참고하라.

22   Boehm 1979, Boehm 2009을 참고하라; 또한 Sober and Wilson 1998을 참고하라.

23   Boehm 2004a, Boehm 2008a를 참고하라.

24   Kelly 1995를 참고하라.

25   Alexander 1987을 참고하라.

26   Boehm 2008b를 참고하라.

27   Wilson and Wilson 2007을 참고하라.

28   Darwin 1982 (1871), 98을 참고하라.

29   Wilson and Wilson 2007을 참고하라.

30   Darwin 1865, Darwin 1982 (1871)를 참고하라.

31   Alexander 1987을 참고하라.

32   Boehm 1997를 참고하라.

33   West-Eberhard 1983을 참고하라; 또한 Nesse 2007, Bowles and Gintis 2011, Boehm 1978, Boehm 1991a, Boehm 2008b를 참고하라.

34   Boehm 1991b를 참고하라.

35   Campbell 1965를 참고하라.

36   Mayr 1988를 참고하라.

37   이런 의미에서 인류는 자기들이 적응한 환경의 일부를 사실상 만들어 왔다. 예컨대 Boehm and Flack 2010, Laland et al. 2000을 참고하라.

38   다윈은 '공감' 능력이 인간을 비롯한 다른 사회적 동물들이 자기의 사리사욕을 희생해 친족, 비친족을 비롯해 심지어는 다른 종에 속한 다른 개체를 돕는 행동의 기초라고 말했다. 오늘날 여러 연구자들은 우리가 타인을 불쌍히 여겨 돕게 하는 감정과 인지를 이해하기 위한 방식의 하나로 공감에 대해 탐구한다. 공감은 다양한 유형이 있고 학계의 정의도 다양한 것처럼 보인다. (예컨대 Batson 2011, Flack and de Waal 2000, Preston and de Waal 2002, de Waal 2009를 참고하라.) 그래서 나는 기본적으로 다윈이 제안한 보다 일반적인 목적의 용어인 감정이입을 계속 사용하려 한다.

2장

1   수치심과 죄책감에 대한 흥미로운 인류학적 연구 결과에 대해서는 Piers and Singer 1971을 참고하라.

2   Casimir and Schnegg 2002를 참고하라.

3   Darwin 1982 (1871)을 참고하라.

4   시베리아의 여우 농장에서 실시한 대단히 흥미로운 연구가 하나 있는데 이 연구는 이런 관점을 뒷받침한다. Trut et al. 2009를 참고하라.

5   Lindsay 2000을 참고하라.

6   Damasio 2002를 참고하라.

7   Damasio et al. 1994를 참고하라. 피니어스 게이지의 역사적 사례는 특히 어스킨 문중의 일원인 나의 외할아버지 윌리엄 애스키를 떠오르게 한다(외할아버지의 아버지는 스코틀랜드에서 이주해 왔다). 외할아버지는 메릴랜드 서부의 볼티모어와 오하이오 철도에서 공사장 감독으로 일했는데, 게이지와 비슷하지만 보다 경미했던 외상 탓에 한쪽 눈을 잃어 유리로 만든 의안을 하고 다녔다.

8   Damasio 2002를 참고하라.

9   Hare 1993을 참고하라.

10   Parsons and Shils 1952를 참고하라; 또한 Gintis 2003을 참고하라.

11   Darwin 1982 (1871)를 참고하라.

12   Kiehl 2008를 참고하라; 또한 Kiehl et al. 2006을 참고하라.

13   Freud 1918을 참고하라.

14 Frank 1988을 참고하라.

15 Alexander 1987, 102를 참고하라.

16 Faulkner 1954를 참고하라.

17 Batson 2009를 참고하라.

18 Dunbar 1996을 참고하라.

19 Boehm 1993을 참고하라.

20 Turnbull 1961을 참고하라.

21 Boehm 2004b를 참고하라.

22 Turnbull 1961을 참고하라. 더 긴 인용문은 Colin Turnbull의 The Forest People 5장, "나쁜 사냥꾼 세푸의 범죄" 94-108쪽을 참고하라.

23 Lee 1979, 244를 참고하라.

24 ibid., 246을 참고하라.

25 Durham 1991을 참고하라.

26 Wiessner 2002를 참고하라.

3장

1   Campbell 1975를 참고하라; 또한 Boehm 2009를 참고하라.

2   Campbell 1972를 참고하라. 이타주의가 어떻게 사회적으로 '증폭'될 수 있는지에 대한 더욱 자세한 탐구는 Sober and Wilson 1998과 Boehm 2004a를 참고하라.

3   Fehr and Gachter 2002, 그리고 Henrich et al. 2005와 Hammerstein and Hagen 2004를 참고하라. 실험적인 게임 속의 일반적인 움직임은 동일한 보답을 이끌 수 있다.

4   Boehm 2008b를 참고하라.

5   폴리 비스너에 따르면(개인적인 교신) 이것은 !쿵 족에 적용된다.

6   Gurven et al. 2001을 참고하라.

7   Ibid; 또한 Alexander 1987을 참고하라.

8   Smith and Boyd 1990 and Wiessner 1982를 참고하라.

9   Malinowski 1922를 참고하라.

10 Gurven et al. 2001을 참고하라.

11 Service 1975를 참고하라.

12 Campbell 1975를 참고하라.

13 Sober and Wilson 1998을 참고하라.

14 Campbell 1972, 1975를 참고하라.

15 하나의 사회를 지속시키는 데 무엇이 필요한지에 대한 학구적인 관점에 대해서는 예컨대 Aberle et al. 1950을 참고하라.

16 Eibl-Eibesfeldt 1982를 참고하라; 또한 Gintis 2003 and Simon 1990을 참고하라.

17 Boehm 2009를 참고하라.

18 Darwin 1982 (1871)을 참고하라.

19 Williams 1966을 참고하라.

20 Sherman et al. 1991을 참고하라.

21 Wilson 1975를 참고하라.

22 이 질문에 대한 하나의 대답에 대해서는 Irons 1991과 Lewontin 1970을 참고하라.

23 Alexander 1987을 참고하라; 또한 Black 2011, Boehm 2000, Boehm 2008b, Boyd and Richerson 1992, Simon 1990을 참고하라.

24 Preston and de Waal 2002를 참고하라; 또한 Flack and de Waal 2000을 참고하라.

25 인류의 감정이입 능력을 비롯해 우리가 일상에서 사용하는 어휘 가운데 많이 발견되는 더욱 주의 깊게 정의된 과학적인 용어인 공감에 대해서는 Batson 2009와 de Waal 2009를 참고하라.

26 Darwin 1982 (1871)을 참고하라.

27 나는 이 용어를 이타주의에 대한 도널드 T. 캠벨의 글에서 빌려 왔다. Campbell 1975를 참고하라.

28 Williams 1966, 205를 참고하라.

29 ibid., 203-204를 참고하라.

30 ibid. 이 이론을 활용하는 사례에 대해서는 Boehm 1981을 참고하라. 이 적용 사례에는 짧은꼬리원숭이가 포함되며, 이 가설에 따르면 성체들의 싸움을 진정시키려는 알파 수컷의 비용이 드는 개입은 이타주의적이다. 이것은 암컷이 새끼들의 싸움을 중단시키려는 시도의 연장선상에 있는데 이 시도는 혈연 선택으로 인해 상당히 성공적이다. 이 이론은 친족 관계가 아닌 성체들을 보호하려는 알파의 개입이 새끼를 보호하려는 암컷의 개입에 유전학적으로 업혀 있다는 사실에 관한 것이다.

31 이타주의에 대해 살펴보는 방식은 여러 가지가 있다(West et al. 2007을 참고하라). 그리고 여기서 나는 일반 독자들에게 명료하게 이해시키는 용어를 사용해서 체계적으로 설명을 정리했다. 이 과정에서 나는 이타주의를 가족 외부 개체를 대상으로 한, 비용이 많이 드는 너그러움으로 한정시켰다.

32 Hill et al. 2011을 참고하라.

33 Gintis 2003, Simon 1990을 참고하라; 또한 Alexander 2006을 참고하라.

34 생물학에서 '다면발현'이란 동일한 유전자가 둘 이상의 이질적인 효과를 가져 올 수 있다는 뜻을 담고 있다.

35 '업혀 감'이란 다면발현의 한 사례로 유용한 어떤 형질이 동일한 유전자에 의해 제공된 유해한 형질을 '실어 나를' 수 있다는 의미를 담는다. 이것은 유용한 형질이 강하게 선택되고 업혀 간 형질이 지나치게 큰 비용을 요구하지 않을 때 작동할 수 있다. Gintis 2003을 보라.

36 Bowles 2006을 참고하라; 또한 Sober and Wilson 1998을 참고하라.

37 Mayr 2001을 참고하라.

38 Wilson 1975를 참고하라.

39 Alexander 1979를 참고하라; 또한 Wilson 1975, Trivers 1971을 참고하라.

40 Bowles 2006, Bowles 2009를 참고하라.

41 Trivers 1971을 참고하라.

42 Allen-Arave et al. 2008을 참고하라.

43 Stevens et al. 2005를 참고하라.

44 Alexander 1987을 참고하라.

45 Kaplan and Hill 1985를 참고하라. 그리고 Allen-Arave et al. 2008은 족벌주의를 바탕으로 한 식량 이송의 한 예를 보여 주며 Kaplan and Gurven 2005에는 개괄적인 설명이 실려 있다.

46 예컨대 Alexander 2006, Brown et al. 2003, Hammerstein and Hoekstra 2002를 참고하라.

47 Marlowe 2010을 참고하라.

48 Alexander 1987을 참고하라.

49 ibid.

50 예컨대 Bird et al. 2001과 Zahavi 1995를 참고하라. '값비싼 신호 전달'은 평판에 따른 선택이라는 알렉산더의 원래 아이디어에 비해 더욱 좁은 개념이다. 알렉산더의 개념은 뒷소문과 험담을 기초로 하며 사냥 능력을 훨씬 더 많이 포함하고, 적응도가 아닌 신호를 포함할 수 있다.

51 Gurven et al. 2000을 참고하라; 또한 Henrich et al. 2005, Kaplan and Hill 1985, Nowak and Sigmund 2005, Wiessner 1982, Wiessner 2002를 참고하라.

52 Alexander 1987을 참고하라.

53 Boehm 1997, Boehm 2000을 참고하라.

54 Williams 1966을 참고하라; 또한 Trivers 1971을 참고하라.

55 Wilson and Wilson 2007을 참고하라.

56 Alexander 1987을 참고하라.

57 Cosmides et al. 2005를 참고하라; 또한 Trivers 1971, Williams 1966, Wilson 1975를 참고하라.

58 Boehm 1997, Cummins 1999를 참고하라.

59 Ellis 1995를 참고하라; 또한 Betzig 1986을 참고하라.

60 Boehm 1999, Boehm 2004a를 참고하라.

61 Boehm 1999를 참고하라; 또한 Erdal and Whiten 1994를 참고하라.

62 Cosmides et al. 2005를 참고하라.

63 Boehm 1993을 참고하라; 또한 Erdal and Whiten 1994를 참고하라.

64 Boehm 1997을 참고하라.

65 Frank 1995를 참고하라.

66 Fehr et al. 2008을 참고하라.

67 Boehm 1999를 참고하라.

68 Williams 1966을 참고하라.

69 Boyd and Richerson 1992를 참고하라.

70 Boehm 1993을 참고하라.

71 Wiessner 2005a, 2005b를 참고하라; 또한 Lee 1979를 참고하라.

72 Briggs 1970, 44를 참고하라.

73 ibid., 47을 참고하라.

74 ibid.

75 ibid.

76 Boehm 1993을 참고하라.

77 Bowles 2006을 참고하라.

78 Hill et al. 2011을 참고하라.

79 Bowles 2006, Bowles 2009를 참고하라; 또한 Choi and Bowles 2007을 참고하라.

80 집단선택 개념이 오늘날에 비해 훨씬 논란의 여지가 많았던 예전에 나는 이 개념을 어떻게든 선의로 해석하려 애썼던 적이 있다. 여기에 대해서는 예컨대 Boehm 1993,

Boehm 1996, Boehm 1997, Boehm 1999를 참고하라. 이 책에서 강조된 무임승차자 억압은 집단선택 모형의 주된 문제점 하나를 다루는데 원래 이 문제점에 대해 공격한 것은 Williams (1966)이었다. 이때 우리는 집단선택 이론을 인간에 적용할 경우의 실행 가능성에 대해서도 언급해야 한다.

81   West-Eberhard 1979, West-Eberhard 1983, Wolf et al. 1999를 참고하라.
82   나는 어떤 단일한 메커니즘도 인류의 이타주의를 완전히 설명할 가능성이 없다고 제안한 랜돌프 네스에게 감사를 전한다. Gurven and Hill 2010도 참고하라.

4장

1   Klein 1999를 참고하라.
2   Kelly 1995를 참고하라; 또한 Service 1975를 참고하라.
3   Burroughs 2005를 참고하라.
4   Gould 1982를 참고하라.
5   Dyson-Hudson and Smith 1978을 참고하라.
6   Kelly 2000을 참고하라
7   Bowles 2006을 참고하라.
8   불행히도 지금껏 수행된 가장 구체적인 연구인 Turnbull 1972는 기초가 되는 선행 연구가 존재하지 않는 상태에서 이동하는 수렵 채집인들에 대해 다뤘다.
9   Balikci 1970를 참고하라; 또한 Mirsky 1937, Riches 1974를 참고하라.
10   Lee 1979를 참고하라.
11   예를 들어 Kelly 1995와 Service 1975를 참고하라. Lawrence Keeley (1988)은 예외적인 사례다. Keeley는 경제학적으로 독립적인 수렵 채집 사회 94곳의 목록을 나열했다. 인구압과 사회경제학적인 복잡성에 대한 선사시대의 행동학적인 다양성을 조사하기 위해서였다.
12   Steward 1955를 참고하라.
13   Boehm 2002, Boehm 2012를 참고하라.
14   Binford 2001을 참고하라.
15   Keeley 1988을 참고하라.
16   Boehm 2012를 참고하라.
17   Klein 1999를 참고하라.
18   ibid.
19   여기 인용한 몇몇 정보에 대해서는 Marlowe 2005를 참고하라.
20   Klein 1999를 참고하라.
21   Hill et al. 2011를 참고하라.
22   Kelly 1995를 참고하라.
23   Potts 1996을 참고하라.
24   Gould 1982를 참고하라; 또한 Steward 1938을 참고하라.
25   McBrearty and Brooks 2000을 참고하라.
26   Fleagle and Gilbert 2008을 참고하라.
27   Boehm 1999를 참고하라.

28   Lee 1979를 참고하라.

29   Boehm 2008b를 참고하라; 또한 West-Eberhard 1979, West-Eberhard 1983을
      참고하라.

30   Wilson 1978을 참고하라.

5장

1   Flack and de Waal 2000을 참고하라.

2   Watson and Crick 1953을 참고하라.

3   Ruvolo et al. 1991을 참고하라.

4   Boehm 2004b를 참고하라.

5   Wrangham 1987을 참고하라.

6   Brosnan 2006을 참고하라.

7   Wrangham 1987을 참고하라.

8   상동이란 예컨대 유전적 조성이 비슷하기 때문에 비슷한 행동을 나타내는 두 생물
      종을 말한다. 그에 따라 결국 그 행동은 비슷한 심리학적 메커니즘에 기초를 둔다.

9   Wrangham and Peterson 1996을 참고하라.

10   나는 뉴멕시코 대학에서 연구하는 내 동료 영장류학자 마틴 뮐러에게서 이 용어를
      처음 들었다.

11   Barnett 1958, Lore et al. 1984를 참고하라.

12   Wrangham and Peterson 1996을 참고하라.

13   Boehm 1999를 참고하라.

14   Boehm 1993을 참고하라.

15   '지배자에 대한 저항'라는 용어의 기원에 대해서는 Erdal and Whiten 1994를
      참고하라.

16   Hrdy 2009를 참고하라.

17   Klein 1999를 참고하라.

18   Keenan et al. 2003을 참고하라; 또한 Kagan and Lamb 1987을 참고하라.

19   Malinowski 1929를 참고하라.

20   Boehm 2000을 참고하라.

21   Boehm 1999를 참고하라.

22   문화의 전파에 대해서는 Boyd and Richerson 1985에서 논의하고 있다. 또한 Durham
      1991은 자세한 민족지학적 사례와 함께 유전자-문화의 진화에 대해 탐구한다.

23   Darwin 1982 (1871)를 참고하라.

24   Damasio 2002를 참고하라.

25   Gallup et al. 2002를 참고하라.

26   Bearzi and Stanford 2008을 참고하라.

27   Mead 1934를 참고하라.

28   Gallup et al. 2002를 참고하라.

29   예컨대 Bearzi and Stanford 2008을 참고하라.

30   Gardner and Gardner 1994를 참고하라.

31   Menzel 1974를 참고하라.

32   de Waal 1982를 참고하라.

33   Goodall 1986을 참고하라.

34   Whiten and Byrne 1988을 참고하라.

35   Diamond 1992를 참고하라.

36   Durkheim 1933을 참고하라.

37   de Waal and Lanting 1997을 참고하라.

38   Lee 1979를 참고하라.

39   Kano 1992를 참고하라.

40   Parker 2007을 참고하라.

41   de Waal 1982를 참고하라.

42   Goodall 1986을 참고하라.

43   Goodall 1992, Nishida 1996과 de Waal 1986, Ladd and Mahoney 2011을
     참고하라.

44   de Waal 1996, Flack and de Waal 2000과 McCullough et al. 2008을 참고하라.

45   de Waal 1996, 91-92를 참고하라.

46   Gardner and Gardner 1994와 Savage Rumbaugh and Lewin 1994를 참고하라

47   Goodall 1986을 참고하라.

48   유인원들의 미국식 수화 학습에 대해서는 Gardner and Gardner 1994와 Patterson
     and Linden 1981을 참고하라.

49   Savage-Rumbaugh and Lewin 1994를 참고하라.

50   Temerlin 1975, 120-121를 참고하라.

51   Boehm 1980을 참고하라.

52   de Waal 1982를 참고하라.

53   de Waal 1996을 참고하라.

54   Fouts 1997, 156을 참고하라.

55   Whiten and Byrne 1988을 참고하라.

56   Savage-Rumbaugh et al. 1998, 52를 참고하라.

57   ibid., 52-53

58   Fouts 1997, 151-152를 참고하라.

59   Patterson and Linden 1981을 참고하라.

60   ibid., 39

61   Flack and de Waal 2000을 참고하라. 그리고 또 다른 유형의 공감 능력에 대한 논의는
     Preston and de Waal 2002를 참고하라.

6장

1   Cavalli-Sforza and Edwards 1967을 참고하라.

2   Wrangham and Peterson 1996을 참고하라.

3   Pinker 2011을 참고하라.

4   Bowles and Gintis 2011을 참고하라.

5   Goodall 1986을 참고하라.

6   Burch 2005를 참고하라.

7   Kano 1992를 참고하라.

8   ibid.

9   Furiuchi 2011, de Waal and Lanting 1997을 참고하라.

10   Bowles 2006, Bowles 2009를 참고하라.

11   Sober and Wilson 1998을 참고하라.

12   LeVine and Campbell 1972를 참고하라.

13   ibid.

14   Keeley 1996을 참고하라.

15   Bowles 2006을 참고하라.

16   ibid.

17   Noss and Hewlett 2001을 참고하라; 또한 Mirsky 1937을 참고하라.

18   Burroughs 2005를 참고하라.

19   Stanford 1999를 참고하라.

20   Boesch and Boesch-Achermann 1991를 참고하라.

21   Blurton Jones 1991을 참고하라.

22   Boehm and Flack 2010을 참고하라.

23   Wrangham 1999를 참고하라.

24   Watts and Mitani 2002를 참고하라.

25   Boesch and Boesch-Achermann 1991, Boesch and Boesch-Achermann 2000를
        참고하라.

26   다른 영장류들이 보이는 공감 능력에 대한 연구는 Byrne 1993을 참고하라.

27   Stanford 1999를 참고하라.

28   Hohmann and Fruth 1993을 참고하라.

29   Hrdy 2009를 참고하라.

30   Kelly 1995를 참고하라.

31   Peterson 1993을 참고하라.

32   ibid

33   Winterhalder 2001을 참고하라.

34   Winterhalder and Smith 1981를 참고하라; 또한 Winterhalder 2001을 참고하라.

35   Winterhalder and Smith 1981을 참고하라.

36   Kaplan and Hill 1985를 참고하라.

37   Boehm 1982를 참고하라.

38   Boehm and Flack 2010을 참고하라.

39   Beyene 2010을 참고하라.

40   Klein 1999를 참고하라.

41   ibid.

42   ibid.

43   ibid.

44   Thieme 1997를 참고하라.

45   Stiner 2002를 참고하라.

46   Boehm 1999를 참고하라.

47   Ellis 1995를 참고하라.

48   Nishida 1996을 참고하라.

49   Goodall 1992를 참고하라.

50   Parker 2007를 참고하라.

51   Kano 1992을 참고하라.

52   철학자 칼 포퍼는 '반증 가능성'에 따라 이론을 평가했다. 이것은 이론에 대해 말할
      때 시험을 허용할 수 있는지를 고려해야 한다는 뜻이다. 이런 방식을 통해 포퍼는
      다윈주의적 설명에 특별한 유일성을 부여했다. 이 설명은 다른 설명들과 경쟁할 때의
      일반적인 개연성이라는 측면에서 대부분 시험 가능하다.

53   Campbell 1975를 참고하라.

54   Whallon 1989를 참고하라.

55   Wrangham and Peterson 1996을 참고하라.

56   Stiner 2002를 참고하라.

57   Hawks et al. 2000을 참고하라.

58   Bunn and Ezzo 1993을 참고하라; 또한 Speth 1989를 참고하라.

59   Boehm 2004b를 참고하라; 또한 Hawkes 2001을 참고하라.

60   Whallon 1989를 참고하라; 또한 Knauft 1991을 참고하라.

61   Pericot 1961을 참고하라.

62   Kelly 2000을 참고하라.

63   Lee 1979를 참고하라; 또한 Kelly 2005를 참고하라.

64   Knauft 1991을 참고하라.

65   Stiner et al. 2009를 참고하라.

66   Klein 1999를 참고하라.

67   Boehm 2004b를 참고하라; 또한 Boehm 1982, Boehm 2000을 참고하라.

68   Kelly 1995를 참고하라.

69   Eldredge 1971을 참고하라.

70   Boehm and Flack 2010을 참고하라.

71   문제 해결에 대한 광범위한 진화론적 관점에 대해서는 Dewey 1934를 참고하라.
      진화에 대한 존 듀이의 관점은 아직 충분히 정당한 주목을 받지 못했다.

72   Wilson 1978을 참고하라.

73   West-Eberhard 1983을 참고하라.

74   Darwin 1982 (1871)을 참고하라.

75   Fisher 1930을 참고하라; 또한 Nesse 2000, Nesse 2007을 참고하라.

76   Campbell 1965를 참고하라; 또한 Campbell 1975를 참고하라.

77   Trivers 1971을 참고하라. 이 중요한 논문에서 사회생물학자 로버트 트리버스는
      인류의 유전자 풀에 미치는 힘인 도덕적인 공격성과 함께 유전학적이고 심리학적인
      관점에서 짝을 이룬 협동을 분석하는 측면에서 나아갈 길을 제시한다.

78   Alexander 1979, Alexander 1987을 참고하라.

79   West-Eberhard 1979, West-Eberhard 1983을 참고하라.

80   예컨대 Wiessner 1996은 !쿵 족의 안전망에 대한 비스너의 최신 연구가 실려 있다.

81   Alexander 1987, 94를 참고하라.

82   Otterbein 1988을 참고하라.

83   Wrangham 2001를 참고하라; 또한 Wrangham and Peterson 1996을 참고하라.

84   Boehm 1999, 253-254를 참고하라.

85   Voland and Voland 1995를 참고하라.

86   유니테리언 교도였던 내 어머니는 종교에 대해 내가 스스로 선택하기를 바랐기 때문에 나를 여러 주일학교에 보내셨다.

87   Haile 1978을 참고하라.

88   Haidt 2007을 참고하라.

89   Haidt 2003을 참고하라.

90   Greene 2003을 참고하라.

91   Alexander 1987을 참고하라.

7장

1   Alexander 1979, Alexander 1987을 참고하라.

2   Trivers 1972를 참고하라.

3   Campbell 1975를 참고하라; 또한 Neusner and Chilton 2009를 참고하라.

4   Sullivan 1989를 참고하라.

5   Campbell 1975를 참고하라.

6   Alexander 1987을 참고하라.

7   Boehm 1986을 참고하라.

8   Durkheim 1933을 참고하라.

9   Gurven et al. 2000을 참고하라.

10   de Waal 2009를 참고하라; 또한 Flack and de Waal 2000, Hrdy 2009를 참고하라.

11   Kelly 1995를 참고하라.

12   Balikci 1970을 참고하라.

13   Wilson 1999를 참고하라.

14   Zahavi 1995를 참고하라.

15   ibid.

16   Darwin 1982 (1871)를 참고하라; 또한 Zahavi 1995를 참고하라.

17   Lee 1979를 참고하라.

18   Keeley 1988을 참고하라; 또한 Kelly 1995를 참고하라.

19   영국 케임브리지 대학교의 프랭크 말로는 이미 여기에 근거해서 논문을 출간한 바 있다. Marlowe 2005를 참고하라. 미국 템피에 자리한 애리조나 대학교의 킴 힐 역시 상당한 크기의 자료를 토대로 연구를 하고 있다. Hill et al. 2011을 참고하라. 이 자료는 생존 기술과 사회적 조직의 주된 특징에 초점을 맞춘다.

20   Campbell 1972, Campbell 1975를 참고하라; 또한 Brown 1991을 참고하라.

21   Campbell 1975를 참고하라.

22   Sober and Wilson 1998을 참고하라.

23   Boehm 2008b를 참고하라.

24   Alexander 1987을 참고하라.

25   ibid.

26   Marlowe 2005를 참고하라.

27   Balikci 1970을 참고하라.

28   이 비유가 생각 난 계기는 호피 족의 뱀 춤을 구경했던 경험이다. 춤꾼들은 입에 작은
      사막 방울뱀을 넣고 춤을 추었는데 뱀의 송곳니는 몰래 제거된 채였다. 나는 그 사실을
      당시에는 몰랐기에 그 무지가 엄청난 문화 충격으로 다가왔다. 한 젊은 춤꾼이 뱀에게
      뺨을 거듭해서 '물렸고' 그런데도 다른 춤꾼들은 아무렇지도 않다는 듯이 태연했기
      때문이었다.

29   Wrangham and Peterson 1996을 참고하라.

30   Johnson and Krüger 2004를 참고하라; 또한 Wade 2009를 참고하라.

31   Johnson and Krüger 2004를 참고하라.

32   Dawkins 1976, Ridley 1996, Wright 1994를 참고하라.

33   Ghiselin 1974를 참고하라.

34   Boehm 1999를 참고하라.

35   Ghiselin 1974, 247을 참고하라.

36   Panchanathan and Boyd 2004를 참고하라.

37   Fehr and Gächter 2002를 참고하라.

38   Henrich et al. 2005를 참고하라.

39   Boyd et al. 2003을 참고하라; 또한 Fehr 2004, Fehr and Gächter 2002, Kollock
      1998, Panchanathan and Boyd 2004, Price et al. 2002를 참고하라.

40   Guala in press를 참고하라; 또한 Boehm in press를 참고하라.

41   Lee 1979를 참고하라.

42   Boehm 2011을 참고하라.

43   West-Eberhard 1979를 참고하라.

44   Boehm 1982를 참고하라; 또한 Alexander 1987을 참고하라.

45   Zahavi 1995를 참고하라; 또한 Bird et al. 2001을 참고하라.

46   Hrdy 2009를 참고하라.

47   Boehm 2004a를 참고하라.

8장

1   Turnbull 1961을 참고하라.

2   Durkheim 1933을 참고하라.

3   Elkin 1994를 참고하라.

4   Coser 1956을 참고하라.

5   Boehm 1999를 참고하라.

6   Boehm 1983, Boehm 1986을 참고하라.

7   부시맨은 Lee 1979, Heinz 1994, Silberbauer 1981을 참고하라. 이누이트는 Balikci
     1970, Briggs 1970을 참고하라.

8   Thomas 1989, Lee 1979, Wiessner 1982, Wiessner 2002, Draper 1978을 참고하라.

9   Shostak 1981을 참고하라.

10 Rasmussen 1931, Balikci 1970을 참고하라.

11 Briggs 1970을 참고하라.

12 Briggs 1998을 참고하라.

13 Parsons and Shils 1952를 참고하라.

14 Simon 1990을 참고하라.

15 Gintis 2003을 참고하라.

16 Waddington 1960, Campbell 1975를 참고하라.

17 Eisenberg 2006, Turiel 2005를 참고하라; 또한 Konner 2010을 참고하라.

18 Kagan 1981을 참고하라; 또한 Kagan and Lamb 1987을 참고하라.

19 Campbell 1975를 참고하라.

20 로버트 켈리는 1995년에 출간한 수렵 채집자들에 대한 포괄적인 저서에서 이 사례를
    다뤘다. Leacock 1969도 참고하라.

21 Leacock 1969, 13-14를 참고하라.

22 Stephenson 2000을 참고하라.

23 Westermarck 1906을 참고하라.

24 ibid., 118.

25 Draper 1978, 42를 참고하라.

26 Whiting and Whiting 1975를 참고하라.

27 Boehm 1972를 참고하라; 또한 Boehm 1980을 참고하라.

28 Gallup et al. 2002를 참고하라.

29 ibid., Kagan and Lamb 1987을 참고하라.

30 예를 들어 Warneken et al. 2007을 참고하라. 이 글에서는 인간 아이와 침팬지
    새끼에서 나타나는 자발적인 이타주의를 비교한다.

31 Greene 2007을 참고하라. 더 자세하게 설명하자면, 이 실험에서는 대상자가 고삐
    풀려 달리는 전차에 탄 다섯 명을 죽도록 소극적으로 놔둘 것인지 아니면 여섯 번째
    사람을 적극적으로 죽이고 나머지 다섯 사람을 구할 것인지를 선택해야 한다. 첫 번째
    가설적인 시나리오에서 여러분은 단지 스위치를 눌러 전차가 선로 위의 행인에게
    달려들게 해서 승객 다섯 명의 목숨을 살릴 수 있다. 그리고 두 번째 시나리오에서는
    뚱뚱한 남자를 다리에서 밀어 전차가 다니는 선로에 떨어뜨려 전차를 멈추는 방식으로
    훨씬 더 적극적으로 죽여야 한다.

32 Briggs 1994를 참고하라.

33 Briggs 1982, 118-119를 참고하라.

34 ibid., 120-121.

35 ibid., 121.

36 Boehm 1989, Boehm 1999를 참고하라.

37 Briggs 1998을 참고하라.

38 Hewlett and Lamb 2006을 참고하라.

39 Konner 2010을 참고하라.

40 ibid.

41 이 인용문들은 Shostak 1981, 46-57에서 가져온 것이다.

42 ibid., 56.

43 Durham 1991을 참고하라.

44   Freud 1918을 참고하라.

45   Wilson 1975를 참고하라.

46   Konner 2010을 참고하라.

9장

1   Haviland 1977을 참고하라.

2   Wiessner 2005a, Wiessner 2005b를 참고하라.

3   알류트 족은 그들의 공동체에 해를 입힐 정도의 단어를 사용해 심한 험담과 뒷소문을
      퍼뜨린다. Jones 1969를 참고하라.

4   Boehm 1986을 참고하라.

5   Bogardus 1933, Boehm 1985를 참고하라.

6   Lee 1979를 참고하라.

7   Briggs 1970을 참고하라.

8   ibid.

9   Boehm 1999, 57-58을 참고하라.

10   이런 극단적인 형태의 배척 행위는 표 4에도 언급되어 있다.

11   Boehm 1985를 참고하라.

12   Durham 1991을 참고하라.

13   Haidt 2007을 참고하라.

14   Westermarck 1906을 참고하라.

15   Wolf and Durham 2004를 참고하라.

16   Goodall 1986을 참고하라.

17   Cantrell 1994를 참고하라.

18   Balikci 1970, 191을 참고하라.

19   Thomas 1989를 참고하라.

20   Knauft 1991을 참고하라.

21   Lee 1979를 참고하라.

22   ibid., 372-373.

23   Boehm 2011, Knauft 1991을 참고하라.

24   Fry 2000을 참고하라; 또한 von Furer-Haimendorf 1967, Knauft 1991을 참고하라.

25   Lee 1979를 참고하라.

26   Boehm 2004b를 참고하라. 나중에 폴리 비스너는 내게 이것이 부시맨 족에게 어떻게
      적용되는지에 대해 설명해 주었다.

27   Lee 1979를 참고하라.

28   Draper 1978, 46을 참고하라.

29   van den Steenhoven 1957, van den Steenhoven 1959, van den Steenhoven
      1962를 참고하라.

30   Balikci 1970, 195-196을 참고하라.

31   ibid.

32   Lee 1979를 참고하라.

33 Balikci 1970을 참고하라.

34 Knauft 1991을 참고하라.

35 Boehm 2007, Boehm 2011을 참고하라.

36 Lee 1979를 참고하라.

37 ibid., 394-395.

10장

1   ibid., 394-395.

2   Balikci 1970을 참고하라.

3   실제로 14개의 각기 다른 부위를 이런 방식으로 교환할 수 있다. 하지만 이 가운데 7가지만이 장기적인 협력 관계에 동원된다.

4   Binford 1978을 참고하라.

5   Balikci 1970을 참고하라.

6   Lee 1979를 참고하라.

7   Briggs 1970을 참고하라.

8   Peterson 1993을 참고하라.

9   이 중요한 현상에 대한 논의에 대해서는 Sober and Wilson 1998을 참고하라. 또한 Boehm 2004a도 참고하라.

10 Peterson 1993을 참고하라.

11 Keely 1988을 참고하라.

12 Gould 1982를 참고하라.

13 Balikci 1970을 참고하라.

14 Laughlin and Brady 1978을 참고하라.

15 Testart 1982를 참고하라.

16 Balikci 1970을 참고하라.

17 리비히가 주장한 '최소량의 법칙'은 그 속성에 대해 충분히 언급되지 않은 채 인용되는 경우가 많다. 유스티스 폰 리비히 남작은 독일의 농학자인 카를 필립 스프렝겔의 생각을 대중화했을 뿐이다. 스프렝겔은 어떤 환경 안에서 가장 희소한 요인이 어떤 생물 종의 성공을 제한한다는 개념을 제안했다. 예컨대 심각한 가뭄이 닥쳤다면 그 희소한 요인은 물이 될 것이다. Sprengel 1839를 참고하라.

18 Hawks et al. 2000을 참고하라.

19 Bowles 2006을 참고하라.

20 Burroughs 2005를 참고하라.

21 Balikci 1970을 참고하라.

22 ibid.

23 ibid.

24 Gould 1982를 참고하라.

25 Keeley 1988을 참고하라.

26 Potts 1996을 참고하라.

27 Boehm 1996을 참고하라.

28 Balikci 1970을 참고하라.

29   Peterson 1993을 참고하라.

30   Shostak 1981, 44를 참고하라.

31   ibid.

32   니사에 대한 인용문은 Shostak의 글 46-54쪽에서 가져왔다.

33   Shostak 1981, 323을 참고하라.

34   Wiessner 1982를 참고하라.

35   Lorenz 1966을 참고하라.

11장

1   de Waal 2008, de Waal 2009를 참고하라.

2   Gurven et al. 2000, 266을 참고하라; 또한 Gurven 2004를 참고하라.

3   Gurven et al. 2000을 참고하라.

4   Woodburn 1982를 참고하라.

5   Bird et al. 2001을 참고하라; 또한 Hawkes 1991, Smith 2004를 참고하라.

6   사냥의 성공 여부에 대한 결과를 강조해서 평가하는 연구에 대해서는 Hawkes 1991을
      참고하라.

7   Kelly 1995, 164-165를 참고하라; 또한 Bird-David 1992, Myers 1988을 참고하라.

8   Marlowe 2004를 참고하라.

9   Woodburn 1979를 참고하라.

10   ibid.

11   Shostak 1981, 116을 참고하라.

12   Sober and Wilson 1998을 참고하라.

13   Hill et al. 2011을 참고하라. 실제로 총 32곳의 수렵 채집 사회가 표본으로 뽑혔는데
      이 가운데 약 3분의 1이 이 책에서 '후기 플라이스토세에 부합하는(LPA)' 사회라는
      학술적인 조건에 들어맞는다.

14   ibid.

15   예외가 있다면 최근에 알려진 것처럼 혈연선택과 집단선택의 적용 범위가 겹치는
      것처럼 보이는 경우다. 왜냐하면 친족 집단 안에서 벌어지는 비용이 드는 너그러운
      행위는 양쪽 모형으로 둘 다 설명될 수 있다. 친족 단위 안에서 일어나는 집단 수준의
      선택에 대한 알렉산더의 연구에는 이 모호성이 반영되어 있다. 예컨대 Wilson and
      Sober 1994와 Sober and Wilson 1998을 참고하라. 집단선택의 한 유형 역시 그
      유전적 결과가 문화적 집단선택인 사회적 행동들에 영향을 줄 수 있다. Richerson and
      Boyd 1999를 참고하라.

16   평등주의적인 사회에서 지도자로 선택받는 자질에 대해서는 Boehm 1993을
      참고하라.

17   Alexander 1987을 참고하라; 또한 Marlowe 2010, Figure 7.4를 참고하라.

18   Wiessner 1982, Wiessner 2002를 참고하라.

19   Wilson and Dugatkin 1997을 참고하라.

20   선택 교배(동류 교배)는 인간과 다른 생물 종에 대한 하나의 주된 연구 분야다.
      이것은 개체들이 자신과 신체적, 행동적으로 비슷한 짝을 선택한다는 개념이다. 이런
      맥락에서 Wilson and Dugatkin 1997은 이타주의자들이 다른 이타주의자들을 선택할

가능성에 대해 탐구한 바 있다(Hamilton 1975도 참고하라). 이들의 관심사는 동류에 대한 선택이 집단 간의 차이를 증가시켜 집단의 효과를 높일 수 있다는 측면에서 집단선택에 대해 살피는 것이다. 반면에 이 책에서 내 관심사는 이런 효과가 집단 '내부에서' 일어나는 평판에 의한 선택에 권한을 부여할 수 있다는 점이다.

21   신호가 실제로 비용이 드는지의 여부는 중요하지 않다. 예를 들어 만약 열심히 일하는 두 개인이 서로를 선택했다면 신호는 비용이 들지 않는 셈이다. 다만 이들은 우월한 유전적 자질에 대한 훌륭한 지표를 가졌다. 반면에 만약 두 이타주의자가 서로를 선택했다면 신호는 비용이 들 것이다. 하지만 시간이 지나면서 이들의 협동이 인색한 다른 쌍의 협동을 능가하면서, 두 이타주의자의 비용은 보상을 받을 것이다.

22   인류의 이타주의라는 특별한 사례에서 고삐 풀린 선택에 대해 논의하고 그 중요성을 강조한 연구에 대해서는 Fisher 1930, Nesse 2007, Nesse 2010을 참고하라.

23   Alexander 2005, 337-338을 참고하라.

24   Mirsky 1937을 참고하라.

25   Williams 1966을 참고하라.

26   Tiger 1979를 참고하라.

12장

1   Mayr 1983, Mayr 2001을 참고하라.

2   Boehm and Flack 2010, Laland et al. 2010을 참고하라.

3   Midgley 1994, 118-119를 참고하라.

4   Klein 1999를 참고하라. 죽은 동물을 찾아나서는 것도 고기가 풍부한 커다란 동물의 시체를 얻을 수 있는 방법이지만 공격적으로 양껏 먹는 계급이 높은 개체를 위해서라면 다른 동물이 먹다 남은 고기도 충분할 것이다.

5   Campbell 1972, Campbell 1975를 참고하라.

6   Huxley 1894, Spencer 1851을 참고하라.

7   Nietzsche 1887을 참고하라.

8   Breasted 1933을 참고하라.

9   이 때 이른 저서가 출간된 해는 1906년이었다.

10   ibid.

11   Wilson 1975를 참고하라.

12   Wilson 1978을 참고하라.

13   Ridley 1996을 참고하라.

14   Wright 1994를 참고하라.

15   Wilson 1993을 참고하라.

16   Shermer 2004를 참고하라.

17   Mayr 1988, Mayr 1997을 참고하라; 또한 Wilson and Sober 1994, Sober and Wilson 1998을 참고하라.

18   Hauser 2006을 참고하라.

19   Katz 2000을 참고하라.

20   Flack and de Waal 2000을 참고하라; 또한 Preston and de Waal 2002를 참고하라.

21   Boehm 2000을 참고하라.

22   Sober and Wilson 1998을 참고하라.

23   Sober and Wilson 2000을 참고하라.

24   Skyrms 2000을 참고하라.

25   Dubreuil 2010을 참고하라.

26   Krebs 2000을 참고하라.

27   Rapoport and Chammah 1965를 참고하라.

28   Frank 1988를 참고하라.

29   Fehr and Gächter 2004를 참고하라; 또한 Fehr et al. 2008을 참고하라

30   Bowles and Gintis 2004를 참고하라.

31   Bowles 2006, Bowles and Gintis 2011를 참고하라.

32   Bowles 2009를 참고하라; 또한 Keely 1996, Kelly 2000을 참고하라.

33   Mithen 1990을 참고하라.

34   이 문제에 대한 논의를 한 프란스 드 발에 감사한다.

35   Nowak et al. 2010, Wilson and Wilson 2007을 참고하라.

36   Campbell 1975를 참고하라.

37   Sober and Wilson 1998을 참고하라.

38   Hrdy 2009를 참고하라.

39   침팬지들은 표범에 대항하기 위해 무리를 짓는다. Boesch 1991과 Byrne and Byrne
      1988을 참고하라. 그뿐만 아니라 내가 비디오를 통해 관찰한 바에 따르면 곰베
      국립공원의 침팬지들은 길이가 16피트(약 4.88미터)에 달하는 비단뱀을 공격하기도
      했다. 보노보 역시 비슷한 방식으로 무리를 짓는 것처럼 보이지만 지금껏 현장 연구가
      훨씬 덜 이뤄졌기 때문에 그동안 그렇게 많이 목격되지는 않았다.

40   Alexander 1987을 참고하라.

41   ibid.

42   Sober and Wilson 1998을 참고하라; 또한 Boehm 2008b, Boehm 2009를 참고하라.

43   Boehm 1976, Boehm 1991a, Boehm 2008b를 참고하라.

44   Wilson 1975를 참고하라.

45   Harpending and Rogers 2000, Hawks et al. 2000을 참고하라.

46   Burroughs 2005를 참고하라.

47   Popper 1978을 참고하라.

마치며

1   Boehm 2003을 참고하라.

2   Pinker 2011을 참고하라.

3   Boehm 2003을 참고하라.

4   Pinker 2011을 참고하라.

5   Wrangham 1999를 참고하라.

6   Woodburn 1982를 참고하라.

참고문헌

A

Aberle, D. F., Cohen, A. K., Davis, A. K., Levy, M. J., and Sutton Jr., F. X. 1950. The functional prerequisites of a society. Ethics 60:100–111.

Alexander, R. D. 1974. The evolution of social behavior. Annual Review of Ecology and Systematics 5:325–384.

———. 1979. Darwinism and human affairs. Seattle: University of Washington Press.

———. 1987. The biology of moral systems. New York: Aldine de Gruyter.

———. 2005. Evolutionary selection and the nature of humanity. In Darwinism and philosophy, eds. V. Hosle and C. Illies. Notre Dame, IN: University of Notre Dame Press.

———. 2006. The challenge of human social behavior: Review of Hammerstein, genetic and cultural evolution of cooperation. Evolutionary Psychology 4:1–32.

Allen-Arave, W., Gurven, M., and Hill, K. 2008. Reciprocal altruism, rather than kin selection, maintains nepotistic food transfers on an Aché reservation. Evolution and Human Behavior 29:305–318.

B

Balikci, A. 1970. The Netsilik Eskimo. Prospect Heights, IL: Waveland Press.

Barnett, S. A. 1958. An analysis of social behavior in wild rats. Proceedings of the Zoological Society of London 130:107–151.

Batson, C. D. 2009. These things called empathy: Eight related but distinct phenomena. In The social neuroscience of empathy, eds. J. Decety and W. Ickes. Cambridge, MA: MIT Press.

———. 2011. Altruism in humans. New York: Oxford University Press.

Bearzi, M., and Stanford, C. B. 2008. Beautiful minds: The parallel lives of great apes and dolphins. Cambridge, MA: Harvard University Press.

Betzig, L. L. 1986. Despotism and differential reproduction: A Darwinian view of history. New York: Aldine.

Beyene, Y. 2010. Herto brains and minds: Behaviour of early Homo sapiens from the middle awash, Ethiopia. In Social brain, distributed mind, eds. R. Dunbar, C. Gamble, and J. Gowlett. New York: Oxford University Press.

Binford, L. 1978. Nunamiut ethnoarchaeology. New York: Academic Press.

———. 2001. Constructing frames of reference: An analytical method for archaeological theory building using hunter–gatherer and environmental data sets. Berkeley and Los Angeles: University of California Press.

Bird, R. B., Smith, E. A., and Bird, D. W. 2001. The hunting handicap: Costly signaling in human foraging strategies. Behavioral Ecology and Sociobiology 50:9–19.

Bird-David, N. 1992. Beyond "The original affluent society": A culturalist reformation. Current Anthropology 33:25–48.

Black, D. 2011. Moral time. New York: Oxford University Press.

Blurton Jones, N. G. 1991. Tolerated theft: Suggestions about the ecology and evolution of sharing, hoarding, and scrounging. In Primate politics, eds. G. Schubert and R. D. Masters. Carbondale: Southern Illinois University Press.

Boehm, C. 1972. Montenegrin ethical values: An experiment in anthropological method. PhD diss., Harvard University.

———. 1976. Biological versus social evolution. American Psychologist 31:348–351.

———. 1978. Rational pre-selection from Hamadryas to Homo sapiens: The place of decisions in adaptive process. American Anthropologist 80:265–296.

———. 1979. Some problems with "altruism" in the search for moral universals. Behavioral Science 24:15–24.

———. 1980. Exposing the moral self in Montenegro: The use of natural definitions in keeping ethnography descriptive. American Ethnologist 7:1–26.

———. 1981. Parasitic selection and group selection: A study of conflict interference in Rhesus and Japanese Macaque monkeys. In Primate behavior and sociobiology: Proceedings of the international congress of primatology, eds. A. B. Chiarelli and R. S. Corruccini. Heidelberg, Germany: Springer.

———. 1982. The evolutionary development of morality as an effect of dominance behavior and conflict interference. Journal of Social and Biological Sciences 5:413–422.

———. 1983. Montenegrin social organization and values. New York: AMS Press.

———. 1985. Execution within the clan as an extreme form of ostracism. Social Science Information 24:309–321.

———. 1986. Blood revenge: The enactment and management of conflict in Montenegro and other tribal societies. Philadelphia: University of Pennsylvania Press.

———. 1989. Ambivalence and compromise in human nature. American Anthropologist 91:921–939.

———. 1991a. Lower–level teleology in biological evolution: Decision behavior and reproductive success in two species. Cultural Dynamics 4:115–134.

———. 1991b. Response to Knauft, violence and sociality in human evolution. Current Anthropology 32:411–412.

참고문헌 537

————. 1993. Egalitarian behavior and reverse dominance hierarchy. Current Anthropology 34:227–254.

————. 1996. Emergency decisions, cultural selection mechanics, and group selection. Current Anthropology 37:763–793.

————. 1997. Impact of the human egalitarian syndrome on Darwinian selection mechanics. American Naturalist 150:100–121.

————. 1999. Hierarchy in the forest: The evolution of egalitarian behavior. Cambridge, MA: Harvard University Press.

————. 2000. Conflict and the evolution of social control. Journal of Consciousness Studies, Special Issue on Evolutionary Origins of Morality. L. Katz, ed. 7:79–183.

————. 2002. Variance reduction and the evolution of social control. Paper presented at Santa Fe Institute, Fifth Annual Workshop on the Co–evolution of Behaviors and Institutions, Santa Fe, New Mexico. www.santafe.edu/files /gems/ behavioralsciences/variance.pdf.

————. 2003. Global conflict resolution: An anthropological diagnosis of problems with world governance. In Evolutionary psychology and violence: A primer for policymakers and public policy advocates, eds. R. W. Bloom and N. Dess. London: Praeger.

————. 2004a. Explaining the prosocial side of moral communities. In Evolution and ethics: Human morality in biological and religious perspective, eds. P. Clayton and J. Schloss. New York: Eerdmans.

————. 2004b. What makes humans economically distinctive? A threespecies evolutionary comparison and historical analysis. Journal of Bioeconomics 6:109–135.

————. 2007. The natural history of blood revenge. In Feud in medieval and early modern Europe, eds. B. Poulsen and J. B. Netterström. Aarhus, Denmark: Aarhus University Press.

————. 2008a. A biocultural evolutionary exploration of supernatural sanctioning. In Evolution of religion: Studies, theories, and critiques, eds. J. Bulbulia, R. Sosis, R. Genet, E. Harris, K. Wyman, and C. Genet. Santa Margarita, CA: Collins Family Foundation.

————. 2008b. Purposive social selection and the evolution of human altruism. Cross-Cultural Research 42:319–352.

————. 2009. How the golden rule can lead to reproductive success: A new selection basis for Alexander's "indirect reciprocity." In The golden rule: Analytical perspectives, eds. J. Neusner and B. Chilton. Lanham, MD: University Press of America.

————. 2011. Retaliatory violence in human prehistory. British Journal of Criminology 51:518–534.

Boehm, C. 2012. Variance reduction and the evolution of social control: A methodology for the reconstruction of ancestral social behavior from evidence on ethnographic foragers. Working papers, Santa Fe Institute. Boehm, C. In press.

Costs and benefits in hunter-gatherer punishment. Commentary on Francisco Guala, Reciprocity: Weak or strong? What punishment experiments do and do not demonstrate. Behavioral and Brain Sciences.

Boehm, C., and Flack, J. 2010. The emergence of simple and complex power structures through social niche construction. In The social psychology of power, ed. A. Guinote. New York: Guilford Press.

Boesch, C. 1991. The effects of leopard predation on grouping patterns in forest chimpanzees. Behaviour 117:220–241.

Boesch, C., and Boesch-Achermann, H. 1991. Dim forest, bright chimps. Natural History 9:50–56.

———. 2000. The chimpanzees of the Taï forest: Behavioural ecology and evolution. New York: Oxford University Press.

Bogardus, E. S. 1933. A social distance scale. Sociology and Social Research 17:265–271.

Bowles, S. 2006. Group competition, reproductive leveling, and the evolution of human altruism. Science 314:1569–1572.

———. Did warfare among ancestral hunter-gatherers affect the evolution of human social behaviors? Science 324:1293–1298.

Bowles, S., and Gintis, H. 2004. The evolution of strong reciprocity: Cooperation in heterogeneous populations. Theoretical Population Biology 65:17–28.

———. 2011. A cooperative species: Human reciprocity and its evolution. Princeton, NJ: Princeton University Press.

Boyd, R., Gintis, H., Bowles, S., and Richerson, P. J. 2003. The evolution of altruistic punishment. Proceedings of the National Academy of Sciences 100:3531–3535.

Boyd, R., and Richerson, P. J. 1985. Culture and the evolutionary process. Chicago: University of Chicago Press.

———. 1992. Punishment allows the evolution of cooperation or anything else in sizable groups. Ethology and Sociobiology 13:171–195.

Breasted, J. H. 1933. The dawn of conscience. New York: Scribner's.

Briggs, J. L. 1970. Never in anger: Portrait of an Eskimo family. Cambridge, MA: Harvard University Press.

———. 1982. Living dangerously: The contradictory foundations of value in Canadian Inuit society. In Politics and history in band societies, eds. E. Leacock and R. Lee. Cambridge: Cambridge University Press.

———. 1994. "Why don't you kill your baby brother?" The dynamics of peace in Canadian Inuit camps. In The anthropology of peace and nonviolence, eds. L. E. Sponsel and T. Gregor. Boulder, CO: Lynne Rienner.

———. 1998. Inuit morality play: The emotional education of a three-year-old. New Haven, CT: Yale University Press.

Brosnan, S. F. 2006. Nonhuman species' reactions to inequity and their implications for fairness. Social Justice Research 19:153–185.

Brown, D. 1991. Human universals. New York: McGraw-Hill.

Brown, S. L., Nesse, R. M., Vinokur, A. D., and Smith, D. M. 2003. Providing social support may be more beneficial than receiving it: Results from a prospective study of mortality. Psychological Science 14:320–327.

Bunn, H. T., and Ezzo, J. A. 1993. Hunting and scavenging by Plio Pleistocene hominids: Nutritional constraints, archaeological patterns, and behavioural implications. Journal of Archaeological Science 20:365–398.

Burch Jr., E. S. 2005. Alliance and conflict: The world system of the Iñupiaq Eskimos. Lincoln: University of Nebraska Press.

Burroughs, W. J. 2005. Climate change in prehistory: The end of the reign of chaos. Cambridge: Cambridge University Press.

Byrne, R. W. 1993. Empathy in primate social manipulation and communication: A precursor to ethical behaviour. In Biological evolution and the emergence of ethical conduct, ed. G. Thines, Bruxelles: Académie Royale de Belgique.

Byrne, R. W., and J. M. Byrne 1988. Leopard killers of Mahale. Natural History 97:22–26.

C

Campbell, D. T. 1965. Variation and selective retention in socio-cultural evolution. In Social change in developing areas, eds. H. R. Barringer, B. I. Blanksten, and R. W. Mack. Cambridge, MA: Schenkman

———. 1972. On the genetics of altruism and the counter-hedonic component of human culture. Journal of Social Issues 28:21–37.

———. 1975. On the conflicts between biological and social evolution and between psychology and moral tradition. American Psychologist 30:1103–1126.

Cantrell, P. J. 1994. Family violence and incest in Appalachia. Journal of the Appalachian Studies Association 6:39–47.

Casimir, M. J., and Schnegg, M. 2002. Shame across cultures: The evolution, ontogeny, and function of a "moral emotion." In Between culture and biology: Perspectives on ontogenetic development, eds. H. Keller, Y. H. Poortinga, and A. Scholmerich. Cambridge: Cambridge University Press.

Cavalli-Sforza, L. L., and Edwards, A. W. F. 1967. Phylogenetic analysis: Models and estimation procedures. Evolution 32:550–570.

Choi, J.-K., and Bowles, S. 2007. The coevolution of parochial altruism and war. Science 26:636–640.

Coser, L. 1956. The functions of social conflict. New York: Free Press.

Cosmides, L., Tooby, J., Fiddick, L., and Bryant, G. A. 2005. Detecting cheaters. Trends in Cognitive Sciences 9:505–506.

Cummins, D. D. 1999. Cheater detection is modified by social rank: The impact of dominance on the evolution of cognitive functions. Evolution and Human Behavior 20:229–248.

D

Damasio, A. R. 2002. The neural basis of social behavior: Ethical implications. Paper presented at the conference Neuroethics: Mapping the Field, San Francisco, California, May 13–14.

Damasio, H., Grabowski, T., Frank, R., Galaburda, A. M., and Damasio, A. R. 1994. The return of Phineas Gage: Clues about the brain from the skull of a famous patient. Science 264:1102–1105.

Darwin, C. 1859. On the origin of species. London: John Murray.

———. 1865. The expression of the emotions in man and animals. Chicago: University of Chicago Press.

———. 1982 (1871). The descent of man, and selection in relation to sex. Princeton, NJ: Princeton University Press.

Dawkins, R. 1976. The selfish gene. New York: Oxford University Press.

Dewey, J. 1934. Art as experience. New York: Minton, Balch.

Diamond, J. 1992. The third chimpanzee: The evolution and future of the human animal. New York: Harper Perennial.

Draper, P. 1978. The learning environment for aggression and anti-social behavior among the !Kung. In Learning non-aggression: The experience of nonliterate societies, ed. A. Montagu. New York: Oxford University Press.

Dubreuil, B. 2010. Paleolithic public goods games: Why human culture and cooperation did not evolve in one step. Biology and Philosophy 25:53–73.

Dunbar, R. I. M. 1996. Grooming, gossip, and the evolution of language. London: Faber and Faber.

Durham, W. H. 1991. Coevolution: Genes, culture, and human diversity. Stanford, CA: Stanford University Press.

Durkheim, É. 1933. The division of labor in society. New York: Free Press.

Dyson-Hudson, R., and Smith, E. A. 1978. Human territoriality: An ecological reassessment. American Anthropologist 80:21–41.

E

Eibl-Eibesfeldt, I. 1982. Warfare, man's indoctrinability, and group selection. Zeitschrift für Tierpsychologie 60:177–198.

Eisenberg, N., Fabes, R. A. and Spinrad, T. L. 2006. Prosocial development. In, Handbook of child psychology, Volume 3: Social, personal, and personality development, ed. N. Eisenberg, New York: Wiley.

Eldredge, N. 1971. The allopatric model and phylogeny in Paleozoic invertebrates. Evolution 25:156–167.

Elkin, A. P. 1994. Aboriginal men of high degree: Initiation and sorcery in the world's oldest tradition. Rochester, VT: Inner Traditions.

Ellis, L. 1995. Dominance and reproductive success among nonhuman animals: A cross-species comparison. Ethology and Sociobiology 16:257–333.

Erdal, D., and Whiten, A. 1994. On human egalitarianism: An evolutionary product of Machiavellian status escalation? Current Anthropology 35:175–184.

F

Faulkner, W. 1954. A fable. New York: Random House.

Fehr, E. 2004. Don't lose your reputation. Nature 432:449–450.

Fehr, E., Bernhard, H. and Rockenbach, B. 2008. Egalitarianism in young children. Nature 454:1079–1084.

Fehr, E., and Gächter, S. 2002. Altruistic punishment in humans. Nature 415:137–140.

———. 2004. Reply to Fowler et al.: Egalitarian motive and altruistic punishment. Nature 433:E1–E2.

Fisher, R. A. 1930. The genetical theory of natural selection. New York: Dover.

Flack, J. C., and de Waal, F. B. M. 2000. "Any animal whatever": Darwinian building blocks of morality in monkeys and apes. Journal of Consciousness Studies 7:1–29.

Fleagle, J. G., and Gilbert, C. C. 2008. Modern human origins in Africa. Evolutionary Anthropology 17:1–2.

Fouts, R., with Mills, S. T. 1997. Next of kin: My conversations with chimpanzees. New York: Avon.

Frank, R. H. 1988. Passions within reason: The strategic role of the emotions. New York: Norton.

Frank, S. A. 1995. Mutual policing and repression of competition in the evolution of cooperative groups. Nature 377:520–522.

Freud, S. 1918. Totem and taboo: Resemblances between the psychic lives of savages and neurotics. Trans. A. A. Brill. New York: Random House.

Fry, D. P. 2000. Conflict management in cross-cultural perspective. In Natural conflict resolution, eds. F. Aureli and F. B. M. de Waal. Berkeley and Los Angeles: University of California Press.

Furuichi, Takeshi 2011. Female contributions to the peaceful nature of bonobo society. Evolutionary Anthropology 20:131–142.

G

Gallup, G. G. J., Anderson, J. R., and Shillito, D. J. 2002. The mirror test. In The cognitive animal: Empirical and theoretical perspectives on animal cognition, eds. M. Bekoff, C. Allen, and G. Burghardt. Cambridge, MA: MIT Press.

Gardner, B. T., and Gardner, R. A. 1994. Development of phrases in the utterances of children and cross-fostered chimpanzees. In The ethological roots of culture, eds. R. A. Gardner, B. T. Gardner, B. Chiarelli, and F. X. Plooj. London: Kluwer Academic.

Ghiselin, M. T. 1974. The economy of nature and the evolution of sex. Berkeley and Los Angeles: University of California Press.

Gintis, H. 2003. The hitchhiker's guide to altruism: Gene-culture coevolution and the internalization of norms. Journal of Theoretical Biology 220:407–418.

Goodall, J. 1986. The chimpanzees of Gombe: Patterns of behavior. Cambridge, MA: Belknap Press.

———. 1992. Unusual violence in the overthrow of an alpha male chimpanzee at Gombe. In Topics in primatology, vol. 1: Human origins, eds. T. Nishida, W. C. McGrew, P. Marler, M. Pickford, and F. B. M. de Waal. Tokyo: University of Tokyo Press.

Gould, R. A. 1982. To have and have not: The ecology of sharing among hunter-gatherers. In Resource managers: North American and Australian hunter-gatherers, eds. N. M. Williams and E. S. Hunn. Boulder, CO: Westview Press.

Greene, J. D. 2003. From neural "is" to moral "ought": What are the moral implications of neuroscientific moral psychology? Nature Reviews Neuroscience 4:847–850.

———. 2007. The secret joke of Kant's soul. In Moral psychology, vol. 3: The neuroscience of morality, ed. W. Sinnott-Armstrong. Cambridge, MA: MIT Press.

Guala, F. In press. Reciprocity: Weak or strong? What punishment experiments do and do not demonstrate. Behavioral and Brain Sciences.

Gurven, M. 2004. To give and give not: The behavioral ecology of human food transfers. Behavioral and Brain Sciences 27:543–583.

Gurven, M., Allen-Arave, W., Hill, K., and Hurtado, A. M. 2000. "It's a wonderful life": Signaling generosity among the Ache of Paraguay. Evolution and Human Behavior 21:263–282.

———. 2001. Reservation food sharing among the Ache of Paraguay. Human Nature 12:273–297.

Gurven, M., and Hill, K. 2010. Moving beyond stereotypes of men's foraging goals. Current Anthropology 51:265–267.

H

Haidt, J. 2003. The moral emotions. In Handbook of affective sciences, eds. R. J. Davidson, K. R. Scherer, and H. H. Goldsmith. New York: Oxford University Press.

———. 2007. The new synthesis in moral psychology. Science 18:998–1002.

Haile, B. 1978. Love-magic and the butterfly people: The Slim Curly version of the Ajiłee and Mothway myths. Flagstaff: Museum of Arizona Press.

Hamilton, W. D. 1964. The genetical evolution of social behavior I, II. Journal of Theoretical Biology 7:1–52.

———. 1975. Innate social aptitudes in man: An approach from evolutionary genetics. In Biosocial anthropology, ed. R. Fox. London: Malaby.

Hammerstein, P., and Hagen, E. H. 2004. The second wave of evolutionary economics in biology. Trends in Ecology and Evolution 20:604–609.

Hammerstein, P., and Hoekstra, R. F. 2002. Mutualism on the move. Nature 376:121–122.

Hare, R. 1993. Without conscience: The disturbing world of the psychopaths among us.

New York: Guilford Press.

Harpending, H., and Rogers, A. 2000. Genetic perspectives on human origins and differentiation. Annual Review of Genomics and Human Genetics 1:361–385.

Hauser, M. D. 2006. Moral minds: How nature designed our universal sense of right and wrong. New York: HarperCollins.

Haviland, J. B. 1977. Gossip, reputation, and knowledge in Zinacantan. Chicago: University of Chicago Press.

Hawkes, K. 1991. Showing off: Tests of an hypothesis about men's foraging goals. Ethology and Sociobiology 12:29–54.

———. 2001. Is meat the hunter's property? Big game, ownership, and explanations of hunting and sharing. In Meat-eating and human evolution, eds. C. B. Stanford and H. T. Bunn. New York: Oxford University Press.

Hawks, J., Hunley, K., Lee, S.-H., and Wolpoff, M. 2000. Population bottlenecks and Pleistocene human evolution. Molecular Biology and Evolution 17:2–22.

Heinz, H. J. 1994. Social organization of the !Ko Bushmen. Cologne, Germany: Rüdiger Köppe Verlag.

Henrich, J., Boyd, R., Bowles, S., Camerer, C., Fehr, E., Gintis, H., McElreath, R., Alvard, M., Barr, A., Ensminger, J., Hill, K., Gil-White, F., Gurven, M., Marlowe, F., Patton, J. Q., Smith, N., and Tracer, D. 2005. "Economic man" in cross-cultural perspective: Behavioral experiments in 15 small-scale societies. Behavioral and Brain Sciences 28:795–855.

Hewlett, B. S., and Lamb, M. E., eds. 2006. Hunter-gatherer childhoods: Evolutionary, developmental, and cultural perspectives. New Brunswick, NJ: Transaction.

Hill, K. R., Walker, R., Boievi, M., Eder, J., Headland, T., Hewlett, B., Hurtado, A. M., Marlowe, F., Wiessner, P., and Wood, B. 2011. Coresidence patterns in hunter-gatherer societies show unique human social structure. Science 331:1286–1289.

Hohmann, G., and Fruth, B. 1993. Field observations on meat sharing among bonobos. Folia Primatologica 60:225–229.

Hrdy, S. B. 2009. Mothers and others: The evolutionary origins of mutual understanding. Cambridge, MA: Belknap Press.

Huxley, T. H. 1894. Evolution and ethics. New York: Appleton.

I

Irons, W. 1991. How did morality evolve? Zygon 26:49–89.

J

Johnson, D. D. P., and Krüger, O. 2004. The good of wrath: Supernatural punishment and the evolution of cooperation. Political Theology 5:159–176.

Jones, D. M. 1969. A study of social and economic problems in Unalaska, an Aleut village. PhD diss., University of California Berkeley. University microfilms, publications 70–6048.

K

Kagan, J. 1981. The second year: The emergence of self-awareness. Cambridge, MA: Harvard University Press.

Kagan, J., and Lamb, S., eds. 1987. The emergence of morality in young children. Chicago: University of Chicago Press.

Kano, T. 1992. The last ape: Pygmy chimpanzee behavior and ecology. Stanford, CA: Stanford University Press.

Kaplan, H., and Gurven, M. 2005. The natural history of human food sharing and cooperation: A review and a new multi-individual approach to the negotiation of norms. In Moral sentiments and material interests: On the foundations of cooperation in economic life, eds. H. Gintis, S. Bowles, R. Boyd, and E. Fehr. Cambridge, MA: MIT Press.

Kaplan, H., and Hill, K. 1985. Food sharing among Aché foragers: Tests of explanatory hypotheses. Current Anthropology 26:223–246.

Katz, L. D., ed. 2000. Evolutionary origins of morality: Cross-disciplinary perspectives. Bowling Green, OH: Imprint Academic.

Keeley, L. 1988. Hunter-gatherer economic complexity and "population pressure": A cross-cultural analysis. Journal of Anthropological Archaeology 7:373–411.

———. 1996. War before civilization. New York: Oxford University Press.

Keenan, J. P., Gallup Jr., G. G., and Falk, D. 2003. The face in the mirror: The search for the origins of consciousness. New York: HarperCollins.

Kelly, R. C. 2000. Warless societies and the evolution of war. Ann Arbor: University of Michigan Press.

———. 2005. The evolution of lethal intergroup violence. Proceedings of the National Academy of Sciences 102:15294–15298.

Kelly, R. L. 1995. The foraging spectrum: Diversity in hunter-gatherer lifeways. Washington, DC: Smithsonian Institution Press.

Kiehl, K. A. 2008. Without morals: The cognitive neuroscience of criminal psychopaths. In Moral psychology, vol. 1: The evolution of morality: Adaptations and innateness, ed. W. Sinnott-Armstrong. Cambridge, MA: MIT Press.

Kiehl, K. A., Bates, A. T., Laurens, K. R., Hare, R. D., and Liddle, P. F. 2006. Brain potentials implicate temporal lobe abnormalities in criminal psychopaths. Journal of Abnormal Psychology 115:443–453.

Klein, R. G. 1999. The human career: Human biological and cultural origins. Chicago: University of Chicago Press.

Knauft, B. M. 1991. Violence and sociality in human evolution. Current Anthropology 32:391–428.

Kollock, P. 1998. Social dilemmas: The anatomy of cooperation. Annual Review of Sociology 24:183–214.

Konner, M. 2010. The evolution of childhood: Relationships, emotion, mind. Cambridge, MA: Harvard University Press.

Krebs, D. L. 2000. The evolution of moral dispositions in the human species. Annals of the New York Academy of Sciences 907:132–148.

L

Ladd, C., and Maloney, K. 2011. Chimp murder at Mahale. http://www .nomad-tanzania.com/blogs/greystoke-mahale/murder-in-mahale.

Laland, K. N., Odling-Smee, J., and Feldman, M. W. 2000. Niche construction, biological evolution, and cultural change. Behavioral and Brain Sciences 23:131–175.

Laland, K. N., Odling-Smee, J., and Myles, S. 2010. How culture shaped the human genome: Bringing genetics and the human sciences together. Nature Reviews Genetics 11:137–148.

Laughlin, C. D., and Brady, I. A., eds. 1978. Extinction and survival in human populations. New York: Columbia University Press.

Leacock, E. 1969. The Montagnais-Naskapi band. In Contributions to anthropology: Band societies, ed. D. Damas. Bulletin 228. Ottawa, ON: National Museum of Canada.

Lee, R. B. 1979. The !Kung San: Men, women, and work in a foraging society. Cambridge: Cambridge University Press.

LeVine, R. A., and Campbell, D. T. 1972. Ethnocentrism: Theories of conflict, ethnic attitudes, and group behavior. New York: Wiley.

Lewontin, R. C. 1970. The units of selection. Annual Review of Ecology and Systematics 1:1–18.

Lindsay, S. 2000. Handbook of applied dog behavior and training, vol. 1: Adaptation and learning. Ames: Iowa State University Press.

Lore, R., Nikoletseas, M., and Takahashi, L. 1984. Colony aggression in laboratory rats: A review and some recommendations. Aggressive Behavior 10:59–71.

Lorenz, K. 1966. On aggression. New York: Bantam.

Lyell, C. 1833. Principles of geology, being an attempt to explain the former changes of the Earth's surface, by reference to causes now in operation. Vol. 3. London: John Murray.

M

Malinowski, B. 1922. Argonauts of the western Pacific: An account of native enterprise and adventure in the archipelagoes of Melanesian New Guinea. New York: Dutton.

———. 1929. The sexual life of savages in northwestern Melanesia. London: George Routledge.

Malthus, T. R. 1985 (1798). An essay on the principle of population. New York: Penguin.

Marlowe, F. W. 2004. Mate preferences among Hadza hunter-gatherers. Human Nature 15:365–376.

———. 2005. Hunter-gatherers and human evolution. Evolutionary Anthropology 14:54–67.

———. 2010. The Hadza hunter-gatherers of Tanzania. Berkeley and Los Angeles: University of California Press.

Mayr, E. 1983. How to carry out the adaptationist program? American Naturalist 121:324–334.

———. 1988. The multiple meanings of teleological. In Towards a new philosophy of biology, ed. E. Mayr. Cambridge, MA: Harvard University Press.

———. 1997. This is biology. Cambridge, MA: Harvard University Press.

———. 2001. What evolution is. New York: Basic Books.

McBrearty, S., and Brooks, A. 2000. The revolution that wasn't: A new interpretation of the origin of modern human behavior. Journal of Human Evolution 39:453–563.

McCullough, M. E., Kimeldorf, M. B., and Cohen, A. D. 2008. An adaptation for altruism? The social causes, social effects, and social evolution of gratitude. Current Directions in Psychological Science 17:281–285.

Mead, G. H. 1934. Mind, self, and society. Chicago: University of Chicago Press.

Menzel, E. W. 1974. A group of young chimpanzees in a one acre field. In Behavior of non-human primates. Vol. 5, eds. A. M. Shrier and F. Stollnitz. New York: Academic Press.

Midgley, M. 1994. The ethical primate: Humans, freedom, and morality. London: Routledge.

Mirsky, J. 1937. The Eskimo of Greenland. In Cooperation and competition among primitive peoples, ed. M. Mead. New York: McGraw-Hill.

Mithen, S. J. 1990. Thoughtful foragers: A study of prehistoric decision making. Cambridge: Cambridge University Press.

Myers, F. R. 1988. Burning the truck and holding the country: Property, time, and the negotiation of identity among Pintupi Aborigines. In Hunters and gatherers, vol. 2: Property, power, and ideology, eds. T. Ingold, D. Riches, and J. Woodburn. Oxford: Berg.

N

Nesse, R. M. 2000. How selfish genes shape moral passions. Journal of Consciousness Studies 7:227–231.

———. 2007. Runaway social selection for displays of partner value and altruism. Biological Theory 2:143–155.

———. 2010. Social selection and the origins of culture. In Evolution, culture, and the human mind, eds. M. Schaller, A. Norenzayan, S. J. Heine, T. Yamagishi, and T. Kameda. Philadelphia: Erlbaum.

Neusner, J., and Chilton, B., eds. 2009. The golden rule: Analytical perspectives.

Lanham, MD: University Press of America.

Nietzsche, F. 1887. Zur genealogie der moral: Eine streitschrift (On the genealogy of morals: A polemical tract). Leipzig, Germany: Verlag von C. G. Naumann.

Nishida, T. 1996. The death of Ntologi, the unparalleled leader of M group. Pan Africa News 3:4.

Noss, A. J., and Hewlett, B. S. 2001. The contexts of female hunting in central Africa. American Anthropologist 103:1024–1040.

Nowak, M. A., and Sigmund, K. 2005. Evolution of indirect reciprocity. Nature 437:1291–1298.

Nowak, M. A., Tarnita, C. E., and Wilson, E. O. 2010. The evolution of eusociality. Nature 466:1057–1062.

O

Otterbein, K. F. 1988. Capital punishment: A selection mechanism. Commentary on Robert K. Dentan, On Semai homicide. Current Anthropology 29:633–636.

P

Panchanathan, K., and Boyd, R. 2004. Indirect reciprocity can stabilize cooperation without the second-order free rider problem. Nature 432:499–502.

Parker, I. 2007. Swingers: Bonobos are celebrated as peace-loving, matriarchal, and sexually liberated. Are they? New Yorker, July, 48–61.

Parsons, T., and Shils, E., eds. 1952. Toward a general theory of action. Cambridge, MA: Harvard University Press.

Patterson, F., and Linden, E. 1981. The education of Koko. New York: Holt, Reinhart and Winston.

Pericot, L. 1961. The social life of Spanish Paleolithic hunters as shown by Levantine art. In Social life of early man, ed. S. L. Washburn. Chicago: Aldine.

Peterson, N. 1993. Demand sharing: Reciprocity and the pressure for generosity among foragers. American Anthropologist 95:860–874.

Piers, G., and Singer, M. B. 1971. Shame and guilt: A psychoanalytic and a cultural study. New York: Norton.

Pinker, S. 2011. The better angels of our nature: Why violence has declined. New York: Viking.

Popper, K. 1978. Natural selection and the emergence of mind. Dialectica 32:339–355.

Potts, R. 1996. Humanity's descent: The consequences of ecological instability. New York: Aldine de Gruyter.

Preston, S. D., and de Waal, F. B. M. 2002. Empathy: Its ultimate and proximate bases. Behavioral and Brain Sciences 25:1–72.

Price, M. E., Cosmides, L., and Tooby, J. 2002. Punitive sentiment as an anti–free rider psychological device. Evolution and Human Behavior 23:203–231.

R

Rapoport, A., and Chammah, A. 1965. Prisoner's dilemma. Ann Arbor: University of Michigan Press.

Rasmussen, K. 1931. The Netsilik Eskimos: Social life and spiritual culture. Report of the fifth Thule Expedition 1921–24, Vol. VIII, No. 1–2. Copenhagen: Gyldendalske Boghandel.

Richards, R. J. 1989. Darwin and the emergence of evolutionary theories of mind and behavior. Chicago: University of Chicago Press.

Richerson, P. J., and Boyd, R. 1999. Complex societies: The evolutionary origins of a crude superorganism. Human Nature 10:253–289.

Riches, D. 1974. The Netsilik Eskimo: A special case of selective female infanticide. Ethnology 13:351–361.

Ridley, M. 1996. The origins of virtue: Human instincts and the evolution of cooperation. New York: Penguin.

Ruvolo, M., Disotell, T. R., Allard, M. W., Brown, W. M., and Honeycutt, R. L. 1991. Resolution of the African hominoid trichotomy by use of a mitochondrial gene sequence. Proceedings of the National Academy of Science 88:1570–1574.

S

Savage-Rumbaugh, S., and Lewin, R. 1994. Kanzi: The ape at the brink of the human mind. New York: Wiley.

Savage-Rumbaugh, S., Shanker, S. G., and Taylor, T. J. 1998. Apes, languages, and the human mind. New York: Oxford University Press.

Service, E. R. 1975. Origin of the state and civilization: The process of cultural evolution. New York: Norton.

Sherman, P. W., Alexander, R. D., and Jarvis, J. U. 1991. The biology of the naked mole rat. Princeton, NJ: Princeton University Press.

Shermer, M. 2004. The science of good and evil: Why people cheat, gossip, care, share, and follow the golden rule. New York: Henry Holt.

Shostak, M. 1981. Nisa: The life and words of a !Kung woman. Cambridge, MA: Harvard University Press.

Silberbauer, G. B. 1981. Hunter and habitat in the central Kalahari desert. Cambridge: Cambridge University Press.

Simon, H. A. 1990. A mechanism for social selection and successful altruism. Science 250:1665–1668.

Skyrms, B. 2000. Game theory, rationality, and evolution of the social contract. In Evolutionary origins of morality: Cross-disciplinary perspectives, ed. L. D. Katz. Bowling Green, OH: Imprint Academic.

Smith, E. A. 2004. Why do good hunters have higher reproductive success? Human Nature 15:343–364.

Smith, E. A., and Boyd, R. 1990. Risk and reciprocity: Hunter-gatherer socioecology and the problem of collective action. In Risk and uncertainty in tribal and peasant economies, ed. E. A. Cashdan. Boulder, CO: Westview Press.

Sober, E., and Wilson, D. S. 1998. Unto others: The evolution and psychology of unselfish behavior. Cambridge, MA: Harvard University Press.

———. 2000. Summary of Unto others: The evolution and psychology of unselfish behavior. In Evolutionary origins of morality: Cross-disciplinary perspectives, ed. L. D. Katz. Bowling Green, OH: Imprint Academic.

Spencer, H. 1851. Social statistics; or the conditions essential to human happiness specified, and the first of them developed. London: John Chapman.

Speth, J. D. 1989. Early hominid hunting and scavenging: The role of meat as an energy source. Journal of Human Evolution 18:329–343.

Sprengel, K. P. 1839. Die lehre vom dünger oder beschreibung aller bei der landwirthschaft gebräuchlicher vegetabilischer, animalischer und mineralischer düngermaterialien, nebst erklärung ihrer wirkungsart (Principles of fertilization in a description of the vegetable, animal, and mineral fertilizers employed in agriculture with an explanation of their mode of action). Leipzig, Germany: Verlag.

Stanford, C. B. 1999. The hunting apes: Meat eating and the origins of human behavior. Princeton, NJ: Princeton University Press.

Stephenson, J. 2000. The language of the land: Living among the Hadzabe in Africa. New York: St. Martin's Press.

Stevens, J. R., Cushman, F. A., and Hauser, M. D. 2005. Evolving the psychological mechanisms for cooperation. Annual Review of Ecology, Evolution, and Systematics 36:499–518.

Steward, J. H. 1938. Basin-plateau Aboriginal sociopolitical groups. Smithsonian Institution Bureau of American Ethnology Bulletin 120. Washington, DC: GPO.

———. 1955. Theory of culture change. Urbana: University of Illinois Press.

Stiner, M. C. 2002. Carnivory, coevolution, and the geographic spread of the genus homo. Journal of Archaeological Research 10:1–63.

Stiner, M. C., Barkai, R., and Gopher, A. 2009. Cooperative hunting and meat sharing 400–200 kya at Qesem cave, Israel. Proceedings of the National Academy of Sciences 106:13207–13212.

Sullivan, R. J. 1989. Immanuel Kant's moral theory. Cambridge: Cambridge University Press.

T

Temerlin, M. K. 1975. Lucy: Growing up human: A chimpanzee daughter in a psychotherapist's family. Palo Alto, CA: Science and Behavior Books.

Testart, A. 1982. The significance of food storage among hunter-gatherers: Residence patterns, population densities, and social inequalities. Current Anthropology

23:523–537.

Thieme, H. 1997. Lower Paleolithic hunting spears from Germany. Nature 385:807.

Thomas, E. M. 1989. The harmless people. New York: Vintage.

Tiger, L. 1979. Optimism: The biology of hope. New York: Simon and Schuster.

Trivers, R. L. 1971. The evolution of reciprocal altruism. Quarterly Review of Biology 46:35–57.

———. 1972. Parental investment and sexual selection. In Sexual selection and the descent of man, 1871–1971, ed. B. G. Campbell. Chicago: Aldine.

Trut, L., Oskina, I., and Kharlamova, A. 2009. Animal evolution during domestication: The domesticated fox as a model. BioEssays 31:349–360.

Turiel, Eliot 2006. The development of morality. In, Handbook of child psychology, Volume 3: Social, personal, and personality development, ed. N. Eisenberg, New York: Wiley.

Turnbull, C. M. 1961. The forest people. Garden City, NY: Natural History Press.

———. 1972. The mountain people. New York: Simon and Schuster.

V

van den Steenhoven, G. 1957. Research report on Caribou Eskimo law. The Hague, the Netherlands: G. van den Steenhoven.

———. 1959. Legal concepts among the Netsilik Eskimos of Pelly Bay, Northwest Territories. NCRC Report 59–3. Ottawa, ON: Canada Department of Northern Affairs.

———. 1962. Leadership and law among the Eskimos of the Keewatin district, Northwest Territories. Rijswijk, the Netherlands: Excelsior.

Voland, E., and Voland, R. 1995. Parent-offspring conflict, the extended phenotype, and the evolution of conscience. Journal of Social and Evolutionary Systems 18:397–412.

von Furer-Haimendorf, C. 1967. Morals and merit: A study of values and social controls in South Asian societies. Chicago: University of Chicago Press.

W

de Waal, F. B. M. 1982. Chimpanzee politics: Power and sex among apes. New York: Harper and Row.

———. 1986. The brutal elimination of a rival among captive male chimpanzees. Ethology and Sociobiology 7:237–251.

———. 1996. Good natured: The origins of right and wrong in humans and other animals. Cambridge, MA: Harvard University Press.

———. 2008. Putting the altruism back into altruism: The evolution of empathy. Annual Review of Psychology 59:279–300.

———. 2009. The age of empathy: Nature's lessons for a kinder society. New York:

Harmony Books.

de Waal, F. B. M., and Lanting, F. 1997. Bonobo: The forgotten ape. Berkeley and Los Angeles: University of California Press.

Waddington, C. H. 1960. The ethical animal. Chicago: University of Chicago Press.

Wade, M. J. 1978. A critical review of the models of group selection. Quarterly Review of Biology 53:101–114.

Wade, N. 2009. The faith instinct: How religion evolved and why it endures. New York: Penguin.

Warneken, F., Hare, B., Melis, A. P., Hanus, D., and Tomasello, M. 2007. Spontaneous altruism by chimpanzees and young children. PLoS Biol 5:e184.

Watson, J. D., and Crick, F. H. C. 1953. A structure for deoxyribose nucleic acid. Nature 171:737–738.

Watts, D. P., and Mitani, J. C. 2002. Hunting and meat sharing by chimpanzees at Ngogo, Kibale national park, Uganda. In Behavioral diversity in chimpanzees and bonobos, eds. C. Boesch, G. Hohmann, and L. Marchant. Cambridge: Cambridge University Press.

West, S. A., Griffin, A. S., and Gardner, A. 2007. Social semantics: Altruism, cooperation, mutualism, strong reciprocity, and group selection. Journal of Evolutionary Biology 20:415–432.

West-Eberhard, M. J. 1979. Sexual selection, social competition, and evolution. Proceedings of the American Philosophical Society 123:222–234.

———. 1983. Sexual selection, social competition, and speciation. Quarterly Review of Biology 58:155–183.

Westermarck, E. 1906. The origin and development of the moral ideas. London: Macmillan.

Whallon, R. 1989. Elements of cultural change in the later Paleolithic. In The human revolution: Behavioral and biological perspectives on the origins of modern humans, vol. 1, eds. P. Mellars and C. Stringer. Edinburgh: Edinburgh University Press. Whiten, A., and Byrne, R. 1988. Tactical deception in primates. Behavioural and Brain Sciences 11:233–244.

Whiting, B. B., and Whiting, J. W. M. 1975. Children of six cultures: A psychocultural analysis. Cambridge, MA: Harvard University Press.

Wiessner, P. 1982. Risk, reciprocity, and social influences on !Kung San economics. In Politics and history in band societies, eds. E. Leacock and R. B. Lee. Cambridge: Cambridge University Press.

———. 1996. Leveling the hunter: Constraints on the status quest in foraging societies. In Food and the status quest: An interdisciplinary perspective, eds. P. Wiessner and W. Schiefenhövel. Oxford: Berghahn Books.

———. 2002. Hunting, healing, and hxaro exchange: A long-term perspective on !Kung Ju/'hoansi large-game hunting. Evolution and Human Behavior 23:407–436.

———. 2005a. Norm enforcement among the Ju/'hoansi bushmen: A case of strong reciprocity? Human Nature 16:115–145.

———. 2005b. Verbal criticism: Ju/'hoansi style punishment. www
    .peacefulsocieties.org/nar06/060105juho.html.
Williams, G. C. 1966. Adaptation and natural selection: A critique of some current
    evolutionary thought. Princeton, NJ: Princeton University Press.
Wilson, D. S. 1999. A critique of R. D. Alexander's views on group selection. Biology and
    Philosophy 14:431–449.
Wilson, D. S., and Dugatkin, L. A. 1997. Group selection and assortative interactions.
    The American Naturalist 149:336–351.
Wilson, D. S., and Sober, E. 1994. Reintroducing group selection to the human
    behavioral sciences. Behavioral and Brain Sciences 17:585–654.
Wilson, D. S., and Wilson, E. O. 2007. Rethinking the theoretical foundation of
    sociobiology. Quarterly Review of Biology 82:327–348.
Wilson, E. O. 1975. Sociobiology: The new synthesis. Cambridge, MA: Harvard
    University Press.
———. 1978. On human nature. Cambridge, MA: Harvard University Press.
Wilson, J. Q. 1993. The moral sense. New York: Free Press.
Winterhalder, B. 2001. Intragroup resource transfers: Comparative evidence, models,
    and implications for human evolution. In Meat-eating and human evolution,
    eds. C. B. Stanford and H. T. Bunn. New York: Oxford University Press.
Winterhalder, B., and Smith, E. A., eds. 1981. Hunter-gatherer foraging strategies:
    Ethnographic and archeological analyses. Chicago: University of Chicago Press.
Wolf, A. P., and Durham, W. H., eds. 2004. Inbreeding, incest, and the incest taboo: The
    state of knowledge at the turn of the century. Stanford, CA: Stanford University
    Press.
Wolf, J. B., Brodie, E. D., and Moore, A. J. 1999. Interacting phenotypes and the
    evolutionary process II: Selection resulting from social interactions. American
    Naturalist 153:254–266.
Woodburn, J. C. 1979. Minimal politics: The political organization of the Hadza of North
    Tanzania. In Politics in leadership: A comparative perspective, eds. W. A. Shack
    and P. S. Cohen. Oxford: Clarendon Press.
———. 1982. Egalitarian societies. Man 17:431–451.
Wrangham, R. W. 1987. African apes: The significance of African apes for reconstructing
    social evolution. In The evolution of human behavior: Primate models, ed. W. G.
    Kinzey. Albany: State University of New York Press.
———. 1999. The evolution of coalitionary killing: The imbalance-ofpower hypothesis.
    Yearbook of Physical Anthropology 42:1–30.
———. 2001. The evolution of cooking: A talk with Richard Wrangham. Interview
    on J. Brockman's website, Edge. www.edge.org/3rd_culture/wrangham
    /wrangham_index.html.
Wrangham, R. W., and Peterson, D. 1996. Demonic males: Apes and the origins of
    human violence. New York: Houghton Mifflin.
Wright, R. 1994. The moral animal: Why we are the way we are—The new science of

evolutionary psychology. New York: Vintage.

Z

Zahavi, A. 1995. Altruism as a handicap: The limitations of kin selection and reciprocity. Journal of Avian Biology 26:1–3.

위의 참고문헌 중 국내 번역 도서

Boehm, C. 1999. Hierarchy in the forest: The evolution of egalitarian behavior. Cambridge, MA: Harvard University Press. (한국어판:『숲속의 평등』, 김성동 옮김, 토러스북, 2017)

Darwin, C. 1859. On the origin of species. London: John Murray. (한국어판:『종의 기원』, 송철용 옮김, 동서문화사, 2013)

———. 1865. The expression of the emotions in man and animals. Chicago: University of Chicago Press. (한국어판:『인간과 동물의 감정 표현』, 김홍표 옮김, 지식을만드는지식, 2014)

———. 1982 (1871). The descent of man, and selection in relation to sex. Princeton, NJ: Princeton University Press. (한국어판:『인간의 기원 1-2』, 추한호 옮김, 동서문화사, 2018)

Dawkins, R. 1976. The selfish gene. New York: Oxford University Press. (한국어판: 『이기적 유전자』, 홍영남, 이상임 옮김, 을유문화사, 2018)

Diamond, J. 1992. The third chimpanzee: The evolution and future of the human animal. New York: Harper Perennial. (한국어판:『제3의 침팬지』, 김정흠 옮김, 문학사상사, 2015)

Freud, S. 1918. Totem and taboo: Resemblances between the psychic lives of savages and neurotics. Trans. A. A. Brill. New York: Random House. (한국어판:『토템과 터부』, 강영계 옮김, 지식을만드는지식, 2009)

Hare, R. 1993. Without conscience: The disturbing world of the psychopaths among us. New York: Guilford Press. (한국어판:『진단명 사이코패스』, 황정하, 조은경 옮김, 바다출판사, 2005)

Huxley, T. H. 1894. Evolution and ethics. New York: Appleton. (한국어판:『진화와 윤리』, 이종민 옮김, 산지니, 2012)

Katz, L. D., ed. 2000. Evolutionary origins of morality: Cross-disciplinary perspectives. Bowling Green, OH: Imprint Academic. (한국어판:『윤리의 진화론적 기원』, 김성동 옮김, 철학과현실사, 2007)

Malthus, T. R. 1985 (1798). An essay on the principle of population. New York: Penguin. (한국어판:『인구론』, 이서행 옮김, 동서문화사, 2011)

Pinker, S. 2011. The better angels of our nature: Why violence has declined. New York:

Viking. (한국어판:『우리 본성의 선한 천사』, 김명남 옮김, 사이언스북스, 2014)

Ridley, M. 1996. The origins of virtue: Human instincts and the evolution of cooperation. New York: Penguin. (한국어판:『이타적 유전자』, 신좌섭 옮김, 사이언스북스, 2001)

Shostak, M. 1981. Nisa: The life and words of a !Kung woman. Cambridge, MA: Harvard University Press. (한국어판:『니사』, 유나영 옮김, 삼인, 2008)

Sober, E., and Wilson, D. S. 1998. Unto others: The evolution and psychology of unselfish behavior. Cambridge, MA: Harvard University Press. (한국어판: 『타인에게로』, 설선혜, 김민우 옮김, 서울대학교출판문화원, 2013)

Turnbull, C. M. 1961. The forest people. Garden City, NY: Natural History Press. (한국어판:『숲 사람들』, 이상원 옮김, 황소자리, 2007)

Wilson, E. O. 1975. Sociobiology: The new synthesis. Cambridge, MA: Harvard University Press. (한국어판:『사회생물학』, 이병훈 옮김, 민음사, 1992)

──────. 1978. On human nature. Cambridge, MA: Harvard University Press. (한국어판: 『인간 본성에 대하여』, 이한음 옮김, 사이언스북스, 2011)

Wright, R. 1994. The moral animal: Why we are the way we are—The new science of evolutionary psychology. New York: Vintage. (한국어판:『도덕적 동물』, 박영준 옮김, 사이언스북스, 2003)

색인

색인   563

도덕의 탄생

인간 양심의 기원과 진화

1판 1쇄 발행 2019년 6월 28일

지은이   크리스토퍼 보엠
옮긴이   김아림
펴낸이   전길원
책임편집   김민희
디자인   최진규

펴낸곳   리얼부커스
출판신고   2015년 7월 20일 제2015-000128호
주소   04593 서울시 중구 동호로 10길 30, 106동 505호(신당동 약수하이츠)
전화   070-4794-0843
팩스   02-2179-9435
이메일   realbookers21@gmail.com
블로그   http://realbookers.tistory.com
페이스북   www.facebook.com/realbookers

ISBN 979-11-86749-09-8 03470

이 도서의 국립중앙도서관 출판예정도서목록(CIP)은
서지정보유통지원시스템 홈페이지(http://seoji.nl.go.kr)와
국가자료공동목록시스템(http://www.nl.go.kr/kolisnet)에서
이용하실 수 있습니다. (CIP제어번호 : CIP2019019939)